AF561395

MINISTÈRES DE LA MARINE ET DE L'INSTRUCTION PUBLIQUE.

# MISSION SCIENTIFIQUE

DU

# CAP HORN.



1882-1883.

TOME VI.

## ZOOLOGIE.

### OISEAUX,

PAR

E. OUSTALET.

PARIS,
GAUTHIER-VILLARS ET FILS, IMPRIMEURS-LIBRAIRES
DE L'ÉCOLE POLYTECHNIQUE, DU BUREAU DES LONGITUDES,
Quai des Grands-Augustins, 55.

1891

# OISEAUX.

# OISEAUX,

PAR

**E. OUSTALET,**

DOCTEUR ÈS SCIENCES, AIDE NATURALISTE AU MUSÉUM.

Immédiatement après l'arrivée au Muséum des riches collections formées par M. le Dr Hyades, M. le Dr Hahn et M. Sauvinet, je m'étais occupé de la détermination des Oiseaux, dont chaque spécimen pût figurer, avec son étiquette, dans l'exposition générale des objets rapportés par la Mission du cap Horn. Je m'étais livré en même temps à un travail analogue pour les Oiseaux recueillis dans la Patagonie australe par M. Lebrun et par les officiers du *Volage*, de telle sorte que, dès les premiers mois de l'année 1884, j'avais entre les mains les éléments nécessaires pour dresser des listes d'Oiseaux de la Patagonie, de la Terre de Feu et des Malouines. Mais je n'ai pas tardé à reconnaître qu'une simple énumération d'espèces, accompagnée de quelques indications de provenance, constituerait un travail singulièrement aride et presque entièrement dépourvu d'intérêt. Profitant de la latitude qui m'était laissée par la Commission de publication des documents de la Mission du cap Horn, j'ai donc cru devoir donner à cette étude sur les Oiseaux de l'Amérique australe une certaine extension, en comparant aux spécimens obtenus par la Mission française en 1882 et 1883 les exemplaires que le Muséum avait reçus précédemment d'Alcide d'Orbigny et des naturalistes attachés aux expéditions de l'*Uranie*, de la *Coquille*, de l'*Astrolabe* et de la *Zélée*. Il m'a paru également nécessaire

de tenir compte des travaux publiés en France et à l'étranger sur la faune ornithologique des mêmes régions par l'illustre Darwin et MM. Sclater, Salvin, Sharpe, de Pelzeln, Giglioli, Alph. Milne Edwards, etc.; de mettre à profit les documents fournis par les expéditions du *Beagle*, de la *Novara*, du *Nassau*, du *Challenger* et de l'*Alert*, et d'essayer, en les combinant avec les observations que j'avais faites, de tracer les limites de l'aire d'habitat de chaque espèce. Les notes manuscrites et les croquis qui m'avaient été remis par MM. Hyades, Hahn, Lebrun et Sauvinet, renfermaient sur la date de capture, le contenu de l'estomac, la coloration des yeux, du bec et des pattes, des renseignements qui venaient corroborer ou compléter les renseignements fournis par les naturalistes anglais, et que je ne pouvais laisser de côté, pas plus que je ne devais omettre de décrire les espèces nouvelles ou peu connues dont j'avais sous les yeux d'excellents spécimens. Enfin, quoique mon travail eût surtout pour objet l'étude des Oiseaux rapportés par les naturalistes de la Mission du cap Horn, il m'a semblé qu'il y aurait un certain intérêt à le compléter en y joignant, en appendice, une liste aussi complète que possible des espèces qui ne figuraient pas dans la collection.

## 1. Conurus smaragdinus.

La **Perruche émeraude** Buffon, *Hist. nat. des Oiseaux*, t. VI, p. 262.

La **Perruche des terres magellaniques** Daubenton, *Planches enluminées de Buffon*, 1770, pl. LXXXV.

**Psittacus smaragdinus** Gmelin, *Syst. nat.*, 1788, t. I, p. 322.

La **Perruche émeraude** Levaillant, *Hist. nat. des Perroquets*, 1801-1805, pl. XXI.

**Conurus smaragdinus** G.-R. Gray et Mitchell, *Genera of Birds*, 1844-1849, t. II, n° 42.

— O. Finsch, *Papageien*, 1867, t. I, p. 525, n° 72.

— Ph.-L. Sclater et O. Salvin, *Nomenclator Avium neotropicalium*, 1873, p. 112. — *Birds of Antarctic America* (*Voy.* « *Challenger* »), in *Proceed. zool. Soc. Lond.*, 1878, p. 434, n° 20. — *Report on the Birds collected in Antarctic America*, in *Report on the scientific results of the voyage of H. M. S.* « *Challenger* », *Zoology*, t. II, 1881, p. 104, n° 20.

**Pyrrhura smaragdinea** A. Reichenow, *Conspectus Psittacorum, Journ. of Ornith.*, 1881, p. 286, n° 50 (tirage à part, p. 154, n° 50), et *Vögelbilder*, pl. XXII, fig. 3.

Cette espèce est assez répandue dans le sud du Chili et en Patagonie et s'avance jusque sur la Terre de Feu où elle est connue des indigènes sous le nom de *Kinarh*. L'expédition du passage de Vénus en a fourni dix-neuf individus de sexes différents, savoir six spécimens obtenus au mois de janvier 1883, par M. Lebrun à Agua Fresca, et treize spécimens obtenus par les naturalistes de la Mission du cap Horn, le 11 novembre 1882 sur les bords de la baie Orange, le 2 mars 1883 sur les bords des *Murray's narrows* (passes de Murray), et le 16 août de la même année à Packewaïa au sud de la Terre de Feu. Ces spécimens étaient accompagnés des indications suivantes qui concordent parfaitement avec les renseignements recueillis par les naturalistes du *Challenger* : « Iris rouge; bec noirâtre passant au jaune corne à l'extrémité des mandibules; tarses d'un gris foncé en dessus, d'un blanc jaunâtre sur la face inférieure; cire et parties nues d'un gris noirâtre; estomac contenant des graines. »

On ignore si les Perroquets observés par Bougainville dans les mêmes parages se rapportaient au *Conurus smaragdinus* ou s'ils appartenaient au *Conurus patagonus* V., espèce de taille plus forte et plus voisine des Aras, qui a été signalée récemment par M. Burmeister et par plusieurs naturalistes anglais sur divers points de la Patagonie et de la République Argentine (*voir* Sclater et Salvin, *On the Birds collected in the Straits of Magellan by Dr Cunningham*, in *Ibis*, 1868, p. 187, n° 16; H. Durnford, *Notes on the Birds of central Patagonia*, in *Ibis*, 1878, p. 400; W.-H. Hudson, *On patagonian Birds*, in *Proceed. zool. Soc. Lond.*, 1872, p. 549, n° 31; H. Burmeister, *Notes on Conurus hilaris and others Parrots of the Argentine Republic*, in *Proceed. zool. Soc. Lond.*, 1878, p. 75, etc.), et dont le Muséum possède quelques spécimens pris au Chili par MM. Lesson et Garnot (voyage de la *Coquille*) et par M. Gay.

Le *Conurus smaragdinus* et le *C. patagonus* habitent à peu près les mêmes contrées; toutefois, la dernière espèce paraît plus largement répandue.

## 2. Cathartes aura.

**Vultur aura** Linné, *Systema Naturæ* (édit. 1766), t. I, p. 122.

— Vieillot, *Oiseaux de l'Amér. septentr.*, pl. II *bis*.

— Wilson, *Amer. Ornith.*, 1814, t. IX, p. 96, et pl. LXXV, fig. 2.

**Cathartes aura** Illiger, *Prodromus*, 1811, p. 236.

— J.-J. Audubon, *Birds Amer.*, in-fol., pl. CLI, et 1839, édit. in-8°, t. I, p. 15, pl. II.

— J. Gould, Darwin, *Voy. of the « Beagle »*, *Zool.*, t. III, *Birds*, 1841, p. 8.

**Œnops aura** R.-B. Sharpe, *Cat. Birds Brit. Museum*, 1874, t. I, *Accipitres*, p. 25.

**Rhinogryphus aura** Ridgway, *Hist. N. Amer. Birds*, t. III, p. 337.

— R.-B. Sharpe, *Cat. B. Brit. Museum*, t. I, p. 455 (*Addenda*).

? **Cathartes aura** Ph.-L. Sclater, *Cat. of the Birds of the Falkland Islands*, *Proceed. zool. Soc. Lond.*, 1860, p. 383, n° 1.

— Ph.-L. Sclater et O. Salvin, *Birds collected in the Straits of Magellan by Dr Cunningham*, in *Ibis*, 1869, p. 284, n° 10.

**Cathartes aura** Ph.-L. Sclater et O. Salvin, *Birds of Antarctic Amer.*, in *Proceed. zool. Soc. Lond.*, 1878, p. 435. — *Report on the Birds collect. in Antarctic Amer.*, in *Rep. scient. Results of the voy. of H. M. S. « Challenger »*, *Zoology*, t. II, 1881, p. 185, n° 26.

— Ph.-L. Sclater, *Proceed. zool. Soc. Lond.*, 1879, p. 309.

?**Œnops falklandica** R.-B. Sharpe, *Cat. B. Brit. Mus.*, 1874, t. I, *Accipitres*, p. 27.

Dans quelques Ouvrages modernes on trouve cette espèce désignée sous le nom générique de *Rhinogryphus*, qui a été proposé par M. Ridgway et adopté par M. R.-B. Sharpe; mais j'ai cru devoir, à l'exemple de M. Sclater, restituer au *Vultur aura* de Linné le nom générique de *Cathartes*, sous lequel il est généralement connu. En effet, comme le disent fort bien MM. Sclater et Salvin (*Proceed. zool. Soc. Lond.*, 1878, p. 435), dès 1816, Vieillot (*Analyse*, 1816, p. 21) crut devoir établir deux genres aux dépens de l'ancien genre *Cathartes* d'Illiger : il nomma *Catharista* le *Vultur aura* et le *Vultur atratus*, et *Gypagus* le *Vultur papa*. Néanmoins, on conserva l'habitude d'appeler *Cathartes* le *Vultur aura* et les espèces voisines, tandis que l'on associa quelquefois le *Vultur papa* au Condor, dans le genre *Sarcorhamphus*. Si donc on veut suivre rigoureusement les lois de la nomenclature, il faut donner au *Roi des Vautours* le nom générique de *Gypagus* et au Vautour *aura* le nom de *Catharista ;* mais il n'y a pas lieu de transporter au premier de ces oiseaux le nom de *Cathartes*, qui convient tout aussi bien au second. Enfin, il ne paraît pas nécessaire de distinguer sous le nom d'*Œnops* ou de *Rhinogryphus* les *Cathartes* à tête rouge des *Cathartes* à tête noire qui seraient appelés *Catharista* ou *Cathartistes*.

Comme MM. Sclater et Salvin, je conserve aussi quelques doutes au sujet de la valeur spécifique de l'*Œnops* ou *Cathartes falklandica*, qui serait propre aux îles Falkland ou Malouines et qui, d'après M. R.-B. Sharpe, se distinguerait du *Cathartes aura* par la nuance grise des couvertures médianes et des pennes secondaires de ses ailes, par la teinte rose des parties dénudées de sa tête et par les dimensions un peu plus faibles des diverses parties de son corps. En effet, si j'ai constaté qu'un Catharte rapporté des Malouines, en 1820, par l'expédition de l'*Uranie* a les pennes secondaires et les couvertures moyennes distinctement bordées de gris ([1]), comme les spécimens décrits par M. Sharpe et provenant de l'expédition antarctique anglaise; si j'ai reconnu que les dimensions de cet oiseau des Malouines étaient un peu plus faibles que celles des autres Cathartes de la collection du Muséum, je n'attache pas une grande importance à ces différences de taille et de coloration, puisque, parmi les Cathartes adultes de l'Amérique continentale, on observe certaines variations de grosseur et de plumage. M. Sharpe lui-même a vu, dans la collection recueillie par le naturaliste de l'expédition de l'*Alert*, une femelle de *Cathartes aura* dont la tête était d'un rouge clair, dont les pennes alaires étaient plus distinctement liserées de gris que chez un mâle tué dans la même localité

([1]) Quant à la coloration des parties nues, il est impossible de dire ce qu'elle était chez l'oiseau vivant. La tête et les pattes ont été teintées récemment, et peut-être à tort, en rose chair sur l'exemplaire monté d'après les indications fournies par M. Sharpe dans son Catalogue.

(Tom Bay) à la même époque, et qui offrait, par conséquent, une transition vers le *Cathartes* ou *Rhinogryphus falklandicus* [1]. D'un autre côté, on ne peut soutenir que le *Cathartes falklandicus* soit strictement confiné dans l'archipel dont il porte le nom et qu'il y représente l'espèce ordinaire, puisque certains spécimens obtenus par le Dr Cunningham, et attribués par R.-B. Sharpe à son *Œnops falklandica*, proviennent d'Hasleyn Cove (Messier Channel), c'est-à-dire d'un point de la côte orientale de la Patagonie [2].

Il est d'ailleurs aujourd'hui bien établi qu'on avait assigné au véritable *Cathartes aura* une aire géographique encore trop restreinte, en disant qu'il se trouvait sur le continent américain depuis le 49e degré de latitude Nord, sur le versant du Pacifique, et depuis le Nouveau-Brunswick, sur le versant de l'Atlantique, jusqu'au Brésil et peut-être jusqu'au Chili [3]. En effet, d'après M. P.-W. White [4], le *Cathartes aura* est commun aux environs de Conception, dans la République Argentine, et je n'ai constaté aucune différence digne d'être signalée entre un spécimen de la collection du Muséum, provenant de Virginie, et les spécimens rapportés de Patagonie par la Mission du cap Horn. Ces spécimens, au nombre de huit, avaient été obtenus, les uns dans la baie Orange, les autres à l'île Horn, et portaient tous le même costume noir, avec quelques lisérés bruns peu distincts sur les plumes des ailes. Tous avaient l'iris brun, le bec d'une teinte jaunâtre, couleur *corne blonde* ou *griffe de lion* avec la pointe plus ou moins noire, les pattes d'un gris noirâtres ou d'un gris blanchâtre sale; mais ils offraient, dans la coloration de la cire et des parties nues, certaines différences, dépendant sans doute de la saison. Ainsi un mâle, tué le 5 avril 1883 sur les bords de la baie Orange, avait la cire d'un gris perle foncé et les parties nues de la tête d'un gris nuancé de rouge vineux, tandis

(1) R.-B. Sharpe, *Zoological collections made during the Survey of H. M. S. « Alert », Birds*, n° 26, in *Proceed. zool. Soc. London*, 1881, p. 10.

(2) Cunningham, *Ibis*, 1868, p. 494, et *Straits of Magell.*, 1871, p. 355. — Sclater et Salvin, *Ibis*, 1869, p. 284, n° 10 (sous le nom de *Cathartes aura*).

(3) Sharpe, *Cat. B. Brit. Mus.*, t. I, p. 26.

(4) *On Birds from the Argentine Republic*, in *Proceed. zool. Soc. Lond.*, 1882, p. 624, n° 165.

qu'un mâle et une femelle tués, l'un perché, l'autre au vol, dans la même localité, le 22 septembre et le 24 novembre 1882, avaient ces mêmes parties d'un rouge framboise.

Il est probable que les Cathartes ne visitent pas seulement à certaines époques la pointe méridionale de l'Amérique, comme on le supposait primitivement, mais qu'ils y séjournent pendant toute l'année, puisque les exemplaires rapportés par les naturalistes de l'expédition du cap Horn portent des dates diverses des mois d'avril, juin, septembre et novembre. On sait, du reste, que des Cathartes (*Cathartes aura* ou *C. falklandicus*) se reproduisent dans les îles Malouines (1) et que leurs œufs sont d'un blanc jaunâtre avec quelques taches plus ou moins larges et des stries d'un brun rouge, exactement comme ceux des *Cathartes aura* de l'Amérique du Nord.

J'ajouterai que, d'après les indications fournies par les étiquettes des individus que j'ai eus sous les yeux, l'estomac d'un de ces Cathartes de Patagonie était complètement vide et que celui d'un autre ne renfermait que des herbes, tandis que l'estomac d'un Catharte tué dans les îles Malouines par les naturalistes de l'expédition du *Challenger* contenait les débris d'un petit oiseau.

Le *Cathartes aura* porte chez les Fuégiens du Sud le nom vulgaire d'*Iloèr*.

### 3. Polyborus tharus.

**Falco tharus** Molina, *Saggio St. Nat. Chil.*, 1782, p. 264.

**Falco plancus** et **F. brasiliensis** Gmelin, *Syst. nat.*, 1788, t. I, p. 262.

**Polyborus vulgaris** Spix, *Aves brasil.*, t. I, p. 3, et pl. I.

— Vieillot et Oudart, *Gal. des Ois.*, 1825, t. I, p. 23, et pl. VII.

— D'Orbigny, *Voy. Am. mérid., Zoologie, Oiseaux*, 1835, p. 55, et pl. I, fig. 1.

**Polyborus brasiliensis** J. Gould, Darwin, *Voy. « Beagle », Zool.*, t. III, *Birds*, 1841, p. 9.

(1) J. Gould, *Proceed. zool. Soc. Lond.*, 1859, p. 93 (*List of the Birds from the Falkland Islands, with descriptions of the eggs of some of the species, from the specimens collected by capt. C. C. Abbott*). — Sclater, *loc. cit.*, *Proceed. zool. Soc. Lond.*, 1879, p. 309 (*Eggs collected during the « Challenger » expedition*).

**Polyborus tharus** Strickland, *Ornith. Syn.*, 1855, p. 18.

— Cunningham, *Ibis,* 1868, p. 125.

— Ph.-L. Sclater et O. Salvin, *On the Birds collected by Dr Cunningham in the Straits of Magellan, Ibis,* 1868, p. 188, n° **18**, et 1870, p. 499. — *Birds from the Argentine Republic, Proceed. zool. Soc. Lond.,* 1869, p. 634, n° **20**. — *Nom. Av. neotrop.*, 1873, p. 123. — *Report on the collections of Birds made during the voyage of H. M. S. « Challenger »*, n° **IX**; *Birds of antarctic America, Proceed. zool. Soc. Lond.,* 1878, p. 435. — *Birds from Bolivia, Proceed. zool. Soc. Lond.*, 1879, p. 639, n° **465**. — *Voyage of H. M. S. « Challenger »*, 1881, *Zoology*, t. **II**; *Report on Birds antarctic America*, p. 105, n° **25**.

— Ph.-L. Sclater, *Notes sur le Mémoire de* M. Hudson, *On the patagonian Birds, Proceed. zool. Soc. Lond.*, 1872, p. 536. — *Additions to the Menagery, Proceed. zool. Soc. Lond.*, 1876, p. 333, et pl. XXV.

— R.-B. Sharpe, *Cat. B. Brit. Mus.*, 1874, *Accipitres*, t. I, p. 31, n° **1**.

— H. Durnford, *Notes from the neighbourhood of Buenos Ayres*, in *Ibis*, 1876, p. 161. — *On the Birds of the province of Buenos Ayres, Ibis,* 1877, p. 188. — *Notes on the Birds of central Patagonia, Ibis,* 1878, p. 398.

**Polyborus vulgaris** H. Durnford, *On some Birds observed in the Chuput Valley* (*Patagonia*), *Ibis*, 1878, p. 398.

**Polyborus tharus** L. Taczanowski, *Supplément à la liste des Oiseaux recueillis au nord du Pérou occidental par MM. Jelski et Stolzmann, Proceed. zool. Soc. Lond.*, 1877, p. 745, n° **12**. — *Ornithologie du Pérou,* 1884, t. I, p. 92.

— H. Gurney, *Proceed. zool. Soc. Lond.*, 1878, p. 230.

— E. Gibson, *On the Ornithology of the Cape San Antonio* (*Buenos Ayres*), *Ibis*, 1879, p. 415, n° **8**.

— R.-B. Sharpe, *Zoological collections made during the Survey of H. M. S. « Alert »*, *Birds, Proceed. zool. Soc. Lond.*, 1881, p. 10, n° **28**.

Le *Polyborus tharus* ou *Caracara* de l'Amérique méridionale habite la partie de ce vaste continent située au sud de la République de l'Équateur et du fleuve des Amazones; mais il est déjà beaucoup moins répandu dans le nord du Pérou que dans le sud de cette contrée, dans la République Argentine et en Patagonie, où il séjourne toute l'année et se reproduit régulièrement. Son nid, dont M. Durnford et M. Stolzmann ont donné la description, est placé tantôt sur des arbres entourés de lianes, tantôt sur des buissons élevés, et contient parfois, à côté des œufs ou des jeunes, des arêtes de poissons, du cuir, de la paille, etc. Les œufs, dont le Muséum possède plusieurs spécimens, rapportés jadis par M. d'Orbigny et par M. Gay, sont d'un brun rougeâtre ou chocolat fortement tacheté de brun foncé et ressemblent un peu à certains œufs de Percnoptères, avec des formes plus ramassées et plus arrondies.

Cette espèce est sujette à de très grandes variations sous le rapport des dimensions des ailes et des pattes, des teintes du plumage et de la coloration des parties nues, variations sur lesquelles Ch. Darwin, M. Sclater et M. Gurney ont déjà appelé l'attention des naturalistes. L'aile, par exemple, peut mesurer $38^{cm}$, $40^{cm}$, $43^{cm}$ ou même $45^{cm}$ de long, le tarse $7^{cm}\frac{3}{4}$ ou $9^{cm}$, le doigt médian $5^{cm}$ à $6^{cm}$; la livrée prend parfois des teintes grises ou jaunâtres à peu près uniformes, comme cela a été observé chez deux Caracaras provenant de Patagonie, qui ont vécu aux *Zoological Gardens* à Londres, et la cire change de couleur, passant du rouge carmin au rose, à l'orangé et au jaune, chez le même individu et presque dans la même journée, ainsi qu'on peut s'en convaincre en observant les *Polyborus* vivant dans les jardins zoologiques. Il n'est donc pas étonnant qu'à défaut de grandes différences de plumage il y ait eu, chez les neuf Caracaras tués en Patagonie et sur la Terre de Feu par les naturalistes attachés à la Mission du cap Horn, de notables différences dans la coloration du bec, des pattes et de la cire, différences qui sont indiquées sur les maquettes, sur les catalogues et sur les étiquettes que j'ai sous les yeux. Je vois, par exemple, que deux mâles tués à l'île Pavon, le 29 septembre 1882, et un autre individu tué à Santa Cruz par les officiers du *Volage* avaient les yeux jaunes; qu'un mâle tué le 1er janvier 1883, sur les bords de la baie Orange, avait le bec d'un blanc sale et la cire rose; une femelle tuée presque à la même époque, le 4 janvier, le bec couleur de corne tirant au bleuâtre à la base et au verdâtre à la pointe, la cire d'un jaune orange, les pattes de la même couleur, mais d'une nuance moins foncée, et les yeux d'un gris brun; une femelle tuée le 12 mars 1883, dans la même localité que les deux premiers individus, le bec couleur de corne blonde, un peu grisâtre sur les bords et à l'extrémité, légèrement bleuâtre sous la mandibule inférieure et à la base de la mandibule supérieure, la cire d'un jaune rougeâtre, les tarses d'un jaune citron clair avec les écailles de la face antérieure d'un jaune citron pur, les phalanges également d'un jaune citron pur, les parties dénudées tirant au jaune rougeâtre au-dessus de la mandibule supérieure, au jaune citron sous la mandibule inférieure et offrant une légère tache jaune citron en avant et au-dessous des yeux qui étaient de couleur brune. Je vois aussi que chez un mâle, tué le 20 mars 1883, sur le bord de la plage à la baie Orange, le bec était d'un blanc bleuâtre, avec les commissures d'un blanc grisâtre et l'extrémité des mandibules d'une teinte corne blonde, la cire rougeâtre, l'iris brun, les tarses d'un gris blanchâtre à écailles opalines, la pulpe des phalanges blanchâtre, légèrement teintée de jaune, les parties nues tirant au rougeâtre clair au-dessus de la mandibule supérieure, au gris clair, un peu rosé, sous la mandibule inférieure, et offrant une nuance framboisée dans la partie antérieure de la région infra-oculaire. Enfin, je trouve encore les indications suivantes dans les notes qui me sont communiquées par M. le D^r^ Hyades et par M. le D^r^ Hahn :

1° Mâle tué sur les bords du New Year Sound, le 17 avril 1883 : iris brun, bec jaune, cire rose; pattes grises.

2° Mâle tué le 21 juin 1883 sur les bords de l'Anse aux Canards, à la baie Orange : iris brun clair, cire rouge orangé, bec corne blonde tirant au bleuâtre à la base; tarses d'un jaune pâle sur la face antérieure, d'un jaune très clair sur la face postérieure; phalanges d'un jaune citron, plus foncé en avant; parties nues rouge orange vif au-dessus du bec et autour des yeux.

3° Jeune femelle tuée près de la plage, à la baie Orange, le 25 juillet 1883 : iris brun clair, cire jaune *peau d'orange*, bec corne blonde nuancé de gris perle; parties nues à la base du bec d'un jaune *peau d'orange* clair; tarses d'un jaune citron.

4° Mâle tué à la pointe Sauvinet, près de la baie Orange, au bord de la mer, le 29 juillet 1883 : iris brun marron, cire jaune orange, bec corne brune avec la pointe blanchâtre; tarses jaune citron; parties nues d'un jaune orangé vers la base du bec.

5° Individu de sexe indéterminé, tué le 29 juillet 1883, sur les bords de la baie Fleuriais, dans le canal du Beagle : yeux bruns, bec d'un ton jaunâtre pâle, nuancé de bleuâtre en arrière, cire et parties nues des côtés de la tête d'un jaune orangé; pattes jaunes, ongles bruns.

6° Jeune femelle tuée à la baie Orange le 28 septembre 1882 : yeux bruns, bord des paupières jaune pâle, cire orangée, bec gris verdâtre; pattes jaunes.

Chez les deux individus (mâles) obtenus par l'expédition anglaise du *Challenger* à Isthmus Harbour et à Port Churrucha (Magellan), les yeux étaient bruns; mais chez l'un le bec était bleu et la cire et les pattes offraient une teinte chair, tandis que chez l'autre le bec était bleuâtre, la cire jaune orange, les pattes jaunes. Des trois individus rapportés de Patagonie par l'expédition de l'*Alert*, l'un (une femelle adulte tuée à Tom Bay en mars 1879) avait le bec gris, la cire jaune orange, les tarses gris, les pieds jaunes et les ongles noirs; un autre (une jeune femelle tuée à Port Henry le 25 janvier 1879), la cire orange, les tarses gris et jaunes; le troisième (un jeune mâle tué le même jour et dans la même localité que l'individu précédent), la cire d'une teinte grisâtre tirant au rose chair et les yeux noirs.

Chez les Caracaras à plumage anormal qui ont vécu au Jardin zoologique de Londres, la cire passait seulement du rouge carmin au rose pâle, les pattes étaient d'un jaune uniforme et les mandibules d'un jaune bleuâtre. Enfin les mâles adultes de la même espèce, envoyés du Pérou par M. Stolzmann au musée de Varsovie, offraient de leur vivant les teintes suivantes : bec cendré à la base, passant graduellement au gris jaunâtre pâle; cire et pattes orangées; iris d'un gris bleuâtre assez clair, tandis que les jeunes avaient les pattes d'une nuance bleuâtre.

On voit par les documents que je viens de citer que le *Polyborus tharus* s'avance jusque sur les îles situées au sud de la Terre de Feu, entre le 55e et le 56e degré de latitude Sud, et l'on peut conclure du nombre des spécimens qui ont été obtenus par les expéditions anglaises et françaises que l'espèce doit être très répandue dans les îles Malouines et surtout en Patagonie [1]; elle fréquente les plaines marécageuses et le

(1) Un individu de cette espèce avait déjà été rapporté, en 1879, du détroit de Magellan

bord de la mer et se nourrit de toutes sortes d'animaux, vivants ou morts. L'estomac de quelques-uns des Caracaras tués par M. le Dr Hahn à l'île Wollaston renfermait des débris de petits oiseaux.

*Katéla* est le nom vulgaire par lequel les Fuégiens désignent cette espèce de Rapace, qui est appelée *Carrancho* par les habitants de la République Argentine.

### 4. Ibycter australis.

**Statenland Eagle** et **New-Zealand Falcon** Latham, *Gen. Syn.*, 1781, t. I, p. 40, et pl. IV.

**Falco australis** Gmelin, *Syst. nat.*, 1788, t. I, p. 259.

**Morphnus Novæ-Zelandiæ** Cuvier, *Règn. anim.*, 1re édition, 1817, t. I, p. 318.

**Falco Novæ-Zelandiæ** Temminck, *Pl. col.*, 1823, t. I, pl. CLXXXXII et CCXXIV.

**Circaetus antarcticus** Lesson, *Trait. d'Orn.*, 1831, p. 49.

**Polyborus Novæ-Zelandiæ** Darwin, *Journ. et Adv. « Beagle »*, 1839, p. 66.

**Milvago leucurus** J. Gould, Darwin, *Voy. « Beagle », Zool.*, t. III, *Birds*, 1841, n° 15 (ex *Forst. Icon. ined.*, n° 34).

**Vultur plancus** Forster, *Descr. anim.*, éd. 1844, p. 323.

**Milvago australis** G.-R. Gray, *Cat. Accip.*, 1848, p. 30.

— Ph.-L. Sclater, *Cat. of the Birds of the Falkland Islands, Proceed. zool. Soc. Lond.*, 1860, p. 383, n° 2.

**Milvago leucurus** J. Gould, *List. of Birds from the Falkland Islands, Proceed. zool. Soc. Lond.*, 1859, p. 92.

**Milvago australis** Abbott, *Ibis*, 1861, p. 150.

— Ph.-L. Sclater et O. Salvin, *Nom. Av. neotr.*, 1873, p. 122.

— A. v. Pelzeln, *On Birds in the imp. collection of Vienna, Ibis*, 1873, p. 17.

**Ibycter australis** R.-B. Sharpe, *Cat. B. Brit. Mus.*, 1874, t. I, *Accipitres*, p. 38.

? **Milvago australis** Ph.-L. Sclater, *On eggs of Birds, Proceed. zool. Soc. Lond.*, 1879, p. 309.

L'*Ibycter australis*, il est presque inutile de le rappeler, n'appartient

---

par M. l'amiral Serres et un autre avait été rapporté, en 1820, des îles Malouines par l'expédition de l'*Uranie*.

pas, comme le supposaient Gmelin, Latham, Temminck et Lesson, à la faune de la Nouvelle-Zélande, où sa présence n'a été indiquée que par erreur, peut-être par suite d'une confusion avec l'*Hieracidea* ou *Harpa Novæ-Zelandiæ*. Il est même fort douteux que cette espèce bien distincte du genre *Ibycter* se trouve sur le continent américain ([1]), et tout porte à croire que son aire d'habitat, des plus restreintes, ne comprend que l'archipel des Malouines, la Terre des États et quelques petites îles voisines. C'est des Malouines (Berkeley Sound, San Salvador, etc.) que proviennent les spécimens dont il est fait mention dans les Catalogues de J. Gould, de Gray et de R.-B. Sharpe, et ceux qui figurent depuis bien des années dans les galeries du Jardin des Plantes. Ces derniers ont été rapportés soit par Lesson et Garnot (voyage de la *Coquille*, 1825), soit par Quoy et Gaimard (voyage de l'*Uranie*, 1820), et deux d'entre eux, ceux du voyage de l'*Uranie*, sont précisément les types du Circaète funèbre (*Circaetus antarcticus*) de Lesson. Ils ressemblent entièrement aux quatre individus qui ont été obtenus par les officiers de la *Romanche* soit à la baie Edwards (Malouines), soit sur les bords du New Year Sound ou à la baie Cook, sur la Terre des États.

Cette espèce porte, d'après M. Hahn, le nom fuégien de *Ouinafkara*.

### 5. Milvago chimango.

**Chimango** d'Azara, *Apunt.*, 1802, t. I, p. 47.

**Polyborus chimango** Vieillot, *Nouv. Dict. d'Hist. nat.*, 1816, t. V, p. 260.

— D'Orbigny, *Voy. dans l'Am. mérid. Zool., Oiseaux*, 1835, p. 60, et pl. II, fig. 3 et 4.

**Milvago chimango** et **M. pezoporus** J. Gould, Darwin, *Voy. « Beagle », Zool.*, t. III, *Birds*, 1841, p. 13 et 14.

**Milvago chimango** Ph.-L. Sclater et O. Salvin, *On the Birds collected in the Straits of Magellan by Dr Cunningham, Ibis*, 1868, p. 187, n° 17.

---

([1]) Les quelques spécimens qui portent, dans les collections publiques, la mention *Patagonie* ou *Amérique du Sud* ont été acquis à des marchands, et leur provenance est incertaine.

**Milvago chimango** Ph.-L. Sclater, *Notes sur le Mémoire de* M. Hudson, *On patagonian Birds*, in *Proceed. zool. Soc. Lond.*, 1872, p. 536.

— Ph.-L. Sclater et O. Salvin, *Nom. Av. neotrop.*, 1873, p. 122.

**Ibycter chimango** R.-B. Sharpe, *Cat. B. Brit. Mus.*, *Accipitres*, p. 41.

**Milvago chimango** H. Durnford, *Ibis*, 1876, p. 161; 1877, p. 40 et 188, et 1878, p. 398.

— Ph.-L. Sclater et O. Salvin, *Birds of antarctic America*, *Proceed. zool. Soc. Lond.*, 1878, p. 435, n° 24; *Birds from Bolivia*, *Ibid.*, 1879, p. 638, n° 462, et *Voy. of « Challenger »*, *Zool.*, t. II, *Report on Birds; On the Birds collect. in ant. America*, 1881, p. 105, n° 24.

— E. Gibson, *On the ornithology of cape San Antonio* (*Buenos Ayres*), in *Ibis*, 1879, p. 420.

**Ibycter chimango** R.-B. Sharpe, *Zool. coll. made during the Survey of H. M. S. « Alert »*, in *Proceed. zool. Soc. Lond.*, 1881, p. 10, n° 27.

**Milvago chimango** L. Taczanowski, *Ornith. du Pérou*, 1884, t. I, p. 97, n° 7.

Ce Rapace, auquel je conserve le nom générique de *Milvago* qui doit s'appliquer, d'après Gray, à toutes les espèces plutôt terrestres qu'arboricoles de l'ancien genre *Ibycter* ([1]), occupe toute la région australe de l'Amérique du Sud, y compris la Terre de Feu. Il remonte, vers l'Ouest, un peu plus haut que ne l'indique R.-B. Sharpe, puisqu'il a été observé par d'Orbigny en Bolivie et sur la côte péruvienne, aux environs d'Arica ([2]), par 16° de lat. Sud; mais dans les régions centrales et orientales il ne dépasse guère le tropique du Capricorne. Il est extrêmement répandu dans la République Argentine et en Patagonie ([3]), dans les plaines découvertes, où d'Orbigny, M. Durnford et M. Gibson ont pu successivement étudier ses mœurs, son régime et son mode de nidification. Les renseignements fournis par ces différents naturalistes ont été publiés dans des Recueils et dans des Ouvrages assez répandus pour que je puisse me contenter à cet égard

([1]) Gurney, *Notes on R. B. Sharpe's Cat. of Accipitres*, *Ibis*, 1873, p. 95.

([2]) D'Orbigny, *op. cit.*, et Taczanowski, *op. cit.*

([3]) En 1877 et en 1879, le Muséum d'Histoire naturelle avait déjà reçu de M. l'amiral Serres plusieurs individus de cette espèce, tués à Puerto Bueno et sur les bords du détroit de Magellan.

d'un simple renvoi. Je me bornerai donc à relever les indications relatives à la coloration des yeux, du bec, des pattes et de la cire, qui ont été recueillies par les naturalistes attachés soit aux expéditions anglaises de l'*Alert* et du *Challenger*, soit à l'expédition française du cap Horn :

1° Deux femelles tuées à Porto Bueno, en face de l'île de Hanovre, du 8 au 10 janvier 1876 (*Challenger*) :

Yeux bruns; pattes d'un gris bleuâtre.

2° Mâle tué à Sandy Point (détroit de Magellan), du 14 au 17 janvier 1876 (*Challenger*) :

Yeux bruns; bec jaunâtre; pattes bleues.

3° Mâle tué à Cockle Cove (détroit de Magellan), le 9 février 1879 (*Alert*) :

Yeux d'un gris foncé; cire grise; pattes d'un vert olive; ongles noirs.

4° Mâle tué à Talcahuano (Chili), en septembre 1879 (*Alert*) :

Yeux d'un brun clair; bec gris et blanc; pattes grises.

5° Mâle tué à Agua Fresca par M. Lebrun :

Yeux bruns.

6° Mâle tué sur les bords de la baie Gretton, au nord des îles Wollaston, le 24 décembre 1882 (expédition du cap Horn) :

Yeux d'un gris terne; cire jaune; bec couleur de corne pâle; pattes d'un gris pâle.

7° Mâle pris à la baie Orange, au fond de l'Anse aux Canards, le 9 janvier 1883, dans un piège posé pour les Renards (expédition du cap Horn) :

Yeux d'un brun clair; cire gris perle; bec jaune verdâtre; tarses gris perle sur la face supérieure, gris en dessous.

8° Deux mâles tués le 27 janvier, dans la même localité (expédition du cap Horn) :

Yeux bruns; cire gris perle; bec blanc verdâtre; pattes gris perle.

9° Mâle tué à Oushouaïa, sur les bords du canal du Beagle, le 2 février 1883 (expédition du cap Horn) :

Yeux bruns; cire d'un blanc sale; parties nues d'une teinte bleuâtre; bec bleuâtre; pattes d'un gris bleuté.

10° Femelle provenant de la même localité (expédition du cap Horn) :

Yeux brun clair; cire jaune citron; bec d'une teinte cornée tirant au bleu; parties nues jaunâtres; pattes jaunes.

11° Femelle tuée le 9 avril 1883, à la baie Orange, dans un petit bois près de la plage :

Iris d'un brun très clair; cire gris perle; bec couleur corne brune sur la mandibule supérieure, corne blonde sur l'extrémité et gris perle foncé sur les trois quarts postérieurs de la mandibule inférieure; tarses gris perle; doigts gris blanchâtre.

12° Femelle tuée au New Year Sound, le 9 avril 1883 (expédition du cap Horn) :

Yeux bruns; cire d'un rose pâle; bec jaunâtre; pattes d'un gris bleuâtre.

13° Femelle de la même localité (expédition du cap Horn) :

Yeux bruns; cire d'un gris pâle; bec couleur de corne blonde; pattes gris perle.

14° Femelle tuée le 6 mai 1883 sur les bords de la baie Orange (expédition du cap Horn) :

Yeux bruns; cire couleur de chair; bec brun légèrement verdâtre avec la pointe couleur corne blonde; pattes gris perle avec une légère teinte jaunâtre sous les doigts; parties dénudées au-dessus du bec, gris perle.

De la comparaison de ces documents, il ressort : 1° que la coloration de la cire, du bec, des parties nues et des pattes n'est nullement constante chez les *Milvago chimango;* 2° que ses variations ne correspondent pas à des différences de sexe; 3° qu'elles sont indépendantes de la saison.

Le Chimango, que les Fuégiens connaissent sous le nom de *Yoakalia*, se nourrit de toutes sortes de proies vivantes ou mortes, et même de substances végétales : l'estomac des individus disséqués par M. le Dr Hyades et par M. le Dr Hahn renfermait des pelotes de poils de petits Rongeurs (*Hesperomys?*), des débris d'Oiseaux (notamment les fragments de la patte d'un jeune Huitrier), des Insectes coléoptères ou diptères, tantôt seuls, tantôt associés à des baies sauvages.

## 6. Circus cinereus.

**Ceniciento** d'Azara, *Apunt.*, 1802, t. I, p. 145, et G. Hartlaub, *Ind. d'Azara*, 1847, p. 3.

**Circus cinereus** Vieillot, *Nouv. Dict. d'Hist. nat.*, 1816, t. IV, p. 454.

**Falco histrionicus** Quoy et Gaimard, *Voy. de l' « Uranie ». Zoologie, Oiseaux*, 1824, p. 93, et pl. XV et XVI.

**Circus histrionicus** King, *Zool. Journ.*, 1827, t. III, p. 425.

**Circus cinereus** d'Orbigny, *Voy. dans l'Amér. mérid. Zoologie, Oiseaux*, 1835, p. 110.

**Circus cinereus** J. Gould, Darwin, *Voy. « Beagle », Zool.*, t. III, *Birds*, 1841, p. 30.

**Circus poliopterus** J. Cabanis et V. Tschudi, *Faun. peruana, Aves*, 1845, p. 113, et pl. III.

**Circus cinereus** J. Gould, *Proceed. zool. Soc. Lond.*, 1859, p. 94.

— Abbott, *Ibis*, 1861, p. 152.

— Ph.-L. Sclater, *Proceed. zool. Soc. Lond.*, 1860, p. 384, n° 5, et 1867, p. 330 et 338.

— Ph.-L. Sclater et O. Salvin, *Proceed. zool. Soc. Lond.*, 1868, p. 143; 1869, p. 155; 1879, p. 636, n° 438, et *Nomencl. Av. neotr.*, 1873, p. 118.

— W.-H. Hudson, *Proceed. zool. Soc. Lond.*, 1872, p. 536 (note).

— W.-B. Lee, *Notes from Argentine Republic*, *Ibis*, 1873, p. 131, n° 2.

— R.-B. Sharpe, *Cat. B. Brit. Mus.*, 1874, t. I, *Accipitres*, p. 57.

— H. Durnford, *Ibis*, 1877, p. 38 et 187, et 1878, p. 397.

— E. Gibson, *Ibis*, 1879, p. 411.

— L. Taczanowski, *Ornith. du Pérou*, 1884, t. I, p. 171, n° 52.

Le Busard cendré habite toute la portion méridionale de l'Amérique du Sud. Sa limite septentrionale se trouve, du côté de l'Ouest, au niveau du 25e degré de latitude Sud (Sharpe) ou vers le tropique du Capricorne (d'Orbigny) et, du côté de l'Est, au niveau du 32e degré de latitude, dans les provinces méridionales du Brésil. Quant à sa limite méridionale, elle dépasse certainement le 52e degré de latitude (Jelski), puisqu'un exemplaire de cette espèce, qui fait partie des collections du

*British Museum*, provient du détroit de Magellan et qu'un autre spécimen a été obtenu, au mois de février 1883, à Punta-Arenas, par les officiers de la *Romanche* ([1]). Le *Circus cinereus* est commun au Chili, au Pérou, dans la République Argentine, aux îles Malouines et en Patagonie, au moins à certaines saisons. Il est probable, en effet, que ce Rapace ne séjourne que pendant quelques mois ou pendant une saison dans les mêmes localités et qu'en Patagonie, par exemple, il ne réside que pendant l'été, se retirant ensuite, à l'approche des grands froids, dans des régions moins éloignées de l'équateur. Cette circonstance nous expliquerait la rareté ou même l'absence totale de cette sorte de Busard dans des collections formées sur divers points de l'Amérique australe. En tout cas, nous savons par M. Durnford qu'en Patagonie le Busard cendré niche au mois d'octobre et qu'il dépose dans une simple dépression du sol, au milieu des grandes herbes des terrains marécageux, ses œufs qui sont d'un blanc sale et au nombre de deux ou trois par couvée. Un individu de cette espèce, disséqué par M. Durnford, avait dans l'estomac les restes d'un *Thinocorus rumicivorus* et un autre individu, examiné par M. Gibson, avait dévoré un *Tuco-Tuco*, Rongeur du genre *Ctenomys*. Ceci concorde parfaitement avec ce que d'Orbigny rapporte des instincts du *Circus cinereus* qui, dit-il, fait la chasse aux petits Mammifères et aux Tinamous, aussi bien qu'aux Reptiles, aux Mollusques, aux Insectes.

Les individus adultes de cette espèce ont, pendant la vie, les yeux jaunes ou orangés (Durnford), le bec ardoisé (Whitely) ou noir avec la base cendrée (Jelski), la cire jaune, les pattes d'un jaune de chrome (Whitely) ou d'une teinte orangée pâle (Durnford).

D'après MM. Sclater et Salvin (*Ibis*, 1868, p. 188, n° 22, et *Nomencl. Av. neotrop.*, 1873, p. 118), un individu encore jeune d'une autre espèce de Busard (*Circus micropterus* V.) aurait été obtenu par M. Cunningham à Sandy Point (détroit de Magellan).

---

([1]) Un autre spécimen de *Circus cinereus* avait été tué et préparé à Santa Cruz (Patagonie) par M. de Lartigue, enseigne de vaisseau, au mois de décembre 1882.

## 7. Accipiter chilensis.

**Accipiter chilensis** Philippi et Landbeck, *Arch. f. Naturg.*, 1864, p. 43.

**Accipiter Cooperi** v. Pelzeln, *Reis. Novar., Vögel*, 1865, p. 13.

**Accipiter chilensis** Ph.-L. Sclater et O. Salvin, *On chilian Birds, Proceed. zool. Soc. Lond.*, 1867, p. 329. — *Exot. Ornith.*, 1867, p. 73, 170, et pl. XXXVII. — *Birds collected in the Straits of Magellan by Dr Cunningham. Ibis*, 1868, p. 188, n° 20. — *Nomencl. Av. neotrop.*, 1873, p. 120.

— R.-B. Sharpe, *Cat. B. Brit. Mus.*, 1874, t. I, *Accipitres*, p. 155.

— H. Gurney, *Notes on R.-B. Sharpe's Catal. of Accipitres, Ibis*, 1875, p. 469.

L'*Accipiter chilensis* appartient au groupe des Éperviers à plumage plus ou moins tacheté sur les parties inférieures du corps. Dans la livrée du premier âge, il rappelle beaucoup l'*A. Cooperi* Bp., de l'Amérique du Nord, avec lequel il a été parfois confondu, et il se rapproche encore davantage de l'*A. pileatus* Tem., du Brésil et du Pérou, espèce à laquelle il pourrait même être rattaché à titre de simple race (*voir* Sclater et Salvin, *Exot. Ornith.*; Gurney, *loc. cit.*, et A. Newton, *Ibis*, 1868, p. 336). Il habite le Chili et la Patagonie; mais, dans cette dernière région, il doit être moins répandu, au moins à certaines saisons, puisqu'il n'a pas été rencontré par les naturalistes attachés aux expéditions anglaises du *Beagle*, de l'*Alert* et du *Challenger*. Le Musée britannique possède cependant deux exemplaires de cette espèce qui ont été obtenus dans le détroit de Magellan par King, et j'ai eu sous les yeux les dépouilles de huit autres individus rapportés des mêmes pays par les naturalistes attachés à la Mission française du cap Horn. Sur ces huit individus, tous mâles, il y en a six qui proviennent de Punta-Arenas (février 1883), un qui a été tué à la baie Orange (13 juin 1883) et l'autre à l'île Gable (17 mars 1883). L'Épervier tué à la baie Orange avait les yeux d'un jaune citron, avec un petit fragment de pigment noir sur l'iris en dehors, à l'œil droit; le bec noir à la pointe et gris perle foncé à la base; la cire d'un jaune verdâtre et les pattes d'un jaune citron. Son estomac renfermait un Passereau tout entier, de l'espèce appelée *Toutou* par les Fuégiens (¹).

Les Fuégiens donnent à cette espèce de Rapace le nom de *Chouhchoul.*

## 8. Buteo poliosomus.

**Falco polyosoma** Quoy et Gaimard, *Voy. « Uranie », Oiseaux*, 1824, p. 92, et pl. XIV.

**Astur poliosoma** G. Cuvier, *Règne animal*, 2ᵉ édit. 1829, t. I, p. 332.

**Buteo poliosoma** Lesson, *Traité d'Ornithologie*, 1831, p. 82.

**Buteo poliosomus** Ph.-L. Sclater, *Proceed. zool. Soc. Lond.*, 1860, p. 384.

— Abbott, *Ibis*, 1861, p. 151.

— Ph.-L. Sclater et O. Salvin, *Nomenclator Avium neotrop.*, 1873, p. 119.

— R.-B. Sharpe, *Cat. B. Brit. Mus.*, t. I, *Accipitres*, 1874, p. 171.

— J.-H. Gurney, *Notes on M. R.-B. Sharpe's Catalogue of Accipitres, Ib.* 1876, p. 68 et suiv.

Le type de cette espèce a été rapporté au mois de décembre 182 des îles Malouines, par l'expédition de l'*Uranie*, commandée par M. de Freycinet. Il figure encore dans les galeries du Muséum d'Histoire naturelle et portait les indications suivantes : « *Épervier gris des Malouines;* espèce nouvelle; *Buteo polyosoma* Lesson, *type; Falco polyosoma* Quoy et Gaimard, *type*. Pieds d'une teinte plombée jaunâtre. » Dans cet oiseau, dont le sexe nous est malheureusement inconnu, le plumage est, en majeure partie, d'un gris cendré tirant au gris noirâtre sur les lores et le tour des yeux et relevé par quelques taches blanches sur les couvertures des ailes et les pennes secondaires; mais les sous-caudales sont d'un blanc jaunâtre, légèrement rayées de gris, et la queue offre une teinte analogue, avec des raies transversales fines, d'un gris brunâtre, et une bande ante-apicale noirâtre, de $2^{cm}$ de large; le bec est brun à la pointe, jaunâtre à la base, et les pattes, actuellement décolorées, paraissent avoir eu la nuance marquée sur le plateau du spécimen empaillé.

---

(¹) *Scytalopus magellanicus* Lath.

Les dimensions principales sont :

| | |
|---|---|
| Longueur totale | m 0,54 environ |
| » de l'aile | 0,37 |
| » de la queue | 0,21 |
| » du tarse | 0,08 |
| » du doigt médian (sans l'ongle) | 0,04 |
| » du bec, mesuré en dessus (cire comprise) | 0,35 |

En comparant à ce type du *Falco polyosoma* ou *Buteo polyosomus* les quatre Buses, en divers plumages, qui ont été tuées sur différents points de la Fuégie par les naturalistes attachés à la Mission française du cap Horn, j'ai reconnu que deux de ces Rapaces, provenant l'un des bords de la baie Orange (6 juin 1883), l'autre d'Oushouaïa, sur les bords du canal du Beagle (18 août 1883), offraient avec le type en question une identité presque complète, les dissemblances ne portant que sur la largeur de la bande caudale (3cm au lieu de 2cm) et sur la vivacité des teintes du plumage, naturellement plus fraiches et plus pures chez les oiseaux de Patagonie récemment obtenus que chez l'oiseau des Malouines, dont la dépouille est conservée depuis longtemps dans notre Musée. La même livrée d'un gris presque uniforme se retrouve chez un mâle adulte qui fait partie des collections du Musée britannique et qui a été décrit par M. R.-B. Sharpe sous la rubrique *Buteo poliosomus*. Ce spécimen, obtenu à Port-Famine (Patagonie), ne diffère des deux Buses rapportées par la Mission française que par la teinte blanchâtre des lores (1), par la présence de quelques vestiges de barres transversales noirâtres sur la base des pennes primaires et par les dimensions un peu plus fortes des diverses parties du corps. La détermination des deux Rapaces tués sur les bords du canal du Beagle et de la baie Orange, en 1883, ne présente donc aucune incertitude. Il n'en est pas de même de celle d'un autre oiseau du même genre, qui a été tué, le 1er octobre 1882, par M. le Dr Hahn sur les bords de la baie Orange et qui, d'après l'étiquette, serait un jeune mâle. Ce spécimen provient de la même localité que l'un des individus que j'ai rapportés sans hésitation au *Buteo poliosomus*, mais il porte une tout autre

(1) Le type du *Buteo poliosomus* offre déjà un peu de blanc dans la région frontale.

livrée. Les parties supérieures du corps sont d'un gris cendré assez clair, avec une raie noirâtre au centre de chaque plume, et la région frontale tire même fortement au blanc, mais les lores et le tour des yeux sont noirâtres comme chez le *Buteo poliosomus* typique; quelques plumes d'un roux vif se montrent sur la région interscapulaire et dans le voisinage des ailes et quelques raies d'un brun grisâtre coupent les pennes secondaires et même certaines rémiges; en revanche, les raies transversales de la base de la queue sont presque entièrement effacées, de telle sorte que la bande ante-apicale, qui, elle, subsiste dans son intégrité, se détache encore plus nettement et mesure $3^{cm}$ de large. La longueur totale de l'oiseau est de $0^m,600$ environ; celle de l'aile, de $0^m,400$; celle de la queue, de $0^m,235$; celle du bec, de $0^m,038$ à $0^m,040$; celle du tarse, de $0^m,075$ à $0^m,080$ et celle du doigt médian, de $0^m,035$ (sans l'ongle).

D'autre part, il existe de notables différences entre l'oiseau que je viens de décrire et un spécimen provenant des îles Malouines et conservé au musée de Norwich, que M. Gurney considère comme représentant le premier âge du *Buteo poliosomus*. « Ce spécimen, dit M. Gurney [1], offre dans son ensemble une grande ressemblance avec les individus de même âge, de l'espèce *erythronotus*, mais son plumage a des teintes plus fuligineuses. Sur les scapulaires, les interscapulaires et principalement sur les couvertures alaires les taches brunâtres sont plus nombreuses, les taches fauves plus clairsemées que chez le jeune *Buteo erythronotus*, et il existe sur la nuque une marque d'un jaune d'ocre clair, avec des traits d'un brun foncé sur le centre des plumes.

» Les parties inférieures du corps du jeune *Buteo poliosomus* (à l'exception de la gorge) sont incontestablement plus foncées en couleur que chez le *B. erythronotus*, teintées presque uniformément de brun fuligineux, la gorge, les flancs, les cuisses et la région sous-caudale offrant seuls des bordures étroites ou des taches fauves. La queue offre dans les deux espèces le même système de coloration.

» Le spécimen décrit par M. R. Sharpe comme étant une femelle (en

---

(1) *Ibis*, 1876, p. 69.

plumage de transition ?) paraît plutôt, si l'on en juge par les dimensions, être un mâle qui n'a pas encore revêtu sa livrée définitive ([1]), et comme, d'autre part, un individu presque adulte, provenant du Chili (musée de Norwich), conserve encore des taches rousses au bout de quelques-unes des plumes des côtés du cou, je suis porté à croire que, chez le *Buteo poliosomus*, comme chez le *B. erythronotus*, le mâle présente entre la livrée du jeune âge et la livrée définitive une phase de plumage qui correspond à la livrée d'adulte de la femelle.

» Je crois également que la livrée décrite par M. Sharpe comme la livrée d'adulte appartient au mâle seulement, la femelle adulte offrant toujours une teinte rousse sur le dos et même sur une étendue plus ou moins considérable de la région inférieure du corps.

» En admettant cette hypothèse, voici quelles sont les dimensions principales des deux mâles et des quatre femelles qui figurent dans la collection du musée de Norwich et qui sont presque adultes ou complètement adultes :

| | Mâles. | Femelles. |
|---|---|---|
| Longueur de l'aile, à partir de l'articulation du carpe | 14p,9 à 15p | 15p,8 à 16p,4 |
| Longueur du tarse | 3p,9 à 3p,5 | 3p,25 à 3p,5 |
| Longueur du doigt médian | 1p,6 à 1p,8 | 1p,6 à 1p,8 |

» Une de ces femelles a toute la tête, la gorge, les côtés et le devant du cou et le haut de la poitrine d'un gris ardoisé clair et uniforme, la nuque, le manteau et les scapulaires supérieures de couleur rousse, les scapulaires inférieures d'un roux mélangé de gris ardoise; la plupart de ces dernières plumes étant de deux couleurs et offrant le long de leur tige une teinte gris ardoise, qui s'étend du côté droit de la tige sur les plumes les plus rapprochées de l'aile, et du côté gauche de la tige sur les plumes voisines du dos. Chez le même individu, le reste des parties supérieures du corps ressemble par son mode de coloration aux parties correspondantes du mâle adulte, si ce n'est que les bandes

([1]) La teinte noirâtre qui rabat les teintes grises du plumage de cet individu dénote d'ailleurs un oiseau qui n'est pas tout à fait adulte, puisque, chez les individus des deux sexes parvenus à leur développement complet, les parties supérieures du corps sont d'un gris clair.

comprises entre les barres transversales foncées, sur les pennes tertiaires, sont blanches au lieu d'être d'un gris pâle. Le bas de la poitrine, l'abdomen et les flancs sont d'une teinte brunâtre légèrement mélangée de gris et plus foncée que celle du manteau; les sous-caudales, d'un gris ardoise barré transversalement de blanc, et les cuisses, d'un gris ardoise uniforme.

» Une autre femelle, tuée près de son nid, au mois d'octobre, diffère de la précédente par la coloration brunâtre foncée de toutes les parties inférieures de son corps, depuis le menton jusqu'à l'anus, cette teinte étant cependant mélangée de gris ardoise foncé sur le haut de la poitrine et sur l'abdomen, mais non sur le bas de la poitrine.

» Une troisième femelle ressemble à la deuxième, mais présente un mélange de gris encore plus accusé sur les parties inférieures de son corps. L'indication relative au sexe de cet oiseau a été fournie par la personne même qui l'a tué, et l'étiquette porte en outre que, chez cet oiseau, l'iris était d'un brun rougeâtre.

» La quatrième femelle, enfin, ne diffère pas beaucoup de la deuxième, mais conserve encore sur les couvertures alaires la teinte fuligineuse du premier plumage. »

Évidemment, la Buse à plumage gris et blanc tuée sur les bords de la baie Orange n'est identique à *aucun* des spécimens dont je viens d'emprunter la description à M. Gurney; elle ne l'est pas davantage à la prétendue femelle de la collection du British Museum, femelle que le même naturaliste considère comme étant plutôt un mâle n'ayant pas encore revêtu sa livrée définitive. Cette femelle, ou ce mâle, est en effet d'un gris ardoise tirant au noirâtre, avec la nuque, le dos, les scapulaires, le milieu de la poitrine et de l'abdomen d'un brun roussâtre plus ou moins rabattu de gris ardoise; ses rémiges sont noires sur la plus grande partie de leur étendue, d'un gris argenté avec des barres noires dans leur portion basilaire, et d'un blanc grisâtre légèrement barré de brunâtre sur leur face inférieure; ses reins et les couvertures inférieures de sa queue sont d'un gris cendré, avec une légère teinte roussâtre du côté du dos, et sa queue, d'un blanc grisâtre, est marquée de neuf raies transversales étroites et d'une large barre subterminale grise, plus ou moins distincte sur la face inférieure. Les dimensions mêmes ne concordent pas absolument avec celles de notre spécimen, la longueur totale de l'oiseau étant de 22,5 pouces ($0^m$,57 environ), la longueur de l'aile de 15 pouces ($0^m$,38), celle de la queue de 9 pouces ($0^m$,228), celle du tarse de 3,5 pouces ($0^m$,089) et celle du bec seulement de 1,75 pouce ($0^m$,044).

D'autre part, si la Buse de la baie Orange ressemble à la femelle adulte du *Buteo erythronotus* par la teinte rousse qui tend à envahir sa région dorsale, elle en diffère par la teinte grise de sa gorge, cette région étant, chez le *Buteo erythronotus* adulte, d'un blanc aussi pur que le reste des parties inférieures du corps. Elle conserve d'ailleurs certains traits caractéristiques du plumage du *Buteo poliosomus*, et, tout étant bien pesé, je crois qu'il faut la considérer non comme un jeune mâle, ainsi que le porte l'étiquette, mais comme une femelle, en plumage de noces presque complet, du *Buteo poliosomus*. Plusieurs raisons militent en faveur de cette hypothèse. On sait, en effet, que, chez le *Buteo erythronotus*, la livrée du jeune âge est, somme toute, plus foncée que celle de l'adulte, et que la femelle en plumage de noces diffère du mâle par la présence d'une large tache rousse sur le dos, aussi bien que par ses dimensions. Il ne serait donc pas étonnant qu'il en fût de même chez le *Buteo poliosomus;* le jeune serait de teintes foncées, le mâle adulte d'un gris plus clair et plus uniforme et la femelle adulte, *qui n'aurait pas encore été décrite*, aurait les caractères du spécimen que j'ai sous les yeux, c'est-à-dire qu'elle offrirait entre les épaules une large plaque rougeâtre, comme celle du *B. erythronotus*. Il faut remarquer, d'ailleurs, que l'oiseau qui fait le sujet de cette discussion a été tué sur les bords de la baie Orange au mois d'octobre, précisément à la même époque de l'année où une femelle, dont la dépouille est conservée au musée de Norwich, a été tuée près de son nid, tandis que les *Buteo poliosomus* à plumage gris ont été obtenus au mois de juin ou au mois d'août. Ceux-ci peuvent, par conséquent, être des oiseaux plus jeunes ou en livrée d'hiver, tandis que le premier individu doit porter le costume de noces. Enfin, ce qui tend à prouver encore que la Buse à plumage gris et blanc et à dos roux est une femelle adulte, c'est qu'elle offre des dimensions supérieures à celles des autres individus de notre musée, qui sont incontestablement des mâles.

## 9. Buteo erythronotus.

**Haliætus erythronotus** King. *Zool. Journ.*, 1827, t. III, p. 424.

**Buteo varius** J. Gould, *Proceed. zool. Soc. Lond.*, 1837, p. 10.

**Buteo tricolor** et **B. unicolor** d'Orbigny et de Lafresnaye, *Synops. Av.*, 1838, p. 6 et 7; et d'Orbigny, *Voy. Amér. mérid. Zoologie, Oiseaux*, 1840, p. 69 et 106, pl. XXX.

**Buteo varius** et **B. erythronotus** J. Gould, Darwin, *Voy. « Beagle », Zoology*, t. III, *Birds*, 1841, p. 26.

**Buteo varius** Cassin, *Unit. Stat. expl. Exped., Ornith.*, 1858, p. 92, pl. III, fig. 1.

**B. varius** et **B. erythronotus** J. Gould, *Proceed. zool. Soc. Lond.*, 1859, p. 93 et 94.

— Ph.-L. Sclater, *Proceed. zool. Soc. Lond.*, 1860, p. 384, n^os **3** et **4**.

**Buteo erythronotus** Ph.-L. Sclater, *Ibis*, 1860, p. 25, pl. I, fig. 3.

— Abbott, *Ibis*, 1861, p. 151.

**Buteo poliosoma** Schlegel, *Muséum des Pays-Bas, Accipitres*, 1862, p. 12, et *Rév. Accipit.*, 1873, p. 109.

**Buteo erythronotus** Ph.-L. Sclater, *Proceed. zool. Soc. Lond.*, 1867, p. 329, et 1872, p. 536 (note).

**Buteo erythronotus** Ph.-L. Sclater et O. Salvin, *On the Birds collected in the Straits of Magellan by D^r Cunningham, Ibis*, 1868, p. 188, et 1869, p. 284, n° **12**. — *Nomencl. Av. neotrop.*, 1873, p. 119.

— R.-B. Sharpe, *Cat. B. Brit. Mus.*, t. I, *Accipitres*, 1874, p. 172.

— H. Gurney, *Notes on M. R. B. Sharpe's Catal. of Accipitres*, in *Ibis*, 1876, p. 68 et suiv.

— H. Durnford, *Ibis*, 1877, p. 38, et 1878, p. 397.

— L. Taczanowski, *Ornith. du Pérou*, 1884, t. I, p. 115, n° **18**.

Je rapporte à cette espèce une Buse qui a été tuée par M. Lebrun à Punta-Arenas, au mois de février 1883, et qui, d'après les indications fournies par ce voyageur, comme d'après les dimensions et l'aspect du plumage, paraît être un jeune mâle. Ce spécimen ne diffère pas d'un oiseau qui a été rapporté en 1877, précisément de la même localité, par M. l'amiral Serres.

Le *Buteo erythronotus* est d'ailleurs assez répandu en Patagonie et, s'il ne se trouve point mentionné dans les listes d'oiseaux recueillis, dans le sud de cette région, par les naturalistes attachés aux expéditions anglaises de l'*Alert* et du *Challenger*, il figure, en revanche, dans le Catalogue des collections du Dr Cunningham, qui l'a rencontré à Sandy Point (détroit de Magellan). Il est sédentaire et se reproduit régulièrement dans la Patagonie centrale, où M. Durnford a trouvé à plusieurs reprises des nids de cette espèce, en octobre et en novembre. Le 15 octobre, un de ces nids renfermait deux œufs d'un blanc bleuâtre, légèrement striés et mouchetés de roux, principalement au gros bout. Un autre nid, trouvé le 18 novembre, au sommet d'un buisson, à neuf pieds du sol environ, renfermait deux poussins, probablement nés de la veille et couverts d'un duvet blanc, parsemé sur le dos de quelques petites plumes rousses. La cire de ces jeunes oiseaux était d'un gris ardoise foncé; les yeux étaient d'un brun sombre et les pattes d'un jaune orangé pâle. Le nid, qui mesurait trois pieds anglais de diamètre, se composait de branches entrelacées auxquelles étaient associés les matériaux les plus divers, tels que des morceaux de cuir, des touffes de poils de lièvre, des fétus de paille et même du crottin de cheval.

C'est également en Patagonie (41e degré de latitude Sud) qu'ont été tués les deux oiseaux, mâle et femelle, que MM. d'Orbigny et de Lafresnaye ont pris pour types de leur *Buteo tricolor* et qui figurent encore dans la collection du Muséum d'Histoire naturelle.

Le mâle, complètement adulte, a les parties supérieures de la tête et du corps d'un gris clair, passant au blanc sur le front et au gris noirâtre sur les ailes, avec de nombreuses raies longitudinales foncées marquant le milieu des plumes du vertex, de la nuque et de la région interscapulaire; les pennes secondaires sont légèrement bordées de gris blanchâtre à l'extrémité et les rémiges sont d'un brun très foncé à la base, sur les barbes internes, où de petites raies transversales brunes se détachent sur un fond blanc ou gris perle. Les rectrices sont d'un blanc légèrement lavé de gris très clair, avec une large bande subterminale noire et quelques vestiges de petites raies transversales dans leur portion médiane et basilaire. Ces raies s'effacent même complètement sur la face inférieure des pennes caudales. Toutes les parties inférieures du corps, depuis le menton jusqu'à la région sous-caudale inclusivement, sont d'un blanc de neige, sans aucune trace de cette teinte grise qui occupe la gorge chez l'exemplaire, précédemment décrit, du *Buteo poliosomus*. C'est tout au plus si chez le mâle adulte du *B. erythronotus* quelques taches grises, se rattachant à la teinte générale du manteau, descendent sur les côtés de la poitrine, près des ailes, dont les couvertures inférieures sont elles-mêmes d'un blanc pur. Les dimensions de cet oiseau sont les suivantes : longueur totale, $0^m,550$; longueur de l'aile, $0^m,400$; de la queue, $0^m,250$; du bec (*culmen*), cire comprise, $0^m,035$; du tarse, $0^m,080$; du doigt médian (sans l'ongle), $0^m,040$.

La femelle, non moins adulte, obtenue dans les mêmes parages par M. d'Orbigny, offre exactement les mêmes teintes que le mâle sur les ailes, sur la tête, sur les parties inférieures du corps et sur la queue, les raies transversales des pennes caudales étant seulement un peu plus marquées; quelques vestiges de raies semblables à celles de la queue apparaissant sur les jambes et sur l'abdomen, et les pennes secondaires étant recoupées par des barres transversales foncées; mais le dos est couvert par une large plaque d'un roux vif qui envahit même les côtés de la poitrine, en se mélangeant de gris noirâtre. Les dimensions principales sont aussi, en général, sensiblement plus fortes chez cette femelle que chez le mâle précédemment décrit : la longueur totale de l'oiseau étant de $0^m,620$; la longueur de l'aile, de $0^m,420$; celle de la queue, de $0^m,270$; celle du bec (*culmen*, cire comprise), de $0^m,037$; celle du tarse, de $0^m,083$ et celle du doigt médian, sans l'ongle, de $0^m,040$. En revanche, je ne trouve aucune différence à signaler dans la coloration du bec et des pattes, le bec étant, chez le mâle comme chez la femelle, d'un brun foncé, avec la base de la mandibule inférieure jaunâtre, les tarses et les doigts d'un jaune plus ou moins brunâtre et les ongles noirâtres; mais il importe de remarquer que ces teintes sont relevées sur des spécimens desséchés et conservés depuis longtemps dans nos galeries.

Les deux types du *Buteo tricolor* portent exactement le même costume que les deux Buses, mâle et femelle, tuées près de leur nid, dans la vallée de Chuput, en Patagonie, par le voyageur anglais H. Durnford; ils ressemblent non moins complètement par leur plumage aux deux spécimens adultes, mâle et femelle, de *B. erythronotus* que M. R.-B. Sharpe a décrits dans son *Catalogue des Accipitres du Musée britannique* et qui sont, je crois, originaires des îles Malouines, les différences entre les exemplaires du Musée de Paris et ceux du British Museum ne portant que sur les dimensions de certaines parties du corps et ne dépassant pas la limite des variations que l'on observe dans une même espèce ([1]). D'autre part, il y a une identité presque complète, sous le rapport du plumage, entre la Buse femelle tuée en Patagonie par d'Orbigny et une Buse du Chili donnée par M. Gay au Muséum, en 1843. Cette Buse, toutefois, qui, à en juger par les dimensions, doit être une femelle, offre des raies transversales un peu plus marquées sur les flancs. Ce caractère est encore plus accusé sur un autre spécimen, provenant également du Chili et envoyé par l'amiral Du Petit-Thouars en 1849, spécimen dont la taille concorde assez bien avec celle du mâle adulte tué par d'Orbigny, et qui doit par conséquent être un mâle. Mais chez cet oiseau, le manteau est en même temps assez foncé, d'un gris noirâtre, comme le vertex, et offre des bordures d'un roux vif sur toutes les plumes de la région interscapulaire.

Trois autres Buses, tuées dans la même région que les types du *Buteo tricolor*, c'est-à-dire en Patagonie, avaient été considérées primitivement comme appartenant à une autre espèce; mais, en examinant deux de ces oiseaux qui figurent encore dans les galeries du Muséum, j'ai pu me convaincre facilement que c'étaient seulement de jeunes individus du *Buteo erythronotus*. Ces spécimens, en effet, ressemblent tout à fait à ceux qui ont été obtenus plus récemment en Patagonie par M. l'amiral Serres et par M. Lebrun, et par M. Fronsacq dans une autre partie de l'Amérique du Sud, et ils portent précisément la livrée

---

([1]) La longueur totale du mâle adulte du Britisth Museum est de $0^m,530$; celle de la femelle, de $0^m,630$; la longueur de l'aile est, chez le premier, de $0^m,380$, chez la seconde, de $0^m,047$; la longueur de la queue, de $0^m,230$ et de $0^m,255$, etc.

qui est assignée au jeune *Buteo erythronotus* par M. R.-B. Sharpe dans son *Catalogue des Accipitres du Musée britannique*, par M. Taczanowski dans son *Ornithologie du Pérou* et par M. Durnford dans ses *Notes sur les Oiseaux de Patagonie*. Ils ont les parties supérieures du corps d'un roux maculé de brun ou plutôt d'un brun foncé varié de roux, le brun, qui occupe le centre des plumes, l'emportant de beaucoup sur le roux, qui dessine les bordures; le front blanchâtre, les oreilles rousses, la gorge et la poitrine d'une teinte café au lait, avec des flammèches brunes très larges du côté du menton; l'abdomen et les sous-caudales de la même nuance, avec des marques brunes, confluentes, et dessinant une sorte de treillis; la queue grise, avec de nombreuses raies transversales brunes; les ailes brunes avec la base des primaires d'un gris pâle barré de brun, les dernières pennes secondaires grises, rayées de brun noirâtre; les couvertures inférieures colorées et tachetées comme l'abdomen, et quelques-unes des axillaires plus ou moins teintées de rouge brique.

Je crois encore devoir rapporter au *Buteo erythronotus* deux jeunes oiseaux qui ont été tués par d'Orbigny en Bolivie et dont les dépouilles sont conservées dans la galerie d'Ornithologie. Ces oiseaux avaient été attribués au *Tachytriorchis* ou *Buteo albicaudatus* V.; mais ils offrent bien plus d'analogies par leur système de coloration avec les spécimens envoyés de Patagonie par l'amiral Serres et par M. Lebrun qu'avec les jeunes *T. albicaudatus* envoyés jadis du Brésil par A. Saint-Hilaire. La Bolivie se trouve d'ailleurs comprise dans les limites de l'aire d'habitat que l'on assigne au *B. erythronotus*.

C'est également de Bolivie (Chiquitos) que vient le type du *Buteo unicolor* d'Orb. et Lafr. Cet oiseau, qui figure également dans les galeries du Muséum, porte, comme son nom même l'indique, une livrée de teintes à peu près uniformes, la tête, le corps et les ailes étant en général d'un brun très foncé, tirant au noir. Cependant quelques taches d'un blanc pur, correspondant à la base des plumes, se montrent sur la nuque, les lores sont presque entièrement blancs; les pennes secondaires et même quelques-unes des primaires, d'un brun plus clair que le reste de l'aile, sont recoupées par des barres transversales d'un brun noirâtre; quelques-unes des grandes couvertures alaires sont légèrement maculées de blanc; les premières rémiges elles-mêmes présentent à la base, sur leurs barbes internes, une teinte blanche, traversée par de larges bandes brunes; enfin la queue, d'un brun grisâtre en dessus et d'un gris assez clair en dessous, est ornée d'un grand nombre de raies transversales brunes. Le bec est brun avec la base de la mandibule inférieure jaunâtre, et les pattes sont jaunâtres, avec les ongles bruns. Le sexe de cet individu n'est malheureusement pas indiqué; mais, à en juger par les dimensions et par la gracilité des formes, c'est probablement un mâle. La longueur totale de l'oiseau est de $0^m,52$; la longueur de l'aile, de $0^m,38$; celle de la queue, de $0^m,23$; celle du tarse, de $0^m,08$; celle du doigt médian, de $0^m,035$ et celle du bec (culmen, cire comprise), de $0^m,035$. En d'autres termes, la taille et les proportions de ce spécimen sont un peu plus faibles que celles du mâle, type du *Buteo tricolor* de d'Orbigny et de Lafresnaye; mais les longueurs de l'aile, de la queue et du tarse sont exactement les mêmes que chez le mâle du *Buteo erythronotus* décrit par M. R.-B. Sharpe, et généralement un peu plus fortes que celles de l'individu de même nom décrit par M. Taczanowski. En résumé, le type du *Buteo unicolor* ne dépasse point, dans ses proportions, les limites des variations que l'on observe chez les mâles du *Buteo erythronotus* et il ne diffère des individus adultes que par son mode de coloration; mais comme chez les Buses, celles d'Amérique ainsi que celles d'Europe, on rencontre de temps en temps des individus mélanisés, comme dans le groupe auquel appartient le *B. erythronotus* les jeunes ont généralement des teintes plus sombres que les adultes, comme enfin le *Buteo unicolor* offre dans ses proportions, dans ses formes générales, dans la coloration et dans le dessin de ses rémiges, de ses rectrices, de ses pennes secondaires et de ses plumes frontales, des caractères distinctifs du *Buteo erythronotus*, je crois, malgré les doutes exprimés à cet égard par M. Gurney, que M. Sharpe a été bien inspiré en identifiant les deux espèces et en leur réunissant encore le *Buteo tricolor*. En adoptant cette manière de voir, on est conduit à assigner au *Buteo erythronotus* une aire d'habitat beaucoup plus vaste que celle qui est indiquée par M. Sharpe et à lui donner pour limite septentrionale une ligne allant obliquement du nord du Pérou à l'Uruguay, en embrassant la Bolivie et la République

Argentine. En Patagonie et aux îles Malouines, cette espèce rencontre le *Buteo poliosomus* et du côté du Nord elle cède la place au *Buteo albicaudatus* V., qui habite le Brésil, la Guyane, la Colombie et l'Amérique centrale. De ces trois formes, les deux premières présentent, l'une par rapport à l'autre, de telles ressemblances qu'elles pourraient facilement être confondues dans certaines phases de leur plumage; la troisième est un peu plus distincte, grâce à la longueur relative des ailes, qui au repos atteignent ou dépassent l'extrémité de la queue, grâce aussi à la disposition de la teinte rousse qui, chez les adultes des deux sexes, dessine une simple bande le long des ailes et n'envahit jamais l'espace interscapulaire; toutefois, je ne vois pas de motif pour la placer, comme le fait mon ami R.-B. Sharpe, dans un autre groupe que le *Buteo erythronotus*. Je crois au contraire, avec M. Gurney (1), que le *Buteo albicaudatus*, le *B. erythronotus*, le *B. poliosomus*, le *B. hypospodius* Salv., de la Colombie, du Venezuela et du Brésil, et le *Buteo exul* Salv., de Mas-afuera, appartiennent à une même section du grand genre *Buteo*, pour laquelle on peut adopter le nom de *Tachytriorchis*, proposé par Kaup en faveur du *B. albicaudatus*. Peut-être même faudra-t-il placer sinon dans la même section, au moins dans une section très voisine, la grande espèce que l'on a prise d'abord pour un Pygargue, le *Buteo melanoleucus* V. qui se trouve irrégulièrement répandu depuis la Colombie jusqu'en Patagonie (2). En dépit de la grande différence des dimensions, cette espèce rappelle en effet les *Buteo erythronotus*, *albicaudatus*, etc., par les teintes noirâtres et fauves du plumage des jeunes, par les raies grises qui recoupent la couleur blanche des flancs chez les adultes, en même temps que par les barres transversales des pennes secondaires et de la base des primaires.

Pour terminer ce qui est relatif au *Buteo erythronotus*, nous dirons que cette espèce est souvent désignée par les colons européens en Patagonie sous le nom de *Cheval blanc*, à cause de la couleur blanche immaculée des parties inférieures du corps chez l'adulte, couleur qui est seule apparente quand l'oiseau se présente de face, perché sur un

---

(1) *Notes on R.-B. Sharpe's Catalogue of Accipitres*, *Ibis*, 1876, p. 76.

(2) Durnford, *Ibis*, 1877, p. 38.

rocher. Lorsqu'elles sont parvenues à leur développement complet, les Buses à dos roux ont la mandibule supérieure d'un brun corné, la mandibule inférieure d'un gris ardoisé, les pattes d'un jaune orangé clair et les yeux d'un jaune orangé foncé, tandis que dans leur jeune âge elles ont le bec et les pattes d'un gris ardoisé et les yeux d'un jaune orangé clair (Durnford). Ces Rapaces ont à peu près les mêmes habitudes que nos Buses d'Europe, planent comme elles et s'arrêtent de temps en temps pour se reposer ou pour dévorer une proie sur un buisson ou sur un quartier de rocher. Leur nourriture consiste en Lézards, en Serpents, en Batraciens, en Oiseaux de différentes espèces (notamment en Tinamous) et probablementaus si en petits Rongeurs du genre Cobaye [1]. Cette espèce se reproduit aussi dans les îles Malouines, où M. Abbott a recueilli ses œufs il y a une trentaine d'années [2].

## 10. Buteo melanoleucus.

**Aquila obscura y blanca** et **Aquila parda** d'Azara, *Apunt.*, 1802, t. I, p. 61 et 65.

**Spizaetus melanoleucus** et **Sp. fuscescens** Vieillot, *Nouv. Dict. d'Hist. nat.*, 1819, t. XXXII, p. 57.

**Falco aguia** Temminck, *Pl. col.*, 1824, t. I, pl. 302.

**Haliaetus aguia** G. Cuvier, *Règn. anim.*, 2e édit., 1829, t. I, p. 327.

**Haliaetus melanoleucus** d'Orbigny et de Lafresnaye, *Synop. Av.*, 1838, p. 3, et d'Orbigny, *Voy. Amér. mérid. Zoologie, Oiseaux*, 1847, p. 76.

**Haliaetus aguia** Bridges, *Proceed. zool. Soc. Lond.*, 1843, p. 108.

**Buteo aguia** J. Cabanis et de Tschudi, *Arch. für Naturgesch.*, 1844, p. 264, et *Faun. peruan.*, 1844, p. 89.

**Geronaetus melanoleucus** Strickland, *Orn. Syst.*, 1855, p. 55.

— Ph.-L. Sclater, *Proceed. zool. Soc. Lond.*, 1867, p. 329, et Notes ajoutées au Mémoire de M. Hudson, *On patagonian Birds* (*Proceed. zool. Soc. Lond.*, 1872, p. 536).

— Ph.-L. Sclater et O. Salvin, *Nomencl. Av. neotrop.*, 1873, p. 119.

---

(1) D'Orbigny, *op. cit.*, et Jelski, *in* Taczanowski, *Ornithologie du Pérou*, t. I, p. 116.
(2) Gould, *Proceed. zool. Soc. Lond.*, 1859, p. 93.

**Buteo melanoleucus** R.-B. Sharpe, *Cat. B. Brit. Mus.*, t. I, *Accipitres*, 1874, p. 168.

**Geranoaetus melanoleucus** J.-H. Gurney, *Notes on M. R.-B. Sharpe's Catalogue of Accipitres*, 1876, t. I, p. 66.

— H. Durnford, *On some Birds observed in the Chuput Valley, Patagonia, Ibis*, 1877, p. 38, et *Notes on the Birds of Central Patagonia, Ibis*, 1878, p. 397.

— Ph.-L. Sclater et O. Salvin, *On the Birds of antarctic America, Proceed. zool. Soc. Lond.*, 1878, p. 434, n° **22**, et *Voy. of the « Challenger », Zoology, Report on the Birds*, p. 104, n° **22**.

— L. Taczanowski, *Ornith. du Pérou*, 1884, t. I, p. 124, n° **24**.

Cette espèce, beaucoup trop connue pour que j'aie à rappeler ses caractères, est largement, mais inégalement répandue sur la plus grande partie de l'Amérique du Sud, depuis la Colombie jusqu'en Patagonie. Dans cette dernière contrée cependant, elle est beaucoup moins commune que dans les régions équatoriales, et dans les parages du détroit de Magellan elle devient si rare qu'elle a pu échapper aux recherches du Dr Cunningham et des naturalistes attachés à l'expédition anglaise de l'*Alert*. L'expédition anglaise du *Challenger* n'en a rapporté qu'un seul spécimen, une femelle tuée à l'île Élisabeth dans le détroit de Magellan, et les naturalistes attachés à la Mission française ne l'ont point observée dans les parages du cap Horn. Les trois spécimens qui nous sont parvenus ont été tués par les officiers du *Volage* et par M. Lebrun plus au nord, à Santa Cruz (21 et 29 septembre 1882), à Salinas (15 décembre 1882) et à la pointe Delgada (juin 1883). Parmi ces oiseaux, il y avait deux mâles qui n'étaient pas tout à fait adultes et qui avaient les yeux d'un jaune foncé, la cire d'un brun orangé et les pattes d'un jaune citron. Ces indications, fournies par M. Lebrun, ne diffèrent pas beaucoup de celles que nous trouvons dans les notes de M. Durnford, ce dernier auteur assignant au jeune *Buteo melanoleucus* des yeux d'un jaune orangé clair et des pattes d'un jaune primevère. D'après M. Taczanowski, les adultes ont, au contraire, les yeux d'un brun noisette, la peau dénudée au-dessus des yeux d'un gris noirâtre, la cire et l'angle de la bouche d'un jaune sale et les pattes d'un jaune pâle avec les ongles noirs. Telles étaient en effet les couleurs de la femelle obtenue par l'expédition du *Challenger*. L'estomac de cette femelle renfermait des débris de jeunes oiseaux. Les Rapaces de cette espèce se nourrissent en effet de Rongeurs et de volatiles sauvages ou domestiques. Au Pérou ils commettent, dit-on, de fréquentes déprédations dans les basses-cours, et en Patagonie ils font la chasse aux bandes de Pigeons migrateurs. Dans cette dernière région, ils se reproduisent dans les derniers mois de l'année, en novembre ou décembre, et établissent sur des rochers escarpés leurs nids qui contiennent généralement deux œufs d'un blanc sale, très légèrement mouchetés de brun et mesurant 2 pouces 6 lignes ($0^m$,065) de long sur 2 pouces ($0^m$,050) de large.

Tels sont du moins les renseignements qui nous sont fournis par M. Durnford; car, d'après les informations recueillies auprès des indigènes et consignées dans l'*Ornithologie du Pérou* de M. Taczanowski, le *Buteo melanoleucus* nicherait parfois au sommet des arbres et pondrait deux œufs d'un rouge brun foncé. Je dois constater, d'autre part, qu'un œuf envoyé au Muséum par M. Morelet, en 1849, et attribué au *Geranoaetus aguia* ou *Buteo melanoleucus*, est d'un blanc sale uniforme et mesure $0^m$,080 sur $0^m$,055.

### 11. Tinnunculus sparverius var. cinnamominus.

**Falco sparverius** Linné, *Systema Naturæ*, 1766, t. I, p. 128 (*part.*).

**Bidens sparverius** et **B. dominicensis** Spix, *Av. Bras.*, 1824, p. 16.

**Falco sparverius** Max, *Beitr. orn. Bras.*, 1830, t. III, part I. p. 116.

— D'Orbigny et de Lafresnaye, *Synops. Av.*, t. I, p. 8.

— D'Orbigny, *Voy. Am. mérid.*, *Zool.*, *Oiseaux*, p. 119.

— J. Cabanis et de Tschudi, *Faun. peruan.*, *Vög.*, 1845, p. 110.

— Burmeister, *Thier. Bras.*, 1856, t. II, p. 93, et *Reis. La Plata*, 1861, t. II, p. 437.

**Falco cinnamominus** Swainson, *Anim. in Menag.*, 1837, p. 281.

**Tinnunculus sparverius** J. Gould, Darwin, *Voy. « Beagle »*, *Zoology*, t. III, *Birds*, 1841, p. 41.

— Bridges, *Proceed. zool. Soc. Lond.*, 1843, p. 109.

**Tinnunculus sparverius** Ph.-L. Sclater, *On Chilian Birds, Proceed. zool. Soc. Lond.*, 1867, p. 330 et 338, et Notes ajoutées au Mémoire de M. Hudson, *On Patagonian Birds, Proceed. zool. Soc. Lond.*, 1872, p. 536.

— Ph.-L. Sclater et O. Salvin, *On Peruvian Birds, Proceed. zool. Soc. Lond.*, 1867, p. 988, n° 42. — *On Birds collected in the Straits of Magellan by Dr Cunningham, Ibis*, 1868, p. 188, n° 21, et 1870, p. 499. — *Nomencl. Avium neotrop.*, 1873, p. 121. — *Birds of antarctic America, Proceed. of the zool. Soc. of London*, 1878, p. 434, n° 23, et *Voy. of the « Challenger », Zoology, Reports on Birds, antarctic America*, p. 104, n° 23. — *Birds from Antioquia, Proceed. zool. Soc. Lond.*, 1879, p. 541, n° 400. — *Birds from Bolivia, Ibid.*, p. 638, n° 457.

— W. Hudson, *Proceed. zool. Soc. Lond.*, 1871, p. 260.

— W.-B. Lee, *Ornithological Notes from the Argentine Republic, Ibis*, 1873, p. 131, n° 4.

— H. Durnford, *On some Birds observed in the Chuput Valley, Patagonia, Ibis*, 1877, p. 39. — *On the Birds of the province of Buenos Ayres, Ibid.*, p. 188, n° 81. — *Notes on the Birds of Central Patagonia, Ibis*, 1878, p. 398.

— E. Gibson, *On the ornithology of cape San Antonio, Buenos Ayres, Ibis*, 1879, p. 412, n° 6.

**Tinnunculus sparverius** var. **cinnamominus** et var. **australis** Ridgway, *Proceed. Philad. Acad.*, 1870, p. 149.

**Tinnunculus cinnamominus** L. Taczanowski, *Birds of Central Peru, Proceed. zool. Soc. Lond.*, 1874, p. 500, n° 7.

**Cerchneis cinnamomina** R.-B. Sharpe, *Cat. B. Brit. Mus.*, t. I, *Accipitres*, 1874, p. 437. — *Zool. coll. made during the survey of the H. M. S. « Alert », Proc. zool. Soc. Lond.*, 1881, p. 10, n° 30.

— L. Taczanowski, *Ornith. du Pérou*, 1884, t. I, p. 154, n° 41.

**Tinnunculus sparverius** O. Salvin, *On South American Birds collected by the late H. Durnford, Ibis*, 1880, p. 363.

— H. Gurney, *Notes on M. R. Sharpe's Catalogue of Accipitres, Ibis*, 1881, p. 455, 513 et 554.

Le Muséum d'Histoire naturelle possède de nombreux représentants de cette variété, à laquelle je restitue, avec M. Gurney, le nom de *Tinnunculus sparverius* var. *cinnamominus* et qui est largement répandue dans l'Amérique méridionale depuis la Colombie jusqu'au canal du

Beagle. Aux spécimens obtenus précédemment dans le Paraguay par M. Cochelet, en Bolivie par M. d'Orbigny et sur les bords du Tocantins par M. de Castelnau, sont venus en effet s'ajouter, dans ces derniers temps : 1° un spécimen rapporté du détroit de Magellan par M. l'amiral Serres en 1879; 2° quatre mâles et une femelle tués à Punta-Arenas et à Agua Fresca, en janvier et février 1883, par M. Lebrun; 3° trois spécimens (femelle adulte, mâle adulte et jeune femelle) pris à l'entrée du détroit de Magellan le 11 novembre 1882, à Oushouaïa le 29 janvier et le 18 août 1883 par M. le Dr Hahn et M. Sauvinet.

Les notes prises par les membres de la Mission française nous fournissent les renseignements suivants au sujet de quelques-uns de ces spécimens :

Mâle et femelle de Punta-Arenas et d'Agua Fresca, tués en janvier et février : yeux jaunes ou jaunâtres.

Jeune mâle de l'entrée du détroit de Magellan, tué le 11 novembre : yeux bruns; bec jaune pâle; bec gris; pattes jaune orange.

Femelle tuée à Oushouaïa le 29 janvier 1883 : yeux bruns; bec bleu foncé; cire jaune orange; paupières jaunes; pattes jaunes.

Ces renseignements concordent parfaitement avec les notes fournies par M. Stolzmann, par M. Durnford et par les naturalistes du *Challenger*.

Un mâle adulte tué au Pérou par M. Stolzmann avait, en effet, l'iris d'un brun foncé, le bec d'un cendré bleuâtre à la base, passant au noirâtre à l'extrémité, la cire orangée, le tour de l'œil d'un jaune plus pâle ainsi que les pattes.

Une femelle adulte, provenant de la même région, avait la cire d'un jaune verdâtre.

Un mâle tué le 29 janvier, à Salta, dans la République Argentine, par M. Durnford avait l'iris d'un brun chocolat, le bec d'une teinte cornée, avec la pointe d'un brun très foncé, la cire d'un jaune orange pâle, les pattes d'un jaune orange.

Enfin les deux femelles tuées à Sandy Point et à l'île Élisabeth par les naturalistes attachés à l'expédition du *Challenger* avaient les yeux bruns, le bec bleuâtre, la cire et les pattes jaunes.

Au contraire, les pattes étaient grises chez la femelle tuée à Coquimbo, au mois de juin, par les naturalistes de l'*Alert*.

Tous les spécimens adultes de cette variété que j'ai sous les yeux ont des marques très nettes et assez nombreuses sur les parties inférieures du corps; mais les uns offrent sur le vertex une tache rousse assez étendue, tandis que d'autres n'ont que quelques plumes rousses sur le sommet de la tête ou sont coiffés d'un capuchon gris uniforme. Le même fait avait été constaté par M. Taczanowski sur des Cresserelles tuées aux environs de Lima et par M. Gurney sur une nombreuse série d'individus provenant de diverses localités de l'Amérique du Sud, de sorte qu'un des caractères au moins que l'on a invoqués pour distinguer le *Tinnunculus cinnamominus* du *T. sparverius* ne paraît nullement constant. Quant à la largeur de la bande caudale, elle est également sujette à varier dans les deux formes, quoique chez les Cresserelles des États-Unis et de l'Amérique centrale elle reste, en général, notablement plus large que chez les Cresserelles du Pérou, du Paraguay, de la Bolivie et de la Patagonie. J'ai, en effet, sous les yeux un mâle du Mexique, donné par M. Biart, mâle chez lequel la bande subterminale noire des rectrices ne mesure que 0,020, comme chez un autre mâle tué à Albuquerque, sur les bords du Tocantins; et de son côté M. Gurney a cité dans ses Tableaux comparatifs (*Ibis*, 1881, p. 553 et 555) un mâle tué sur les pentes du volcan de Chiriqui (Centre-Amérique), chez lequel ladite bande n'avait que 0,90 pouce ou $0^m$,022, comme chez un oiseau de même sexe provenant de la République Argentine. Comme le disent MM. Sclater, Salvin et Gurney, le *Tinnunculus cinnamominus* constitue donc tout au plus une variété méridionale du *T. sparverius*.

Il est probable que les Cresserelles de Patagonie émigrent à l'approche de l'hiver, comme nos Cresserelles d'Europe, mais en sens inverse, c'est-à-dire du Sud au Nord, ce qui d'ailleurs revient au même, puisque dans les deux cas les oiseaux se rapprochent de l'équateur. A l'appui de cette hypothèse, M. Gibson a rappelé que, sauf une femelle tuée à la fin de mars, c'est-à-dire en automne, tous les spécimens qu'il a eus sous les yeux avaient été pris dans les mois d'août et de juillet, c'est-à-dire en plein hiver. D'autre part, comme le dit le même auteur, un nid de *Tinnunculus sparverius* var. *cinnamominus* a été trouvé par M. Durnford dans la vallée de Chuput, en Patagonie, au mois de novembre, et des oiseaux de la même espèce ont été observés, également pendant l'été, sur le territoire de la Patagonie par M. Hudson.

Je dois faire observer cependant que, si la plupart des spécimens obtenus à l'île Élisabeth, à Punta-Arenas et à Oushouaïa par l'expédition du *Challenger* et par la Mission française du cap Horn ont été pris de novembre à février, c'est-à-dire au printemps et en été, un spécimen provenant d'Oushouaïa porte la date du 18 août, ce qui correspond à l'hiver. Il faut en conclure que toutes les Cresserelles ne quittent pas la Patagonie à l'approche de la mauvaise saison.

## 12. Bubo magellanicus.

**Hibou des terres magellaniques** Daubenton, *Pl. enl. de Buffon,* 1770, t. I, pl. CCCLXXXV.

**Bubo magellanicus** Gmelin, *Syst. Nat.*, 1788, t. I, p. 286.

**Nacurutu** d'Azara, *Apuntiam.*, 1803, t. II, p. 192.

**Strix nacurutu** Vieillot, *Nov. Dict. d'Hist. nat.*, t. VII, p. 44.

**Bubo magellanicus** d'Orbigny, *Voy. Amér. mérid., Zoologie, Oiseaux*, 1833-1844, p. 137.

— A. de Pelzeln, *Voy. der öster. Fregatte « Novara », Vög.*, 1865, p. 26.

**Bubo crassirostris** C.-H. Burmeister, *Syst. ueb. d. Thiere Brasiliens Vögel*, 1855, t. II, p. 121, et *Syst. Verzeichn. d. in La Plata Staaten beobacht. Vögelarten, Journ. f. Ornith.*, 1860, p. 242, n° 16.

**Bubo magellanicus** Ph.-L. Sclater et O. Salvin, *On the Birds collected in the Straits of Magellan by Dr Cunningham, Ibis*, 1868, p. 188, n° 24.

**Bubo virginianus** Ph.-L. Sclater et O. Salvin, *Nom. Av. neotr.*, 1873, p. 116 (*part.*).

**Bubo magellanicus** R.-B. Sharpe, *Cat. B. Brit. Mus.*, t. II, *Striges*, 1875, p. 29, et *Zool. coll. made during the Survey of H. M. S. « Alert », Birds, Proceed. zool. Soc. Lond.*, 1881, p. 10, n° 31.

— L. Taczanowski, *Orn. du Pérou*, 1884, t. I, p. 189, n° 61.

Deux femelles de cette espèce ont été tuées à l'Anse de la Forge (baie Orange), le 18 mars, et à l'île Scott, le 7 juillet 1883, par les naturalistes de la Mission française du cap Horn; un autre individu avait été pris à Port Désiré, au mois de décembre 1882, par les officiers du *Volage;* trois spécimens, deux mâles et une femelle, avaient été obtenus, au mois de janvier 1879, au cap Gregory, à Port Henry et à Mayne Harbour (détroit de Magellan), par le Dr Coppinger, naturaliste de l'expédition anglaise de l'*Alert;* enfin, deux autres spécimens ont été obtenus dans la baie de Santiago et à Sandy Point, dans les mois de février 1867 et de décembre 1866, par le Dr Cunningham, attaché à l'expédition du *Nassau.* On peut en conclure que le *Bubo magellanicus* séjourne pendant toute l'année dans les régions australes de la Patagonie, où il est connu sous le nom fuégien de *Yapoutéla* (de *Yapou*, Loutre et *téla* œil), tandis qu'il est appelé *Nacurutu* au Paraguay. Sa nourriture se compose principalement de petits Rongeurs (1). Les femelles diffèrent, dit-on, des mâles non seulement par leur taille un peu plus forte, mais encore par le nombre un peu plus considérable des bandes claires qui recoupent leurs pennes caudales; mais l'iris a la même couleur d'un jaune d'or dans les deux sexes; le bec est noir, avec la mandibule inférieure blanchâtre et la cire noire, et les parties visibles des pattes d'un gris bleuâtre, avec les ongles noirs.

De la pointe méridionale de l'Amérique, le *Bubo magellanicus* remonte jusque dans le Chili, le Pérou, la République Argentine, le Paraguay et les provinces méridionales du Brésil, peut-être même plus haut encore, jusque dans l'Équateur (2), la Colombie et la Guyane, de façon à rencontrer la forme septentrionale *Bubo virginianus.*

### 13. Otus brachyotus var. Cassinii.

La **Grande Chouette** Brisson, *Ornithologie*, t. I, p. 511 (*part.*).
**Strix accipitrina** Pallas, *Reis. Russ. Reichs.*, t. I, p. 455 (*part.*).

---

(1) Une femelle de cette espèce dont M. le Dr Hyades a fait l'autopsie avait dans l'estomac des poils d'un Rongeur paraissant appartenir au genre *Ctenomys*.

(2) Une femelle de l'Équateur occidental, tuée en juillet 1883 par M. Siemiradski et décrite par M. Taczanowski (*Orn. du Pérou*, t. I, p. 190), différait d'un individu de même sexe, pris au Pérou, par sa coloration en général plus foncée et par le défaut presque absolu de teintes rousses, ces teintes étant remplacées ordinairement par du blanc pur. Les mêmes particularités se retrouvent chez un Grand-Duc, provenant également de l'Équateur, qui m'a été communiqué par M. le Dr Jousseaume. Néanmoins je ne crois pas possible de séparer ce dernier oiseau du *B. magellanicus*.

**Strix brachyotus** Forster, *Philos. Trans.*, 1770, t. LXII, p. 384 (*part.*).

— Wilson, *American Ornithology*, 1808-1814, t. IV, p. 6, et pl. XXXIII, fig. 3.

— J.-J. Audubon, *Birds America*, p. 410, et *Orn. biogr.*, t. V, p. 273.

**Strix palustris** Bechstein, *Naturg. Deutsch.*, 1804-1809, t. I, p. 906 (*part.*).

**Otus brachyotus** d'Orbigny, *Voy. Amér. mérid., Oiseaux*, p. 134.

**Brachyotus Cassinii** Brewer, *N. Am. Ool.*, t. I, p. 68.

— Cassin, *Un. St. expl. Exped.*, p. 108.

— Baird, *B. N. Amer.*, p. 54.

**Otus palustris** J. Gould et Darwin, *Voy. « Beagle », Zoology, Birds*, t. III, p. 33.

— J. Gould, *Proceed. zool. Soc.*, 1859, p. 94.

**Otus brachyotus** Ph.-L. Sclater, *Cat. of the Birds of the Falkland Islands, Proceed. zool. Soc. Lond.*, 1860, , p. 384, n° 6.

— Ph.-L. Sclater et O. Salvin, *On the Birds collected in the Straits of Magellan by Dr Cunningham, Ibis*, 1868, p. 188, n° 23, et *Nomencl. Av. neotrop.*, 1873, p. 116.

**Asio accipitrinus** R.-B. Sharpe, *Cat. B. Brit. Mus.*, t. II, *Striges*, 1875, p. 234 (*part.*) et 238.

**Otus brachyotus** Ph.-L. Sclater et O. Salvin, *On the Birds of antarctic America, Proceed. zool. Soc. Lond.*, 1878, p. 434, n° 21, et *Voy. of the « Challenger ». Zoology, Rep. on Birds, ant. Amer.*, p. 104, n° 21.

— H. Durnford, *Notes on the Birds of central Patagonia, Ibis*, 1878, p. 396.

— E. Gibson, *On the ornithology of cape San Antonio, Buenos Ayres, Ibis*, 1879, p. 133, n° 10.

— L. Taczanowski, *Ornithologie du Pérou*, 1884, t. I, p. 196, n° 63.

Trois spécimens de la variété américaine du Hibou brachyote ont été rapportés en 1879 du détroit de Magellan par M. l'amiral Serres et deux autres (femelles) ont été obtenus en 1883 à Oazy Harbour et à la baie Orange (5 mai) par M. Lebrun et par M. le Dr Hahn. Ces oiseaux avaient, comme les spécimens (mâles) rapportés de Sandy Point et de l'île Élisabeth par l'expédition du *Challenger*, les yeux d'un jaune d'or, la cire d'un jaune pâle, les pattes d'un gris jaunâtre et le bec noir, et leur estomac renfermait les restes de petits Rongeurs. L'*Otus brachyotus* var. *Cassinii* est répandu sur tout le continent américain, depuis le Canada et la Colombie britannique jusqu'au cap Horn et à la Terre de Feu, et se retrouve également aux îles Malouines. Il est sédentaire en Patagonie, ainsi que M. Hudson l'avait déjà constaté. Les spécimens auxquels je viens de faire allusion ont en effet été pris aux époques les plus diverses, en mai, en juin, en janvier, etc.

## 14. Athene (Speotyto) cunicularia.

**La Chouette de Coquimbo** Brisson, *Ornith.*, 1760, t. I, p. 525.

**Strix cunicularia** Molina, *Compendio della storia geogr. nat. e civ. del regno del Chile*, 1776, p. 343.

**Urucurea** d'Azara, *Apuntiam.*, 1803, t. II, p. 211.

— G. Hartlaub, *Index d'Azara*, p. 4.

**Strix grallaria** Spix, *Av. Bras.*, t. I, p. 21.

— Temminck, *Planches coloriées*, 1829-1839, pl. CXLVI.

**Noctua cunicularia** Darwin, *Journ. Nat. « Beagle »*, p. 145.

— d'Orbigny, *Voy. Amér. mérid.*, *Zoologie, Oiseaux*, 1835, p. 128.

— Burmeister, *Syst. ueb. d. Th. Bras. Vögel*, 1855, t. II, p. 139, et *Syst. Verzeichn. d. in La Plata staaten beobacht. Vögelarten, Journ. f. Orn.*, 1860, p. 243, n° 19.

**Athene cunicularia** J. Gould, Darwin, *Voy. « Beagle », Birds*, 1841, p. 30.

**Pholæoptynx cunicularia** Ph.-L. Sclater et O. Salvin, *On the Birds collected in the Straits of Magellan by Dr Cunningham, Ibis*, 1868, p. 188, n° 26, et *Nomencl. Av. neotrop.*, 1873, p. 117.

— L. Taczanowski, *Ornith. du Pérou*, 1884, t. I, p. 174.

**Speotyto cunicularia** R.-B. Sharpe, *Cat. B. Brit. Mus.*, t. II, *Striges*, 1875, p. 142, et *Zool. coll. made during the Survey of H. M. S. Alert, Proceed. zool. Soc. Lond.*, 1881, p. 10, n° 32.

**Noctua cunicularia** H. Durnford, *On some Birds observed in the Chuput Valley, Patagonia, Ibis*, 1877, p. 38, et *Notes on the Birds of central Patagonia, Ibis*, 1878, p. 397.

Un individu de cette espèce, qui se trouve répandue depuis les États-Unis jusqu'à la pointe de l'Amérique méridionale, est tombé à bord de la *Romanche* au mois d'août 1882, à 5° de latitude au sud de Montevideo, pendant la traversée de France au cap Horn, et trois autres spécimens (mâles et femelle) ont été capturés par M. Lebrun, au mois de décembre de la même année, à Salinas (Patagonie). Ces trois oiseaux avaient les yeux d'un jaune d'or, comme la femelle obtenue à Coquimbo par le Dr Coppinger, naturaliste de l'*Alert*, et comme les individus, mâle et femelle, tués au Pérou par MM. Jelski et Stolzmann. Chez les adultes, le bec est d'un brun grisâtre ou d'un brun de corne, passant au jaunâtre vers la base et sur la mandibule inférieure, et les pattes sont grisâtres en avant et jaunes en arrière, avec une teinte verdâtre sur la face plantaire (Dr Hahn).

La Chouette des terriers est sédentaire en Patagonie et fort commune sur certains points de cette vaste région, tandis que sur d'autres points elle se montre beaucoup plus rarement.

### 15. Glaucidium nanum.

**Strix nana** King, *On the animals of the Straits of Magellan, Zool. Journ.*, 1827, t. III, p. 427.

**Glaucidium nanum** Boie, *Isis*, 1826, p. 970.

**Athene nana** Gray et Mitchell, *Genera of Birds*, 1844, t. I, p. 35, pl. XII.

— Hombron et Jacquinot, *Voy. au pôle Sud, Zoologie*, 1841-1845, t. III, p. 54.

**Glaucidium nanum** Ph.-L. Sclater et O. Salvin, *On the Birds collected in the Straits of Magellan by Dr Cunningham, Ibis*, 1868, p. 188, n° 5, et *Nom. Av. neotrop.*, 1873, p. 117.

— Hudson, *On Patagonian Birds, Proceed. zool. Soc. Lond.*, 1872, p. 549.

— R.-B. Sharpe, *Cat. B. Brit. Mus.*, t. II, *Striges*, 1875, p. 190, *Ibis*, 1875, p. 41 et 259, et *Zool. coll. made during the Survey of H. M. S. « Alert »*, *Proceed. zool. Soc. Lond.*, 1881, p. 11, n° 33.

La Mission française a rapporté de la Terre de Feu deux Chouettes naines dont l'une, prise à Oushouaïa sur les bords du canal du Beagle, le 26 novembre 1882, avait le bec d'un gris verdâtre, la cire grise, les pattes grises en avant et jaunes en dessous, et l'autre, tuée près des mares, à la baie Orange, au sud de la Mission, le 5 février 1883, avait la cire verdâtre, le bec verdâtre, passant au blanc verdâtre à la pointe, les yeux d'un jaune d'or et les tarses d'un jaune verdâtre. D'autres individus de la même espèce avaient été capturés précédemment, au mois de mai et au mois de janvier, à Sandy Point par le Dr Cunningham et par le Dr Coppinger, chirurgien de l'*Alert*. Le type décrit par King a été pris à Port-Famine, de même qu'un spécimen signalé dans le *Voyage au pôle Sud*. On peut donc supposer que la Chouette naine est sédentaire et assez répandue dans les parages du cap Horn et sur la Terre de Feu où elle porte le nom de *Lafkgouia*. Il est certain, d'autre part, que ce petit Rapace habite le Chili, comme le dit M. Sharpe, puisque le Muséum en possède deux spécimens venant de cette région et donnés par M. Gay et par M. Hénault (1). Enfin, les galeries du Jardin des Plantes renferment encore un exemplaire tué dans la République Argentine et donné, il y a quelques années, par l'Université de Cordova. L'aire d'habitat du *Glaucidium nanum* s'étend, par conséquent, jusque vers le 30e degré de latitude Sud.

### 16. Picus (Megapicus ou Campephilus) magellanicus.

**Picus martius** Molina, *Stor. Nat. Chil.*, 1789, p. 209.

**Picus magellanicus** King, *Zool. Journ.*, 1827, t. III, p. 430.

**Picus jubatus** de Lafresnaye, *Rev. et Mag. de Zool.*, 1841, p. 242 (*fem.*).

**Picus magellanicus** A. Malherbe, *Mag. de Zool.*, 1843, pl. **XXXI**.

**Dryocopus magellanicus** Ch.-L. Bonaparte, *Consp. Av.*, 1850, t. I, p. 137.

**Megapicus magellanicus** A. Malherbe, *Monogr. des Picidés*, 1862, t. **I**, p. 8, et pl. II, fig. 1-3.

— R. Cunningham, Lettre *in Ibis*, 1868, p. 128.

**Picus (Ipocrantor) magellanicus** G.-R. Gray, *Handlist of genera and species of Birds*, 1871, t. II, p. 86, n° 8619.

**Campephilus magellanicus** Ph.-L. Sclater et O. Salvin, *Nom. Av. neotrop.*, 1873, p. 98. — *Birds of antarctic America, Proceed. zool. Soc. Lond.*,

(1) Le spécimen donné par M. Hénault est de taille notablement plus forte que les spécimens de la Terre de Feu.

1878, p. 434, n° 18, et *Voy. of the « Challenger », Report on Birds, ant. America*, p. 103, n° 18.

Le *Megapicus magellanicus* paraît être plus commun au Chili et dans les parages du détroit de Magellan et sur la Terre de Feu que dans le centre de la Patagonie. La Mission française du cap Horn n'en a pas rapporté moins de sept spécimens, mâles et femelles, d'ailleurs complètement semblables aux spécimens provenant du Chili qui avaient été donnés précédemment au Muséum par M. Gay. Une femelle, obtenue au mois de février 1883, à Punta-Arenas, par M. Lebrun, avait les yeux rouges; chez un mâle, tué à Oushouaïa au mois de décembre 1882, le bec et les pieds étaient noirs, et un couple, mâle et femelle, tué le 11 avril 1883, à la baie Orange au nord du lac de la Mission, à 158m d'altitude, ne présentait pas de différences, d'un sexe à l'autre, dans la coloration des yeux, du bec et des pattes, l'iris étant d'un rouge brique, les mandibules d'une teinte noirâtre, plus foncée à l'extrémité, et les tarses d'un gris verdâtre. Au contraire, un mâle et une femelle obtenus à Porto Bueno par l'expédition du *Challenger* avaient les yeux jaunes, le bec et les pieds noirs.

*Lana* (1) est le nom fuégien de cette espèce, qui se nourrit non seulement d'insectes, mais aussi de graines, ainsi que M. le Dr Hyades a pu s'en assurer en faisant l'autopsie du mâle et de la femelle tués le 11 avril 1883 à la baie Orange.

### 17. Ceryle torquata var. stellata.

**Alcedo stellata** Meyen, *Nov. Act. Acad. Leopold.*, t. XVI, Suppl. 93, pl. XIV.

**Alcedo torquata** J.-J. v. Tschudi, *Faun. peruan.*, 1844, p. 254.

**Ceryle stellata** R.-B. Sharpe, *A Monograph of the Alcedinidæ*, 1867-1869, et *Zool. coll. made during the Survey of H. M. S. « Alert »*, *Proceed. zool. Soc.*, 1881, p. 9, n° 23.

— Ph.-L. Sclater, *On Chilian Birds, Proceed. zool. Soc. Lond.*, 1867, p. 327.

— Ph.-L. Sclater et O. Salvin, *Second List of Birds collected during the Survey in the Straits of Magellan by Dr Cunningham, Ibis*, 1869, p. 283.

(1) *Lan*, en fuégien, signifie langue.

n° 7. — *Nomencl. Av. neotrop.*, 1873, p. 103. — *Birds of antarctic America*, *Proceed. zool. Soc. Lond.*, 1878, p. 434, n° 19, et *Voy. of the « Challenger »*, *Report on Birds, antarct. Amer.*, p. 104, n° 19.

Le *Ceryle stellata* ne me paraît constituer qu'une race locale du *Ceryle torquata* L., race qui habite le Chili, la Patagonie et la Terre de Feu, tandis que la forme typique se trouve depuis la République Argentine jusqu'au Mexique. Comme M. Sclater l'avait fait avant moi, j'ai constaté, en effet, que certains individus qui, par leur origine, devraient être attribués au *Ceryle torquata* avaient le dos et les ailes aussi fortement mouchetés de blanc que les individus du Chili, et, en revanche, j'ai vu un spécimen de Patagonie chez lequel les points blancs tendaient à disparaître et dont les teintes du manteau et de l'abdomen étaient presque aussi pures et aussi vives que chez des oiseaux pris au Guatémala par M. Bocourt ou au Brésil par MM. de Castelnau et Deville. Le spécimen de Patagonie auquel je viens de faire allusion a été tué par M. Tracou, enseigne de vaisseau, sur les bords de la baie Butler (détroit de Magellan), le 2 février 1883, et a été préparé par M. de Lartigue, enseigne de vaisseau à bord du *Volage*. Un autre *Ceryle*, un mâle, a été pris au mois de février 1882 par M. Lebrun, à la Terre de Feu; cinq autres individus ont été tués successivement par les naturalistes de la Mission du cap Horn, les 5, 7 et 10 février, sur les bords du canal du Beagle, sur les îles Burnt et O'Brien le 31 mars, et le 10 avril 1883 à la baie Orange. Huit exemplaires de la même espèce avaient été obtenus précédemment à Fortescue, à Port Grappler, à Eden, au Havre Gray (sud-ouest de la Patagonie), dans le cours de la croisière effectuée par la *Magicienne*, sous les ordres de M. l'amiral Serres; enfin, trois spécimens avaient été pris précisément dans les mêmes parages, à Port Otway, à Cove Harbour et à Gray Harbour (Havre Gray) et à Sandy Point, en décembre 1875, janvier 1876 et janvier 1869, par les naturalistes de l'expédition du *Challenger* et par le D^r Cunningham; de telle sorte qu'on peut affirmer que les *Ceryle* de la variété *stellata* sont très répandus, au moins pendant le printemps, l'été et le commencement de l'automne, dans la portion australe de la Patagonie et à la Terre de Feu, où ils se nourrissent principalement, sinon exclusivement de poissons. Chez ces oiseaux, le bec est toujours noir, mais la couleur de l'iris et celle des pattes sont sujettes à certaines variations : ainsi, une femelle tuée le 5 février 1883 sur les bords du canal du Beagle (Mission française) avait les yeux bruns et les pattes verdâtres; une femelle tuée le 9 février à la baie Orange, sur la plage (Mission française), le bec noir passant à la couleur corne blonde à la pointe et à la base de la mandibule inférieure, l'iris brun et les pattes d'un jaune verdâtre avec le dessus des doigts noir; un mâle tué à l'île O'Brien (Mission française), le 10 février, les yeux d'un gris bleuâtre et les pattes d'un jaune sale; un mâle tué à Port-Otway (*Challenger*), à la fin de décembre, les yeux noirs et les pattes d'un vert jaunâtre; un autre mâle tué à Cove Harbour (*Challenger*), les yeux bruns, et un mâle tué à Gray Harbour, au mois de janvier (*Challenger*), les yeux noirs.

Le nom fuégien du *Ceryle stellata* est *Chakatakh*.

## 18. Hirundo (Tachycineta) Meyeni.

**Hirundo leucopyga** Meyen, *Nov. Act. Acad. L. C. Nat. Car.*, 1834, t. XVI, Suppl. 73, pl. X.

**Hirundo Meyeni** Ph.-L. Sclater, *On Chilian Birds, Proceed. zool. Soc. Lond.*, 1867, p. 321 et 337.

— Ph.-L. Sclater et O. Salvin, *On the Birds collected in the Straits of Magellan by Dr Cunningham, Ibis*, 1868, p. 185, et 1870, p. 499, n° 3. — *Nomencl. Av. neotrop.*, 1873, p. 114. — *Report on the collections of Birds made during the voyage of H. M. S. « Challenger »*, n° IX, *Birds of antarct. Amer., Proceed. zool. Soc. Lond.*, 1878, p. 432, n° 2, et *Voy. of the « Challenger »*, 1881, t. II, *Rep. on the Birds, antarct. Amer.*, p. 100, n° 2.

**Tachycineta Meyeni** R.-B. Sharpe, *Cat. B. Brit. Mus.*, t. X, *Fringilliformes* 1885, p. 116.

Cette espèce, qui avait déjà été signalée au Chili, en Bolivie et en Patagonie, s'avance, au moins pendant l'été, jusque dans la Terre de Feu, où elle est connue des indigènes sous le nom de *Lazikh*. La Mission française en a rapporté sept exemplaires, savoir :

Un jeune mâle et une jeune femelle, tués le 6 novembre 1882 à Punta-Arenas (détroit de Magellan);

Un jeune mâle, une femelle et un individu de sexe indéterminé, tués les 8, 10 et 14 janvier 1883, sur les bords de la baie Orange; ces oiseaux avaient le bec et les yeux noirs et les tarses d'un gris noirâtre (l'estomac de l'un d'eux renfermait quelques débris d'insectes);

Une femelle trouvée morte, le 16 janvier 1883, sur l'herbe dans la vallée, auprès du lac (Terre de Feu); cet individu avait le bec et les yeux noirs et les tarses d'un gris noirâtre;

Une femelle, aux yeux d'un brun clair, tuée à la fin de l'année 1882 par M. Lebrun, à Santa Cruz, lorsque le navire *le Volage* a touché en ce point de la Patagonie.

D'autres individus de la même espèce avaient été obtenus précédemment à Sandy Point (ou Punta-Arenas) par le Dr Cunningham et par les naturalistes attachés à l'expédition du *Challenger*.

Ces derniers oiseaux avaient été tués au mois de janvier et ceux qui ont été rapportés par l'expédition française ont été abattus en novembre, décembre et janvier : on peut en conclure que c'est durant l'été seulement que l'on peut rencontrer dans les parages du cap Horn les Hirondelles de Meyen, qui remontent sans doute, à l'approche de l'hiver, dans les contrées plus voisines de l'équateur.

## 19. Agriornis striata.

**Agriornis microptera** et **A. striata** J. Gould, *in* Darwin, *Voy. « Beagle », Zool.*, t. III, *Birds*, p. 56 et pl. XII.

**Agriornis microptera** Ph.-L. Sclater et O. Salvin, *On the Birds collected in the Straits of Magellan by Dr Cunningham, Ibis*, 1868, p. 185.

— G.-R. Gray, *Handlist of Birds*, 1870, t. II, p. 341, n° 5154.

**Agriornis striata** Ph.-L. Sclater, *Cat. B. Brit. Mus.*, 1888, t. IV, p. 5.

Cette espèce paraît être spéciale à la Patagonie, où elle a été rencontrée par Darwin et d'où M. Lebrun en a envoyé, en 1883, un spécimen au Muséum. Dans la même contrée vit une autre espèce d'*Agriornis*, l'*A. maritima*, qui paraît être plus commune que la précédente (1) et qui remonte jusque dans le Chili, où se trouve aussi l'*A. livida* (2).

L'oiseau envoyé par M. Lebrun a été pris à Santa Cruz dans les derniers mois de l'année 1882. Il avait les yeux d'un jaune de chrome.

### 20. Myiotheretes rufiventris.

**Tyrannus rufiventris** Vieillot, *Nouv. Dict. d'Hist. nat.*, t. XXXV, p. 93, et *Encycl. méthod.*, p. 856.

**Pepoaza variegata** Lafresnaye et d'Orbigny, *Synops. Av.*, t. I, p. 63.
— D'Orbigny, *Voy. Amér. mérid., Zool., Oiseaux,* 1835-1844, p. 349 et pl. XXXIX.

**Xolmis variegata** G.-R. Gray, *in* Darwin, *Voy.* « *Beagle* », *Zool. Birds,* 1841, t. III, p. 55 et pl. XI.

**Myiotheretes rufiventris** Ph.-L. Sclater, *Cat. of Amer. Birds*, 1862, p. 196, n° 1202.
— Ph.-L. Sclater et O. Salvin, *On the Birds collected in the Straits of Magellan by Dr Cunningham, Ibis,* 1868, p. 187, n° 10. — *Nomencl. Av. neotrop.*, 1873, p. 394.
— H. Durnford, *Notes on the Birds of Central Patagonia, Ibis,* 1878, p. 394.
— Ph.-L. Sclater, *Cat. B. Brit. Mus.*, 1888, t. XIV, p. 8.

Dans les collections réunies par les soins de M. Lebrun, naturaliste voyageur, de M. de Lartigue, enseigne de vaisseau, et des autres officiers du *Volage*, se trouvent trois *Myiotheretes rufiventris* (dont deux mâles) tués à Missionares en octobre et novembre 1882, et dans le Catalogue des collections formées par le Dr Cunningham figure également un de ces Tyrannidés à ventre roux, tué à Possession Bay, en janvier 1867. Les époques de ces trois captures concordent fort bien avec les renseignements fournis par M. Durnford, qui nous apprend que les *Myiotheretes rufiventris* arrivent en petit nombre en Patagonie au printemps et y séjournent jusqu'à la fin de l'été. En revanche,

(1) Sclater et Salvin, *Ibis*, 1868, p. 185, et H. Durnford, *Ibis*, 1878, p. 394.
(2) Sclater, *Proc. zool. Soc. Lond.*, 1867, p. 325, et R.-B. Sharpe, *Proc. zool. Soc. Lond.*, 1881, p. 8, n° 14.

M. Durnford dit que les oiseaux de cette espèce ont le bec, les pattes et les ongles noirs et les yeux d'un brun foncé, tandis que M. Lebrun porte dans ses notes la mention « iris jaune de chrome », pour les spécimens obtenus à Missionares.

Le Muséum possédait déjà une dépouille de *Myiotheretes rufiventris* provenant de Yungas, en Bolivie (voyage de d'Orbigny). C'est sans doute dans cette contrée et dans la République Argentine que les oiseaux de cette espèce se retirent à l'approche de l'hiver.

### 21. Tænioptera pyrope.

**Muscicapa pyrope** Kittlitz, *Ueber einige Vögel von Chili, Mém. Acad. Saint-Pétersbourg*, 1831, p. 191, pl. X.

**Pepoaza pyrope** de Lafresnaye et d'Orbigny, *Synops.*, p. 63, n° 6.

— D'Orbigny, *Voy. Amér. mérid.*, 1835-1844, p. 348, n° 72.

**Xolmis pyrope** J. Gould, Darwin, *Voy. « Beagle », Zool.*, t. III, *Birds*, p. 55.

**Tænioptera pyrope** G.-R. Gray, *Genera of Birds*, 1847, t. I, p. 241.

— Ph.-L. Sclater, *On the Chilian Birds, Proceed. zool. Soc. Lond.*, 1867, p. 326.

— Ph.-L. Sclater et O. Salvin, *On the Birds collected in the Straits of Magellan by Dr Cunningham, Ibis*, 1868, p. 185. — *Nomenclator Av. neotrop.*, 1873, p. 42, n° 6. — *Birds of antarct. America, Proceed. zool. Soc. Lond.*, 1878, p. 433, n° 11, et *Voy. of the « Challenger », Rep. on the Birds, antarct. Amer.*, p. 102, n° 11.

— R.-B. Sharpe, *Zool. coll. made during the Survey of H. M. S. « Alert », Proceed. zool. Soc. Lond.*, 1881, p 8, n° 13.

— Ph.-L. Sclater, *Cat. B. Brit. Mus.*, 1888, t. XIV, p. 11.

Cette espèce doit être très commune, au moins à certaines époques de l'année, en Patagonie et à la Terre de Feu, où elle a été observée successivement : par le Dr Cunningham, à Port-Famine; par les naturalistes attachés à l'expédition du *Challenger*, à Sandy Point; par le Dr Coppinger, chirurgien de l'*Alert*, à Skyring Water (détroit de Magellan), et par les membres de la Mission du cap Horn, sur divers points de l'Amérique australe. L'expédition française n'a pas procuré au

Muséum moins de 15 spécimens de *Tænioptera pyrope*, parmi lesquels nous citerons :

1° Plusieurs mâles, tués à Punta-Arenas par M. Lebrun, au mois de janvier 1883. Yeux d'un rouge vermillon.

2° Une femelle, tuée sur les bords de la baie Orange, à 200m d'altitude, par M. le Dr Hahn, le 26 septembre 1882. Iris rose; pattes et bec d'un brun foncé.

3° Un mâle, tué par le même voyageur, dans la même localité, le 23 octobre 1882. Iris rouge brique.

4° Une femelle, de même provenance. Iris rose.

5° Une autre femelle, tuée par M. Hahn à Oushouaïa, sur les bords du canal du Beagle, le 17 mars 1883.

6° Un mâle tué par M. le Dr Hyades à la baie Orange, le 14 avril 1883. Iris rouge brique; tarses noirs, face inférieure des doigts jaune.

7° Deux mâles et une femelle, tués par M. Hahn à Punta-Arenas, le 22 mai 1883.

8° Un mâle, tué par M. Hahn sur les bords de la baie Orange, le 14 avril 1883. Iris rouge brique; bec et tarses noirs.

9° Une femelle, tuée par M. Hahn dans la même localité, le 25 mai 1883. Iris rose brique; bec et tarses noirs.

Je ferai remarquer qu'il existe une concordance remarquable entre ces divers renseignements pour ce qui concerne la coloration de l'œil chez le *Tænioptera pyrope* : l'iris est toujours indiqué comme étant rouge, la nuance variant d'ailleurs du rose au rouge brique. Au contraire, les naturalistes du *Challenger* attribuent des yeux *noirs* à un *Tænioptera pyrope* mâle tué à Sandy Point, et le Dr Coppinger donne au sujet d'une femelle tuée à Skyring Water (détroit de Magellan), au mois de janvier 1879, les indications suivantes : « Bec, tarses et pieds noirs; iris jaune clair.» Il semble donc que, dans cette espèce, la coloration de l'iris n'est pas constante.

Le *Tænioptera pyrope* est, du reste, sujet à de grandes variations sous le rapport du plumage, des dimensions et même de la forme des rémiges. En effet, si beaucoup d'oiseaux de cette espèce se font remarquer par leurs deux premières rémiges brusquement rétrécies et effilées à l'extrémité, comme celles de certains Pigeons du genre *Ptilopus*, d'autres *Tænioptera pyrope* ne présentent pas ce caractère qui n'a point, par conséquent, comme on l'avait admis primitivement, une valeur spécifique. Cette particularité, très accusée chez un spécimen envoyé de Valparaiso par d'Orbigny et chez un autre exemplaire du Chili donné par M. Gay, disparaît au contraire chez trois autres individus de la même région, donnés par le même voyageur en 1843; elle manque également, ou est à peine indiquée, sur trois individus provenant du voyage de l'*Astrolabe* et de la *Zélée* (voyage au pôle Sud) et pris, l'un dans les parages du détroit de Magellan, les autres à Talcahuano. Elle n'existe pas davantage chez cinq *Tænioptera* de la baie Orange et de Punta-Arenas, rapportés par la Mission du cap Horn, tandis qu'elle se retrouve à un degré très marqué sur deux oiseaux originaires des mêmes localités et obtenus dans le cours du même voyage. Entre ces types extrêmes, l'un à ailes normales, l'autre à ailes découpées, on trouve d'ailleurs des gradations : ainsi un spécimen de Talcahuano, provenant de l'expédition de l'*Astrolabe*, a les deux ou même les trois premières rémiges légèrement échancrées, du côté interne, depuis le milieu jusqu'à la pointe. Il en est de même chez un oiseau faisant partie des collections de la *Zélée* et obtenu à Port-Famine, de même encore chez trois oiseaux tués à la baie Orange et à Punta-Arenas et rapportés par la Mission française du cap Horn. En d'autres termes, on voit nettement le processus par lequel s'effectue cette découpure bizarre des rémiges, qui n'est aucunement en rapport avec le sexe des individus (¹), mais qui s'accentue probablement par les progrès du développement. Il faut noter, du reste, que la même particularité, tantôt très marquée, tantôt à peine accusée, peut être observée chez d'autres Tyrannidés de l'Amérique australe, notamment chez les *Myiotheretes rufiventris*.

J'avais cru constater d'abord que les *Tænioptera pyrope* du Chili étaient de taille constamment plus faible que ceux de la Patagonie; mais il n'en est rien : cela résulte clairement du Tableau suivant :

(¹) Un spécimen de *Tænioptera pyrope* ayant les ailes normales avait, pour ce motif, été considéré comme étant peut-être une femelle (voir *Ibis*, 1868, p. 185).

| TÆNIOPTERA PYROPE. | AILE. | QUEUE. | TARSE. | BEC (culmen). |
|---|---|---|---|---|
| | mm | mm | mm | mm |
| De Valparaiso (d'Orbigny, 1830)............ | 114 | 110 | 25 | 13 |
| Du Chili (Gay, 1837)...................... | 107 | 93 | 29 | 13 |
| » » ...................... | 105 | 89 | 26 | 13 |
| » (Gay, 1843)...................... | 106 | 95 | 27 | 14 |
| » » ...................... | 119 | 102 | ? | ? |
| » » ...................... | 108 | 93 | 27 | 14 |
| De Talcahuano (l'*Astrolabe*)............... | 106 | 99 | 27 | 14 |
| » » ................ | 111 | 94 | 28 | 14 |
| De Magellan » ................ | 113 | 97 | 26 | 13 |
| De la baie Orange (exp. Cap Horn).......... | 124 | 102 | 28 | 14 |
| » » .......... | 112 | 98 | 26 | 13 |
| » » .......... | 112 | 88 | 26 | 13 |
| » » .......... | 112 | 98 | 28 | 12 |
| » » .......... | 109 | 97 | 28 | 13 |
| D'Oushouaïa » .......... | 112 | 96 | ? | 13 |
| De Punta-Arenas » .......... | 112 | 98 | 27 | 13 |
| » » .......... | 113 | 102 | 28 | 13,5 |
| » » .......... | 119 | 109 | 27 | 12 |

Enfin, si chez les individus de Patagonie et de la Terre de Feu la coloration générale est un peu plus foncée, si le dos est plus fortement nuancé de verdâtre, et si le ventre est d'un gris plus accusé que chez les individus du Chili, on remarque aussi parmi ces derniers certaines variations qui tendent à effacer les différences de plumage.

Les Fuégiens désignent le *Tænioptera pyrope* sous le nom de *Kachpoul*.

En Patagonie, on rencontre encore deux autres espèces du même genre, le *Tænioptera murina* Lafr. et d'Orb. et le *Tænioptera rubetra* Burm. (¹).

### 22. Muscisaxicola macloviana.

**Sylvia macloviana** Garnot, *Voy. de la « Coquille », Zoologie, Oiseaux*, 1826, t. I, p. 540.

---

(¹) *Voir* Hudson, *Proceed. zool. Soc. Lond.*, 1872, p. 541, et Durnford, *Ibis*, 1878, p. 394.

**Muscisaxicola mentalis** de Lafresnaye et d'Orbigny, *Synops. Av.*, 1837, p. 66, n° 2.

— d'Orbigny, *Voy. Amér. mérid., Oiseaux*, 1835-1844, p. 355 et pl. LXI, fig. 1.

— Ph.-L. Sclater, *On Chilian Birds, Proceed. zool. Soc. Lond.*, 1867, p. 326.

— Ph.-L. Sclater et O. Salvin, *On the Birds collected in the Straits of Magellan by Dr Cunningham, Ibis*, 1868, p. 187, n° 12, et *Nomencl. Av. neotrop.*, 1873, p. 44.

— H. Hudson, *On Patagonian Birds, Proceed. zool. Soc. Lond.*, 1872, p. 541.

— R.-B. Sharpe, *Zool. Coll. made during the Survey of H. M. S. « Alert », Proceed. zool. Soc. Lond.*, 1881, p. 8, n° 15.

— L. Taczanowski, *Ornith. du Pérou*, 1884, t. II, p. 218, n° 560.

**Muscisaxicola macloviana** Ph.-L. Sclater, *Cat. B. Brit. Mus.*, 1888, t. XIV, p. 56.

Cette espèce, dit d'Orbigny, est de celles qui paraissent habiter l'été les régions les plus méridionales du continent américain. « En Patagonie, elle arrive en juin et y reste jusqu'en septembre, se tenant sur le haut des coteaux dans les lieux sablonneux;..... elle y est par troupes de trois à quinze individus, vit familièrement avec l'homme, saute à terre, sur les points élevés, les murailles, les mottes de terre, reste longtemps à la même place et fait souvent balancer sa queue, puis court à terre avec vivacité, cherchant les insectes dont elle se nourrit. »

M. Hudson constate, de son côté, qu'il n'a jamais vu de *Muscisaxicola mentalis* en Patagonie avant le mois de juin, c'est-à-dire avant l'hiver, et il suppose que ces oiseaux arrivent du Sud au moment où les grands froids commencent à se faire sentir. Cette hypothèse est confirmée par les renseignements plus récents fournis par les naturalistes attachés aux expéditions françaises et anglaises, qui ont rencontré la *Muscisaxicola mentalis* sur les bords du détroit de Magellan et à la Terre de Feu précisément dans la saison où elle manque dans le centre et le nord de la Patagonie, c'est-à-dire en été. Un individu de cette espèce a été tué en effet, au mois de mai, à Sandy Point par le Dr Cunningham, et les spécimens rapportés par la Mission du cap Horn portent les dates et les indications suivantes :

N° 16. *Fauvette des montagnes.* Mâle tué à la baie Orange, à 200$^{m}$ d'altitude, le 15 septembre 1882.

N° 29. Mâle tué à une altitude de 200$^{m}$ à 500$^{m}$, le 26 septembre 1882. Œil brun foncé.

N° 30. Femelle tuée dans la même localité, à la même date.

N° 128. Mâle tué à la baie Cook, sur la Terre des États, le 19 novembre 1882.

N° 363. Femelle tuée sur la plage de la baie Bourchier (à l'ouest de la presqu'île Hardy, près du faux cap Horn) le 25 janvier 1883. Nom fuégien *Chkanakooko.* Iris brun; tarses noirs; mandibule supérieure noire avec l'extrême pointe couleur corne blonde; mandibule inférieure d'un jaune orange, sauf à l'extrémité antérieure qui est noire avec un peu de jaune corne blonde à la pointe.

N° 616. Mâle tué à Punta-Arenas, au mois de février 1883. Œil brun.

On peut donc admettre que la *Muscisaxicola macloviana* habite pendant la plus grande partie de l'année l'extrémité méridionale du continent américain et la Terre de Feu, *où elle doit se reproduire,* et qu'elle ne se retire dans le centre et le nord de la Patagonie, en Bolivie, au Chili et au Pérou, que pendant la mauvaise saison. En Patagonie, on trouve encore une autre espèce du même genre, *Muscisaxicola maculirostris* Lafr. et d'Orb. (*voir* Sclater et Salvin, *Nomencl. Av. neotrop.*, 1873, p. 44, et Durnford, *Ibis*, 1878, p. 395), sans compter les autres espèces propres au Pérou, au Chili et à l'Équateur.

### 23. Centrites niger.

**Alouette à dos roux** Daubenton, *Pl. enl. de Buffon*, 1770, p. 738.

**Alauda nigra** Boddaert, *Table des Pl. enl. de Daubenton*, 1783, p. 738.

**Alauda rufa** Gmelin, *Syst. nat.*, 1788, t. I, p. 792.

**Alondra espalda roxa** d'Azara, *Apunt.*, 1803.

**Sylvia dorsalis** King, *Zool. Journ.*, 1827, t. III, p. 428.

— Gay, *Hist. fisic. Chil., Zool.*, 1847, t. I, p. 318.

**Anthus variegatus** F. Eydoux et P. Gervais, *Voy. « Favorite »*, 1839, t. V, *Zoologie, Oiseaux*, p. 38 et pl. XV.

**Muscisaxicola nigra** J. Gould, *in* Darwin, *Voy. « Beagle », Zool. Birds*, p. 84.

**Centrites rufus** J. Cabanis, *Wiegman's Arch.*, 1847, t. XIII, p. 256.

**Centrites niger** J. Cabanis, *Mus. Hein.*, t. II, p. 48.

— Ph.-L. Sclater, *On Chilian Birds, Proceed. zool. Soc. Lond.*, 1867, p. 326.

— Ph.-L. Sclater et O. Salvin, *On the Birds collected in the Straits of Magellan by Dr Cunningham, Ibis*, 1868, p. 187, n° **13**. — *Nomencl. Av. neotr.*, 1873, p. 44. — *Birds of antarct. Amer., Proceed. zool. Soc. Lond.*, 1878, p. 432, n° 7, et *Voy. of the « Challenger », Rep. on Birds, antarct. Amer.*, p. 101, n° 7.

— H. Durnford, *On the Birds of the Central Patagonia, Ibis*, 1878, p. 395.

— R.-B. Sharpe, *Zool. coll. made during the Survey of H. M. S. « Alert », Proceed. zool. Soc. Lond.*, 1881, p. 8, n° **9**.

— Ph.-L. Sclater, *Cat. B. Brit. Mus.*, 1888, t. XIV, n° **61**.

Ch. Darwin a observé le *Centrites niger* jusqu'à Copiapo, dans le nord du Chili, contrée où M. Gay et M. Hénault se sont procuré plusieurs spécimens qu'ils ont donnés au Muséum d'Histoire naturelle; d'Orbigny a rencontré la même espèce à Corrientes, dans l'est de la République Argentine, aux environs de Buenos Ayres et dans les Pampas d'Orugo (Bolivie); M. Hudson l'a trouvée fréquemment dans le centre de la Patagonie, où, parait-il, elle est sédentaire. Enfin, MM. Hombron et Jacquinot, naturalistes attachés à l'expédition de l'*Astrolabe* et de la *Zélée*, le Dr Cunningham, le Dr Coppinger et, plus récemment encore, les membres de la Mission française du cap Horn en ont obtenu d'assez nombreux exemplaires à Port-Famine, à Sandy Point et à Cape Gregory, dans la Patagonie australe, sur les bords de la baie Orange et du canal du Beagle, à la Terre de Feu.

Dans cette dernière région, le *Centrites niger* est connu des indigènes sous le nom de *Skilouchanoa*.

Les spécimens rapportés par la Mission française ont été tués du

12 octobre 1882 au 9 janvier 1883, et quelques-uns d'entre eux portent les indications suivantes :

1° Mâle tué à la baie Orange le 12 octobre 1882, près des mares, sur les buissons : bec noir, tarses d'un noir de jais;

2° Femelle tuée dans la même localité le 27 novembre 1882 : iris brun, bec et pieds noirs; estomac renfermant des restes de mouches;

3° Femelle tuée dans la même localité le 1er janvier 1883 : iris gris brun, pieds noirs.

Les individus rapportés par les naturalistes du *Challenger* avaient été tués également au mois de janvier, de même que l'oiseau rapporté par le Dr Coppinger; ils avaient aussi les yeux noirs et leur estomac contenait également des débris d'insectes. On peut conclure de ces renseignements que les *Centrites* sont des Passereaux essentiellement insectivores, qui sont fort répandus pendant la belle saison dans les régions australes du Nouveau-Monde et qui, pendant l'hiver, se contentent de changer de canton, sans remonter beaucoup vers le Nord. Il est même certain que l'espèce se reproduit dans ces contrées désolées, puisque M. Sauvinet a obtenu sur les bords de la baie Orange non seulement un couple de *Centrites* en plumage de noces, mais encore le nid de ces oiseaux.

Ce nid, découvert le 4 décembre 1882, renfermait trois œufs blancs, à peine piquetés au gros bout et au milieu de quelques points d'un brun foncé, et mesurant plus de 20mm de long sur 14mm à 15mm de large, c'est-à-dire très volumineux par rapport à l'oiseau. Il était placé sur le sol, entre des chaumes, et ses parois, assez épaisses et faites de lichens et de racines entrelacés, étaient tapissées intérieurement avec des plumes parmi lesquelles j'ai reconnu facilement des plumes de Bernaches.

Au Pérou, le *Centrites niger* est remplacé par une espèce ou plutôt par une variété, *Centrites oreas* Scl. et Salv., qui ne diffère de la forme typique que par ses rémiges largement bordées de blanc du côté interne [1], et qui fait son nid exactement dans les mêmes conditions

---

(1) Deux spécimens de cette variété avaient été envoyés, dès 1847, des Andes du Pérou par M. de Castelnau.

et avec les mêmes matériaux, mais à une autre époque de l'année. « Le 23 juin, dit M. Jelski (1), en pêchant des pimélodes pendant la nuit, j'ai aperçu un petit oiseau s'envoler dans la prairie d'un endroit labouré par les cochons et j'ai eu la chance d'y trouver son nid sous une motte de gazon renversée. Ce nid est petit, mais profond, composé à l'extérieur et en dessous de duvet de synanthères, mélangé à de la mousse et à des radicelles, tapissé à l'intérieur de plumes de canards, de poules d'eau et d'ibis. Il contenait trois œufs blancs, tachetés plus ou moins de brun près du gros bout. Un de ces œufs avait une tache assez grosse. Longueur 21mm sur 15mm de largeur.

» Le 31 septembre, plusieurs paires construisaient leurs nids dans une prairie labourée par les cochons. »

## 24. Elainea albiceps.

**Muscipeta albiceps** de Lafresnaye et d'Orbigny, *Syn. Av.*, p. 47, n° 5.

— D'Orbigny, *Voy. Amér. mérid.*, 1835-1844, *Oiseaux*, p. 319.

**Elainea modesta** Tschudi, *Consp. Av.*, n° 74, et *Faun. per.*, p. 159.

**Elainea albiceps** Ph.-L. Sclater, *Proceed. zool. Soc. Lond.*, 1858, p. 71, et *On the Chilian Birds, Proceed. zool. Soc. Lond.*, 1867, p. 327.

**Elainea modesta** Ph.-L. Sclater et O. Salvin, *On the Birds collected in the Straits of Magellan by Dr Cunningham, Ibis*, 1868, p. 185.

**Elainea albiceps** Ph.-L. Sclater et O. Salvin, *Nomencl. Av. neotrop.*, 1873, p. 48. — *Birds of antarct. Amer., Proceed zool. Soc. Lond.*, 1878, p. 433, n° 10, et *Voy. of the « Challenger »*, *Rep. on the Birds, antarct. Amer.*, p. 102, n° 10.

— L. Taczanowski, *Orn. du Pérou*, 1884, t. I, p. 263, n° 611.

— Ph.-L. Sclater, *Cat. B. Brit. Mus.*, 1888, t. XIV, p. 141.

L'*Elainea albiceps* habite une partie du Brésil, le Chili, le Pérou, la République Argentine, la Patagonie et la Terre de Feu, où elle est connue sous le nom de *Pouyou*. Elle a tout à fait les mœurs de nos Fauvettes, vit sous bois, dans les jardins ou dans les broussailles,

(1) Taczanowski, *Ornith. du Pérou*, 1884, t. II, p. 222.

suivant les localités, et sautille de branche en branche à la poursuite des insectes.

Le 21 janvier 1883, MM. Hyades et Sauvinet ont trouvé à la baie Orange, sur une branche de *Fagus betuloides*, un nid de cette espèce, renfermant deux œufs que la mère venait de quitter quand elle fut tuée. Ce nid, qui figure dans la collection rapportée par la Mission du cap Horn, mesure environ $10^{cm}$ de diamètre extérieur sur $5^{cm}$ de profondeur et affecte la forme d'une coupe dont les parois sont faites de brindilles et de radicelles grossièrement entrelacées et dont l'intérieur est tapissé de plumes (de Bernaches ?). Il ressemble exactement aux nids d'*Elainea albiceps* trouvés au Pérou et décrits par M. Taczanowski; seulement ces derniers offraient, dans la textnre de leurs parois, des brins de laine et quelques crins de cheval, matériaux que l'oiseau ne pouvait se procurer dans les parages du cap Horn. Les œufs sont d'un blanc légèrement rosé, marqués, principalement au gros bout, de points d'un brun marron foncé (au lieu de points d'un rouge de rouille plus ou moins pâle, comme les œufs décrits par M. Taczanowski) et mesurent environ $20^{mm}$ ou $21^{mm}$ sur $13^{mm}$.

La femelle tuée le 21 janvier 1883, et à laquelle ce nid appartenait, avait les yeux bruns, le bec noir, nuancé de rougeâtre en dessus, et les tarses noirâtres. Elle avait dans l'estomac les restes de petites chenilles vertes. Une autre femelle, tuée le 14 janvier dans la même localité, avait les yeux gris, le bec d'un gris brunâtre et les pattes brunes; un mâle, tué le 16 janvier, également à la baie Orange, les yeux, le bec et les pattes d'un gris brun. Un quatrième spécimen, un jeune mâle, a été tué sous bois à Punta-Arenas, le 11 novembre 1882.

Une *Elainea albiceps*, aux yeux noirs, avait été obtenue précédemment à Port Churrucha par les naturalistes attachés à l'expédition anglaise du *Challenger*.

## 25. Cinclodes nigrofumosus.

**Uppucerthia nigrofumosa** d'Orbigny, *Voy. Amér. mérid.*, 1835-1844, *Oiseaux*, p. 372, n° **314**, et pl. LVII, fig. 2.

**Opetiorhynchus nigrofumosus** G.-R. Gray, *in* Darwin, *Voy.* « *Beagle* », *Zool.*, t. III, *Birds*, p. 68 (*part.*).

**Cinclodes nigrofumosus** G.-R. Gray et Mitchell, *Genera of Birds*, 1844, t. I, p. 132.

— Ph.-L. Sclater, *On Chilian Birds, Proceed. zool. Soc. Lond.*, 1867, p. 324 (*part.*).

— Ph.-L. Sclater et O. Salvin, *Nomencl. Av. neotrop.*, 1873, p. 62 (*part.*).

— L. Taczanowski, *Ornith. du Pérou*, 1884, t. II, p. 110, n° 443 (*part.*).

Sous le nom de *Cinclodes nigrofumosus*, la plupart des auteurs et d'Orbigny lui-même ont confondu, sinon deux espèces, au moins deux races distinctes, dont l'une correspond au *C. lanceolatus* Gould (ms.), tandis que l'autre peut conserver le nom de *C. nigrofumosus* d'Orb. En effet, en étudiant les spécimens envoyés au Muséum par d'Orbigny, en 1830 et 1831, j'ai reconnu qu'il n'y en avait qu'un seul, venant de Valparaiso, qui répondit exactement par ses dimensions et par sa coloration à la description et à la figure de l'*Uppucerthia nigrofumosa* publiées par d'Orbigny dans son *Voyage dans l'Amérique méridionale* (p. 372, pl. LVII, fig. 2). Tous les autres spécimens obtenus par le même voyageur, soit dans la même localité, soit à Cobija, en Bolivie, spécimens dont il est également fait mention dans la description de l'*Uppucerthia nigrofumosa*, sont de plus forte taille, portent une livrée d'un brun plus foncé, offrent sur la poitrine des stries blanches plus nettes et plus accusées et ressemblent tout à fait à l'oiseau figuré dans la *Zoologie* du *Voyage du « Beagle »* sous le nom de *Cinclodes lanceolatus* et assimilé par feu M. Gray au *C. nigrofumosus*. Je rapporte, d'autre part, à la première race ou espèce, c'est-à-dire au *C. nigrofumosus* proprement dit, d'abord un spécimen rapporté du Chili par M. de la Narde et donné au Muséum en 1877, ensuite deux oiseaux tués à Port-Famine par les naturalistes attachés à l'expédition de l'*Astrolabe* et de la *Zélée*, en 1841, et enfin les spécimens, au nombre de 10, rapportés de la baie Orange par la Mission du cap Horn. Quelques-uns de ceux-ci portent les indications suivantes :

Femelle tuée le 23 septembre 1882 : yeux d'un brun foncé; bord des paupières et pattes jaunes;

Femelle tuée le 11 décembre 1882 : bec noir, yeux bruns, tarses d'un brun noirâtre ; estomac renfermant du gravier fin ;

Mâle tué le 14 janvier 1883 : bec et tarses noirs ; iris brun ; nom fuégien *Tatçigh.*

D'autre part, les deux spécimens obtenus à Port-Famine par l'expédition de la *Zélée* portent ces indications :

Bec et pattes noirs ; yeux noirs.

Ces deux derniers individus sont de teinte plus franchement brune, moins lavés de gris fuligineux que les individus de la Terre de Feu. J'ignore si les *Cinclodes nigrofumosus* séjournent pendant toute l'année dans cette dernière région ; mais, en tous cas, ils paraissent y être communs pendant l'été et y vivent dans les mêmes conditions qu'au Chili et au Pérou où, d'après d'Orbigny, ils se rencontrent par couples sur le littoral maritime.

## 26. Cinclodes fuscus.

**Alondra parda** d'Azara, *Apunt.*, t. II, p. 11.

**Anthus fuscus** Vieillot, *Encycl. méthod.*, p. 325.

— De Lafresnaye et d'Orbigny, *Syn.*, p. 22, n° **5**.

**Uppucerthia vulgaris** d'Orbigny, *Voy. dans l'Amér. mérid., Zool., Oiseaux*, 1835-1844, p. 372, n° **313**, et pl. LVII, fig. 1.

**Opetiorhynchus vulgaris** Gray, *in* Darwin, *Voy. « Beagle », Zool., Birds*, 1841, p. 67.

**Cinclodes vulgaris** G.-R. Gray et Mitchell, *Genera of Birds*, 1844, t. I, p. 132.

— Ph.-L. Sclater, *Cat. of the Birds of the Falkland islands, Proceed. zool. Soc. Lond.*, 1860, p. 385, n° **13**.

**Cinclodes fuscus** Ph.-L. Sclater et O. Salvin, *On the Birds collected in the Straits of Magellan by Dr Cunningham, Ibis*, 1868, p. 186, n° **6**. — *Nomencl. Av. neotrop.*, 1873, p. 62.

— R.-B. Sharpe, *Zool. coll. made during the Survey of H. M. S. « Alert », Proceed. zool. Soc. Lond.*, 1881, p. 8, n° **16**.

Cette espèce est largement distribuée à travers la république de l'Équateur, la Bolivie (?), le Pérou (?), la République Argentine, la Patagonie, les îles Malouines, et s'avance même, au moins à certaines saisons, jusqu'à la Terre de Feu, où elle est connue des indigènes sous le nom de *Toularatatçigh* (1) ou de *Tatçigh* (2). De cette dernière région, la Mission française du cap Horn a rapporté six individus, mâles et femelles, de *Cinclodes fuscus*, tués tous sur les bords de la baie Orange, les 10 et 17 octobre 1882, 3 décembre 1882, 27 janvier et 13 mars 1883. Ces oiseaux avaient les yeux bruns, le bec et les pattes noirs, et l'estomac de l'un d'eux renfermait des débris d'insectes. De son côté, M. Lebrun a envoyé au Muséum cinq individus de la même espèce, tués en Patagonie et portant sur leurs étiquettes les renseignements suivants :

Mâle et femelle, tués le 26 décembre 1882 à l'embouchure du rio de los Gallegos;

Mâle et femelle, tués au mois de janvier 1883 à Punta-Arenas : œil brun;

Mâle, tué au mois de juin 1883 au cap Negro.

Antérieurement, le Muséum d'Histoire naturelle avait déjà reçu, de diverses contrées de l'Amérique du Sud, un grand nombre de *Cinclodes fuscus*, parmi lesquels je citerai seulement les spécimens suivants :

Mâle et femelle, tués à Talcahuano et rapportés, en 1841, par l'expédition de l'*Astrolabe* et de la *Zélée* : yeux, bec et pattes bruns;

Deux spécimens, sans indication de sexe, provenant du Chili et donnés par M. Gray en 1843;

Un spécimen du Chili, rapporté par l'expédition de la *Bonite* (1838);

Quatre spécimens provenant de Santa Fé et de Buenos Ayres (juillet 1829) et envoyés par M. d'Orbigny;

Un spécimen de Patagonie (février 1831), envoyé par le même voyageur.

Enfin, parmi les exemplaires obtenus récemment par les naturalistes anglais, je mentionnerai :

Un spécimen provenant de Sandy Point (mai 1867) et rapporté par le Dr Cunningham;

---

(1) *Toulara*, en fuégien, signifie montagne.

(2) Ce dernier nom s'applique également à l'espèce précédente.

Un mâle tué à Peckett Harbour, le 4 janvier 1879, par le Dr Coppinger, chirurgien de l'*Alert;*

Un mâle tué à Coquimbo, sur les falaises, au mois de janvier 1879, par le même voyageur;

Un spécimen acquis de M. Fronsacq, en 1864, et provenant *peut-être* de l'Équateur.

Les spécimens du Musée de Paris offrent, en général, une assez grande uniformité sous le rapport des teintes du plumage; cependant, chez quelques-uns, et notamment chez des spécimens de la République Argentine, on voit déjà les taches fauves des grandes rémiges et des pennes secondaires s'éclaircir et acquérir plus d'importance, en un mot manifester une tendance vers la disposition en large et double bande blanche qui a valu son nom au *Cinclodes bifasciatus* (Ph.-L. Sclater, *Proceed. zool. Soc. Lond.*, 1858, p. 448; Ph.-L. Sclater et O. Salvin, *Proceed. zool. Soc. Lond.*, 1867, p. 234, 1874, p. 678, et *Nom. Av. neotr.*, p. 62; L. Taczanowski, *Ornith. du Pérou*, 1884, t. II, p. 111, n° 444). De cette dernière espèce, ou plutôt de cette dernière race, du *Cinclodes bifasciatus*, le Muséum possède d'ailleurs trois exemplaires typiques, savoir : un spécimen du Pérou ou de Bolivie, donné par M. Pentland, en 1839; un spécimen de La Paz (Bolivie), envoyé par M. d'Orbigny, en 1834, et un spécimen en très mauvais état tué dans la région des Andes du Pérou, entre Arequipa et Cuzco, par M. de Castelnau, en 1846.

Je n'ai pas sous les yeux de spécimens de l'autre espèce ou race péruvienne, *Cinclodes rivularis* (Cabanis, *Journ. f. Ornith.*, 1873, p. 319; L. Taczanowski, *Ornith. du Pérou*, 1884, t. II, p. 112, n° 445); mais j'ai pu examiner, en revanche, quatre exemplaires de *Cinclodes patagonicus* [*Motacilla patagonica* Gmelin, *Syst. nat.*, 1788, t. I, p. 958; *Furnarius chilensis* Lesson, *Zool. du Voyage de la « Coquille »*, t. I, p. 671, et *Manuel d'Ornith.*, 1829, t. II, p. 17; *Fournier de Lesson* Dumont, *Dict. des Sc. nat.*, et Lesson, *Trait. d'Orn.*, 1831, Atlas, pl. LXXV, fig. 1 (inexacte); *Uppucerthia rupestris* de Lafresnaye et d'Orbigny, *Syn. Av.*, p. 21; *Cinclodes patagonicus* G.-R. Gray et Mitchell, *Genera of Birds*, 1844, t. I, p. 132; Ph.-L. Sclater et O. Salvin, *Nom. Av. neotr.*, 1873, p. 62].

Ces spécimens ont été envoyés ou rapportés au Muséum, soit du

Chili par d'Orbigny en 1830 et par M. l'amiral Dupetit-Thouars en 1845, soit de Patagonie (Havre Grey) par M. l'amiral Serres en 1877. Ils portent une livrée généralement un peu plus foncée que le *Cinclodes fuscus* et offrent, sur les parties inférieures du corps, des stries blanches assez apparentes; en un mot, ils sont, par rapport aux *Cinclodes fuscus*, à peu près dans la même situation que les *Cinclodes lanceolatus* par rapport aux *Cinclodes nigrofumosus :* ils représentent une race à plumage plus rembruni, sur le fond duquel les raies et les marques blanches se détachent plus nettement.

La Mission du cap Horn n'a rencontré ni en Patagonie ni à la Terre de Feu aucun *Cinclodes* qui puisse être rapporté à cette race; mais de vrais *Cinclodes patagonicus* ont été obtenus, suivant MM. Sclater, Salvin et Sharpe (*Ibis*, 1868, p. 186, n° 5; *Proceed. zool. Soc. Lond.*, 1878, p. 433, n° 12; *Voy. of the « Challenger »*, p. 102, n° 12; *Proceed. zool. Soc. Lond.*, 1881, p. 8, n° 17), à Sandy Point, au mois de mai 1867, par le Dr Cunningham, à Port Otway et dans le Messier Channel, au mois de janvier 1876, par les naturalistes de l'expédition du *Challenger*. Les oiseaux adultes des deux sexes rapportés par l'expédition du *Challenger* avaient les pattes d'un brun corné et les yeux d'un brun noisette. Dans la même collection se trouvait un jeune *Cinclodes patagonicus*, pris au mois de janvier à Cold Harbour (Messier Channel) et pouvant à peine voler. Ceci nous prouve péremptoirement que cette espèce ou cette race du *C. fuscus* se reproduit en Patagonie; mais, en l'absence de renseignements analogues pour la Terre de Feu, je doute encore que le *C. patagonicus* franchisse en été le détroit de Magellan.

Aux îles Malouines, le genre *Cinclodes* est représenté non seulement par le vrai *Cinclodes fuscus* (*C. vulgaris* Ph.-L. Sclater, *Proceed. zool. Soc. Lond.*, 1860, p. 385, n° 13), mais encore par une espèce voisine, *Cinclodes antarcticus* (*Certhia antarctica* Garnot, *Ann. des Sc. nat.*, 1826; *Furnarius fuliginosus* Lesson, *Zool. de la « Coquille »*, t. I, p. 670; *Opetiorhynchus vulgaris* G.-R. Gray, *in* Darwin, *Voy. « Beagle »*, *zool. Birds*, p. 67; *Cinclodes antarcticus* Ph-L. Sclater, *Proceed. Zool. Soc. Lond.*, 1860, p. 385, n° 14).

Si l'on ajoute aux espèces ci-dessus mentionnées deux espèces du

Pérou et de la Bolivie, *Cinclodes montanus* (*Uppucerthia montana* d'Orbigny et de Lafresnaye, *Syn.*, p. 22, n° 4; d'Orbigny, *Voy. Am. mérid.*, *Ois.*, p. 371, n° 311, et pl. LVI, fig. 1; *Cinclodes montanus* L. Taczanowski, *Orn. du Pérou*, t. II, p. 108, n° 441) et *Cinclodes palliatus* (*Cillurus palliatus* Tschudi, *Faun. per.*, p. 235, et pl. XVI, fig. 2; *Cinclodes palliatus* L. Taczanowski, *Proceed. zool. Soc. Lond.*, 1874, p. 526, et *Ornith. du Pérou*, t. II, p. 109, n° 442), on obtient un total de huit espèces ou races pour le genre *Cinclodes*. Toutes ces formes appartiennent à la portion de l'Amérique méridionale située au sud de l'Équateur et quelques-unes d'entre elles s'avancent jusque sur les iles Malouines et la Terre de Feu. Toutes ont à peu près les mêmes mœurs et le même régime. Ce sont des oiseaux insectivores, se plaisant sur les plages ou dans les endroits rocailleux, courant avec une grande rapidité sur le sol et ne se perchant jamais.

## 27. Upucerthia dumetoria.

**Uppucerthia dumetoria** Is. Geoffroy et d'Orbigny, *Ann. du Mus.*, p. 393 et 394.

**Uppucerthia dumetorum** d'Orbigny et de Lafresnaye, *Synops. Av.*, t. I, p. 20.

— J. Gould *in* Darwin, *Voy.* « *Beagle* », *Zool. Birds*, p. 66, et pl. XIX.

**Ochetorhynchus dumetorius** H. Burmeister, *Syst. Verz. der in La Plata-Staaten beob. Vogelarten*, *Journ. f. Ornith.*, 1860, p. 249, n° 90.

**Upucerthia dumetoria** Ph.-L. Sclater, *On Chilian Birds*, *Proceed. zool. Soc. Lond.*, 1867, p. 324.

— Ph.-L. Sclater et O. Salvin, *On the Birds collected in the Straits of Magellan by Dr Cunningham*, *Ibis*, 1868, p. 187, n° 7, et *Nom. Av. neotr.*, 1873, p. 62.

— H. Hudson, *On Patagon. Birds*, *Proceed. zool. Soc. Lond.*, 1872, p. 544, n° 19.

— H. Durnford, *Notes on some Birds observed in the Chuput Valley, Patagonia*, *Ibis*, 1877, p. 35, et *Notes on the Birds of Central Patagonia*, *Ibis*, 1878, p. 395.

— R.-B. Sharpe, *Zool. coll. made during the Survey of H. M. S.* « *Alert* » *Proceed. zool. Soc. Lond.*, 1881, p. 9, n° 18.

L'*Upucerthia dumetoria* habite les régions stériles ou montagneuses de la République Argentine, du Chili et de la Patagonie. Dans cette dernière région, M. Lebrun et M. de Lartigue, officier du *Volage*, ont obtenu quatre individus de cette espèce, tués au mois de novembre à Missioneros et à Santa Cruz. L'un de ces oiseaux, une femelle, avait les yeux bruns et un autre, quoique de même sexe, les yeux jaunes; mais tous portent le même plumage, tous ont le bec à peu près de la même longueur et ne diffèrent pas des spécimens qui ont été envoyés de Patagonie, en 1831, par d'Orbigny et qui constituent les types de l'*Upucerthia dumetoria*. Au contraire, Ch. Darwin a remarqué qu'un spécimen obtenu par lui à Coquimbo (Chili) avait le bec plus long de $\frac{3}{8}$ de pouce qu'un spécimen provenant de Port-Désiré (Patagonie), et qu'un troisième individu provenant des bords du Rio Negro était intermédiaire entre les deux autres sous le rapport du développement des mandibules. De son côté, le Dr Cunningham a tué à Possession Bay une *Upucerthia* à bec court, semblable au spécimen du Chili signalé par Darwin. On voit donc que, si, dans cette espèce, les dimensions des mandibules sont sujettes à certaines variations, ces variations ne sont en rapport ni avec le sexe des individus ni avec leur provenance, des oiseaux à bec court et à bec long se trouvant en Patagonie. Il parait du reste, d'après les renseignements recueillis jadis par Latham et communiqués par M. Gray à J. Gould, que des modifications analogues s'observent chez le *Cinclodes patagonicus*.

Une *Upucerthia dumetoria* femelle, tuée au mois de janvier 1879 à Coquimbo par le Dr Coppinger, chirurgien de l'*Alert*, avait les pattes d'un rose grisâtre.

Le 7 novembre 1876, M. H. Durnford a trouvé, dans la vallée de Chuput, un nid d'*Upucerthia dumetoria*, placé dans une excavation, au bord d'un marais desséché, et construit avec des herbes, garnies intérieurement de poils de *Cavia aperea*. Ce nid renfermait trois œufs, de couleur blanche, mesurant environ 3$^{cm}$ de long sur 2$^{cm}$,5 de large et déjà fortement incubés. Il est donc parfaitement certain que l'*Upucerthia dumetoria* se reproduit dans les régions australes de l'Amérique, mais rien ne prouve jusqu'à présent qu'elle visite la Terre de Feu. Je suis même porté à croire qu'elle ne séjourne en Patagonie que pendant la belle saison et qu'elle se retire pour passer l'hiver dans le Chili et la République Argentine.

## 28. Oxyurus spinicauda.

**Motacilla spinicauda** Gmelin, *Syst. Nat.*, 1788, t. I, p. 978.

**Synallaris Tupinieri** Lesson et Garnot, *Voy. de la « Coquille », Zool. Oiseaux*, 1829, pl. XXIX, fig. 1.

**Oxyurus spinicauda** Reichenbach, *Handb. spec. Ornith.*, 1854, t. I, p. 165, pl. DXXIII.

— Ph.-L. Sclater, *On Chilian Birds, Proceed. zool. Soc. Lond.*, 1867, p. 324.

**Oxyurus Tupinieri** Cunningham, *Lettre, Ibis*, 1868, p. 125.

**Oxyurus spinicauda** Ph.-L. Sclater et O. Salvin, *On the Birds collected in the Straits of Magellan by Dr Cunningham, Ibis*, 1868, p. 187, n° 8. — *Nomencl. Av. neotr.*, 1873, p. 62. — *Birds of antarct. Amer., Proceed. zool. Soc. Lond.*, 1878, p. 433, n° 15. — *Voy. of the « Challenger », Rep. on Birds, antarct. Amer.*, p. 102, n° 15.

— R.-B. Sharpe, *Zool. coll. made during the Survey of H. M. S. « Alert », Proceed. zool. Soc. Lond.*, 1881, p. 9, n° 19.

Cette espèce habite le Chili, les côtes de Patagonie et la Terre de Feu; mais, chose curieuse, manque ou du moins n'a pas été observée jusqu'à ce jour dans la Patagonie centrale. Elle a été rencontrée à Sandy Point, au mois de février 1867, par le Dr Cunningham; à Port Otway, à Porto Bueno et à Port Churrucha, dans les mois de décembre 1875 et de janvier 1876, par l'expédition du *Challenger;* à Port Rio Frio et sur les bords du canal de la Trinité, au mois de février 1879, par le Dr Coppinger, chirurgien de l'*Alert;* enfin sur les bords de la baie Orange par l'expédition française du cap Horn. Sur 18 spécimens rapportés par cette dernière expédition, il y en avait plusieurs qui portaient des indications circonstanciées que je crois devoir transcrire :

Jeune mâle tué le 19 novembre 1882 : iris brun; bec noir; tarses d'un jaune verdâtre; estomac vide. Nom fuégien *Tatsighachana*. Ce jeune oiseau a été pris sortant du nid.

Mâle tué le 11 décembre 1882 sur les branches d'un *Fagus betu-*

*loides:* iris d'un brun clair; bec noir; pattes d'un brun olive très foncé; estomac renfermant des débris d'insectes.

Mâles et femelles, tués les 9, 11 et 24 janvier : mêmes renseignements que le précédent; estomac renfermant des restes de Diptères.

Mâle pris à la baie Orange, le 9 avril 1883, dans la chambre du bâtiment magnétique; mêmes caractères que le jeune mâle du 11 décembre.

Mâle tué à la baie Orange le 29 mai 1883 : iris brun; bec noir, avec les trois quarts postérieurs de la mandibule inférieure rougeâtres; tarses d'un brun olive.

Quelques-uns des oiseaux obtenus par l'expédition du *Challenger* avaient aussi les yeux bruns ou noirs et renfermaient dans leur estomac des débris d'insectes.

Le jeune oiseau tué le 19 novembre, au sortir du nid, ne diffère des adultes que par quelques plumes duveteuses émergeant encore, sur les côtés de la tête, du milieu du plumage normal et par ses pennes caudales à peine développées. Les adultes à leur tour ressemblent aux individus que le Muséum avait reçus précédemment du Chili (par M. Gay, en 1843); mais ils ont en général des teintes un peu plus rembrunies, du roux un peu moins vif sur le croupion et les pennes caudales, par suite sans doute de l'action d'un climat froid et humide.

Les Fuégiens donnent à l'*Oxyurus spinicauda* le nom de *Tatçigha-chana.*

### 29. Pygarrhichus albigularis.

**Dendrocolaptes albigularis** King, *Proceed. zool. Soc. Lond.*, 1830-1831, p. 30.

**Dendrodromus leucosternus** J. Gould, Darwin, *Voy. « Beagle », Zool.*, t. III, *Oiseaux*, p. 82, et pl. XXVII.

**Pygarrhichus albigularis** J. Cabanis et Heine, *Mus. Hein.*, t. II, p. 34.

— Ph.-L. Sclater, *On Chilian Birds, Proceed. zool. Soc. Lond.*, 1867, p. 324 et 338.

— Ph.-L. Sclater et O. Salvin, *Nom. Av. neotrop.*, 1873, p. 67. — *Birds antarct. Amer., Proceed. zool. Soc. Lond.*, 1878, p. 433, n° 14. — *Voy. of the « Challenger ». Rep. on Birds, ant. Amer.*, p. 103, n° 14.

— R.-B. Sharpe, *Zool. coll. made during the Survey of H. M. S. « Alert », Proceed. zool. Soc. Lond.*, 1881, p. 9, n° 20.

Ch. Darwin assignait au *Pygarrhichus albigularis* (*Dendrodromus leucosternus*) une aire d'habitat extrêmement restreinte. « L'île de Chiloë au Sud et quelques forêts voisines de Rancagua (localité située à 1° de Valparaiso) au Nord sont, disait-il, les deux points extrêmes où l'on rencontre cette espèce, qui n'existe point dans la Terre de Feu. » Les découvertes récentes permettent de corriger sur ce point les renseignements fournis par l'illustre naturaliste. Quatre spécimens de *Pygarrhichus* à gorge blanche ont été obtenus, en effet, par M. le Dr Hahn sur les bords de la baie Orange, ainsi qu'à Packsaddle et à Pakewaya sur le canal du Beagle, au sud de la Terre de Feu, les 5 mai, 7 mai, 11 juillet et 16 août 1883. Deux de ces oiseaux (mâles) avaient les tarses noirs, le bec brun en dessus et blanc sous la mandibule inférieure et les yeux bruns, tandis qu'un autre individu, de même sexe que les précédents, obtenu à Porto Bueno, en Patagonie, par l'expédition du *Challenger,* avait les yeux gris. En revanche, un oiseau de même espèce, tué à Skyring Water par le Dr Coppinger, au mois de mars 1880, avait les yeux noirs comme les spécimens de la Terre de Feu, le bec et les pattes d'un brun de corne.

Le *Pygarrhichus albigularis* paraît être beaucoup moins répandu dans la Patagonie australe et sur la Terre de Feu que dans les forêts de l'île de Chiloë. Il se nourrit d'insectes et, suivant Darwin, a tout à fait les mœurs et les allures de notre Grimpereau. D'après M. le Dr Hahn, les Fuégiens désignent cette espèce par le nom de *Tatzicourouch'*.

### 30. Scytalopus magellanicus.

**Magellanic Warbler** Latham, *Synops.*, II, p. 464, n° 72.

**Sylvia magellanica** Latham, *Index Ornith.*, II, p. 528.

**Motacilla magellanica** Gmelin, *Syst. Nat.*, 1788, p. 979.

**Platyurus niger** Swainson, *Two Cent and a quarter*, p. 323.

— Pucheran, *Voy. au pôle Sud, Zoologie*, t. III, p. 91, et pl. XIX, fig. 1.

**Scytalopus fuscus** J. Gould, *Proceed. zool. Soc. Lond.*, 1836, p. 89.

**Scytalopus magellanicus** G.-R. Gray, *in* Darwin, *Voy. « Beagle »*, *Zool. Birds*, 1841, p. 74.

**Scytalopus niger** et **S. fuscus** Ch.-L. Bonaparte, *Consp. Av.*, 1850, t. I, p. 206.

**Pteroptochos albifrons** Landbeck, *Wiegman's Arch. f. Naturg.*, 1857, p. 273.

**Scytalopus magellanicus** Ph.-L. Sclater, *Proceed. zool. Soc. Lond.*, 1860, p. 385, n° **15**, et 1867, p. 325.

— Ph.-L. Sclater et O. Salvin, *Nom. Av. neotr.*, 1873, p. 76. — *Birds antarct. Amer.*, *Proceed. zool. Soc. Lond.*, 1878, p. 433, n° **13**, et *Voy. of the « Challenger »*, *Rep. on Birds, antarct. Amer.*, p. 102, n° **13**.

— L. Taczanowski, *Ornith. du Pérou*, 1884, t. I, p. 529, n° **329**.

Le *Scytalopus magellanicus* a été rencontré dans le nord du Pérou, à Tambillo et dans d'autres localités, par M. Stolzmann ; dans le sud du Chili, près de Valdivia et de Colchagua, par MM. Philippi et Landbeck et à Talcahuano par MM. Hombron et Jacquinot, naturalistes de l'expédition française de l'*Astrolabe* et de la *Zélée;* à Chiloë, aux îles Chonos, aux îles Malouines, à Port-Famine, à Porto Bueno, à Isthmus Bay (Patagonie), par Ch. Darwin et par les naturalistes de l'expédition du *Challenger;* sur la Terre de Feu par Ch. Darwin, et sur cette dernière terre ainsi que dans les îles Hoste et Button par les membres de la Mission française du cap Horn.

Sur trois spécimens rapportés par l'expédition anglaise du *Challenger*, il y en avait deux (un mâle et une femelle tués le 8 ou le 9 janvier 1876 à Porto Bueno) dont l'estomac renfermait des débris d'insectes et qui avaient les yeux noirs, tandis que le troisième (un mâle tué le 10 janvier 1876 à Isthmus Bay) avait les yeux bruns.

Parmi les spécimens, beaucoup plus nombreux (onze), obtenus par la Mission française, sept sont accompagnés des indications suivantes :

Mâle tué le 26 octobre 1882 à la baie Orange.

Individu tué le 15 décembre 1882, à la baie Orange, dans les buissons.

Femelle tuée le 8 janvier 1883 dans la même localité : iris brun, bec d'un gris foncé ; pattes jaunes.

Individu pris par le chien (européen) de la Mission, à la baie Orange, le 18 mars 1883.

Mâle pris le 26 avril 1883 dans la même localité et apporté par les Fuégiens : iris brun; bec noir; pattes couleur de corne blonde et un peu jaunâtre.

Mâle et femelle tués le 29 avril et le 22 mai 1883, à la baie Orange (anse de la Forge) : iris d'un brun foncé; bec noir; pattes d'un jaune verdâtre foncé.

Mâles tués le 14 juillet 1883 dans la baie du Dimanche ou du 14 Juillet (île Button) et à Packsaddle.

De ces indications il ressort d'abord que le *Scytalopus magellanicus* se trouve aux époques les plus diverses de l'année dans les régions australes de l'Amérique et qu'il y est probablement sédentaire; ensuite que l'espèce peut offrir, dans la coloration des yeux, du bec et des pattes, certaines variations individuelles, indépendantes du sexe.

Les femelles de *Scytalopus* rapportées par la Mission française portent la livrée brune, rayée de roux et de noir, de certains Troglodytes, et les mâles ont les parties antérieures du corps d'un gris fuligineux, avec un peu de brun sur la nuque, et les parties postérieures, y compris les ailes, d'un brun roussâtre, orné çà et là de raies transversales foncées analogues à celles qui recoupent le plumage des femelles. Ils ont, en outre, d'une façon plus ou moins accusée, les plumes frontales lisérées de blanc argenté; en un mot, ils portent le même costume que le *Pteroptochos albifrons* Landb. et ils fournissent une nouvelle preuve à l'appui de l'identification, déjà faite par M. Sclater (*Proceed. zool. Soc. Lond.*, 1867, p. 325), de la forme décrite par M. Landbeck et de la *Sylvia magellanica* de Latham. Il est évident, en effet, que les *Scytalopus* mâles obtenus par l'expédition française sont des oiseaux qui n'ont pas encore atteint leur complet développement et qui retiennent sur leur plumage des restes de la livrée du jeune âge, consistant en des teintes brunes, rousses et noires, disposées généralement sous forme de raies transversales. Or j'ai cru remarquer que plus ces teintes sont étendues relativement à la couleur schisteuse qui occupe le reste du corps, et par conséquent plus l'oiseau est jeune, plus les bordures blanches des plumes du front sont apparentes. Il faut donc, je crois, considérer la plaque frontale blanche, signe caractéristique du *Scytalopus* ou *Pteroptochos albifrons*, comme une marque transitoire qui s'effacera avec l'âge, en même temps que les raies des flancs et des ailes, si bien que, dans sa livrée définitive, le mâle adulte du *Scytalopus magellanicus* offrira la teinte d'un gris schisteux noirâtre, uniforme, que M. Taczanowski a observée sur des spécimens du Pérou (*Ornith. du Pérou*, t. II, p. 529) et qui se rencontre aussi sur les deux oiseaux du Chili rapportés par MM. Hombron et Jacquinot. Il peut arriver, cependant, que quelques taches blanches subsistent plus longtemps que d'ordinaire, et alors se produit la phase de plumage signalée par M. Gould chez son *Scytalopus fuscus* (*Proceed. zool. Soc.*, 1836, p. 89).

Le *Scytalopus magellanicus* vit, suivant les régions, dans les forêts ou au milieu des broussailles à la façon de notre Troglodyte, dont il a les mœurs et les allures. Il court et sautille avec une grande rapidité à la poursuite des araignées et des insectes, en tenant sa queue relevée, et fait entendre de temps en temps un cri singulier. Son nid, placé dans un creux de rocher, renferme des œufs de forme arrondie et d'un blanc sale. Les Fuégiens le connaissent sous les noms de *Toutou* et de *Toutou yakamouch* (1).

### 31. Troglodytes hornensis.

**Troglodytes hornensis** Lesson, *L'Institut*, 1834, p. 316, et *Voy. de la « Thétis »*, *Zool.*, p. 327.

**Troglodytes magellanicus** J. Gould, *Proceed. zool. Soc. Lond.*, 1836, p. 88, et Darwin, *Voy. « Beagle »*, t. III, *Birds*, p. 74 (*part.*).

— Ph.-L. Sclater, *On Chilian Birds*, *Proceed. zool. Soc. Lond.*, 1867, p. 321.

—Ph.-L. Sclater et O. Salvin, *Third List of Birds collected during the Survey in the Straits of Magellan by Dr Cunningham*, *Ibis*, 1870, p. 499, n° 2.

**Troglodytes hornensis** R.-B. Sharpe, *Cat. B. Brit. Mus.*, 1881, t. VI, p. 257.

A côté du *Scytalopus magellanicus*, qui ressemble au Troglodyte d'Europe par ses mœurs, mais qui se rapporte à un tout autre groupe, on trouve en Patagonie et dans la Terre de Feu un vrai Troglodyte dont

(1) Le mot *yakamouch* désigne un sorcier ou guérisseur qui se blanchit les cheveux avant de commencer ses cérémonies et fait ici allusion à la tache blanche qui orne le front des jeunes *Scytalopus*.

la Mission française n'a pas obtenu moins de 16 spécimens, d'âges et de sexes différents.

Quelques-uns de ces oiseaux étaient accompagnés des indications suivantes :

Mâle tué à la baie Orange, le 25 octobre 1882.

Femelles tuées à Punta-Arenas, le 11 novembre 1882 et en janvier 1883.

Individu tué le 10 décembre 1882, à la baie Orange, dans les buissons, à côté de l'emplacement d'un nid qui figure dans la collection.

Mâles adultes et jeunes tués sur les bords de la baie Orange, le 11 décembre 1882 : iris brun; bec noir teinté de jaune paille sur la mandibule inférieure; pattes couleur de corne blonde; estomac renfermant des débris d'insectes diptères.

Mâle tué le 30 décembre 1882, dans la même localité : iris brun; bec noir; tarses d'un gris pâle, presque gris perle; estomac renfermant des débris d'insectes.

Jeune mâle pris à la baie Orange, dans un nid, sur un buisson : mêmes caractères que les mâles adultes du 30 décembre; estomac renfermant des débris d'insectes diptères.

Un spécimen de *Troglodytes hornensis* avait été obtenu antérieurement à Sandy Point (ou Punta-Arenas), au mois de janvier 1869, par le Dr Cunningham, et d'autres exemplaires provenant du Chili avaient été envoyés au British Museum par M. E.-C. Reed et au Muséum d'Histoire naturelle de Paris par M. Gay (1843) et par M. de la Narde (1879).

J'avais d'abord, à l'exemple de mon ami R.-B. Sharpe, rapporté également au *Troglodytes hornensis* l'oiseau de Patagonie signalé par MM. de Lafresnaye et d'Orbigny (*Mag. de Zool.*, 1837, cl. II, p. 25) sous le nom de *Troglodytes pallidus*; mais, après avoir examiné le type de cette espèce, qui figure encore, à l'état de dépouille non montée, dans les collections du Muséum, j'ai reconnu que ce n'était qu'une variété, à plumage pâle et décoloré, du *Troglodytes furvus* ou *musculus*. Les dimensions de cet oiseau, sensiblement plus fortes que celles du *Troglodytes hornensis*, et surtout la longueur plus grande du bec ne me laissent aucun doute à l'égard de cette assimilation. Je suis donc disposé à admettre que les Troglodytes signalés dans la vallée de Chuput et dans la Patagonie centrale par M. H. Durnford appartiennent bien au *Troglodytes furvus* (¹) et que, par conséquent, MM. Ph.-L. Sclater et O. Salvin ont parfaitement raison d'attribuer (*Nom. Av. neotr.*, p. 7) à cette dernière espèce une aire d'habitat s'étendant sur une grande partie de l'Amérique méridionale. Le Muséum d'Histoire naturelle de Paris possède d'ailleurs, outre le spécimen de Patagonie auquel je viens de faire allusion, de nombreux exemplaires de *Troglodytes furvus* provenant du Brésil (M. de Castelnau, 1844 et 1847), de la Bolivie (Yungas, La Paz et Sicasica, par M. d'Orbigny, 1834), de la République Argentine (Corrientes et Buenos Ayres, M. d'Orbigny, 1829) et même du Chili (Valparaiso, M. d'Orbigny, 1830). Il parait donc y avoir dans cette dernière région, comme en Patagonie, deux espèces ou deux races de Troglodytes, *Troglodytes furvus* ou *musculus* et *T. hornensis*. Cette dernière forme serait toutefois beaucoup moins largement répandue que l'autre, puisqu'elle ne dépasserait pas, au Chili, la hauteur de Mendoza et qu'elle fréquenterait surtout, en Patagonie, les parages du détroit de Magellan. Elle serait en revanche, à en juger par le nombre de spécimens obtenus par la Mission française, très commune à la Terre de Feu. Ch. Darwin, qui l'a du reste confondue avec le *Troglodytes furvus*, nous apprend qu'elle niche au Chili, dans le courant d'octobre, et que son nid, placé dans une excavation de rocher, ressemble à celui de notre Troglodyte d'Europe. Si j'en juge par les documents que j'ai sous les yeux, dans les parages du cap Horn la nidification se fait deux mois plus tard; le nid est placé dans un arbre creux et les œufs ne ressemblent pas du tout à ceux du Troglodyte mignon. L'expédition française a rapporté en effet sept nids, dont six appartiennent certainement au *Troglodytes hornensis* et ont été recueillis à la baie Orange et à Oushouaïa, sur les bords du canal du Beagle, le 15 novembre 1882, le 3 décembre et le 10 décembre de la même année et le 10 janvier 1883. Le nid pris à cette dernière date renfermait déjà un jeune oiseau; celui du 10 décembre, trouvé dans un tronc d'arbre sous le vent, contenait des œufs près d'éclore, et les autres, recueillis dans les mêmes condi-

---

(¹) *Ibis*, 1877, p. 32, et 1878, p. 392.

tions, des œufs moins avancés. Or ceux-ci, au lieu d'être blancs, avec quelques points d'un brun rougeâtre au gros bout, comme ceux du *Troglodytes europæus* (*Anorthura troglodytes* Sharpe *ex* L.), sont criblés sur un fond rougeâtre de nombreux points bruns, comme les œufs des *Troglodytes aëdon* (ou *domesticus*) et *tessellatus* dont le Muséum possède quelques spécimens ([1]). Ils mesurent environ 17$^{mm}$ de long sur 13$^{mm}$ de large et sont renfermés, au nombre de 6 ou 7, dans un nid grossièrement construit avec des herbes sèches, mais chaudement garni à l'intérieur avec des plumes de Passereaux (*Cinclodes fuscus*), d'Échassiers (*Gallinago Paraguaiæ*) et de Palmipèdes (*Micropterus cinereus* ou *M. patachonicus*).

D'après les renseignements fournis par M. le D^r Hyades, le *Troglodytes hornensis* est connu des Fuégiens sous le nom de *Tchilikh*.

## 32. Anthus correndera.

**Alondra correndera** d'Azara, *Apunt.*, 1825, t. II, p. 2.

**Anthus correndera** Vieillot, *Nouv. Dict. d'Hist. nat.*, 1818, t. XXVI, p. 491, et *Encycl. méthod.*, t. I, p. 325.

— D'Orbigny, *Voy. dans l'Amér. mérid.*, 1834-1844, *Zool. Oiseaux*, p. 225.

— J. Gould *in* Darwin, *Voy.* « *Beagle* », 1841, t. III, *Birds*, p. 85.

— G. Hartlaub, *Ind. d'Azara*, 1847, p. 10.

— J. Gould, *List of Birds from the Falkland Islands*, *Proceed. zool. Soc. Lond.*, 1859, p. 95.

— Ph.-L. Sclater, *Proceed. zool. Soc. Lond.*, 1860, p. 384, n° 9; 1867, p. 321 et 337, et 1872, p. 548 (note).

— Abbot, *Ibis*, 1861, p. 153.

— Hudson, *Proceed. zool. Soc. Lond.*, 1873, p. 371.

— Ph.-L. Sclater et O. Salvin, *Nomencl. Av. neotr.*, 1873, p. 8.

— H. Durnford, *On some Birds etc.*, *Ibis*, 1877, p. 32 et 168. — *Notes on the*

---

([1]) Cette différence dans la coloration des œufs pourrait fournir un argument en faveur de la distinction générique, admise par M. Sharpe, du *Troglodytes europæus* et des Troglodytes américains, si un œuf de Troglodyte de la Trinité faisant partie de la collection du Muséum n'offrait pas de nouveau les caractères des œufs de Troglodytes européens.

*Birds of Central Patagonia, Ibis*, 1878, p. 392, et *Exped. to Tucuman, Ibis*, 1880, p. 424.

**Anthus correndera** O. Salvin, *Ibis*, 1877, p. 32 (note).
— L. Taczanowski, *Ornith. du Pérou*, 1884, t. I, p. 458.
— R.-B. Sharpe, *Cat. B. Brit. Mus.*, 1885, t. X, p. 610.

Le Pipi correndera, qui se trouve depuis les provinces méridionales du Brésil jusqu'au sud de la Terre de Feu et qui s'avance même jusque dans les iles Malouines, dans la Géorgie australe et les Orkneys méridionales, est représenté, dans les collections formées par M. Lebrun et M. le Dr Hahn, par trois individus mâles dont deux ont été tués, dans le cours des mois de janvier et de février 1883, à Punta-Arenas, tandis que le troisième a été obtenu, le 29 janvier 1883, à Oushouaïa, sur les bords du canal de Beagle. Ce dernier individu avait les tarses d'un gris brunâtre, la mandibule supérieure brune et la mandibule inférieure fauve. A en juger par les dates des captures, cette espèce se reproduit probablement chaque année sur la Terre de Feu et dans les parages du cap Horn, comme elle fait aux iles Malouines. Ses œufs, mesurant environ 19mm sur 13mm, sont tachetés de brun ou de roux sur un fond d'un blanc grisâtre et sont déposés dans un nid très soigneusement construit avec des tiges et des feuilles de graminées.

Les exemplaires rapportés par la Mission du cap Horn ne diffèrent point de ceux qui avaient été envoyés précédemment au Muséum : de Patagonie par d'Orbigny en 1831, de la République Argentine (Buenos Ayres) par le même voyageur en 1829, du Chili par M. Gay en 1843, du Paraguay par M. Tamberlick en 1861 et du Pérou (Lima) par M. de Castelnau en 1847. Dans cette dernière contrée, les Pipis correnderas sont d'ailleurs, suivant M. Jelski, très nombreux dans les marais, où ils nichent probablement deux fois par an.

D'après M. H. Durnford, ces oiseaux sont sédentaires dans la Patagonie centrale et se montrent particulièrement communs sur les collines et dans les vallées, où, pendant l'hiver, ils se rassemblent en petites troupes; ils ne sont pas rares non plus dans les environs de Buenos Ayres, et c'est même de cette dernière région que provenaient les spécimens envoyés par M. Durnford et étudiés par M. Salvin.

De toutes les espèces de Passereaux, l'*Anthus correndera* est peut-être celle qui se rapproche le plus du pôle austral, puisqu'elle a été signalée dans les Orkneys méridionales, par 61° de latitude Sud.

Une autre espèce de Pipi, l'*Anthus fuscatus*, que d'Orbigny a découverte en Patagonie (de Lafresnaye et d'Orbigny, *Syn. Av.*, 1837, p. 27, et d'Orbigny, *Voy. Am. mérid., Oiseaux*, p. 227) et qui a été retrouvée plus tard par ce même voyageur en Bolivie (Cochabamba et Yungas, 1834), par Ch. Darwin dans la République Argentine et par Jelski au Pérou, ne figure pas dans les collections rapportées soit par l'expédition française du cap Horn, soit par les expéditions anglaises du *Challenger* et de l'*Alert*. Elle paraît donc avoir une distribution géographique moins étendue et s'avancer moins loin vers le Sud que l'*Anthus correndera*. Elle représente, dans l'hémisphère austral, notre *Anthus arboreus*, comme l'*A. correndera* représente notre *A. pratensis* (*voir* Darwin, *loc. cit.*).

### 33. Turdus magellanicus.

**Turdus magellanicus** King, *Proceed. zool. Soc. Lond.*, 1830, p. 14.

**Turdus Falklandiæ** (Q. et G.) d'Orbigny, *Voy. Amér. mérid.*, 1835-1844, p. 202 (*nec* Quoy et Gaimard, *Voy.* « *Uranie* »).

**Turdus falklandicus** Ch. Darwin, *Voy.* « *Beagle* », 1841, t. III, *Zool.*, *Birds*, p. 59 (*part.*).

— Ph.-L. Sclater, *On Chilian Birds*, *Proceed. zool. Soc. Lond.*, 1867, p. 320 (*part.*).

— Ph.-L. Sclater et O. Salvin, *Nomencl. Av. neotr.*, 1873, p. 2 (*part.*). — *On the Birds collected in the Straits of Magellan by Dr Cunningham*, *Ibis*, 1868, p. 431, n° 1 (*part.*). — *Birds of antarct. Amer.*, *Proceed. zool. Soc. Lond.*, 1878, p. 431, n° 1 (*part.*), et *Voy. of the* « *Challenger* »; *Rep. on Birds, antarct. Amer.*, p. 100, n° 1 (*part.*).

**Merula falklandica** (Q. et G.) Cassin, *Unit. St. Expl. Exped.*, *Mamm. and Ornith.*, 1858, p. 157.

**Turdus magellanicus** H. Durnford, *Notes on the Birds of Central Patagonia*, *Ibis*, 1878, p. 392.

— H. Seebohm, *Cat. B. Brit. Mus.*, t. V, *Turdidæ*, 1881, p. 223.

— R.-B. Sharpe, *Zool. coll. made during the Survey of H. M. S.* « *Alert* », *Proceed. zool. Soc. Lond.*, 1881, p. 7.

Cette espèce, qui habite les îles de Mas Afuera et de Juan Fernandez, le Chili, la Patagonie et la Terre de Feu, serait représentée aux îles Malouines, suivant M. Seebohm, par une espèce distincte, le *Turdus falklandicus,* qui aurait été généralement confondue avec le *Turdus magellanicus;* mais qui se distinguerait de celle-ci par son capuchon d'un brun chocolat, son manteau d'un brun roux très intense, légèrement lavé d'olive sur la croupe, son menton et sa gorge d'un brun roussâtre pâle marqués de stries moins distinctes et sa poitrine d'un roux plus vif. Des différences existent, en effet, entre les Grives des Malouines et celles du continent américain : j'ai pu m'en assurer en comparant le type même du *Turdus Falklandiæ* de Quoy et Gaimard (*Turdus falklandicus* des auteurs modernes) avec de nombreux spécimens qui proviennent les uns du Chili, d'autres de la Patagonie, d'autres de la Terre de Feu, et qui ont été rapportés, envoyés ou donnés au Muséum par d'Orbigny, par M. Gay, par M. de la Narde, par M. Seebohm et par les membres de la Mission du cap Horn. Mais ces différences ne sont pas tout à fait aussi tranchées qu'on pourrait le croire d'après l'examen des figures du *Turdus magellanicus* et du *Turdus falklandicus* publiées par M. Seebohm (*Cat. B. Brit. Mus.*, t. V, pl. XII et XIII), et le *Turdus magellanicus* offre en réalité des teintes plus brunes et moins verdâtres sur le manteau et sur la poitrine. Je crois donc qu'il est préférable de considérer le *Turdus falklandicus* comme une simple race locale du *Turdus magellanicus.*

Une douzaine de spécimens de *Turdus magellanicus* ont été rapportés par l'expédition française du cap Horn. Parmi ces spécimens, qui diffèrent les uns des autres sous le rapport de l'âge et du sexe, je citerai les suivants :

1° Mâle et jeune mâle tués au mois de janvier 1883, à Punta-Arenas, par M. Lebrun : yeux bruns.

2° Jeune mâle tué à la baie Orange par M. Hahn, le 1er octobre 1882 : yeux bruns; bec d'un brun jaunâtre; pattes jaunes.

3° Femelle tuée sur les bords de la baie Bon-Succès, au nord-est du canal du Beagle, par M. Hahn, le 29 octobre 1882.

4° Jeune mâle tué le 9 novembre 1882, à Punta-Arenas, par M. Hahn.

5° Jeune femelle tuée au vol, près d'un buisson, sur les bords de la baie Orange, le 30 novembre 1882 : yeux bruns, bec et pattes jaunes; estomac renfermant des débris d'insectes.

6° Mâle adulte obtenu le même jour, à la baie Orange, à l'entrée de la rivière de la Mission, dans un petit bois, offrant les mêmes couleurs d'yeux, de bec et de pattes que le spécimen précédent et ayant en outre la membrane de la base du bec colorée en jaune.

7° Jeune femelle tuée à la baie Orange, dans les buissons, au bord de l'anse aux Canards, le 25 décembre 1882, portant encore la première livrée avec des stries jaunes et des bordures noires sur les plumes dorsales et des taches d'un brun noirâtre sur les plumes de la poitrine et de l'abdomen : yeux bruns; bec brun-noirâtre à la base, brun clair à l'extrémité, jaune sur les bords de la mandibule inférieure, surtout à la base, où la membrane du bec passe au jaune citron; pattes d'un brun clair en dessus, d'une teinte jaunâtre en arrière; estomac renfermant des baies et des fragments d'élytres de coléoptères.

8° Jeune mâle tué le 26 décembre 1882 : yeux bruns; bec et pattes jaunes; estomac renfermant des débris d'insectes diptères.

9° Femelles tuées par M. le Dr Hahn le 27 décembre 1882, à la baie Orange : yeux gris, bec jaune.

10° Mâle tué le 7 janvier 1883, par le même naturaliste et dans la même localité : yeux bruns; bec jaunâtre; pattes brunes; débris de baies et d'élytres dans l'estomac.

11° Jeune mâle tué à la baie Orange, sur le sable au bord de la plage, le 8 janvier 1883; mêmes caractères que la jeune femelle tuée le 25 décembre, sauf que les couleurs du bec sont plus claires.

(Les spécimens n° 5, 6, 7, 8 et 11 ont été obtenus et préparés par M. le Dr Hyades et M. Sauvinet.)

Le Dr Coppinger, chirurgien du navire anglais *l'Alert*, a rapporté de son côté trois spécimens de *Turdus magellanicus*, savoir :

1° Un mâle tué à Cockle Crove (détroit de Magellan) et ayant le bec et les yeux jaunes;

2° Une femelle adulte tuée dans la même localité, le 17 octobre 1879 : bec et pattes jaunes; yeux de couleur foncée;

3° Un mâle, encore jeune, tué à Tom Bay (détroit de Magellan) le 24 février 1879 : bec et pattes jaunes, ongles noirs.

Quelques années auparavant, M. J. Murray avait obtenu également, dans le cours de l'expédition du *Challenger*, plusieurs spécimens de la même espèce dont voici l'énumération :

1° Plusieurs mâles et femelles, tués à l'île de Juan Fernandez du 13 au 15 novembre 1875 : yeux bruns; bec et pattes jaunes avec les pieds d'une teinte un peu plus foncée;

2° Mâle et femelle tués à Gray Harbour, Messier Channel, le 1er janvier 1876 : yeux bruns; estomac renfermant des baies;

3° Mâle et femelle tués à Port Churrucha : mêmes indications que les individus précédents.

Trois de ces derniers individus étaient encore revêtus de leur première livrée et avaient les parties inférieures du corps criblées de taches noires, les plumes du dos rayées de fauve le long de la tige et marquées de noir à l'extrémité; ils offraient, par conséquent, exactement la même phase de plumage que l'individu, précédemment cité, obtenu par la Mission française sur les bords de la baie Orange. Telle devait être aussi la livrée de la jeune Grive tuée, le 26 décembre 1866, à Sandy Point par M. le Dr Cunningham. Il faut noter cependant que ce dernier oiseau avait les yeux *bleus*.

Au contraire, les yeux étaient d'un brun *couleur bois*, les pattes et le bec d'un jaune orangé pâle chez une Grive de Magellan, tuée le 16 novembre 1877, dans la vallée du Sengel (Patagonie orientale), par M. H. Durnford.

Je constaterai encore que le Muséum d'Histoire naturelle possède, depuis le mois de février 1831, deux spécimens de *Turdus magellanicus* envoyés de Patagonie par d'Orbigny et que les collections du Musée britannique renferment un exemplaire de la même espèce, provenant de l'île l'Hermite (Expédition antarctique).

Des renseignements qui nous sont fournis par les voyageurs français et anglais, de la comparaison des dates de capture et de l'étude des spécimens, on peut conclure : 1° que les Grives de Magellan sont très communes, au moins pendant les saisons correspondant à notre printemps et à notre été, c'est-à-dire d'octobre à février, dans les régions australes du continent américain, sur la Terre de Feu et sur quelques îles voisines; 2° qu'elles doivent nicher de très bonne heure, comme les Grives de nos pays, puisqu'on trouve, dès la fin de décembre, des jeunes capables de voler; 3° que la période de nidification doit se prolonger pendant un ou deux mois, puisque quelques jeunes individus tués au mois de février ne sont pas dans une phase de plumage plus avancée que des individus pris à la fin de décembre; 4° que les Grives de Magellan portent d'abord une livrée fortement tachetée, analogue à celle des jeunes *Turdus pallidus*, les plumes du dos étant marquées d'une tache noire à l'extrémité et d'une strie jaune le long de la tige et les plumes des parties inférieures du corps offrant des taches sombres de forme arrondie; mais que, dès leur premier âge, elles ont déjà les mêmes teintes générales que les adultes et présentent déjà des vestiges du capuchon brun; 5° que dans cette première phase les yeux sont d'un gris bleuâtre ou d'un bleu grisâtre, les pattes et le bec d'un brun jaunâtre, tandis que chez l'adulte les yeux sont bruns, le bec et les pattes d'un jaune assez vif.

En revanche, je ne puis décider, d'après les documents que j'ai sous les yeux, si la Grive de Magellan est sédentaire ou migratrice. M. Seebohm la croit sédentaire, et, à l'appui de cette opinion, on peut citer ce fait que des mâles et des femelles de *Turdus magellanicus* ont été tués à l'île Juan Fernandez, c'est-à-dire à peu près sous le 33e degré de latitude Sud, au mois de novembre, précisément dans la même saison où d'autres individus étaient obtenus à la Terre de Feu; on peut ajouter encore que les habitants de la Patagonie ont affirmé à d'Orbigny que quelques couples de Grives des Malouines nichaient dans les bois de saules voisins du Rio Negro; mais, d'autre part, d'Orbigny a remarqué que l'espèce était particulièrement abondante en hiver sur les rives du Rio Negro, dans la Patagonie septentrionale, ce qui semble indiquer que beaucoup de Grives de Magellan quittent, à l'approche des grands froids, les parages du cap Horn et la Terre de Feu, où, comme je le disais tout à l'heure, elles sont très communes durant la saison d'été, pour venir s'établir dans des régions plus tempérées. J'ajouterai enfin que M. le Dr Hyades pense que ces oiseaux ne séjournent que fort peu de temps dans les régions australes de la Terre de Feu. Il me fait observer à ce propos que ni M. Sauvinet ni lui-même n'ont rencontré dans ces régions les Grives de Magellan pendant la période comprise entre le 15 janvier et le mois de novembre; tous les spécimens obtenus par la Mission à terre portent des dates correspondant aux deux derniers mois de l'année ou au commencement de janvier.

Les Fuégiens désignent cette espèce d'oiseaux sous le nom d'*Akaçikh*.

## 34. Phrygilus Gayi.

**Fringilla Gayi** Eydoux et Gervais, *Mag. de Zool.*, 1834, p. 27, pl. XXIII, et *Voy. de la « Favorite »*, t. V, *Zoologie, Oiseaux*, 1839, p. 46.

**Chlorospiza Gayi** Gay, *Faun. chil.*, *Zool.*, p. 356.

**Fringilla formosa** J. Gould, Darwin, *Voy. « Beagle »*, 1841, t. III, *Birds*, p. 93.

**Phrygilus Gayi** Ch.-L. Bonaparte, *Consp. Av.*, 1850, t. I, p. 477.

**Phrygilus Gayi** Ph.-L. Sclater et O. Salvin, *On the Birds collected in the Straits of Magellan by Dr Cunningham, Ibis*, 1869, p. 285. — *Nom. Av. neotrop.*, 1873, p. 31. — *Birds of antarct. Amer.*, *Proceed. zool. Soc. Lond.*, 1878, p. 432, n° 3. — *Voy. of the « Challenger »*, *Rep. on the Birds, ant. Amer.*, p. 100, n° 3.

— R.-B. Sharpe, *Zool. coll. made during the Survey of H. M. S. « Alert »*, *Proceed. zool. Soc. Lond.*, 1881, p. 7, n° 3. — *Cat. B. Brit. Mus.*, 1888, t. XII, p. 781.

**Phrygilus formosus** R. Ridgway, *Proceed. U. St. Nat. Mus.*, 1887, p. 432.

On trouve dans les mêmes régions de l'Amérique du Sud, c'est-à-dire en Patagonie, au Chili et peut-être aussi au Pérou, plusieurs sortes de *Phrygilus* à ailes et à capuchon gris, à dos et à ventre jaunes. Deux de ces espèces, ou plutôt de ces races d'une même espèce, qui ont été nommées par MM. Eydoux et Gervais et par M. Gay *Fringilla Gayi* et *Chlorospiza Aldunatei* et qui ont été transportées plus tard dans le genre *Phrygilus*, ne diffèrent l'une de l'autre que par la taille et les nuances du plumage; il n'est donc pas étonnant qu'elles aient été fréquemment confondues et que certains auteurs aient appelé *Phrygilus Gayi* ce que d'autres ont nommé *Ph. Aldunatii* (ou *Aldunatei*), et *vice versa*. Ainsi, Ch.-L. Bonaparte a réuni les deux formes sous le nom de *Phrygilus Gayi*, tout en mentionnant, dans son *Conspectus Avium* (p. 477), un *Phrygilus formosus* (*Fringilla formosa* Gould) qui n'est autre chose, M. Sclater s'en est assuré, que le *Phrygilus Gayi* (*Fringilla Gayi* Eyd.

et Gerv.). Tout récemment, M. Taczanowski a décrit cette dernière race ou espèce, *Phrygilus Gayi*, comme un oiseau d'assez forte taille, à la tête grise, aux ailes et à la queue variées de brun noirâtre et de gris, au corps d'un jaune olivâtre lavé de roux et aux sous-caudales blanches (1), tandis qu'il a dépeint le *Ph. Aldunatii* comme un oiseau plus petit, au corps d'un jaune olivâtre, tirant à peine au roussâtre sur le dos. Au contraire, dans l'article qu'il a consacré à ces deux espèces (*Ibis*, 1869, p. 285), M. Ph.-L. Sclater a nommé *Ph. Gayi* la race ou espèce de petite taille, au corps d'un jaune orangé, aux sous-caudales blanches, et *Ph. Aldunatii* la race ou espèce de taille plus forte, au corps plus fortement teinté d'olivâtre, au ventre entièrement blanc (2). Je suis porté à croire que ce dernier ornithologiste est dans le vrai, et si je ne suis pas plus affirmatif à cet égard c'est que le type de la *Fringilla Gayi* n'existe pas et n'a probablement jamais existé dans les galeries du Muséum. Tous les spécimens de la collection publique étiquetés *Phrygilus Gayi* et inscrits sous ce nom sur les registres ont été, en effet, donnés par M. Gay, de 1835 à 1843, et sont, par conséquent, postérieurs d'un an au moins à la description de MM. Eydoux et Gervais, et parmi les spécimens en peau de la même espèce il n'y en a qu'un seul qui soit antérieur à 1834 : c'est une femelle tuée à Coquimbo et donnée par M. Gaudichaud en mai 1832. Deux autres individus ont été rapportés de Port-Famine par l'expédition de l'*Astrolabe* et de la *Zélée*, en 1841. Je me suis même assuré, en recourant aux catalogues originaux, que les *Phrygilus Gayi* provenant de Valparaiso, auxquels MM. Eydoux et Gervais ont fait allusion dans la Zoologie du *Voyage de la « Favorite »* (p. 46), n'ont pas été remis au Muséum. Dans le Catalogue de la collection donnée par M. Eydoux en 1832, je n'ai trouvé mentionné qu'un seul Gros-Bec, et ce Gros-Bec est indiqué comme originaire de Tasmanie. Comme l'a supposé M. Ridgway (3), c'est donc par erreur

(1) Ce *Phrygilus Gayi* de M. Taczanowski et de Tschudi (*Faun. per.*, p. 218) paraît être le *Ph. punensis* de M. Ridgway (*Proceed. U. St. Nat. Mus.*, 1887, p. 434), le *Ph. Aldunatii* subsp. *punensis* de R.-B. Sharpe (*Cat. B. Brit. Mus.*, 1887, t. XII, p. 785).

(2) Il faut évidemment, pour compléter la diagnose du *Ph. Aldunatii* donnée par M. Sclater (*Ibis*, 1869, p. 286) ajouter le mot *albo* après les mots *ventre toto*.

(3) *Op. cit.*, p. 431.

que M. Sclater indique le type du *Phrygilus Gayi* comme se trouvant au Muséum, et l'oiseau examiné par ce savant ornithologiste doit être un spécimen qui a été rapporté par M. Gay en 1838, mais qui porte sous le plateau une date mal transcrite (1830). Les discussions à ce sujet n'ont pas d'ailleurs, à mon avis, une grande importance, car je suis persuadé qu'en ayant sous les yeux une série nombreuse de *Phrygilus* on trouverait des formes de transition entre le *Ph. Gayi* et le *Ph. Aldunatii*, comme il en existe entre ce dernier et le *Ph. atriceps* (d'Orb. et Lafr.). M. Sharpe déclare en effet que les spécimens de Bolivie et du Pérou qu'il désigne sous le nom de *Ph. Aldunatii* subsp. *saturatus* ressemblent au *Ph. Aldunatii* var. *punensis* du Pérou, mais ont le capuchon d'un gris beaucoup plus foncé et le dos d'un brun orangé à peu près comme chez le *Ph. atriceps* de Bolivie; il fait remarquer aussi que le *Ph. Aldunatii* subsp. *punensis* offre des ressemblances d'une part avec le *Ph. Aldunatii* var. *caniceps* (Burm.) qui ne représente probablement qu'une livrée particulière du *Ph. Aldunatii*, de l'autre avec le *Ph. Gayi*. Il serait donc fort possible qu'il n'y eût qu'une seule espèce de *Phrygilus* à tête grise ou noirâtre, à dos olivâtre et à poitrine jaune, et que cette espèce, répandue sur le Pérou, la Bolivie, le Chili, la République Argentine, la Patagonie et la Terre de Feu, offrît, suivant les régions, de légères différences de taille et de coloration. Quoi qu'il en soit à cet égard, je puis affirmer qu'à l'exception de quelques spécimens et entre autres de celui qui a été examiné par M. Sclater et qui porte le nom manuscrit de *Phrygilus Aldunatii* (?), tous les *Phrygilus* donnés par M. Gay au Muséum se rapportent à la forme appelée *Phrygilus Gayi* par M. Gay et par M. R.-B. Sharpe.

C'est également à cette race, de petite taille, qu'appartiennent treize spécimens qui ont été rapportés par l'expédition française du cap Horn, et dont voici l'énumération :

Femelle tuée à Santa Cruz (Patagonie) par M. Lebrun, le 15 novembre 1882;

Mâle tué sur les bords de la baie Banner, à l'entrée orientale du canal du Beagle, par M. le Dr Hahn, le 23 novembre 1882 : yeux gris, bec gris perle foncé;

Individu, de sexe indéterminé, tué à Oushouaïa, sur les bords du canal du Beagle, le 27 novembre 1882;

Individu tué le 8 janvier 1883, sur les bords de la baie Orange;

Mâle tué sur les bords de la baie Lort, dans l'île Hoste, le 15 janvier 1883;

Mâle et femelle tués sur l'île Picton, à l'entrée du canal du Beagle, le 15 mars 1883 : yeux bruns; bec couleur de corne; pattes d'un gris foncé;

Femelle tuée le 21 janvier 1883, sur la plage, à la baie Orange : yeux bruns; bec brun; pattes couleur de corne blonde; estomac renfermant des baies de *Berberis ilicifolia;*

Femelle tuée le 13 mai 1883, dans un petit bois, à la baie Orange : yeux d'un brun foncé; bec couleur de corne brune; pattes d'un brun verdâtre avec le dessous des doigts jaunâtres;

Femelle tuée le 25 mai 1883, dans la même localité : yeux d'un rouge brique; bec d'un gris noirâtre; pattes couleur de corne brune foncée;

Mâle tué le même jour, dans la même localité : même caractère que l'individu précédent;

Mâle tué le 14 juin 1883, à la baie Orange, au sud de la Mission : yeux bruns; bec couleur de corne brune sur la mandibule supérieure, d'un gris perle foncé sur la mandibule inférieure, sauf à la pointe de celle-ci qui est couleur de corne brune; pattes d'un brun clair;

Femelle tuée le 14 août 1883, par M. Hahn, sur les bords de la baie Banner, dans l'île Picton.

C'est encore au *Phrygilus Gayi* qu'ont été attribués, par M. Sharpe, les types du *Ph. formosus*, obtenus par Ch. Darwin sur la Terre de Feu, un spécimen recueilli sur l'île l'Hermite par l'expédition antarctique anglaise, un mâle tué à Tom Bay, le 18 janvier 1879, par le Dr Coppinger, chirurgien de l'*Alert*, et deux femelles tuées à Porto Bueno, au mois de janvier 1876, par les naturalistes de l'expédition du *Challenger*. Les yeux de ces femelles étaient rouges et leur estomac renfermait du sable et des débris de chrysalides. Quant au spécimen obtenu à Gregory Bay, le 13 mai 1867, par le Dr Cunningham, il a été rapporté définitivement par M. Ph.-L. Sclater à la grande race *Phrygilus Aldunatii*.

Le *Phrygilus Gayi* est connu des Fuégiens sous le nom de *Tachourh*. Il paraît résider pendant toute l'année dans la Patagonie australe, sur la Terre de Feu et les îles avoisinantes, car les spécimens rapportés par la Mission française ont été pris aux époques les plus diverses; cependant, comme je n'ai pas eu entre les mains d'œufs, de nids ou de jeunes individus, je ne puis affirmer que ces Gros-Becs se reproduisent au sud du 50e degré de latitude. Je constaterai seulement que beaucoup d'individus capturés par MM. Hyades, Hahn et Sauvinet, sont en plumage de noces et sont indiqués comme ayant eu les yeux d'un rouge brique plus ou moins vif, couleur analogue à celle que M. L. Taczanowski attribue, d'après les notes de M. Jelski, aux yeux des mâles adultes de la race qu'il appelle *Phrygilus Gayi* (*Ph. Aldunatii* var. *punensis* Ridgw.).

### 35. Phrygilus fruticeti.

**Emberiza fruticeti** Kittlitz, *Küpfertaf. Vog.*, pl. XXIII, fig. 1.

**Emberiza luctuosa** Eydoux et Gervais, *Mag. de Zool.*, 1836, *Oiseaux*, pl. LXXI, et *Voy. de la « Favorite »*, t. V, 1839, *Oiseaux*, p. 50 et pl. XIX.

— De Lafresnaye et d'Orbigny, *Synops. Av.*, p. 80, n° 18.

**Fringilla fruticeti** J. Gould, Darwin, *Voy. « Beagle »*, t. III, *Birds*, p. 94.

**Phrygilus fruticeti** Ch.-L. Bonaparte, *Consp. Av.*, 1850, t. I, p. 476, n° 995, 1.

— Ph.-L. Sclater, *On Chilian Birds, Proceed. zool. Soc. Lond.*, 1867, p. 322.

— Ph.-L. Sclater et O. Salvin, *On the Birds collected in the Straits of Magellan by Dr Cunningham, Ibis*, 1868, p. 185. — *Nom. Av. neotr.*, 1873, p. 31.

— W.-H. Hudson, *On Patagonian Birds, Proceed. zool. Soc. Lond.*, 1872, p. 537.

— H. Durnford, *Notes on the Birds of Central Patagonia, Ibis*, 1872, p. 393.

— R.-B. Sharpe, *Zool. coll. made during the Survey of H. M. S. « Alert », Proceed. zool. Soc. Lond.*, 1881, n° 4.

— L. Taczanowski, *Ornith. du Pérou*, t. III, 1886, p. 57, n° 946.

Cette espèce habite, d'une façon plus ou moins constante, le Pérou, le Chili, la Bolivie, la République Argentine et la Patagonie, mais ne franchit probablement pas le détroit de Magellan, ce qui nous explique qu'elle ne soit pas représentée dans les collections formées par le Dr Cunningham, par les naturalistes du *Challenger*, par M. le Dr Hyades et M. Sauvinet, ou par M. le Dr Hahn, tandis qu'elle se trouve dans les collections recueillies par le Dr Coppinger et par M. Lebrun sur les côtes du Chili et de la Patagonie. Dans cette dernière région même, le *Phrygilus fruticeti* paraît être irrégulièrement distribué ou être plus ou moins commun suivant les saisons. Ainsi Darwin déclare que les oiseaux de cette espèce, qu'il a observée dans le nord du Chili et dans la Cordillère du Chili central, à une élévation de 8000 pieds au moins, près de la limite supérieure de la végétation, sont beaucoup moins répandus dans la Patagonie méridionale où ils se montrent en petites troupes de 6 à 10 individus, dans les vallées couvertes de broussailles. M. Hudson nous apprend que ces Passereaux sont très communs sur les bords du Rio Negro, aux environs de Carmen, mais qu'ils deviennent beaucoup plus rares le long du cours supérieur du fleuve. Enfin M. H. Durnford a remarqué que, dans la vallée de la Chuput (ou Chupat), ils se tiennent constamment dans le voisinage de l'eau et sont particulièrement communs au printemps et en été. Le 20 septembre 1877, ce voyageur a trouvé sur les coteaux, dans le voisinage de la colonie de Chuput, un nid de *Phrygilus fruticeti* qui renfermait deux œufs, d'un vert pâle, tout couverts de stries et de taches d'un brun chocolat foncé. Le nid, placé au milieu d'un buisson épais, à un pied du sol, était formé de brins de laine, de plumes, de fleurs de graminées artistement entrelacés.

Une dizaine de *Phrygilus fruticeti* ont été tués et préparés par M. Lebrun et M. de Lartigue, officier du *Volage*, à Santa Cruz et à Missioneros, dans les mois de novembre et de décembre 1882. Ces oiseaux avaient les yeux d'un brun foncé, le bec et les pattes jaunes, comme un mâle tué à Coquimbo, le 25 août 1879, par le Dr Coppinger, tandis que les individus tués par M. H. Durnford dans la Patagonie centrale avaient les yeux d'un brun *bois*, le bec couleur de chair, avec la pointe des deux mandibules et toute la mandibule supérieure d'une teinte foncée, et les pattes d'une couleur de chair tirant au rougeâtre.

Par leurs dimensions et par leur plumage, les spécimens obtenus par M. Lebrun ne diffèrent pas, en général, des spécimens que le Muséum possédait antérieurement et qui ont été pris en Patagonie et en Bolivie (La Paz) par d'Orbigny, en 1831 et 1834, au Chili par M. de la Narde (1879) et par M. Gay (1843), et dans la vallée de Santa Anna par MM. de Castelnau et Deville. Parmi ces derniers spécimens se trouve cependant une femelle, provenant du Chili, chez laquelle les côtés de la tête et la gorge sont d'un blanc presque pur (albinisme partiel).

### 36. Phrygilus xanthogrammus.

**Chlorospiza xanthogramma** G.-R. Gray, Darwin, *Voy. of the « Beagle », Zoology*, t. III, *Birds*, n° 96 et pl. XXXIII.

**Melanodera xanthogramma** Ch.-L. Bonaparte, *Consp. Av.*, 1850, t. I, p. 470, n° 983, 1.

— J. Gould, *List of Birds from the Falkland Islands, Proceed. zool. Soc. Lond.*, 1859, p. 95.

**Phrygilus xanthogrammus** Ph.-L. Sclater, *Catal. of the Birds of the Falkland Islands, Proceed. zool. Soc. Lond.*, 1860, p. 385, n° 12.

La *Chlorospiza* (?) *xanthogramma* de Gray appartient certainement, comme M. Sclater l'a reconnu, au genre *Phrygilus* et se place tout à côté de l'*Emberiza melanodera* de Quoy et Gaimard (*Voy. de l'* « *Uranie* », *Zool.*, t. I, p. 109, et Darwin, *Voy. of the* « *Beagle* », *Zool.*, t. III, *Birds*, p. 95 et pl. XXXII) ou *Phrygilus melanoderus* de Sclater. Elle ressemble beaucoup à cette dernière espèce, mais s'en distingue facilement, moins facilement cependant qu'on ne pourrait le supposer d'après l'examen des planches du *Voyage du* « *Beagle* ». En effet, en comparant à la planche qui représente le *Phrygilus xanthogrammus* [*Chlorospiza* (?) *xanthogramma*] plusieurs spécimens qui ont été rapportés par l'expédition française du cap Horn et qui appartiennent évidemment à cette espèce, je trouve que les parties supérieures du mâle ne sont pas toujours d'une teinte aussi verte et aussi uniforme que sur la figure; souvent toute la région comprise entre le vertex et la naissance de la queue est fortement glacée de gris, de même que les flancs et la partie antérieure des ailes, de telle sorte que l'oiseau n'est plus, comme le dit la description (p. 96) et comme le représente la figure, en majeure partie d'un vert olive tirant au grisâtre et très légèrement mélangé de roux, mais d'un gris clair nuancé de vert. Ce n'est guère que chez un individu rapporté par M. Lebrun que je trouve le manteau coloré comme sur le spécimen décrit et figuré par M. Gray. D'un autre côté, la teinte jaune qui borde le front et entoure la tache gulaire noire, tout en étant aussi vive que sur la planche, est moins tranchée dans la nature, plus fondue sur ses bords et passe graduellement à la teinte grise ou verte du sommet et des côtés de la tête et de la poitrine; la teinte jaune qui couvre les flancs est aussi moins nettement définie; quelques raies noires extrêmement fines qui occupent le rachis des plumes dorsales ont été également omises par le dessinateur, qui, de même que l'auteur de la description, me paraît avoir mal indiqué le mode de coloration des rectrices externes. Sur tous les spécimens que j'ai examinés, ces pennes, en effet, sont *jaunes* sur la plus grande partie de leur longueur et blanches seulement vers l'extrémité; elles ont la tige d'abord noire, puis blanche, et présentent en outre deux légères taches grises ou noirâtres situées l'une sur la marge externe, l'autre sur la marge interne, près de la pointe. C'est donc à tort que l'oiseau a été décrit et représenté par M. Gray comme ayant les pennes caudales externes blanches (*cauda cinerascenti nigra, plumis externis albis; the tail greyish black, with the outers tail feathers white*).

Dans la description de la femelle, qui n'a pas été figurée par M. Gray, je relève aussi certaines différences avec les spécimens que j'ai sous les yeux. D'après M. Gray, en effet, la femelle aurait les parties supérieures du corps d'un blanc brunâtre avec une tache brune au milieu de chaque plume, et la tête et la gorge de teintes plus pâles. Or, les femelles rapportées par la Mission française sont, en dessus, d'un brun rougeâtre, largement strié de noir avec les côtés de la tête d'un brun plus clair, tirant au fauve, mais également striés, de même que la gorge, dont la teinte fondamentale est un blanc sale.

Chez deux autres spécimens de la même collection qui sont indiqués comme étant des femelles, mais que je crois plutôt être de jeunes mâles, les parties supérieures sont d'un brun moins franc, plus fortement nuancé de jaune, et les parties inférieures d'un jaune olivâtre, avec de nombreuses stries semblables à celles du dos, du sommet et des côtés de la tête; enfin, les pennes caudales externes ne sont marquées de blanc que sous leurs barbes internes et offrent en dehors un étroit liséré jaune, tout le reste de la plume étant brunâtre.

Du reste, en comparant à la pl. XXXII de la *Zoologie* (*Oiseaux*) du *Voyage du « Beagle »*, les types mêmes de l'*Emberiza melanodera* (Q. et G.) qui font encore partie des collections du Muséum d'Histoire naturelle, je constate des différences analogues. Le mâle capturé dans les îles Malouines par MM. Quoy et Gaimard a les parties supérieures du corps d'une teinte moins pure, plus fortement mélangée de roux et de gris, le capuchon moins nettement dessiné, les flancs lavés de roux brunâtre, les rectrices externes d'un jaune moins vif avec un peu de blanc vers l'extrémité. L'autre spécimen provenant du même voyage et décrit par MM. Quoy et Gaimard comme la femelle de l'*Emberiza melanodera* diffère encore davantage de la femelle décrite et figurée par Gray : il a, en effet, les parties supérieures du corps et la poitrine moins nettement mouchetées, la gorge irrégulièrement maculée de brun, surtout au milieu, le ventre teinté de jaune verdâtre et les flancs brunâtres. Mais est-ce bien une femelle? J'en doute et, à en juger par la teinte jaunâtre de l'abdomen et des petites couvertures des ailes et par les taches brunes de la gorge qui représentent probablement les premiers vestiges du rabat noir de l'adulte, je crois avoir plutôt affaire à un jeune mâle.

Voyons maintenant si, pour ce qui concerne le *Phrygilus xanthogrammus*, l'étude des onze spécimens rapportés par la Mission française permet d'expliquer les dissemblances que je viens de signaler. Sur l'étiquette de quelques-uns de ces spécimens et sur les Catalogues des voyageurs, j'ai relevé les indications suivantes :

1° Individu de sexe indéterminé, sous le nom de *Pinson de montagnes*, tué à la baie Orange, dans les Sentry Boxes, à une altitude de $450^{m}$, le 7 décembre 1882;

2° Mâle et femelle tués le même jour dans la même localité;

3° Femelle tuée le 1er janvier 1883 dans la même localité;

4° Individu de sexe indéterminé tué le même jour dans la même localité;

5° Mâles et femelles (cinq) tués le 17 juillet 1883 dans l'île Vauverlandt, par M. le Dr Hahn;

6° Mâle et femelle tués à Oazy Harbour au mois de juin 1883, par M. Lebrun.

L'un de ces derniers individus, le mâle, est, comme je l'ai dit plus haut, le seul qui réponde par son plumage à la description et à la figure publiées par M. Gray; or cet individu a été tué au mois de juin, c'est-à-dire à la fin de l'automne; au contraire, la plupart des mâles à livrée fortement teintée de gris ont été tués au mois de juillet, c'est-à-dire en hiver, et si un individu tué au mois de janvier, c'est-à-dire au commencement de l'été, porte à peu près le même costume, il a cependant déjà la gorge et les lores d'un noir franc, le milieu du ventre d'un jaune vif et la tête fortement nuancée de vert. J'en conclus que la livrée verte et jaune représente le plumage de noces du mâle, que cette livrée n'apparaît qu'assez tard, au printemps, qu'elle subsiste jusqu'à la fin de l'automne et que pendant l'hiver elle est remplacée par une livrée grise.

D'après les dates des captures, je crois aussi pouvoir affirmer que le *Phrygilus xanthogrammus* séjourne pendant la plus grande partie de l'année, sinon pendant toute l'année, dans la Terre de Feu et dans la Patagonie méridionale. Il doit même s'y reproduire comme il le fait aux îles Malouines, où il est très commun et forme de petites troupes en se mêlant parfois à des individus de l'espèce *melanoderus*.

### 37. Diuca grisea.

**Fringilla diuca** Molina, *Hist. nat. Chili,* p. 221.

— Kittlitz, *Mém. Acad. Pétersb.* 1831, p. 192, pl. II.

— F. Eydoux et P. Gervais, *Mag. de Zool.* 1837, pl. LXIX, et *Voy. de la « Favorite »*, t. V, 1839, *Oiseaux*, p. 44 et pl. XVII.

**Emberiza diuca** d'Orbigny et de Lafresnaye, *Synops. av.*, part. I, p. 77, n° 12.

**Diuca diuca** Ch.-L. Bonaparte, *Consp. av.*, 1850, t. I, p. 476, n° 994, 1.

**Diuca grisea** Ph.-L. Sclater, *Cat. amer. Birds*, 1862, p. 111, n° 669 et *On Chilian Birds, Proceed. zool. Soc. Lond.*, 1867, p. 332 et 337, n° 14.

— Ph.-L. Sclater et O. Salvin, *Third List of Birds collected during the Sur-*

*vey of the Straits of Magellan by D^r Cunningham, Ibis*, 1870, p. 499 et *Nomencl. Av. neotr.*, 1873, p. 31.
— R.-B. Sharpe, *Zool. coll. made during the Survey of H. M. S. « Alert », Proceed. zool. Soc. Lond.*, 1881, p. 7, n° 6.

Je rapporte sans hésitation à cette espèce un oiseau (mâle) qui a été pris à Missioneros (Patagonie) au mois de novembre 1882 par M. Lebrun, et qui ne se distingue par aucun caractère essentiel des cinq spécimens du Chili que le Muséum avait reçus précédemment de MM. Gay et d'Orbigny. Deux de ces derniers oiseaux ont, il est vrai, le manteau plutôt brun que gris et les parties inférieures du corps d'une teinte plus claire que le spécimen de Missioneros; mais ce sont là des différences sans importance qui doivent dépendre du sexe et de la saison.

Deux spécimens de *Diuca grisea* ont été obtenus également à Coquimbo (Chili) par le D^r Coppinger, chirurgien de l'*Alert*, au mois de juin 1879 et à Ancud (île de Chiloë) par le D^r Cunningham au mois de novembre 1868.

L'espèce paraît être plus rare en Patagonie qu'au Chili et ne descend probablement pas jusqu'à la Terre de Feu.

### 38. Diuca minor.

**Diuca minor** Ch.-L. Bonaparte, *Consp. av.*, 1850, t. I, p. 476, n° 994, 3.
— Ph.-L. Sclater et O. Salvin, *Nomencl. Av. neotr.* 1873, p. 31.
— H. Durnford, *Notes on the Birds of Central Patagonia, Ibis*, 1878, p. 393.

La *Diuca minor*, qui peut être considérée comme une race naine de la *Diuca grisea*, doit être fort rare en Patagonie, seule région de l'Amérique du Sud où cette forme ait encore été signalée : le Muséum d'histoire naturelle de Paris n'en possède en effet que deux spécimens, savoir le type même de l'espèce envoyé de Patagonie par d'Orbigny en février 1831 et une femelle tuée aux environs de Santa-Cruz, à la fin de l'année 1882 par M. Lebrun. De son côté, M. H. Durnford n'a pu se procurer et n'a même eu l'occasion de voir qu'un seul exemplaire de *Diuca minor*, à Tombo Point, le 31 décembre 1877.

### 39. Zonotrichia canicapilla.

**Zonotrichia canicapilla** J. Gould. Darwin, *Voy. of the « Beagle », Zool.*, t. III, p. 91.
— Ph.-L. Sclater et O. Salvin, *On the Birds collected in the Straits of Magellan by Dr Cunningham, Ibis*, 1868, p. 185 et 1869, p. 284.

**Zonotrichia pileata** Ph.-L. Sclater et O. Salvin, *Third List of the Birds collected during the Survey of the Straits of Magellan by Dr Cunningham, Ibis*, 1870, p. 499.

**Zonotrichia canicapilla** H. Durnford, *On some Birds observed in the Chuput valley, Patagonia, Ibis*, 1877, p. 33.
— Ph.-L. Sclater, *Ibis*, 1877, p. 46 et pl. I.
— Ph.-L. Sclater et O. Salvin, *Birds of Antarct. Amer., Proceed. zool. Soc. Lond.*, 1878, p. 432, n° 3, et *Voy. of the « Challenger », Rep. on Birds, Ant. Amer.*, p. 101, n° 3.
— R.-B. Sharpe, *Zool. Coll. made during the Survey of H. M. S. « Alert », Proceed. zool. Soc. Lond.*, 1881, p. 7, n° 3.

La *Zonotrichia canicapilla* de Gould, dont l'expédition française du cap Horn n'a pas rapporté moins de douze spécimens, n'est probablement qu'une race locale de la *Z. pileata* Bodd. qui est extrêmement répandue dans toute l'Amérique tropicale, depuis le Guatemala jusqu'au sud du Chili et de la République Argentine. Suivant M. Ph.-L. Sclater (*Ibis*, 1877, p. 465), qui d'ailleurs a longtemps hésité à admettre la validité de cette prétendue espèce, la *Zonotrichia canicapilla* ne se distinguerait guère à l'âge adulte de la *Z. pileata* que par ses pattes un peu plus grêles et par le dessus de sa tête d'un gris uniforme, sans le moindre vestige de bandes latérales noires. Or, en examinant une très nombreuse série de spécimens que possède le Muséum d'histoire naturelle et qui proviennent de l'Amérique centrale, de la Colombie, du Brésil, du Chili et de Patagonie, j'ai remarqué que les bandes latérales sont loin d'être également prononcées chez tous les exemplaires que l'on a coutume d'attribuer à la *Z. pileata*. Très accusées chez divers spécimens obtenus au Guatemala par M. Bocourt, en Colombie par MM. Lindig et Fontanier et au Pérou (Arica) par d'Orbigny, ces bandes sont irrégulières et incomplètes en arrière chez un spécimen du Chili donné par M. Hénault; elles sont plus réduites encore chez un individu envoyé de Valparaiso par d'Orbigny; chez deux individus tués en Patagonie par le même voyageur elles ne sont plus représentées que par deux lignes interrompues par quelques taches isolées; enfin parmi les spécimens rapportés par la Mission française, les uns n'offrent plus que deux ou trois taches noirâtres sur la nuque, tandis que les autres ont le dessus et le derrière de la tête d'un gris pur comme l'exemplaire figuré par M. Sclater.

Quelques-uns des spécimens obtenus en Patagonie et à la Terre de Feu par MM. Lebrun, Hyades, Hahn et Sauvinet étaient accompagnés des dates et des renseignements suivants :

Mâle tué à Missioneros en septembre 1882;

Mâle tué à Missioneros le 24 octobre 1882;

Mâles et femelles tués dans les parages de la baie Orange, à 180$^{m}$ d'altitude, le 15 septembre 1882;

Très jeune mâle pris à Punta-Arenas, le 9 novembre 1882;

Très jeune individu pris sur les bords de la baie Orange, le 5 décembre de la même année;

Spécimens, de sexe indéterminé, tués à la baie Orange, le 11 décembre 1882.

Mâle tué dans les mêmes parages le 10 décembre 1882; yeux bruns; bec d'un gris brunâtre; pattes d'un gris pâle.

Jeune mâle tué à la baie Orange sur un buisson, le 30 décembre 1882 : bec gris brun, plus clair en dessous qu'en dessus; tarses d'un gris pâle, iris brun; cire d'un gris noirâtre; estomac renfermant des baies.

Mâle tué le 15 juin sur les bords du Rio Gallegos (Patagonie); yeux bruns.

La présence dans cette collection de deux très jeunes oiseaux pris à Punta-Arenas et sur les bords de la baie Orange et d'un nid contenant trois œufs, recueilli à Oushouaïa (canal du Beagle), au commencement de novembre 1882, confirme les renseignements fournis par Darwin et M. Durnford, et montre que la *Zonotrichia canicapilla* se reproduit sur la Terre de Feu et en Patagonie. Dans cette dernière région, ou tout au moins dans la vallée de la Chuput, suivant M. Durnford, l'espèce est d'ailleurs aussi commune que le Moineau dans notre pays, et se montre non seulement dans les champs, mais jusque dans les villages. Elle niche au milieu des herbes et des broussailles, et le nid dont j'ai sous les yeux un spécimen authentique (sans compter deux spécimens que je n'attribue qu'avec une certaine réserve à la même espèce) est construit avec des herbes grossières et tapissé à l'intérieur d'herbes plus fines. Il renferme trois ou quatre œufs qui mesurent environ $0^m,022$ sur $0^m,013$ et qui sont d'un vert pâle avec des stries et des taches brunes ou rougeâtres, plus ou moins confluentes au gros bout. Par leurs marques moins nettes, plus confuses et de couleur plus claire, ces œufs diffèrent un peu de ceux de la *Zonotrichia pileata*, tandis que le nid est exactement semblable à celui de cette dernière espèce. Quant aux jeunes, comme M. Sclater l'avait déjà constaté et comme j'ai pu m'en assurer, ils ne peuvent être distingués de ceux de la forme tropicale.

Quelques spécimens et des œufs de *Zonotrichia canicapilla* avaient été capturés par Darwin à Port-Désiré (Patagonie) et sur la Terre de Feu; d'autres ont été pris par M. Durnford dans la vallée de la Chuput (Patagonie centrale), par le Dr Cunningham à Punta-Arenas, en janvier 1869, par les naturalistes de l'expédition du *Challenger* dans les mêmes localités, du 14 au 17 janvier 1876, et par le Dr Coppinger à Puerto-Bueno, en novembre 1879. L'individu provenant de cette dernière localité avait les yeux bruns, le bec noir et les pattes d'un gris clair, et les spécimens rapportés par l'expédition du *Challenger* étaient deux jeunes femelles dont l'estomac renfermait des débris d'insectes.

Les Fuégiens donnent à la *Zonotrichia canicapilla* le nom de *Tchamoukh*.

Une autre espèce du même genre, le *Zonotrichia strigiceps* Gould (*Voy. « Beagle »*, *Zool.*, t. III, p. 92, et Ph.-L. Sclater, *Ibis*, 1877, p. 47 et pl. I, fig. 2), beaucoup plus distincte, a été découverte par Darwin à Santa-Fé (République Argentine), mais est restée jusqu'ici extrêmement rare dans les collections.

### 40. Pseudochloris Lebruni, *nov. sp.*

M. Lebrun a fait parvenir en 1883 au Muséum un *Pseudochloris* mâle qu'il avait tué quelques mois auparavant, en novembre 1882, à Missioneros (Patagonie), et que je ne puis rapporter à aucune des espèces précédemment connues du genre *Pseudochloris*. Chez cet oiseau en effet, dont la dépouille laisse beaucoup à désirer sous le rapport de la conservation, mais qui paraît complètement adulte, les parties supérieures, c'est-à-dire la tête, le dos et les petites couvertures des ailes, sont en effet d'un jaune olivâtre, comme chez le *Pseudochloris lutea* (*Sycalis lutea* Lafr. et d'Orb.; *Crithagra chloropsis* Bp.) de Bolivie et du Pérou, mais les pennes primaires et les rectrices externes sont ornées d'un liséré jaune qui passe rapidement au gris à partir du tiers ou de la moitié de la longueur de la plume, et les pennes secondaires sont largement bordées de gris, comme chez le *Pseudochloris uropygialis* (*Sycalis uropygialis* Lafr. et d'Orb.; *Crithagra Pentlandi* Bp.) de Bolivie. C'est avec cette dernière espèce d'ailleurs que le *Sycalis* de Missioneros a le plus d'affinités; mais chez le *Ps. uropygialis*, comme chez le *Ps. luteocephala* Lafr. et d'Orb., le dos est gris, plus ou moins nuancé de brunâtre. Chez le *Ps. aureiventris* Ph. et Landb., le dos est d'un jaune olivâtre nuancé de gris et strié de brun, et les ailes sont brunes avec des liserés plus clairs; enfin chez le *Ps. pratensis* Cab., comme chez le *Ps. citrina* Pelz., les rectrices externes sont marquées d'une grande tache blanche, le dos étant d'ailleurs fortement rayé de noir.

J'ajouterai que le *Pseudochloris* de Missioneros a le bec relativement plus fort que le *Ps. uropygialis* et le *Ps. luteocephala*, et les pennes secondaires relativement moins allongées que le *Ps. lutea*, ce qui m'empêche de considérer ce spécimen comme un individu de l'une ou de l'autre de ces deux espèces, revêtu d'un plumage anormal ou d'une livrée particulière.

Quoique j'hésite un peu à me prononcer d'après l'examen d'un seul exemplaire, je crois donc que le *Sycalis* envoyé de Patagonie par M. Lebrun peut être le type d'une espèce nouvelle que je proposerai d'appeler *Sycalis Lebruni* et que je caractériserai en ces termes :

Pseudochloris Lebruni, *nov. sp. Ps. uropygiali affinis, sed dorso et alarum tectricibus minoribus capiti concoloribus, virescentibus distincta. Long. tot.* 0m,150; *alæ* 0,085, *caudæ* 0,060, *tarsi* 0,019, *rostri* (*a fronte*) 0,010.

Typ. *Mas, oculis fuscis.*

D'après les indications de M. Lebrun, c'est à cette espèce qu'appartiendrait un nid, obtenu en Patagonie, dans la même région. Ce nid, qui est fait de radicelles et d'herbes sèches grossièrement entrelacées et dont l'intérieur est tapissé d'une épaisse couche de laine, entremêlée de poils (de Rongeurs?) et de crins, renfermait deux œufs, l'un brisé, l'autre intact, à coquille d'un bleu pâle parsemée, principalement au gros bout, de nombreux points brunâtres et grisâtres. Le grand axe de l'œuf mesure 0m,023 et le petit axe 0m,018, et les dimensions sont sensiblement supérieures à celles des œufs de *Zonotrichia canicapilla* et de *Zonotrichia pileata* dont le Muséum possède des spécimens qui sont d'un bleu pâle piqueté de brun rougeâtre.

## 41. Chrysomitris barbata.

**Fringilla barbata** Molina, *Saggio sulla Storia nat. del Chile*, p. 247.

**Chrysomitris campestris** Gay, *Faun. Chil.*, 1847, p. 352.

— J. Gould in Darwin, *Voy. « Beagle », Zool.*, t. III, *Birds*, p. 89.

**Chrysomitris barbata** Philippi, *Wiegm. Arch.*, 1860, part. I, p. 28.

**Chrysomitris marginalis** Ch.-L. Bonaparte, *Consp. Av.*, 1850, t. I., p. 517.

— Cassin, *Gilliss's U. S. N. A. Exp.*, t. II, p. 181 et pl. XVII.

**Chrysomitris magellanica** (err.) Ph.-L. Sclater, *On Birds from the Falkland Islands, Proc. zool. Soc. Lond.*, 1861, p. 46, n° 2.

**Chrysomitris barbata** Ph.-L. Sclater, *On Chilian Birds, Proc. zool. Soc. Lond.*, 1867, p. 322 et 338.

— Pl.-L. Sclater et O. Salvin, *On the Birds collected in the Straits*, etc., *Ibis*, 1868, p. 185, p. 189, n° 3, et *Third List, Ibis*, 1870, p. 499. — *Nom. Av. neotr.*, 1873, p. 34.

Cette espèce de Tarin, qui habite l'Équateur, le Pérou, la Bolivie, la

République Argentine, la Patagonie, la Terre de Feu et les îles Malouines, était représentée, dans les collections recueillies par les membres de la Mission du cap Horn, par neuf spécimens portant les indications suivantes :

Mâle tué le 7 novembre 1882 à Punta-Arenas (détroit de Magellan).

Cinq mâles tués au mois de janvier 1883, dans la même localité, yeux bruns.

Mâle tué le 14 juin 1883 à la baie Orange, dans le sud de la Mission : iris brun; bec corne brune sur la moitié antérieure de la mandibule supérieure, corne blonde sur la moitié postérieure de celle-ci et sur les quatre cinquièmes postérieurs de la mandibule inférieure; tarses d'un brun noirâtre.

Femelle tuée en même temps que l'individu précédent : iris brun; bec corne blonde sur la moitié postérieure de la mandibule supérieure, corne brune sur la moitié antérieure de celle-ci, avec une tache d'un blanc d'argent sur les parties latérales, vers le milieu du bec, plus prononcées du côté droit; tarses d'un brun marron foncé.

Mâle tué le 15 août 1883 sur les bords de la baie Banner, dans l'île Picton.

Ces spécimens offrent les plus grandes ressemblances avec une paire de *Chrysomitris barbata* envoyée du Chili par M. Reed et acquise par le Muséum d'histoire naturelle; les mâles cependant sont, en général, plus brillamment colorés, et l'un d'eux se distingue particulièrement par la vivacité des teintes de sa livrée : sa calotte est d'un noir profond; son rabat noir se prolonge jusque sur la poitrine et tranche sur la couleur jaune intense des parties inférieures; les bandes de ses ailes sont très accusées, etc. Or, fait digne de remarque, cet individu, qui rappelle notre Tarin d'Europe en plumage de noces, a été tué vers le milieu du mois d'août, c'est-à-dire pendant l'hiver antarctique, dans la saison correspondant à celle où notre *Chrysomitris spinus* porte au contraire une livrée rembrunie.

Deux mâles de la même collection n'ont encore ni calotte, ni rabat noirs et sont probablement des jeunes âgés d'un an.

Un mâle commençant à prendre la livrée définitive de son sexe avait été envoyé de Patagonie au Muséum par d'Orbigny, dès le mois de février 1831, et une femelle aux yeux noirs, au bec et aux pattes d'un brun verdâtre avait été obtenue à Port-Famine par MM. Hombron et Jacquinot, naturalistes attachés à l'expédition de l'*Astrolabe* et de la *Zélée*.

Deux individus encore jeunes pris à Gregory Bay le 19 mai 1887 et deux spécimens, capturés à Ancud (Chili) et à Punta-Arenas en janvier et en novembre 1869, figuraient d'autre part dans les collections formées par le Dr Cunningham; quelques spécimens avaient été obtenus par Darwin à Valparaiso au mois de septembre et dans les forêts de la Terre de Feu au mois de février, de 1832 à 1836. Enfin, dans les collections formées par le capitaine Abbott aux îles Malouines et étudiées par M. Sclater en 1861, se trouvait la dépouille d'un Tarin à gorge noire tué au mois de septembre 1860. Cet oiseau faisait partie d'une bande de cinq ou six individus, les seuls *Chrysomitris barbata* que M. Abbott ait eu l'occasion d'observer aux îles Malouines. Il paraîtrait cependant que l'espèce est très commune sur l'île Keppel, à une soixantaine de milles au nord-ouest des Malouines.

Des renseignements que je possède il résulte que le *Chrysomitris barbata* se rencontre sur la Terre de Feu non seulement au mois de février, comme le dit Darwin (¹), mais à d'autres époques de l'année et même en hiver. Il ne doit cependant pas être très commun dans ces régions australes, puisque plusieurs voyageurs ne l'ont pas rencontré et que les Fuégiens le confondent avec le *Phrygilus Gayi* sous le nom de *Tachourh*. Peut-être faut-il admettre que si certains individus de cette espèce sont sédentaires en Patagonie et sur la Terre de Feu, beaucoup d'autres émigrent au Chili, au Pérou et en Bolivie à l'approche des grands froids.

### 42. Curæus aterrimus.

**Turdus curæus** Molina, *Hist. Nat. Chili* (1782), p. 345.

**Sturnus aterrimus** Kittlitz, *Mém. Acad. Sc. Saint-Pétersb.*, 1835, p. 467 et pl. II.

---

(¹) *Voy. of the « Beagle »*, *Zoology*, t. III, *Birds*, p. 47.

**Psarocolius curæus** Ch.-L. Bonaparte, *Consp. Av.*, 1850, t. I, p. 425.

— Cassin, *Gidiss's U. St. Exped.*, t. II, p. 178 et pl. XV.

**Curæus aterrimus** Ph.-L. Sclater, *Cat. Am. Birds*, 1862, p. 139. — *On Chilian Birds*, *Prooc. zool. Soc. Lond.*, 1867, pp. 323 et 338. — *Ibis*, 1884, p. 21. *Cat. of the Birds of the Brit. Mus.*, 1886, t. XI, p. 354.

— Ph.-L. Sclater et O. Salvin, *Second List of Birds collected during the Survey of the Straits of Magellan by Dr Cunningham*, *Ibis*, 1869, p. 283. — *Nomencl. Av. neotr.*, 1873, p. 38. — *Birds of Ant. Amer.*, *Proceed. zool. Soc. Lond.*, 1878, p. 432, n° 6, et *Voy. of the « Challenger »*, *Rep. on Birds*, *Antarct. Amer.*, p. 101, n° 6.

— R.-B. Sharpe, *Zool. coll. made during the Survey of H. M. S. « Alert »*, *Proceed. zool. Soc. Lond.*, 1881, p. 7, n° 8.

Une vingtaine d'exemplaires de cette espèce ont été rapportés par la Mission française du cap Horn. Ils proviennent des localités suivantes :

Baie Orange (bords de la rivière de la Mission, fond de l'anse aux Canards; plage du canal Shopenham, dans l'Anse mauvaise, etc.), 21 et 26 septembre; 17 et 26 octobre; 24 et 31 décembre 1882; 1er et 14 janvier, 10, 23 et 26 mars; 10 avril et 12 mai 1883.

Ile Gable ou Gabel, 17 mars et 31 avril 1883.

Punta-Arenas, 22 mai et 7 juin 1883.

Baie Wollaston, 18 juin 1883.

Tous ces individus, parmi lesquels on compte un peu moins de femelles que de mâles, paraissent bien adultes et avaient l'iris brun foncé ou noir, le bec et les pattes noirs; l'estomac de quelques-uns d'entre eux renfermait soit des débris d'insectes, soit du gravier et des fragments de petits Crustacés appartenant à des espèces communes sur les plages.

Les mêmes renseignements sur la couleur des yeux, du bec et des pattes et sur le contenu de l'estomac accompagnaient trois spécimens (mâles) obtenus à Gray Harbour le 3 janvier 1875 par les naturalistes du *Challenger*, à Isthmus Bay et à Tom Bay (Magellan), le 11 janvier et le 6 mars 1879, par le Dr Coppinger [1]. Ce dernier naturaliste a

[1] Dans le catalogue des Ictéridés du Musée britannique, dressé par M. Sclater, les deux spécimens rapportés par le Dr Coppinger sont indiqués comme venant de *True Bay*.

rapporté en outre un œuf de *Curæus aterrimus*, malheureusement brisé, qui était de couleur blanche et mesurait 1 pouce $\frac{1}{10}$ sur $\frac{8}{16}$ de pouce anglais.

Un individu de la même espèce avait été pris antérieurement le 26 novembre 1867 au cap Negro (Patagonie) par le Dr Cunningham, et deux autres, provenant de Port-Famine (Magellan), avaient été rapportés en 1841 au Muséum par l'expédition de l'*Astrolabe* et de la *Zélée*. Je crois encore pouvoir attribuer au *Curæus aterrimus* les Troupiales noirs (*Black Icterus*) observés par le Dr Cunningham à Sandy Point et à Port-Famine ([1]).

A en juger par le nombre de spécimens, originaires du Chili, que possèdent le *British Museum* et le Musée de Paris, les *Curæus aterrimus* doivent être également très répandus au Chili; mais jusqu'à présent on n'en a point signalé dans la République Argentine. D'après les dates des captures mentionnées ci-dessus, ces oiseaux, auxquels les Fuégiens donnent le nom de *Tétapou*, doivent séjourner pendant la plus grande partie de l'année dans toute la Patagonie australe et sur la Terre de Feu. S'ils quittent cette région, ce doit être seulement pendant deux ou trois mois, de la fin de juin au milieu de septembre.

### 43. Trupialis militaris.

**Sturnus militaris** Linné, *Mantissa*, 1771, p. 527.

**Sturnus loyca** Molina, *Hist. nat. Chili*, édit. 1, 1782, p. 345.

**Étourneau des terres magellaniques** Daubenton, *Pl. enl. de Buffon*. n° 113.

**Sturnus albiflorus** Boddaert, *Table des Pl. enl.*, 1783, p. 7.

**Sturnella militaris** Vieillot, *Encycl. méthod.*, p. 635.

— J. Gould, Darwin, *Voy. « Beagle »*, *Zool.* t. III, 1841, *Birds*, p. 110 et *List of Birds from the Falkland Islands. Proceed. zool. Soc. Lond.*, 1859, p. 94.

— Ph.-L. Sclater, *Proceed. zool. Soc. Lond.*, 1860, p. 385 et 1867, pp. 323 et 338, n° 22.

— Abbott, *Ibis*, 1861, p. 153.

---

[1]) *Ibis*, 1868, p. 126.

**Sturnella militaris** Cunningham, *Ibis*, 1868, p. 126.

— Ph.-L. Sclater et O. Salvin, *On the Birds collected in the Straits of Magellan by Dr Cunningham, Ibis*, 1868, p. 185 et p. 186, n° 4. — *Nom. Av. neotr.*, 1873, p. 38.

— Hudson, *On Patagonian Birds, Proceed. zool. Soc. Lond.* 1872, p. 548, n° 12.

— H. Durnford, *On some Birds observed in the Chuput Valley, Patagonia, Ibis*, 1877, p. 38, et *Notes on the Birds of Central Patagonia, Ibis*, 1878, p. 394.

— R.-B. Sharpe, *Zool. coll. made during the Survey of H. M. S. « Alert », Proceed. zool. Soc. Lond.* 1881, p. 7, n° 7.

**Trupialis militaris** Ch.-L. Bonaparte, *Consp. Av.*, 1850, t. I, p. 429.

— Ph.-L. Sclater, *Species of the fam. Icterid, Ibis*, 1884, p. 23, et *Cat. B. Brit. Mus.*, t. XI, 1886, p. 356.

— L. Taczanowski, *Ornith. du Pérou*, 1884, t. II, p. 428.

Le Troupiale militaire habite une grande partie de l'Amérique australe. Sur la côte occidentale il remonte, d'après Darwin, jusqu'à la hauteur de Lima et sur la côte orientale jusqu'au 31e degré de latitude sud, et il se trouve aussi dans l'archipel des Malouines, mais il ne franchit probablement pas le détroit de Magellan. Les naturalistes français attachés à la Mission à terre ne l'ont, en effet, pas observé pendant leur longue station à la baie Orange, et les huit spécimens mâles et femelles de cette espèce obtenus par l'expédition du passage de Vénus ont été pris par M. Lebrun sur les bords de l'Aroyo Moreno, près de Santa-Cruz et à Missioneros, du 19 septembre au 22 novembre 1882, et par M. le Dr Hahn à Punta-Arenas, le 14 février 1883. Dans cette dernière localité, les Troupiales militaires, que les colons d'origine espagnole désignent sous le nom de *Petche* ou *Pescho colorado*, étaient assez communs lors du passage de M. Hahn : il paraît du reste, d'après les renseignements fournis par M. Durnford, qu'ils sont au nombre des oiseaux les plus répandus de la Patagonie, et qu'ils se trouvent presque toujours dans le voisinage immédiat des cours d'eau.

Le spécimen obtenu par M. Hahn avait le bec noir en dessus, blanc en dessous; ceux qui ont été recueillis par M. Durnford, le bec d'un brun corné foncé avec la mandibule inférieure plus claire, les pattes d'un gris pâle avec les ongles d'une teinte plus sombre.

D'autres Troupiales militaires ont été tués par le Dr Cunningham, près du Cap Possession, au mois de janvier 1867, par M. Hudson sur les bords du Rio Negro et par le Dr Coppinger à Peckett Harbour (Magellan) le 4 janvier 1879. Enfin, des nids et des œufs de cette espèce ont été trouvés dans les îles Malouines par le capitaine Abbott, dans la vallée de la Chuput, le 4 novembre 1876, par M. Durnford, et à Gregory Bay, au mois de décembre 1867, par le Dr Cunningham. Un de ces nids, décrit par M. A. Newton, mesurait à l'extérieur plus de 5 pouces anglais et 3 pouces environ à l'intérieur, et était artistement construit avec des racines et des tiges de graminées; il renfermait des œufs longs de 1 pouce $\frac{2}{10}$ sur $\frac{78}{100}$ et offrant des taches et des lignes d'un brun rougeâtre, avec une sorte de nuage de même couleur, mais plus clair, sur une portion considérable de leur surface. Il n'y a d'ordinaire que deux œufs par nid, et le nid est généralement placé près de la rive d'un fleuve ou sur le bord d'un ruisseau, au milieu d'une touffe d'herbe des Pampas.

### 44. Tinamotis Ingoufi, *sp. nov.*

(*Pl.* 1).

**Tinamotis** *n. sp. T. Pentlandi digitorum numero, corporis structura rostrique forma similis, sed tarsorum scutellis inferioribus latis plumarumque coloribus et lineamentis valde diversa, remigibus unicoloribus intense rufis, pennis secundariis rufis, vix nigro signatis, vertice albo et fusco striato, collo cinerascente, nigro striato et vittis quatuor albis adornato, corporis et alarum parte superiöre cinereis lineamentis et maculis fuscis, rufis albisque signatis, rostro fusco-olivaceo, pedibus plumbeis, oculis flavis.*

*Long. tot.* 0[m],400; *long. alæ* 0[m],205, *caudæ* 0[m],070, *tarsi* 0[m],032, *digiti medii* (*sine ungue*) 0[m],029, *rostri* (*culm.*) 0[m],023.

Dans une des premières collections envoyées par M. Lebrun au Muséum se trouvait une femelle adulte de Tinamou, tuée aux environs de Santa-Cruz (Patagonie) le 18 octobre 1882. Dès le premier abord, cet oiseau m'avait paru différent de tous les oiseaux du même groupe que j'avais eus sous les yeux, et en l'étudiant je n'ai pas tardé à reconnaître : 1° qu'il appartient au genre *Tinamotis* par la forme de son bec, la disposition de ses narines, le nombre de ses doigts et la structure de ses pattes, quoiqu'il ait la partie inférieure des tarses garnie en avant de cinq larges écailles superposées remplaçant les écailles polyédriques qui existent chez le *Tinamotis Pentlandi;* 2° qu'il ne pouvait être rapporté à la seule espèce connue du genre *Tinamotis*, au *Tinamotis Pentlandi* Vig. de la Bolivie et du Pérou. En effet, chez le *Tinamotis Pentlandi*, dont le Muséum possède deux individus capturés à La Paz (Bolivie) par d'Orbigny, en 1834, la tête et la nuque sont rayées de brun sur fond roux, la gorge est d'un blanc sale et les côtés du cou sont ornés de deux raies blanchâtres (quatre en tout) assez mal définies; le corps et le dessus des ailes sont couverts de plumes qui, pour la plupart, sont rayées transversalement ou du moins marquées de taches allongées dans le sens perpendiculaire à l'axe, mais dont la teinte de fond varie suivant les régions, les plumes dorsales étant d'un brun plus ou moins glacé de gris avec des raies transversales d'un fauve rougeâtre, les plumes du croupion et les sus-caudales d'un vert olivâtre avec des raies transversales interrompues ou des taches latérales jaunâtres, les plumes des côtés et la poitrine et les couvertures des ailes colorées et marquées comme celles du dos, les plumes du sternum blanchâtres avec des zébrures foncées, celles des flancs d'un roux presque uniforme, les rémiges et les pennes secondaires brunes avec des raies ondulées d'un fauve rougeâtre. Au contraire, chez le *Tinamotis Ingoufi*, le sommet de la tête est brun, rayé de blanc et de fauve, et la nuque grise, rayée de brun; les côtés du cou sont ornés de deux raies blanches (quatre en tout) très nettes, quoique striées légèrement de brun; la gorge est blanche, mouchetée de brun; les plumes du dos et du croupion sont grises, avec un liséré blanc et une tache centrale brune ou rousse, bordée elle-même de jaunâtre ou de blanc ou recoupée par des raies claires, disposées en chevron; les plumes de la poitrine et de l'abdomen et les couvertures alaires d'une teinte grise plus franche, mais offrant le même dessin que les plumes dorsales, les rémiges et les pennes secondaires d'un roux ardent, ces dernières avec quelques taches brunes.

La découverte de cette espèce permet de reculer de plus de 10 degrés vers le sud la limite inférieure de l'aire d'habitat du genre *Tinamotis*, fixée jusqu'ici au niveau du 40e degré.

## 45. Attagis maluina.

**La Caille des Isles Malouines** Daubenton, *Pl. enl. de Buffon*, 1770, pl. CCXXII.

**Tetrao maluinus** Boddaert, *Table des Pl. enl.*, 1783, pl. CCXXII.

**Tetrao falklandicus** Gmelin, *Syst. Nat.*, 1788, t. I, p. 762.

**Attagis falklandica** G.-R. Gray, Darwin, *Voy. « Beagle », Zool.*, t. III, 1841, *Birds*, p. 117.

**Attagis falklandicus** Ch.-L. Bonaparte, *Tabl. des Gallinacés, C. R. Ac. Sc.*, 1856, t. XLIII, p. 420, n° 120.

**Attagis malouina** Ph.-L. Sclater, *On Birds from the Falkland Islands*, *Proceed. zool. Soc. Lond.*, 1861, p. 46, n° 3.

— Ph.-L. Sclater et O. Salvin, *On the Birds collected in the straits of Magellan by Dr Cunningham, Ibis*, 1868, p. 188, n° 27. — *Nomencl. Av. neotr.*, 1873, p. 144.

M. Sclater est disposé à rapporter à cette espèce un *Attagis* qui a été rapporté par le capitaine Abbott des Malouines orientales il y a une trentaine d'années. D'après Darwin, l'*Attagis maluina* ne serait pas rare non plus sur les montagnes de l'extrémité méridionale de la Terre de Feu, où elle se trouverait par paires ou en petites troupes, dans la zone des plantes alpestres, immédiatement au-dessus de la zone forestière. Elle a été observée au mois de mai 1867, à Sandy Point, sur la rive septentrionale du détroit de Magellan par le Dr Cunningham, enfin elle a été rencontrée sur les hauteurs voisines de la baie Orange par les naturalistes attachés à la Mission française qui ont obtenu et préparé une vingtaine d'*Attagis* mâles et femelles. Un de ces spécimens, tué le 1er octobre 1882, à 400m d'altitude, avait, d'après M. le Dr Hahn, les yeux d'un brun foncé et les pattes grises, teintées de jaunâtre. Deux autres mâles tués par le même voyageur, le 7 décembre 1882, à 450m et à 500m d'altitude, en même temps que des jeunes figuraient dans la collection sans être accompagnés d'indications de couleurs. Au contraire, pour d'autres individus, M. le Dr Hyades me fournit les renseignements suivants : « Mâle tué le 18 décembre 1882 à la baie Orange, près d'une mare, dans les montagnes, au sud de la Mission, à 100m environ d'altitude, en même temps qu'on prenait à la main trois femelles qui furent gardées vivantes pendant deux jours dans le laboratoire d'Histoire naturelle de la Mission. Ces quatre sujets présentaient les mêmes caractères : iris brun ; bec d'un brun noirâtre ; pattes d'un gris blanchâtre. »

Un couple d'*Attagis* ou *Perdrix des montagnes* fut encore abattu d'un coup de fusil à la baie Orange, le 1er janvier 1883, par M. le Dr Hahn, et de leur côté M. le Dr Hyades et M. Sauvinet tuèrent le 16 mars 1883, sur les Sentry Boxes, à la baie Orange, à une altitude 450m à 500m, onze *Attagis* des deux sexes, offrant les mêmes caractères que le spécimen mâle du 18 décembre. L'estomac d'un de ces oiseaux renfermait des herbes et du gravier fin.

Au contraire, aucun spécimen d'*Attagis maluina* ne figurait dans les collections rapportées par les expéditions anglaises de l'*Alert* et du *Challenger*, et, comme d'autre part MM. Hudson et Durnford ne font pas mention de cette espèce dans leurs Catalogues des Oiseaux de la Patagonie, on peut supposer qu'elle est cantonnée et probablement sédentaire dans l'archipel des Malouines, sur les bords du détroit de Magellan et sur la Terre de Feu, où elle doit nicher de très bonne heure, presque au sortir de l'hiver, puisqu'un spécimen tué le 18 octobre 1882 par M. Sauvinet porte encore du duvet sur la gorge et sur la nuque.

L'*Attagis maluina* est connue des Fuégiens sous le nom de *Toularabambeul*. Elle se distingue facilement des autres espèces du même genre, *A. Gayi* Geoff. et Less. du Chili, *A. Latreillei* Less., de Bolivie et *A. chimborazensis* Scl. de l'Équateur par les teintes et par le dessin de son plumage. Ainsi les parties supérieures du corps sont beaucoup plus foncées en couleur que chez l'*Attagis Gayi;* l'abdomen est d'un blanc pur au lieu d'être d'un roux cannelle comme dans cette dernière espèce (dont le Muséum possède le type) et dans l'*Attagis chimborazensis* (Sclater, *Proceed. zool. Soc. Lond.*, 1860, p. 82).

### 46. Thinocorus rumicivorus.

**Thinocorus rumicivorus** Eschscholtz, *Zool. Atl.*, pl. II.

**Thinocorus Eschscholtzii** (Geoffroy) Lesson, *Cent. zool.*, pl. L.

**Thinocorus Swainsoni** Lesson, *Illust. Zool.*, pl. XVI.

**Thinocorus rumicivorus** J. Gould, Darwin, *Voy. « Beagle », Zool., Birds*, p. 117.
— Burmeister, *La Plata Reise*, 1861, t. II, p. 501.
— Ph.-L. Sclater, *On Chilian Birds, Proceed. zool. Soc. Lond.*, 1867, p. 331, n° **339**.
— Ph.-L. Sclater et O. Salvin, *On the Birds collected in the straits of Magellan by Dr Cunningham, Ibis*, 1868, p. 188, n° **28**, et 1869, p. 284, n° **18**. — *Third List, Ibis*, 1870, p. 499, n° **22**. — *Nomencl. Av. neotr.*, 1873, p. 144.
— H. Durnford, *On some Birds observed in the Chuput Valley, Patagonia, Ibis*, 1877, p. 42, et *Notes on the Birds of Central Patagonia, Ibis*, 1878, p. 403.
— L. Taczanowski, *Ornith. du Pérou*, 1886, t. III, p. 283, n° **1164**.
— Ph.-L. Sclater et W.-H. Hudson, *Argentine Ornith.*, 1889, t. II, p. 176, n° **393**.

Cette espèce habite le Pérou, le Chili, la République Argentine et la Patagonie, mais n'a pas encore été signalée au sud du détroit de Magellan. En Patagonie, elle doit être fort répandue, car elle a été observée d'abord par Ch. Darwin dans les plaines voisines de Santa-Cruz, par 50 degrés de latitude sud; ensuite par le Dr Cunningham à Peckett Harbour au mois de mars 1867, à Gregory Bay le 12 décembre de la même année, et à Sandy Point au mois de mars 1869; puis par M. H. Durnford qui l'a rencontrée communément dans la vallée de la Chuput et sur les plateaux voisins et qui a obtenu d'abord des œufs de cette espèce au mois d'octobre et ensuite des jeunes au mois de mars; enfin par M. Lebrun, à qui nous devons sept exemplaires de sexes et d'âges différents de *Thinocorus rumicivorus*, plus deux œufs recueillis aux environs de Santa-Cruz, à la lagune de la Lionne et à Missioneros, en octobre et novembre 1882. Parmi les oiseaux tués par M. Lebrun se trouve un très jeune individu, dont les pennes alaires ne sont pas encore complètement poussées. Il est donc bien établi que les Thinocores se reproduisent régulièrement au mois d'octobre ou de novembre dans le centre et le sud de la Patagonie et que cette première portée est quelquefois, sinon toujours, suivie d'une seconde, quelques mois plus tard. Dans cette région ces oiseaux sont sédentaires, selon M. Durnford, tandis que dans le nord de la Patagonie, d'après M. Hudson, ils émigrent à l'approche de l'hiver du côté du nord et ne reviennent qu'en avril.

Les œufs, singulièrement volumineux par rapport à l'oiseau, mesurent $0^m,033$ sur $0^m,022$ et sont de forme ovoïdo-conique. Ils sont d'un gris ou d'un jaune verdâtre très clair, avec de très nombreux points bruns qui se rapprochent pour former une couronne au gros bout. Leur couleur n'est donc pas exactement celle que Darwin avait indiquée d'après les renseignements qui lui avaient été fournis [1]. Chez les individus adultes tués par M. Lebrun, les yeux étaient de couleur brune, le bec était probablement noir, avec les bords de la mandibule supérieure et la mandibule inférieure tirant au rose clair, et les pattes étaient sans doute jaunes, avec les ongles noirs, comme chez les Thinocores tués au Pérou par MM. Stolzmann et Jelski. L'estomac de ces derniers oiseaux renfermait des graines de graminées mélangées à du sable. Darwin nous apprend de son côté qu'il n'a trouvé le plus souvent, dans le gésier des nombreux Thinocores dont il a fait l'autopsie à Maldonado, que des fragments de quartz, des débris de feuilles et de l'herbe hachée menu, et qu'une seule fois il a découvert une Fourmi au milieu d'une masse de semences, dans l'estomac d'un oiseau de même espèce, tué un peu plus au sud et dans une autre saison. On peut donc affirmer que les Thinocores sont des oiseaux essentiellement herbivores et granivores. D'après Darwin, comme d'après M. Durnford, si ces Échassiers nichent dans le voisinage de l'eau, ils fréquentent en temps ordinaire les plateaux arides, en petites troupes de six à quarante individus. Au vol ils rappellent les Bécassines, mais sur le sol ils ont les allures des Cailles, ou plutôt, comme le dit M. Durnford, celles des Sanderlings.

C'est en Patagonie qu'ont été capturés, en 1831, par d'Orbigny, les types du *Thinocorus Eschscholtzii* de Geoffroy Saint-Hilaire, espèce qui a été assimilée plus tard au *Th. rumicivorus* d'Eschscholtz et qui se distingue facilement par sa taille plus faible et par son mode de coloration du *Th. Orbignyanus* (Geoff. et Less.) du Chili (Gay, 1831 et 1836), du Pérou et de Bolivie (d'Orbigny, 1834), dont le Muséum possède également les types.

---

(1) Suivant ce naturaliste, les œufs seraient bleus, tachetés de rouge (*Voy.* « *Beagle* », *loc. cit.*, p. 118). Ceux que j'ai sous les yeux sont au contraire exactement semblables à ceux qui ont été décrits par M. Durnford (*Ibis*, 1878, p. 403).

### 47. Charadrius (Eudromias) modestus.

**Charadrius modestus** Lichtenstein, *Verz. Doubl.*, 71.

**Tringa Urvillii** Garnot, *Ann. des Sc. nat.*, 1826, t. VII, p. 46.

**Charadrius rubecula** King, *Zool. Journ.*, 1828, IV, p. 96.

**Vanellus cinctus** Lesson, *Manuel d'Ornith.*, 1829, t. II, p. 309.

— Lesson et Garnot, *Voy. de la « Coquille »*, *Zool.*, t. I, p. 720, pl. XLIII.

**Squatarola cincta** Jardine et Selby, *Illust. Ornith.*, pl. CX.

— J. Gould, *List of Birds from the Falkland Islands*, *Proceed. zool. Soc. Lond.*, 1859, p. 95.

**Vanellus modestus** Burmeister, *Syst. Ueb. Thier Bras.*, 1854-1856, t. III, p. 363.

**Eudromias Urvillii** Ph.-L. Sclater, *Catal. of the Birds of the Falkland Islands, Proceed. zool. Soc. Lond.*, 1860, p. 386, n° **18**.

**Eudromias modesta** Ph.-L. Sclater, *On Chilian Birds, Proceed. zool. Soc. Lond.*, 1867, p. 331 et 339.

— Ph.-L. Sclater et O. Salvin, *On the Birds collected in the straits of Magellan by Dr Cunningham, Ibis*, 1868, p. 188, n° **29**, et *Third List*, 1870, p. 500, n° **26**. — *Nomencl. Av. neotr.*, 1873, p. 143. — *Birds Antarct. Amer.*, *Proceed. zool. Soc. Lond.*, 1878, p. 438, n° **39**, et *Voy. of the « Challenger »*, *Rep. on Birds, Antarct. Amer.*, p. 109, n° **39**.

— R.-B. Sharpe, *Zool. coll. made during the Survey of H. M. S. « Alert »*, *Proceed. zool. Soc. Lond.*, 1881, p. 15, n° **59**.

— Ph.-L. Sclater et W.-H. Hudson, *Argentine Ornith.*, 1889, t. II, p. 171, n° **388**.

**Eudromias modestus** H. Durnford, *Notes on the Birds of central Patagonia, Ibis*, 1878, p. 402.

**Charadrius modestus** H. Seebohm, *The geogr. Distrib. of the Charadriidæ*, 1888, p. 105.

La présence de cette espèce de Pluvier a été constatée dans la République Argentine, au Chili, en Patagonie, aux îles Malouines (1) et

(1) Les *Charadrius modestus* arrivent dans l'archipel des Malouines au mois de septembre, c'est-à-dire dans les premiers jours du printemps austral et en repartent en avril, c'est-à-dire en automne (Seebohm). Les grandes troupes d'oiseaux de cette espèce que M. Durnford a vu arriver, *par un vent violent de sud-est*, *au milieu d'avril*, dans la vallée de la Chuput et qui étaient composées en majeure partie de jeunes individus, venaient évidemment des Malouines.

sur la Terre de Feu, en un mot dans toute la région située au sud du 30e degré. En Patagonie, le *Charadrius modestus* doit être très commun, au moins pendant le printemps et l'été, car de nombreux spécimens ont été obtenus dans cette contrée par d'Orbigny en 1834, par le Dr Cunningham à Sandy Point au mois de décembre 1866 et au mois de mars 1867, à Peckett Harbour en janvier 1867, par les naturalistes du *Challenger* à Gray Harbour, à Tom Harbour, à Puerto-Bueno et à Port-Famine du 3 au 13 janvier 1876, par M. l'amiral Serres dans les environs de Port Churrucha en 1877, par le Dr Coppinger à Port Henry le 28 janvier 1879, à Tom Bay et à Porto del Morro en février 1879 et à Cockle Crove le 16 octobre de la même année.

Le *Charadrius modestus* a été observé fréquemment, d'autre part, aux environs de Buenos-Ayres par M. H. Durnford qui a tué, le 30 mars 1875, sur l'île Flores, un individu de cette espèce, faisant partie d'une petite troupe.

De l'autre côté du continent américain des Pluviers modestes ont été rencontrés par Darwin à l'île Chiloé, où ils s'abattaient par grands vols sur les champs, loin des côtes. Le même naturaliste les a trouvés dans les endroits marécageux, sur les plateaux des îles Malouines et sur les côtes aussi bien que sur le sommet dénudé des montagnes de la Terre de Feu.

C'est des îles Malouines qu'ont été rapportés par Lesson et Garnot les deux types du *Vaneau (sic) à écharpe (Vanellus cinctus)* qui figurent encore dans les collections du Muséum, et c'est encore du même archipel que proviennent un mâle signalé dans le catalogue du *Challenger*, un mâle et une femelle rapportés par M. Abbott Stanley et conservés au Musée de Leyde, quelques œufs obtenus par le capitaine Abbott et décrits par M. Gould (1) et un mâle tué le 3 mars 1883 à Port Stanley par M. le Dr Hahn, médecin à bord de la *Romanche* (Mission française du cap Horn).

Avec ce Pluvier provenant des Malouines, l'expédition française a rapporté encore une quinzaine de spécimens de *Charadrius modestus*,

(1) Ces œufs, d'un vert olive pâle, fortement tachetés et striés de brun noirâtre, mesuraient $1\frac{1}{8}$ de pouce sur $1\frac{3}{10}$ de pouce (anglais).

pour quelques-uns desquels M. le Dr Hyades a eu l'obligeance de me communiquer les renseignements suivants.

1° Femelle tuée le 18 novembre 1882, à la baie Orange, sur la plage, à l'embouchure de la rivière de la Mission; iris brun, bec noir, tarses grisâtres.

2° Mâle tué sur la plage de la baie Bourchier, près du faux cap Horn, le 26 janvier 1883; mêmes caractères que l'individu précédent.

3° Jeune mâle tué le 15 février 1883, dans la baie Orange, sur l'île Burnt; mêmes caractères que la femelle du 18 novembre.

4° Mâle tué à la baie Orange, le 6 mars 1883; mêmes caractères.

5° Mâle tué le 9 mars dans la même localité; mêmes caractères, avec cette seule différence que l'iris est d'un brun plus clair que chez les premiers spécimens.

6° Femelle tuée à la baie Orange le 10 mars 1883; couleur des yeux, du bec et des pattes comme chez le premier spécimen.

7° Mâle tué le 8 avril 1883, à la baie Orange près de l'anse aux Canards : iris brun foncé, bec noir, tarses d'un jaune verdâtre.

8° et 9° Femelles tuées à la baie Orange, le 14 juin 1883, près de l'anse aux Canards : iris brun, bec noir, tarses d'un gris noirâtre.

Parmi les autres spécimens, je citerai particulièrement un mâle et une femelle, portant la date du 14 septembre, qui sont déjà en livrée de noces, tandis qu'un autre Pluvier, un mâle tué le 14 juin, porte la livrée d'automne, avec la poitrine brune, l'écharpe noire presque effacée, etc. D'autres individus, enfin, ne paraissent pas avoir revêtu complètement la livrée d'adulte, et l'un même, obtenu le 26 janvier, présente encore, quoiqu'il ait toute sa taille, quelques touffes de duvet sur la nuque. Deux mâles rapportés de Puerto del Morro et de Port Henry par l'expédition de l'*Alert* et tués le 28 janvier et le 5 février, étaient également de jeunes individus, tandis que deux oiseaux, tués à Sandy Point et à Peckett Harbour en décembre et en janvier, étaient en plumage d'été. De ces observations, on peut conclure que les *Charadrius modestus* nichent de très bonne heure dans ces régions, probablement dès le mois d'octobre. Je dois dire cependant que je trouve dans les notes de M. le Dr Hyades la mention d'un œuf qui aurait été rapporté le 21 janvier 1883 par trois Fuégiens et attribué par eux à cette espèce de Pluvier. Cet œuf, emballé avec des œufs d'*Elainea*, a dû être brisé et n'a point été retrouvé lors du déballage des collections.

Le *Charadrius modestus* représente dans l'Amérique australe le *Charadrius morinellus* de l'Europe septentrionale; et il est connu des Fuégiens sous les noms de *Aouch bilikh* (1) et de *Bilich* ou *Pilich*.

### 48. Charadrius (Ægialitis) falklandicus.

**Charadrius falklandicus** Latham, *Ind. Orn.*, II, 747.

**Charadrius pyrocephalus** Garnot, *Remarques sur la zool. des îles Malouines, Ann. des Sc. nat.*, 1826, t. VII, p. 46.

— Lesson et Garnot, *Voy. de la « Coquille »*, *Zoologie*, 1826-1830, t. I, p. 719.

— Lesson, *Manuel d'Ornithologie*, 1829, t. II, p. 331.

**Charadrius falklandicus** Ch.-L. Bonaparte, *Tabl. des Échassiers*, in *C. R. Acad. Sc.*, 1856, t. XLII, n° 59.

— H. Seebohm, *The geograph. Distrib. of the Charadriidæ*, 1888, p. 155.

**Ægialites falklandicus** Ph.-L. Sclater, *Cat. of the Birds of the Falkland Islands, Proceed. zool. Soc. Lond.*, 1860, p. 386, n° 19.

— Abbott, *Ibis*, 1861, p. 155.

— Ph.-L. Sclater et O. Salvin, *On the Birds collected in the straits of Magellan by Dr Cunningham, Ibis*, 1868, p. 188, n° 30.

**Ægialitis falklandica** W.-H. Hudson, *On Patagonian Birds, Proceed. zool. Soc. Lond.*, 1872, p. 549.

— Ph.-L. Sclater et O. Salvin, *Nom. Av. neotr.*, 1873, p. 143.

— H. Durnford, *Notes on the Birds of central Patagonia, Ibis*, 1878, p. 402.

— Ph.-L. Sclater et W.-H. Hudson, *Argentine Ornith.*, 1889, t. II, p. 172, n° 309.

Le Pluvier des Falkland a été rencontré non seulement dans l'archipel de ce nom (îles Malouines), mais encore sur le continent américain, dans l'Uruguay, au Chili et en Patagonie et à la Terre de Feu.

Parmi les spécimens provenant des îles Malouines, je ne citerai que pour mémoire les Pluviers observés par les naturalistes de l'expédi-

---

(1) *Aouch* est le nom fuégien de l'Algue géante (*Macrocystis pyrifera*).

tion française de la *Coquille*, car les types du Pluvier à calotte rousse (*Charadrius pyrocephalus*) de Lesson et Garnot n'existent pas et n'ont probablement jamais existé dans la collection publique du Muséum (1). Je signalerai en revanche un spécimen acquis à M. Gerrard et figurant, dans les galeries du Musée de Paris, divers oiseaux rapportés par l'expédition anglaise antarctique et par le capitaine Pack et conservés au Musée britannique, et enfin deux individus mâle et femelle, tués le 7 mars 1883 sur les bords de la baie Française (Malouines) par M. le Dr Hahn.

Parmi les exemplaires de la même espèce obtenus en Patagonie, je mentionnerai d'abord deux oiseaux, l'un en plumage d'été, l'autre en plumage d'hiver, tués par le Dr Cunningham à Sandy Point et à Gregory Bay, en décembre 1866 et en mai 1867, puis deux oiseaux tués par M. Lebrun sur les bords de l'Aroyo Moreno et à Port Désiré, dans les derniers mois de l'année 1882.

Enfin j'indiquerai encore deux Pluviers, mâle et femelle, tués le 13 novembre 1882 à l'île Élisabeth, dans le détroit de Magellan, par M. le Dr Hahn et appartenant incontestablement à la même espèce, qui est désignée des Fuégiens sous le nom de *Ilaouchpich'*, appliqué parfois aussi, selon M. Hahn, au *Charadrius modestus*. Un de ces Pluviers était en plumage de noces. Lesson ayant observé, en novembre et en décembre, des jeunes qui n'étaient encore couverts que de duvet, en avait conclu que l'espèce nichait probablement dès le mois d'octobre. Il en est ainsi en effet; la ponte a lieu en septembre et octobre aux îles Malouines et à la même époque dans la vallée de la Chuput, où M. Durnford a recueilli des œufs et un jeune en duvet le 29 septembre.

---

(1) Dans son *Manuel d'Ornithologie*, Lesson donne, il est vrai, des détails circonstanciés sur cette espèce, dont il a dû voir plusieurs exemplaires, mais il ne la mentionne plus dans son *Traité d'Ornithologie*, où il indique cependant de préférence les types qui existaient alors dans les galeries du Muséum. D'autre part, si j'ai trouvé dans le Catalogue manuscrit du voyage de la *Coquille* trois *Pluviers des Malouines*, je n'ai découvert aucune mention du *montage* de ces individus, d'où je conclus que c'étaient des spécimens en assez mauvais état qui n'ont pu être utilisés et qui ont dû être réformés il y a plus de cinquante ans. En revanche, j'ai trouvé parmi les spécimens en peau de la collection du Muséum un *Charadrius falklandicus* envoyé de Rio Grande en 1822, ce qui pourrait faire remonter la limite de l'espèce jusqu'au 70e degré.

### 49. Oreophilus ruficollis.

**Charadrius ruficollis** Wagler, *Isis*, 1829, p. 653.
— Burmeister, *Syst. Ueb. Thier. Bras.*, t. III, p. 361.

**Oreophilus totanirostris** Jardine et Selby, *Illust. Orn.*, t. III, p. 151.
— J. Gould, Darwin, *Voy.* « *Beagle* », *Zool.*, t. III, 1841, *Birds*, p. 125.

**Oreophilus ruficollis** Ph.-L. Sclater et O. Salvin, *On the Birds collected by Dr Cunningham in the straits of Magellan, Ibis*, 1868, p. 189, n° **31** et *Third List*, 1870, p. 499, n° **25**. — *Nom. Av. neotr.*, 1873, p. 143.
— H. Durnford, *On some Birds observed in the Chuput Valley, Patagonia, Ibis*, 1877, p. 42, et *Notes on the Birds of Central Patagonia, Ibis*, 1878, p. 402.
— L. Taczanowski, *Ornith. du Pérou*, 1886, t. III, p. 347, n° **1218**.
— Ph.-L. Sclater et W.-H. Hudson, *Argentine Ornith.*, 1889, t. II, p. 174, n° **391**.

**Charadrius totanirostris** H. Seebohm, *The geograph. Distrib. of the Charadriidæ*, 1888, p. 111.

L'*Oreophilus ruficollis*, que M. Schlegel (*Mus. des Pays-Bas, Cursores*, p. 47) a réuni aux Guignards (*Morinellus*), mais qui se rapproche aussi, à certains égards, des Court-vite (*Cursorius*) et qui mérite, somme toute, de constituer le type d'un genre particulier, se trouve dans la République Argentine, au Chili, au Pérou et en Patagonie, mais ne franchit probablement point le détroit de Magellan.

Le Muséum possède actuellement six spécimens de cette espèce d'Échassiers. Un de ces spécimens, qui a été donné jadis par Lesson et qui est le type du *Dromicius Lessoni* de cet auteur (?), espèce nominale (1) identifiée par la suite au *Charadrius ruficollis* de Wagler, provient des environs de Valparaiso. Deux autres spécimens, qui figurent à côté du premier dans les galeries du Muséum, et deux autres exemplaires, *en peau*, et malheureusement incomplets, ont été pris en Patagonie par d'Orbigny en 1831 ; enfin le cinquième a été envoyé de Patagonie par M. Lebrun en 1883. Ce dernier exemplaire, qui doit

(1) Je n'ai pu découvrir où elle a été décrite. Elle est souvent citée, mais sans références bibliographiques.

avoir été pris dans les derniers mois de l'année 1882, est aussi en très mauvais état, ce qui est d'autant plus regrettable que c'est un mâle en plumage de noces.

Plusieurs spécimens d'*Oreophilus ruficollis* ont été obtenus par M. Jelski et par M. H. Whiteley dans le centre et le sud-ouest du Pérou en 1867, par Ch. Darwin et par MM. Philippi et Landbeck au Chili, par le D^r Cunningham sur les bords du Rio Gallegos (Patagonie australe) au mois de mars 1869, par M. H. Durnford dans la vallée de la Chuput (Patagonie orientale) le 29 novembre 1876. A une date plus récente, ce dernier voyageur a même trouvé des nids de cette espèce de Pluvier sur les collines qui bordent la vallée du Sengel, et le 30 décembre 1877 il a capturé deux petits en duvet à Tombo Point, sous le 54^e degré environ de latitude australe, etc.

Les oiseaux tués par Darwin avaient les tarses d'un rouge vermillon, les doigts d'un gris plombé avec la face plantaire remarquablement grasse et charnue et les yeux d'un brun foncé, et ceux qui furent abattus par M. Jelski et par M. Durnford offraient à peu près les mêmes couleurs, leurs pattes étant d'une teinte chair, tirant au jaunâtre, avec les doigts noirâtres, leurs yeux étant couleur *bois* ou d'un brun noisette foncé et leur bec noirâtre, avec la base de la mandibule inférieure brune.

Suivant les régions ou les saisons, les *Oreophilus ruficollis* fréquentent le lit desséché des marais, les plateaux arides ou les plaines découvertes, où leurs petites troupes se mêlent à celles des Troupiales. Leurs œufs, dont M. Lebrun a envoyé deux spécimens au Muséum, ressemblent par leur mode de coloration aux œufs de Vanneau huppé et d'Avocette. Ils sont d'un gris jaunâtre, d'une teinte *mastic*, parsemés, principalement au gros bout, de taches, les unes *teinte neutre*, les autres brunes ou noirâtres, et mesurent 0^m,42 sur 0^m,32.

### 50. Vanellus occidentalis.

**Vanellus cayennensis** Gay, *Faun. Chil.*, 1847, t. I, p. 410 (*nec* Gray).
— Ph.-L. Sclater, *On Chilian Birds, Proceed. zool. Soc. Lond.*, 1867, p. 331 et 339 (*nec* Gray).

**Vanellus cayennensis** Ph.-L. Sclater et O. Salvin, *On the Birds collected in the straits of Magellan by D^r Cunningham, Ibis*, 1869, p. 284, n° **16**, et *Nom. Av. neotr.*, 1873, p. 147 (part.).

— H. Durnford, *On some Birds observed in the Chuput Valley, Patagonia, Ibis*, 1877, p. 42, et *Notes on the Birds of Central Patagonia, Ibis*, 1878, p. 402.

**Vanellus occidentalis** Harting, *Proceed. zool. Soc. Lond.*, 1874, p. 451.

— Ph.-L. Sclater et O. Salvin, *Birds of Antarct. Amer., Proceed. zool. Soc. Lond.*, 1878, p. 437, n° **36**, et *Voy. of the « Challenger », Rep. on Birds: Antarct. Amer.*, p. 108, n° **36**.

— R.-B. Sharpe, *Zool. coll. made during the Survey of H. M. S. « Alert », Proceed. zool. Soc. Lond.*, 1881, p. 14, n° **58**.

— L. Taczanowski, *Ornith. du Pérou*, 1886, t. III, p. 335, n° **1209**.

**Vanellus cayennensis chilensis** H. Seebohm, *The geographical Distrib. of the Charadriidæ*, 1888, p. 218.

Cette espèce ou cette race remplace le *Vanellus cayennensis* sur la côte du Pérou, au Chili, en Patagonie, sur quelques petites îles du détroit de Magellan, sur la Terre de Feu et peut-être dans l'archipel des Malouines. Elle est commune au Chili, où elle a été observée par Molina, par Gay, par le D^r Coppinger et par d'autres voyageurs, et elle est peut-être encore plus répandue en Patagonie, non seulement sur les côtes, mais aussi le long des rivières et des petits étangs des vallées de la Chuput, du Sengel et du Sengelen, où elle niche et réside durant toute l'année.

Le 12 décembre 1867, un individu de cette espèce a été tué à Gregory Bay par le D^r Cunningham; un autre a été obtenu le 18 janvier 1876 à l'île Elisabeth (détroit de Magellan) par les naturalistes du *Challenger;* un troisième a été tué le 4 janvier 1879 à Peckett Harbour par le D^r Coppinger; un quatrième a été envoyé au Muséum par M. Lebrun, qui l'avait pris à l'île Leones, à la fin de l'année 1882; enfin deux autres individus ont été tués le 13 novembre de la même année par M. le D^r Hahn sur l'île Elisabeth.

L'un de ces derniers oiseaux, le mâle, avait les yeux rouges et les paupières bordées de rouge; un mâle rapporté de la même localité par l'expédition du *Challenger* avait les yeux et les pattes roses, le bec noir à la pointe et rose à la base; un autre mâle pris à Talcahuano (Chili) par le Dr Coppinger, le 22 septembre 1879, avait l'iris d'un rouge foncé, les paupières lilas, le bec lilas, avec la pointe noire, les tarses roses et les pieds gris; un mâle adulte, tué au Chili par M. Jelski, avait les yeux d'un brun foncé, le bec rouge foncé avec l'extrémité noire, les pattes rouges et l'épine alaire jaune. Enfin le spécimen envoyé par M. Lebrun aurait eu, d'après les notes de ce voyageur, les yeux *bleus* et les paupières rouges.

Les mœurs des *Vanellus occidentalis* ont été décrites par Molina et par Gay qui le nommaient *Parra chilensis* et *Vanellus cayennensis* (*voir* Harting, *loc. cit.*), et ses œufs ont été dépeints (sous le nom de *Vanellus chilensis*) par Yarrell (*Proceed. zool. Soc.*, 1847, p. 54) qui leur a trouvé beaucoup de ressemblance avec les œufs du Vanneau d'Europe. Ils mesurent 1 pouce $\frac{9}{10}$ ou $0^m,048$, sur 1 pouce $\frac{9}{20}$ ou $0^m,043$, et sont tachetés de noir et de brun grisâtre sur fond brun olivâtre.

## 51. Hæmatopus ater.

**Hæmatopus ater** Vieillot et Oudart, *Galerie des Oiseaux*, 1825-1834, t. II, p. 88, et pl. CCXXX.

**Hæmatopus niger** Quoy et Gaimard, *Voyage de l'« Uranie », Zoologie*, 1874, p. 129, et pl. XXIV (*nec* Pallas).

**Ostralega atra** Lesson, *Traité d'Ornithologie*, 1831, p. 548.

**Hæmatopus unicolor** J. Gould, *List of Birds from the Falkland Islands. Proceed. zool. Soc. Lond.*, 1859, p. 96.

**Hæmatopus ater** Ph.-L. Sclater, *Catal. of the Birds of the Falkland Islands, Proceed. zool. Soc. Lond.*, 1860, p. 386, n° **21**. — *On Chilian Birds, Proceed. zool. Soc. Lond.*, 1867, p. 331 et 339.

— Ph.-L. Sclater et O. Salvin, *Third List of Birds collected during Survey of the straits of Magellan by Dr Cunningham, Ibis*, 1870, p. 499, n° **24**. — *Nom. Av. neotrop.*, 1873, p. 143. — *Birds of Antarct. Amer., Proceed. zool. Soc. Lond.*, 1878, p. 438, n° **38**, et *Voyage of the « Challenger », Rep. on Birds. Antarct. Amer.*, p. 109, n° **33**.

— H. Durnford, *Notes on the Birds of Central Patagonia, Ibis*, 1877, p. 403.

**Hæmatopus ater** R.-B. Sharpe, *Zool. coll. made during the Survey of H. M. S.* Alert, *Proceed. zool. Soc. Lond.*, 1881, p. 15, n° 64.

— L. Taczanowski, *Ornith. du Pérou*, 1886, t. III, p. 351, n° 1222.

L'*Hæmatopus ater* a été rencontré dans toute la portion australe du continent américain, au Pérou, au Chili, en Patagonie, ainsi qu'à la Terre de Feu et dans l'archipel des Malouines. En Patagonie cependant l'espèce est loin d'être universellement répandue, car M. Durnford ne l'a jamais observée dans la vallée de Chuput et n'en a pris qu'un seul spécimen à Tombo Point, au mois de décembre 1876. Un deuxième individu a été tué à Port Laguna, en novembre 1868 par le Dr Cunningham, un troisième (femelle) à l'île Elisabeth, le 18 janvier 1876 par les naturalistes du *Challenger*, et un quatrième (femelle) à Port Henry, le 29 janvier 1879 par le Dr Coppinger. Enfin sept Huîtriers noirs ont été rapportés plus récemment encore au Muséum d'Histoire naturelle par la Mission française du cap Horn. Un de ces oiseaux a été pris à Port Désiré à la fin de l'année 1882 par M. Lebrun ; deux autres, mâle et femelle, ont été capturés par M. le Dr Hahn sur les îles l'Hermite et Wollaston, le 17 décembre 1882; un mâle a été tué le 1er février 1883 à Oushouaïa; enfin trois individus, deux femelles et un mâle, ont été obtenus le 3 février et le 29 avril 1883 sur l'îlot de la pointe Lephay et sur la plage d'une autre petite île de la baie Orange. Chez tous ces Huîtriers le bec était rouge vermillon, et chez la plupart d'entre eux les yeux étaient d'un jaune bouton d'or avec l'iris *circulaire*, les pattes d'un blanc légèrement rosé avec la plante des pieds couleur de chair; mais chez le mâle tué à Oushouaïa, l'iris était, par exception, d'un rouge tirant au brun, le bec gris avec la base rouge, et les pattes offraient une teinte grisâtre. D'un autre côté, M. Durnford nous apprend que le seul Huîtrier noir qu'il ait réussi à tuer à Tombo Point avait l'iris d'une teinte orangée foncée, le bec rose foncé et les pattes d'un jaune verdâtre. La femelle tuée par les naturalistes du *Challenger* sur l'île Elisabeth avait les yeux jaunes, les paupières rouges, le bec rouge et les pattes couleur de chair; celle que M. Coppinger a obtenue à Port Henry, les yeux noirs, les paupières d'un jaune orangé, le bec d'un rouge orangé, les pattes grises; enfin chez le mâle et la femelle adultes décrits par M. Taczanowski, le bec et les pattes étaient jaunes, les yeux d'un rouge orangé.

On voit donc que chez l'*Hæmatopus leucogaster* l'iris, le bec et les pattes offrent d'assez grandes variations de couleur, qui dépendent sans doute de la saison et du sexe des individus.

*Pillouch* est le nom fuégien de cette espèce.

## 52. Hæmatopus leucopus.

**Hæmatopus luctuosus** Cuv. ms.

**Hæmatopus leucopodus** Garnot, *Ann. des Sc. nat.*, 1826, t. VII, p. 47.

**Ostralega leucopus** Lesson et Garnot, *Voy. de la « Coquille », Zoologie*, 1826-1830, t. I, p. 721.

**Hæmatopus leucopus** Lesson, *Manuel d'Ornith.*, 1829, t. II, p. 301. — *Traité d'Ornith.*, 1831, p. 548.

**Hæmatopus luctuosus** Ch.-L. Bonaparte, *Tableau des Gallinacés* (in *C. R. Ac. Sc.*, 1856, t. XLIII), p. 12.

— Schlegel, *Mus. Pays-Bas, Cursores*, 1865, p. 74.

**Hæmatopus leucopus** Ph.-L. Sclater, *Cat. B. Falkl. isl.*, *Proceed. zool. Soc. Lond.*, 1850, p. 386, n° **20**.

— Ph.-L. Sclater et O. Salvin, *Nom. Av. neotr.*, 1873, p. 143. — *Birds Ant. Amer.*, *Proceed. zool. Soc. Lond.*, 1878, p. 437, n° **37**. — *Voy. of the « Challenger »*, *Rep. on Birds Antarct. Amer.*, p. 108, n° **37**.

— R.-B. Sharpe, *Zool. coll. made during the Survey of H. M. S. « Alert »*. *Proceed. zool. Soc. Lond.*, 1881, p. 15, n° **63**.

L'Huitrier aux pieds blancs n'est pas, comme on le supposait jusqu'à ces derniers temps, spécial aux îles Malouines, où il a été observé il y a plus d'un siècle par Bougainville (*Voyage autour du Monde*, 1766-1769, p. 71), et plus récemment par MM. Lesson et Garnot et par MM. les capitaines Pack et Abbott. Il se rencontre aussi en Patagonie, sur quelques petites îles du détroit de Magellan et sur la Terre de Feu. C'est ce que prouve la liste suivante des spécimens recueillis par les naturalistes attachés à diverses expéditions récentes, anglaises et françaises :

*A. Voyage du « Challenger ».*

1° Mâle tué sur l'île des Pingouins (Messier's Channel), le 1er janvier 1876 : bec rouge; pattes rouges; iris orange;

2° et 3° Femelle et jeune tués à Tom Harbour, le 5 janvier 1876; bec rouge chez l'adulte, brun chez le jeune; yeux orange chez l'adulte, bruns chez le jeune; pattes couleur de chair; estomac contenant des restes de mollusques;

4° Femelle prise dans la même station;

5° Mâle tué sur l'île Elisabeth, le 18 janvier 1876 : yeux jaunes, pattes couleur de chair, bec rouge, paupières rouges; estomac renfermant des restes de mollusques.

*B. Voyage de l'« Alert ».*

6° Femelle, tuée au cap Sambo (Trinidad Channel) le 3 mars 1879 : iris jaune vif, paupières jaunes, pattes couleur de chair, ongles noirs;

7° Mâle tué à Tom Bay, le 16 janvier 1879 : tarses gris, bec orange;

8° Mâle tué dans la même localité : bec rouge orange;

9° Jeune mâle, tué le 27 décembre 1879, à Hugh Bay : iris orange, pattes grises, bec orange avec la base noire;

10° Squelette provenant d'un spécimen tué sur la côte occidentale de Patagonie.

*C. Campagne du « Volage » et Mission française du cap Horn.*

11° Mâle tué par le quartier-maître charpentier du *Volage* à Missioneros, en novembre 1882; œil jaune de chrome clair avec une tache noire en avant; paupières jaune de chrome, bec rouge;

12° Mâle tué, le 1er octobre 1882, sur les bords de la baie Orange; iris jaune, bec d'un rouge tirant au jaune; pattes d'un gris jaunâtre;

13° Femelle tuée, le 13 novembre 1882, à l'île Elisabeth (ou Sainte-Elisabeth) :

14° et 15° Mâle et femelle tués, le 24 novembre 1882, à Packewaïa (canal du Beagle);

16° et 17° Mâle et femelle très jeunes tués, le 17 décembre 1882, sur les îles Wollaston et l'Hermite;

18°, 19°, 20° et 21° Mâle et femelles (trois) tués, le 25 janvier 1883, sur la plage de la baie Bourchier : bec d'un rouge intense à la base et d'un rouge un peu moins vif à l'extrémité; pattes d'une teinte blanchâtre nuancée de rose chair sous les doigts; ongles noirs; iris d'un jaune bouton d'or, *avec une petite tache noire de* 1$^{mm}$ en bas et en avant (1);

22° Jeune mâle tué, le 12 février 1883, sur l'île Burnt, dans la région occidentale du canal du Beagle; œil gris brunâtre; bec brun foncé à la pointe, brun en dessus, rouge jaunâtre en dessous et à la base; pattes blanchâtres; estomac renfermant des restes de moules.

Je mentionnerai enfin, pour clore cette liste, un jeune Huitrier qui a été tué le 15 août 1883, mais dont la dépouille, égarée, n'a pas été rapportée par la Mission et sur lequel je ne possède que les renseignements suivants, communiqués par M. le Dr Hyades : bec d'un rouge vif; tarses d'un gris perle blanchâtre; bord des paupières d'un jaune citron; iris d'un jaune citron, *avec une tache noire, située, comme chez les individus précédemment cités, en bas et en avant*. M. le Dr Hyades considère cette tache, qu'il a observée chez plusieurs spécimens et qui n'avait encore été signalée par aucun auteur, comme une incisure de l'iris, comme un *coloboma*.

Un œuf de cette espèce a été trouvé par le capitaine Abbott sur l'une des îles Malouines. La présence dans la collection formée par la Mission française du cap Horn de plusieurs jeunes qui sont revêtus encore du duvet sur divers points du corps, et qui ont été tués par M. le Dr Hahn sur les îles l'Hermite et Wollaston vers le milieu de décembre, prouve d'autre part que les Huitriers à pieds blancs se reproduisent également vers le mois de novembre sur d'autres petites îles encore plus rapprochées du pôle antarctique.

(1) D'après une note qui m'a été remise par M. le Dr Hyades, les yeux des trois femelles ont été placés dans le liquide de Müller et remis au laboratoire d'Anatomie comparée du Muséum sous le n° 1053.

Chez les jeunes, les parties supérieures du corps sont mouchetées de roux, et le bec et les pattes sont toujours beaucoup plus foncés que chez les adultes; l'œil lui-même paraît changer de couleur avec l'âge et passer du gris brunâtre au jaune clair.

Les débris trouvés dans l'estomac des Huîtriers, dont M. le Dr Coppinger et MM. les Drs Hyades et Hahn ont fait l'autopsie, confirment pleinement ce que disent Lesson et Garnot du régime de ces oiseaux. Il est aujourd'hui absolument démontré que les Huîtriers du pôle sud vivent sinon d'huîtres, au moins de mollusques bivalves et univalves, aussi bien que de vers marins. Fait digne d'être noté, les Fuégiens distinguent parfaitement l'*Hæmatopus leucopus* de l'*H. ater*, et donnent au premier de ces oiseaux le nom de *Chouélikh* ou *Chkouélikhr*.

### 53. Gallinago Paraguaiæ.

**Gallinago longirostris** Cuv., ms., Musée de Paris.

**Scolopax Paraguaiæ** Vieillot, *Nouv. Dict. d'Hist. nat.*, 1816, t. III, p. 356.

**Scolopax magellanica** King, *Zool. Journ.*, IV, p. 93.

**Scolopax (Telmatias) magellanicus** Darwin, *Voy. « Beagle », Zool.*, t. III, *Birds*, p. 131.

**Gallinago Paraguaiæ** Ch.-L. Bonaparte, *Tableau des Échassiers* (*C. R. Ac. Sc.* 1856, t. XLIII), p. 15, n° 186.

**Gallinago magellanicus** Ph.-L. Sclater, *Catal. Birds Falkland Islands, Proceed. zool. Soc. Lond.*, 1860, p. 387, n° 24.

**Gallinago Paraguaiæ** Schlegel, *Mus. des Pays-Bas, Scolopaces*, 1864, p. 11.

— Ph.-L. Sclater, *On Chilian Birds, Proceed. zool. Soc. Lond.*, 1867, p. 332 et 339.

— Ph.-L. Sclater et O. Salvin, *On Birds of Conchitas, Proceed. zool. Soc. Lond.*, 1868, p. 144, n° 76. — *On the Birds collected in the straits of Magellan by D[r] Cunningham, Ibis*, 1868, p. 189, n° 32. — *Nom. Av. neotr.*, 1873, p. 144. — *Birds Antarct. Amer.*, 1878, p. 438, n° 40, et *Voy. of the « Challenger », Rep. on Birds, Antarct. Amer.*, p. 109, n° 40.

— R.-B. Sharpe, *Zool. coll. made during the Survey of H. M. S. « Alert », Proceed. zool. Soc. Lond.*, 1881, p. 15, n° 65.

**Gallinago Paraguaiæ** Ph.-L. Sclater et W.-H. Hudson, *Argentine Ornith.*, 1889, t. II, p. 181, n° 397.

**Scolopax frenata magellanica** H. Seebohm, *The geograph. Distrib. of the Charadriidæ*, 1888, p. 496.

La Bécassine du Paraguay n'habite pas seulement le pays de ce nom, mais la République Argentine, le Paraguay, le Chili, la Bolivie, la Patagonie, la Terre de Feu et les îles Malouines. Elle a souvent été confondue avec la *Gallinago frenata* Max., qui est plus largement répandue et qui se distingue par sa taille plus faible et les teintes plus foncées de son plumage, et, comme le dit Schlegel, elle ressemble beaucoup à la *G. australis* Lath. de l'Asie méridionale, de l'Australie et du Japon. C'est probablement l'espèce que Darwin a rencontrée aux environs de Maldonado et dans les Malouines orientales et que J. Gould appelle *Scolopax magellanicus*, tandis que le *Scolopax Paraguaiæ* de cet auteur paraît être la *Gallinago frenata*. Il dit en effet que le *Scolopax magellanicus* a les plumes du dos d'une teinte beaucoup moins foncée, moins largement tachées de noir que le *Sc. Paraguaiæ* et ce signalement convient bien à la vraie *G. Paraguaiæ;* mais il ajoute, il est vrai, que le *Sc. magellanicus* a le bec de $\frac{3}{10}$ de pouce plus court et en même temps plus large au niveau de la carène dorsale que chez le *Sc. Paraguaiæ*, ce qui est en contradiction avec l'hypothèse que j'émets.

C'est aussi la *Gallinago Paraguaiæ* qui a été trouvée dans l'archipel des Malouines par le capitaine Pack, et plus récemment par les naturalistes de l'expédition du « *Challenger* », sur les bords du Berkeley Sound par l'expédition antarctique anglaise, à Porto Bueno (9 janvier 1876) par l'expédition du « *Challenger* », à Cokle Crove (7 février 1879) par le Dr Coppinger, à Sandy Point (1er décembre 1866), par le Dr Cunningham; c'est à elle enfin que se rapportent six Bécassines des deux sexes obtenues par MM. Lebrun, Hyades, Hahn et Sauvinet à Missioneros (Patagonie) le 10 octobre 1882, sur les bords de la baie Orange les 13 septembre et 13 octobre 1882 et 9 mars 1883, et à Packewaïa (canal du Beagle) le 25 novembre 1882.

D'après les indications portées sur les étiquettes, ces oiseaux avaient pour la plupart les yeux d'un brun plus ou moins foncé, le bec noir et les pattes d'un jaune verdâtre. Les yeux étaient également bruns et les pattes jaunâtres chez plusieurs spécimens rapportés par l'expédition du *Challenger;* mais une femelle avait les pattes bleuâtres.

Il est probable que cette espèce vient nicher sur les terres australes et se retire pendant l'hiver au Chili, en Bolivie, au Paraguay et dans la République Argentine. Tous les exemplaires pris aux Malouines, en Patagonie et sur la Terre de Feu que j'ai eus sous les yeux, ou dont j'ai trouvé la mention dans des voyages récents, portent en effet des dates comprises entre septembre et avril et correspondant au printemps et à l'été de ces régions. D'un autre côté, M. Durnford a constaté que les Bécassines du Paraguay émigraient pour la plupart de la République Argentine au mois d'août et ne revenaient qu'en avril, et que si quelques-unes nichaient dans la région, le plus grand nombre n'y restait pas durant la belle saison. Au contraire, ces Échassiers étaient extrêmement communs dans la province de Buenos-Ayres pendant l'hiver, c'est-à-dire précisément pendant la saison où ils manquent en Patagonie et sur les terres australes.

La Bécassine du Paraguay est confondue par les Fuégiens avec la Bécassine noble sous le nom de *Tsakaoa*.

## 54. Gallinago nobilis.

**Gallinago nobilis** Ph.-L. Sclater, *Proceed. zool. Soc. Lond.*, 1856, p. 31, n° 22.

?**Gallinago granadensis** Ph.-L. Bonaparte, *Brit. Mus.* (ms), et *Tabl. des Échassiers* (*C. R. Ac. Sc.*, 1856, t. XLIII), p. 15, n^os^ 183 et 184.

**Gallinago nobilis** Schlegel, *Mus. des Pays-Bas, Scolopaces*, 1864, p. 9.

— Ph.-L. Sclater et O. Salvin, *Exotic Ornithology*, 1869, part. XIII, pl. — *Nom. Av. neotr.*, 1873, p. 144.

Cette espèce, découverte en Colombie et retrouvée depuis dans la République de l'Équateur, n'avait pas encore été signalée dans l'Amérique australe; cependant je n'hésite pas à rapporter à la *Gallinago nobilis* sept Bécassines de forte taille qui ont été rapportées par l'expédition française du cap Horn et dont voici l'énumération :

Mâles tués, le 13 octobre 1882, sur les bords de la baie Orange : pattes d'un gris jaunâtre; yeux d'un brun foncé.

Femelle tuée, le 16 janvier 1883, à la baie Orange, dans les buissons, au sud de la Mission : iris brun; bec brun foncé, tirant au noir à la base de la mandibule supérieure et passant au jaune blond à la base de la mandibule inférieure; tarses d'un noir grisâtre.

Femelle tuée, le 21 février 1883, à la baie Orange, près des mares, au sud de la Mission : mêmes caractères que l'individu précédent, sauf que la mandibule inférieure est noire à la pointe et de couleur corne blonde à la base, et que les tarses sont d'un gris sale, légèrement nuancé de jaune;

Femelle achetée, le 27 mars 1883, aux Fuégiens de la baie Orange, qui l'avaient tuée à coups de pierres sur l'isthme de la pointe Lephay : iris d'un brun très foncé; bec d'un brun noirâtre dans sa moitié postérieure, noir dans sa moitié antérieure; tarses d'un gris verdâtre;

Mâle et femelle tués, le 20 juin 1883, sur les bords de la baie Wollaston.

Les dates des captures de ces oiseaux semblent indiquer que la *Gallinago nobilis*, que les Fuégiens désignent, comme l'espèce précédente, sous le nom de *Tsakaoa*, séjourne pendant la plus grande partie de l'année sur les terres australes.

G.-R. Gray (*Handlist*, t. III, p. 33, n° 10337) et M. Schlegel (*Mus. des Pays-Bas*, *Scolopaces*, p. 15) ont assimilé à tort à cette espèce la *Gallinago longirostris*, qu'ils ont attribuée à Ch.-L. Bonaparte, mais qui a été *nommée* en réalité par Cuvier. Le type, en fort mauvais état, de *Scolopax longirostris* (Cuv. *ms.*) qui figure encore dans les collections du Musée de Paris, et qui vient des îles Malouines, ne diffère point de la *Gallinago Paraguaiæ*.

## 55. Tringa fuscicollis.

**Tringa fuscicollis** Vieillot, *Nouv. Dict. d'Hist. nat.*, 1819, t. XXXIV, p. 461.

**Tringa Schinzii** Ch.-L. Bonaparte, *Syn.*, 1828, p. 249, et *Amer. Ornith.*, 1833, t. IV, p. 69, pl. XXIV, fig. 2.

**Pelidna Schinzii** Darwin, *Voy. « Beagle »*, *Zool.*, t. III, *Birds*, p. 131.

**Pelidna cinctus** var. **Schinzii** Ch.-L. Bonaparte, *Tabl. des Échassiers* (*C. R. Acad. Sc.*, 1856, t. XLIII), p. 171, n° 214 *a*.

**Tringa Bonapartei** Schlegel, *Revue crit.*, 1844, p. 89, et *Mus. des Pays-Bas, Scolopaces*, 1864, p. 42.

**Pelidna melanotos** Degland et Gerbe, *Ornith. europ.*, 2e édit. 1867, t. II, p. 201.

**Tringa Bonapartii** Ph.-L. Sclater, *Cat. Birds Falkl. Isl., Proceed. zool. Soc. Lond.*, 1859, p. 387, n° 25, et *On Chilian Birds, Proceed. zool. Soc. Lond.*, 1867, p. 332 et 339.

**Tringa fuscicollis** Ph.-L. Sclater et O. Salvin, *Nom. Av. neotr.*, 1873, p. 145. — *Birds Antarct. Amer., Proceed. zool. Soc. Lond.*, 1878, p. 438, n° 41, et *Voy. « Challenger ». Rep. on Birds Antarct. Amer.*, p. 109, n° 41.

— Elliott Coues, *Birds of the N. W.*, 1874, p. 487.

— H. Durnford, *Notes on the Birds of central Patagonia, Ibis*, 1878, p. 404.

— B.-B. Sharpe, *Zool. collect. made during the Survey of H. M. S. « Alert », Proceed. zool. Soc. Lond.*, 1881, p. 16, n° 68.

— L. Taczanowski, *Ornith. du Pérou*, 1886, t. III, p. 360, n° 1228.

— Ph.-L. Sclater et W.-H. Hudson, *Argentine Ornith.*, 1889, t. II, p. 185, n° 40.

**Tringa Bonaparti** H. Seebohm, *The geograph. Distrib. of the Charadriidæ*, 1888, p. 445.

Cette espèce, qui s'égare parfois jusqu'en Europe, a été signalée sur une foule de points du nouveau monde, depuis le Canada jusqu'à la Patagonie australe, et a été rencontrée à certaines saisons, d'une part au Groënland, de l'autre dans l'archipel des Malouines et sur la Terre de Feu.

La Mission française en a rapporté cinq spécimens, savoir :

1° Une femelle tuée le 9 septembre 1882, sur les bords de la baie Orange;

2° Un individu de sexe inconnu, pris le 30 octobre de la même année sur les bords de la baie Bon-Succès, dans le sud de la Terre de Feu;

3° Une femelle tuée le 7 novembre 1882 à Punta-Arenas (détroit de Magellan);

4° Deux mâles tués le 7 mars 1883 sur les bords de la baie Française (Malouines) et ayant le bec d'un gris foncé et les pattes noires ([1]).

---

([1]) Les spécimens du Pérou décrits par M. Taczanowski avaient aussi les pattes noires, mais leur bec était tout uni; leurs yeux étaient d'un brun foncé comme ceux des mâles tués aux Malouines par les naturalistes du *Challenger*.

L'un de ces derniers oiseaux était en plumage de noces, comme les spécimens obtenus au Pérou par M. Jelski, tandis que deux individus, tués à Maldonado et à Montevideo par M. d'Orbigny en novembre 1827, étaient en livrée de transition, et que le spécimen tué à la baie Bon-Succès en novembre portait le costume d'hiver. D'après ces observations et les renseignements fournis par les naturalistes américains, je crois pouvoir émettre l'hypothèse que les *Tringa fuscicollis* qui visitent pendant l'hiver le sud des États-Unis et l'Amérique tropicale viennent, les uns du Canada et du Groënland, les autres de la Patagonie, de la Terre de Feu et des îles Malouines, où quelques-uns d'entre eux doivent nicher régulièrement. Suivant M. Durnford on rencontre, en toutes saisons, de petites troupes de ces Bécasseaux dans les vallées du Sengel et du Sengelen.

Les Fuégiens, d'après M. le Dr Hahn, donnent à cette espèce d'Échassiers le nom de *Pilirrh*.

## 56. Totanus melanoleucus.

**Scolopax melanoleucus** Gmelin, *Syst. nat.*, 1788, t. I, p. 659.

**Totanus melanoleucus** Vieillot, *Encycl. méthod.*, p. 1098.

— Darwin, *Voy. « Beagle »*, *Zoolog.*, t. III, *Birds*, 1841, p. 130.

— Ph.-L. Sclater et W.-H. Hudson, *Argentine Ornith.*, 1889, t. II, p. 186, n° 403.

**Gambetta melanoleuca** Ch.-L. Bonaparte, *Tabl. des Échassiers* (*C. R. Acad. Sc.*, 1856, t. XLIII), p. 17, n° 239.

— Ph.-L. Sclater, *On Chilian Birds*, *Proceed. zool. Soc. Lond.*, 1867, p. 332 et 339.

— Ph.-L. Sclater et O. Salvin, *Nomencl. Av. neotr.*, 1873, p. 145.

— R.-B. Sharpe, *Zool. coll. made during the Survey of H. M. S. « Alert »*, *Proceed. zool. Soc. Lond.*, 1881, p. 16, n° 70.

**Totanus melanoleucus** Schlegel, *Mus. des Pays-Bas*, 1864, *Scolopaces*, p. 63.

— Elliott Coues, *Birds of the N. W.*, 1874, p. 496.

— L. Taczanowski, *Ornith. du Pérou*, 1886, t. III, p. 365, n° 1232.

Comme le *Tringa fuscicollis*, le *Totanus melanoleucus* a été observé sur une foule de points de l'Amérique septentrionale et méridionale, et, comme lui, il doit, après s'être retiré pendant l'hiver dans les États-Unis, dans l'Amérique centrale, au Brésil et dans la République Argentine, gagner au printemps d'une part le Canada, les bords de la baie Hudson et le Groenland, de l'autre le Pérou, le Chili, la Patagonie et la Terre de Feu, où, je crois devoir le rappeler, ils n'avaient pas encore été signalés. A l'appui de cette hypothèse, je constaterai que les oiseaux tués par M. Jelski aux environs de Callao étaient en plumage de noces et qu'un des trois spécimens obtenus par la Mission française sur les bords de la baie Orange portait précisément la même livrée. Je rappellerai enfin une observation de M. Hudson qui présente un grand intérêt. Cet observateur a remarqué que des couples ou de petites troupes de *Totanus melanoleucus* arrivaient dans la province de la Plata à la fin de septembre ou au commencement d'octobre et en repartaient en mars, sans avoir niché (?) et qu'à ce moment arrivaient *probablement, de régions situées plus au sud*, d'autres oiseaux de la même espèce qui venaient hiverner dans les pampas, de telle sorte que l'on voyait, durant toute l'année, des Chevaliers noirs et blancs dans cette partie de la République Argentine. M. Durnford avait d'ailleurs déjà noté antérieurement que les *Totanus melanoleucus* se montraient pendant toute l'année aux environs de Buenos Ayres, mais y devenaient plus communs pendant les mois d'août, septembre, octobre et novembre, c'est-à-dire au printemps.

Ce spécimen, un mâle, tué le 7 mars 1883, c'est-à-dire en été, avait le dos fortement tacheté de noir et de blanc, la poitrine ornée de flammèches noires, les yeux bruns, le bec noir, les pattes d'un jaune citron. Un autre spécimen, une femelle, tuée le 18 novembre 1882, à la baie Orange, au fond de l'anse aux Canards, avait au contraire le dos brunâtre, strié et légèrement moucheté de noirâtre avec quelques petits points blancs, la poitrine à peine tachetée, le bec noir, les yeux bruns et les pattes d'un jaune citron moins vif que chez le mâle. Telles étaient aussi à peu près les couleurs du troisième spécimen, tué le 22 octobre. Ces deux derniers individus doivent être, à mon avis, considérés comme des oiseaux venant d'effectuer leur migration et n'ayant pas encore revêtu leur livrée de noces.

Le nom fuégien du *Totanus melanoleucus* est *Tayakaka*.

## 57. Rallus rhythirhynchus.

(*Pl.* 2.)

**Ipacaha pardo** d'Azara, *Apunt.*, III, p. 220, n° 372.

**Rallus rhythirhynchus** Vieillot, *Nouv. Dict. d'Hist. nat.*, t. XIII, p. 521, et *Encycl. méthod.*, p. 1060.

**Rallus setosus** King, *Zool. Journ.*, t. IV, p. 91.

**Rallus sanguinolentus** Swainson, *Anim. in Menag.*, 1838, p. 335.
— Darwin, *Voy. « Beagle », Zool.*, t. III, *Birds*, p. 133.
— Ph.-L. Sclater, *On Chilian Birds, Proceed. zool. Soc. Lond.*, 1867, p. 333.

**Rallus cæsius** J. von Tschudi, *Faun. peruan*, 1845, *Aves*, p. 52 et 301.
— Schlegel, *Mus. des Pays-Bas*, 1865, *Ralli*, p. 8.

**Aramides rhythorhynchus** Burmeister, *La Plata Reise*, 1861, t. II, p. 504.

**Rallus rhythirhynchus** Ph.-L. Sclater et O. Salvin, *On Peruvian Birds, Proceed. zool. Soc. Lond.*, 1867, p. 990, n° 55. — *On Birds from Conchitas, Proceed. zool. Soc. Lond.*, 1868, p. 145, n° 79. — *On the american Rallidæ. Ibid.*, p. 446. — *Nomencl. Av. neotr.*, 1873, p. 139.
— H. Durnford, *On the Birds of the province of Buenos Ayres. Ibis*, 1878, p. 65, n° 38.
— Ph.-L. Sclater et W.-H. Hudson, *Argentine Ornith.*, 1889, t. II, p. 149, n° 37.

?**Rallus cæsius** L. Taczanowski, *Ornith. du Pérou*, 1886, t. III, p. 316, n° 1191.

On savait déjà que le *Rallus rhythirhynchus* habitait, au moins à certaines saisons, diverses contrées de l'Amérique du Sud, telles que le Brésil méridional, le Paraguay, les montagnes et les côtes du Pérou, le Chili et la République Argentine; mais on n'avait pas encore signalé sa présence en Patagonie, et MM. Sclater et Salvin n'étaient pas disposés à attribuer à cette espèce un Râle tué sur l'île l'Hermite, au sud de la Terre de Feu, et conservé dans les collections du *British Museum* [1]. Je crois cependant devoir rapporter au *Rallus rhythirhynchus* d'abord

(1) Voyez *Proceed. zool. Soc. Lond.*, 1868, p. 446, n° 7.

un spécimen pris à Port Churrucha (Patagonie), en 1877, et donné au Muséum par M. l'amiral Serres, et ensuite quatre spécimens, mâles et femelles, obtenus par la Mission française le 25 décembre 1882, le 21 et le 22 juin 1883 sur l'îlot Otarie, du groupe de Wollaston, dans la baie Gretton, et le 26 juin 1883 sur l'île Maxwell.

En comparant ces spécimens les uns avec les autres ou avec d'autres Râles qui faisaient déjà partie des collections du Muséum et qui étaient confondus avec des spécimens du Brésil sous les noms de *Rallus nigricans* V. et *Rallus bicolor* Cuv., j'ai constaté, il est vrai, certaines différences dans la longueur du bec. Ainsi le bec, qui mesure, à partir du front, $0^m,050$ chez un individu tué sur les bords de l'Uruguay par M. A. Saint-Hilaire en 1822, atteint 0,055 chez le Râle de Port Churrucha, $0^m,056$ chez un individu tué à Sicasica par M. d'Orbigny en 1834, $0^m,057$ et $0^m,059$ chez les spécimens (femelles) de l'îlot Otarie, $0^m,065$ chez le mâle de l'île Maxwell et $0^m,069$ chez une femelle rapportée de Talcahuano par l'expédition de l'*Astrolabe* et de la *Zélée*, en 1841. Mais des différences du même ordre ont été constatées par MM. Sclater et Salvin sur des Râles obtenus au Chili et au Pérou par M. Whitely (¹) et n'ont point été considérées par ces savants naturalistes comme assez importantes et surtout assez constantes pour caractériser plusieurs races parmi les *Rallus rhythirhynchus*.

D'autre part, si l'oiseau pris à l'île Maxwell est de taille plus forte et a les ailes plus développées et les doigts plus allongés que les autres Râles capturés par les naturalistes de la Mission française, et s'il peut être probablement comparé, sous le rapport de la grosseur, aux Râles de l'île l'Hermite signalés par MM. Sclater et Salvin, l'individu pris à Talcahuano par les naturalistes de l'*Astrolabe* dépasse également par ses dimensions les spécimens de Sicasica et des bords de l'Uruguay, et MM. Sclater et Salvin parlent aussi d'un Râle du Chili qui était bien plus gros que des Râles du Chili, appartenant pourtant à la même espèce.

Enfin, j'ai remarqué que l'oiseau de Port Churrucha, auquel je faisais tout à l'heure allusion, avait le dos et les ailes d'un brun plus uniforme

(¹) Voyez *Proceed. zool. Soc. Lond.*, 1867, p. 990, et 1868, p. 145.

que les spécimens de l'Uruguay et de Sicasica, et qu'il ressemblait, sous ce rapport, au spécimen de Talcahuano qui présente, en revanche, une tache blanche sur le menton, analogue à celle qui existe chez le *Rallus nigricans*.

On voit qu'il peut y avoir dans les dimensions et dans les nuances du plumage du *Rallus rhythirhynchus* de légères variations auxquelles il ne faut pas attacher d'importance. En revanche, les couleurs du bec paraissent être constantes chez l'adulte, et une maquette exécutée d'après nature par M. le Dr Hahn concorde parfaitement avec les indications fournies à M. Taczanowski par M. Stolzmann et à MM. Sclater et Salvin par M. Whitely. Les deux mandibules sont vertes sur la plus grande partie de leur longueur, mais la supérieure tourne au bleu violacé du côté du front, tandis que l'inférieure est marquée à la base d'une tache rouge très apparente. L'iris est rouge carmin foncé et les pattes offrent, d'après M. le Dr Hahn, une teinte rouge vermillon foncé et, d'après M. Stolzmann, une teinte rouge carotte tournant au brun du côté postérieur du talon et au gris clair sur la face inférieure des doigts. Chez le jeune au contraire, écrivait M. Stolzmann, l'iris est couleur terre de Sienne, le bec olive brunâtre, et les pattes sont d'un brun grisâtre.

Le *Rallus rhythirhynchus* porte chez les Fuégiens le nom d'*Achounnàbillouch*, d'après M. le Dr Hahn.

## 58. Rallus antarcticus.

**Rallus antarcticus** King, *Zool. Journ.*, t. IV, p. 95.

**Rallus uliginosus** de Philippi, *Wiegm. Arch.*, 1858, p. 83.

**Rallus antarcticus** Ph.-L. Sclater, *On Chilian Birds, Proceed. zool. Soc. Lond.*, 1867, p. 333 et 339.

— Ph.-L. Sclater et O. Salvin, *On the american Rallidæ, Proceed. zool. Soc. Lond.*, 1868, p. 445, n° 5. — *Nom. Av. neotr.*, 1873, p. 139. — *Birds Ant. Amer., Proceed. zool. Soc. Lond.*, 1878, p. 437, n° 35. — *Voy. of the « Challenger », Rep. on Birds, Antarct. Amer.*, p. 108, n° 35.

— R.-B. Sharpe, *Zool. collect. made during the Survey of H. M. S. « Alert », Proceed. zool. Soc. Lond.*, 1881, p. 14, n° 56.

**Rallus antarcticus** Ph.-L. Sclater et W.-H. Hudson, *Argentine Ornith.*, 1889, t. II, p. 148, n° 370.

L'aire d'habitat de cette espèce est beaucoup moins étendue que celle du *Rallus rhythirhynchus*, et ne comprend probablement que le Chili et la Patagonie. De cette dernière région la Mission française du cap Horn n'a rapporté qu'un seul spécimen, tué à Punta-Arenas (détroit de Magellan) le 28 février 1883. Cet oiseau, dont le sexe n'a pu être déterminé, avait l'iris d'un brun rougeâtre, le bec gris brun et les pattes jaunes. Une femelle tuée vers le 15 janvier 1876 dans la même localité, par les naturalistes du *Challenger*, avait les yeux rouges, le bec noir et les pattes jaunes; un mâle tué au mois de mars 1880 à Mayne Harbour, par M. le Dr Coppinger, chirurgien de l'*Alert*, les yeux rouges, le bec d'un vert sombre et les pattes rouges; enfin une femelle tuée à Tom Bay, le 13 février 1879, par le même naturaliste, les yeux d'un rouge sombre, le bec à reflets verts et les pattes rouges. Ces renseignements sont, on le voit, assez concordants.

### 59. Fulica leucoptera.

**Focha** d'Azara, *Apunt.*, t. III, p. 472.

**Fulica leucoptera** Vieillot, *Nouv. Dict.*, t. XII, p. 48, et *Encycl. méthod.*, p. 343.

— G. Hartlaub, *Ind. d'Azara*, p. 28.

— Burmeister, *La Plata Reise*, 1861, t. II, p. 505.

**Fulica gallinuloides** King, *Zool. Journ.*, t. IV, p. 96.

**Fulica Stricklandi** G. Hartlaub, *Journ. f. Ornith.*, 1853, *extrah.*, p. 86.

— Ph.-L. Sclater, *On Chilian Birds, Proceed. zool. Soc. Lond.*, 1867, p. 339.

**Fulica chloropoides** Landbeck, *Wiegm. Arch.*, 1862, p. 218.

**Fulica leucoptera** Ph.-L. Sclater et O. Salvin, *On the american Rallidæ Proceed. zool. Soc. Lond.*, 1868, p. 468, n° 6. — *Exot. Ornith.*, 1868, part. VIII, pl. — *Nom. Av. neotr.*, 1873, p. 140.

— H. Durnford, *On the Birds of the province of Buenos Ayres, Ibis*, 1877, p. 195, n° 117, et 1878, p. 67, n° 41.

**Fulica leucoptera** Ph.-L. Sclater et W.-H. Hudson, *Argentine Ornith.*, 1889. t. II, p. 158, n° 381.

La *Fulica leucoptera* n'avait été signalée jusqu'à ce jour que dans l'Uruguay, la Bolivie et la République Argentine; aussi je ne m'attendais pas à la trouver représentée dans les collections formées par la Mission française du cap Horn; cependant c'est bien à cette espèce que doivent être attribuées trois Poules d'eau qui ont été tuées le 27 juillet 1883 à Lapataya (canal du Beagle) par M. le Dr Hahn. Ces trois oiseaux ont en effet les ailes lisérées de blanc, les pennes secondaires marquées de blanc à l'extrémité et la plaque frontale arrondie supérieurement et ressemblant tout à fait à un spécimen du Chili donné par M. Gay en 1843. J'ai du reste trouvé, parmi les spécimens en peau de la collection, deux dépouilles en fort mauvais état, qui ont été envoyées de Patagonie par M. d'Orbigny au mois de février 1831 et qui se rapportent au même type (¹). Il me parait donc absolument démontré que l'aire d'habitat de la *Fulica leucoptera* doit être prolongée au moins aussi loin vers le sud que celle de la *F. leucopygia* (Licht. *ms.* in Mus. Berol. — Hartlaub, *Journ. f. Ornith.*, 1853, *extrah.*, p. 84. — Sclater et Salvin, *Proceed. Zool. Soc. Lond.*, 1868, p. 467, n° 5 et *Exot. Ornith.*, Part. VII, p. 8). On sait en effet que cette dernière espèce a été indiquée par MM. Sclater et Salvin (*Nom. Av. neotr.*, 1873, p. 140) comme se trouvant au Chili, dans l'Uruguay, aux îles Malouines et en Patagonie, où d'après M. Durnford (*Ibis*, 1877, p. 402), elle se rencontrerait principalement dans les vallées de la Chuput, du Sengel et du Sengelen. La distribution géographique de la *Fulica leucoptera* et celle de la *F. leucopygia* sont donc à peu près les mêmes, et l'on peut se demander si, dans bien des cas, les deux formes n'ont pas été prises l'une pour l'autre. Elles ne diffèrent, en effet, que par des caractères saillants fournis par la longueur des ailes, la coloration du bout des pennes secondaires et la forme de la partie supérieure de la plaque frontale; elles nichent dans les mêmes contrées et construisent leur nid de la même façon (H. Durnford, *Ibis*, 1878, p. 66).

(¹) C'est probablement aussi de Patagonie que provenait le type de la *Fulica gallinuloides* dont M. Sclater a démontré (*Proceed. zool. Soc. Lond.*, 1878, p. 391) l'identité avec la *Fulica leucoptera*.

Suivant M. le Dr Hahn, la *Fulica leucoptera* est appelée *Achouwabich* par les Fuégiens.

Une maquette, exécutée par le même naturaliste, nous montre que les trois Foulques tuées à Lapataïa avaient l'iris d'un rouge feu, la plaque frontale d'un jaune de chrome, le bec de la même couleur avec la pointe des mandibules verdâtre, et les pattes d'un vert d'eau très pâle, avec les palmures et les articulations noirâtres et les ongles noirs.

### 60. Fulica armillata.

**Focha de ligas roxas** d'Azara, *Apunt.*, t. III, p. 474, n° 448.

**Fulica armillata** Vieillot, *Nouv. Dict. d'Hist. nat.*, t. XII, p. 49, et *Encycl. méth.*, p. 343.

— G. Hartlaub, *Ind. d'Azara*, p. 28, et *Journ. f. Ornith.*, 1853, *extrah.*, p. 82.

— Burmeister, *Syst. Ueb.*, t. III, p. 390, et *La Plata Reise*, t. II, p. 505.

**Fulica chilensis** Laudbeck, *Wiegm. Arch.*, 1862, p. 221.

— ? Schlegel, *Mus. des Pays-Bas, Ralli*, 1865, p. 63.

**Fulica armillata** Ph.-L. Sclater, *On Chilian Birds, Proceed. zool. Soc. Lond.*, 1867, p. 334 et 339.

— Ph.-L. Sclater et O. Salvin, *On the american Rallidæ, Proceed. zool. Soc. Lond.*, 1868, p. 465. — *Exot. Ornith.*, 1868, Part. VIII, pl. — *Nomencl. Av. neotr.*, 1873, p. 140.

— H. Durnford, *On the Birds of the province of Buenos Ayres, Ibis*, 1877, p. 195, n° 118, et 1878, p. 66, n° 39, et *Birds of Central Patagonia, Ibis*, 1878, p. 401.

— Ph.-L. Sclater et W.-H. Hudson, *Argentine Ornith.*, 1889, t. II, p. 157, n° 379.

La *Fulica armillata*, qui se rencontre dans les provinces méridionales du Brésil, au Chili, au Paraguay, dans la République Argentine et en Patagonie, se distingue facilement, comme le dit M. Sclater, des autres espèces de Foulques à sous-caudales blanches par sa forte taille et par le grand développement de ses tarses et de ses doigts. Je rapporte donc sans hésitation à cette espèce deux Foulques dont l'une (mâle) a été prise au mois de décembre 1882 par M. Lebrun sur les bords du Rio Gallegos, tandis que l'autre (femelle) a été tuée le 14 février 1883 par M. le Dr Hahn sur les lagons de Skyring Water, qui communiquent avec le détroit de Magellan.

Ce dernier oiseau avait le bec d'un jaune verdâtre, taché de rouge en dessus et les pattes d'un jaune sale. Les individus adultes de la même espèce que M. Durnford a observés communément sur les lacs de la Patagonie centrale et sur les bords du Sengel et du Sengelen offraient à très peu près les mêmes nuances, savoir du jaune primevère sur la majeure partie du bec et de la plaque frontale, du rouge sang sur la base de la mandibule supérieure et sur la portion immédiatement contiguë de la plaque frontale et une teinte olivâtre sur les pattes avec une jarretière d'un rouge pâle autour de la jambe.

Dans leur Mémoire sur les Rallidés de la faune américaine (*Proceed. zool. Soc. Lond.* 1868, p. 465, n° 4), MM. Sclater et Salvin font allusion à des spécimens de *Fulica armillata* qui auraient été rapportés de Patagonie par d'Orbigny; mais c'est une erreur, car les deux seules Foulques que ce voyageur ait envoyées de cette région au Muséum, en 1831, se rapportent, comme je l'ai dit, à la *Fulica leucoptera*.

## 61. Nycticorax obscurus.

**Ardea obscura** Lichtenstein, *Verz. Doubl., Berl. Mus.*
— Reichenbach, *Vollständ. Naturg. Grallat.*, 1844, pl. CLI, fig. 484.

**Nycticorax obscurus** Ch.-L. Bonaparte, *Tabl. synopt. de l'ordre des Hérons*, (*C. R. Acad. Sc.*, 1855, t. XL), p. 5, n° 133, et *Consp. Av.*, 1857, t. II, p. 141.

? **Nycticorax americana** J. Gould, *List of the Birds from the Falkland Islands, Proceed. zool. Soc. Lond.*, 1859, p. 96.

? **Nycticorax Gardeni** Ph.-L. Sclater, *Cat. Birds of the Falkland Islands. Proceed. zool. Soc. Lond.*, 1860, p. 387, n° 26.

**Nycticorax obscurus** Ph.-L. Sclater, *Ibis*, 1861, p. 312. — *On Chilian Birds, Proceed. zool. Soc. Lond.*, 1867, p. 334 et 339.
— Ph.-L. Sclater et O. Salvin, *On the Birds collected in the straits of*

*Magellan by Dr Cunningham, Ibis*, 1868, p. 189, n° 33, et 1869, p. 284, nos 13 et 14. — *Nom. Av. neotr.*, 1873, p. 126. — *Birds antarct. Amer.. Proceed. zool. Soc. Lond.*, 1878, p. 436, n° 27, et *Voy. of the « Challenger ». Rep. on Birds, Antarct. Amer.*, p. 106, n° 27.

**Nycticorax obscurus** H. Durnford, *On some Birds observed in the Chuput Valley (Patagonia), Ibis*, 1877, p. 40. — *On the Birds of the province of Buenos Ayres, Ibid.*, p. 189, n° 91. — *Notes on the Birds of Central Patagonia, ibis*, 1878, p. 399.

— A. Reichenow, *Syst. Uebers. Schreitvög., Journ. f. Ornith.*, 1877, p. 238.

— L. Taczanowski, *Ornith. du Pérou*, 1886, t. III, p. 406, n° 1264.

— Ph.-L. Sclater et W.-H. Hudson, *Argentine Ornith.*, 1889, t. II, p. 105. n° 323.

Le Bihoreau obscur habite le sud du continent américain, les îles Malouines et la Terre de Feu. De ces deux dernières régions la Mission française n'a pas rapporté moins de onze spécimens, savoir :

1° Une femelle tuée le 7 septembre 1882 sur un arbre, au bord de la mer, à l'anse de la Forge (baie Orange); iris rouge; bec verdâtre, tirant au jaunâtre à la base; tarses d'un jaune verdâtre;

2° Une autre femelle tuée dans la même localité, le 2 décembre 1882; partie interne de l'iris rouge; partie externe noire; pattes jaunes et grises;

3° Une femelle tuée le 21 décembre 1882 à la baie Orange, dans le bois à l'est de la Mission; iris rouge; bec noir avec la pointe couleur de corne blonde, cette couleur étant plus marquée sur la mandibule inférieure; tarses d'un jaune clair en dessous, d'un gris brunâtre en dessus, d'un jaune verdâtre en dedans et sur les articulations tarso-phalangiennes;

4° Un mâle tué au vol, sur la plage, près de la pointe Lephay (baie Orange) le 26 décembre 1882; mêmes caractères que l'individu précédent; trois plumes à l'aigrette;

5° Un mâle tué le 16 janvier 1883, à la baie Orange, sur un arbre, dans le bois à l'extrémité du lac de la Mission; iris d'un jaune clair; bec noir en dessus, jaune rougeâtre en dessous; tarses d'un vert olive foncé sur la face supérieure, jaunes sur la face inférieure;

6° Une femelle tuée le 17 février 1883, à la baie Orange, dans l'Anse aux Canards; iris rouge, bec verdâtre, tarses d'un jaune verdâtre;

7° Deux mâles tués le 26 février 1883 sur les bords de la baie Edwards (Malouines); poissons dans l'estomac;

8° Un mâle tué le 7 mars 1883 sur les bords de la baie Française (Malouines);

9° Un mâle tué le 18 mars 1883 à Oushouaïa;

10° Un mâle tué le 20 juin 1883 sur l'île Wollaston;

11° Une femelle tuée le 16 août 1883 à Packewaïa, sur l'île Gable.

Deux oiseaux de la même espèce avaient été déjà rapportés au Muséum, il y a plus de soixante ans, par l'expédition de l'*Uranie*, qui les avait pris dans l'archipel des Malouines; enfin d'autres spécimens ont été obtenus par le Dr Cunningham à Oazy Harbour (mars 1867), à Even Harbour (28 avril 1868) et sur les îles Tyssen, dans le Falkland Sound (30 janvier 1868) et par les naturalistes du *Challenger* à Tom Harbour (5 janvier 1876), à Puerto-Bueno (9 janvier 1876) et sur l'une des îles Malouines (fin janvier 1876).

Les pattes étant d'un jaune verdâtre, les yeux étaient d'un jaune orange chez l'oiseau (femelle) tué à Tom Harbour, comme chez l'oiseau (femelle) tué à Puerto-Bueno, et d'un jaune citron chez l'oiseau (femelle) tué aux îles Malouines. L'estomac de ce dernier renfermait des restes de Crustacés, tandis que celui d'un des Hérons obtenus par la Mission française contenait des débris de Poissons.

Enfin les individus observés dans la République Argentine par M. H. Durnford avaient les yeux d'un rouge foncé, la mandibule supérieure noire, la mandibule inférieure d'un vert jaunâtre avec la pointe noire, et les pattes d'un vert *pois* clair, passant au jaunâtre sur la face inférieure.

Dans la République Argentine, le Bihoreau obscur est sédentaire et encore plus répandu qu'en Patagonie où, d'après M. Durnford, il est connu, à cause de son cri retentissant, sous le nom d'*oiseau aboyeur*. Les Fuégiens l'appellent *Taoukh* ou *Taouko*.

## 62. Ibis (Theristicus) caudatus.

**Courly à col blanc de Cayenne** Daubenton, *Pl. Col. de Buffon*, 1770, pl. 976.

**Scolopax caudatus** Boddaert, *Tabl. des Pl. enlum. de Daubenton*, 1783, p. 57.

**Black faced Ibis** et **White necked Ibis** Latham, *Gen. Syn.*, 1783, t. III, p. 108 et 109 et pl. LXXIX.

**Tantalus melanopis** et **T. albicollis** Gmelin, *Syst. nat.*, 1788, p. 653, sp. 19, et p. 652, sp. 20 (juv.).

— Latham, *Ind. ornith.*, 1790, t. II, p. 704, sp. 8, et p. 904, sp. 6.

**Ibis albicollis** et **I. melanopis** Vieillot, *Nouv. Dict. d'Hist. nat.*, 1819, t. XVI, p. 17 et 20.

**Ibis melanopis** Ph.-L. Sclater, *On Chilian Birds, Proceed. zool. Soc. Lond.*, 1867, p. 334 et 339.

— A. Reichenow, *Syst. Ueb. Schreitvög, Journ. f. Ornith.*, 1877, p. 154.

**Theristicus melanopis** Wagler, *Isis*, 1832, p. 1232.

**Theristicus melanopis** et **Th. albicollis** Ch.-L. Bonaparte, *Consp. Av.*, 1857, t. II, p. 155 et 154.

**Theristicus melanops** Darwin, *Voy. « Beagle »*, *Zool.* t. III, *Birds*, 1841, p. 128. — *Cunningham, Ibis*, 1868, p. 128.

**Theristicus melonopis** Ph.-L. Sclater et O. Salvin, *On the Birds collected in the straits of Magellan by D^r Cunningham, Ibis*, 1868, p. 189, n° 34, et *Third List, Ibis*, 1870, p. 499, n° 15.

— A. Newton, *On the nests and eggs collected by D^r Cunningham*, in *Ibis*, 1870, p. 502.

— Ph.-L. Sclater et O. Salvin, *Nomencl. Av. neotr.*, 1873, p. 127.

— H. Durnford, *Notes on the Birds of Central Patagonia, Ibis*, 1878, p. 400.

— Ph.-L. Sclater et O. Salvin, *Birds Antarct. Amer., Proceed. zool. Soc. Lond.*, 1878, p. 436, n° 28, et *Voy. « Challenger »*. *Rep. on the Birds, Antarct. Amer.*, p. 106, n° 28.

**Theristicus caudatus** D.-G. Elliot, *On the Ibidinae* in *Proceed. zool. Soc. Lond.*, 1877, p. 498.

**Theristicus caudatus** L. Taczanowski, *Ornith. du Pérou*, 1886, t. III, p. 417, n° 1273.

— Ph.-L. Sclater et W.-H. Hudson, *Argentine Ornith.*, 1889, t. II, p. 110, n° 328.

L'Ibis à face noire est répandu sur la plus grande partie de l'Amérique méridionale, où il est désigné vulgairement sous le nom de *Banduria* ou *Vanduria*. Deux individus de cette espèce, un mâle et une femelle, ont été tués par M. Lebrun sur l'île Leones, située en face de la côte orientale de Patagonie, par 46°6′20″ de lat. sud. Un autre individu (femelle) a été tué par M. le Dr Hahn le 25 décembre 1882 sur les bords de la baie Gretton, au nord de l'île Wollaston. Enfin, pour ne citer que les spécimens provenant des régions australes, d'autres exemplaires ont été obtenus par le Dr Cunningham sur l'île Elisabeth, au mois de février 1867 et à Sandy Point, au mois de janvier 1869, et par les naturalistes du *Challenger* dans cette dernière localité, au mois de janvier 1876.

L'oiseau tué par M. le Dr Hahn avait les yeux d'un jaune rosé, le bec brun, passant au verdâtre à la pointe, et les pattes rouges; la femelle rapportée par l'expédition du *Challenger* les yeux rouges, les pattes roses et le bec noir, et le mâle les yeux jaunes, le bec vert, les pattes roses avec les scutelles noires. Ces indications ne diffèrent pas sensiblement de celles qui nous sont fournies par M. Taczanowski, d'après les notes prises au Pérou par M. Jelski. Suivant M. Taczanowski en effet, le bec est, chez le *Theristicus caudatus* (ou *melanopis*), d'un noir brunâtre passant au jaunâtre à l'extrémité; les pattes sont rouges avec les ongles noirâtres; l'iris est d'un brun noisette foncé intérieurement et d'un rouge brique tirant au brunâtre extérieurement; les lores sont dénudés et papilleux et les yeux sont entourés d'une peau rugueuse de couleur noire, comme celle qui forme une pendeloque sur le devant de la gorge. Dans l'estomac des Ibis qu'il a tués dans la région de la puna, au Pérou, M. Jelski a trouvé des larves de Diptères, des débris de Curculionides, de Lycoses, de Hannetons, etc.

Dans les collections formées par le Dr Cunningham se trouvaient des œufs de *Theristicus melanopis*, recueillis au mois de novembre 1867 sur l'île Élisabeth. Ces œufs, d'après M. L. Newton, étaient à surface terne, d'un blanc verdâtre clair, parsemés de quelques petites taches d'une teinte neutre et de quelques mouchetures d'un brun foncé et rayés de stries capillaires au gros bout. Ils mesuraient 2 pouces anglais 71 (environ $7^{cm}$) sur 1 pouce 86 ($4^{cm} \frac{1}{2}$) et ressemblaient, au premier abord, plutôt à des œufs de Goélands qu'à des œufs d'Ibis. Cette description convient assez bien à deux œufs qui ont été rapportés par M. Lebrun et que ce naturaliste croit pouvoir attribuer à l'Ibis à face noire; en effet, les dimensions sont exactement les mêmes que celles qui sont données par M. Newton, et si la couleur du fond est d'un blanc jaunâtre et ne tire pas au verdâtre comme dans les exemplaires recueillis par M. Cunningham, si l'on n'aperçoit aucune trace de stries capillaires au gros bout, en revanche on retrouve les taches brunâtres entremêlées de quelques mouchetures plus pâles, d'une teinte neutre. Des œufs tout à fait analogues ont d'ailleurs été décrits par Darwin comme appartenant à l'Ibis à face noire.

Il est donc parfaitement établi maintenant que l'Ibis à face noire séjourne pendant le printemps et l'été et se reproduit, comme le supposait M. Hudson, dans les régions australes du nouveau monde et qu'il remonte en hiver, dans la République Argentine, au Chili et dans d'autres contrées plus voisines de l'Équateur.

### 63. Phalacrocorax brasiliensis.

**Puffinus brasiliensis** Brisson, *Ornith.*, 1760, t. VI, p. 138, n° 4.

**Procellaria brasiliana** Gmelin, *Syst. Nat.*, 1788, t. I, p. 564, n° 19.

**Phalacrocorax brasilianus** Lichtenstein, *Nom. Av.*, 1854, p. 104.

**Carbo brasilianus** Spix, *Av. Bras.*, t. II, p. 83, et pl. CVI.

**Graculus brasilianus** Ch.-L. Bonaparte, *Consp. Av.*, 1857, t. II, p. 172.

**Phalacrocorax brasilianus** Ph.-L. Sclater, *On Chilian Birds*, *Proceed. zool. Soc. Lond.*, 1867, p. 340, n° 26.

— Ph.-L. Sclater et O. Salvin, *Third List of Birds collected by Dr Cunningham*, *Ibis*, 1870, p. 499, n° 14. — *Nom. Av. neotr.*, 1873, p. 124.

— H. Durnford, *On some Birds observed in the Chuput valley, Patagonia*,

*Ibis*, 1877, p. 40, et *Notes on the Birds of central Patagonia. Ibis*, 1878, p. 398.

**Phalacrocorax brasilianus L.** Taczanowski, *Ornith. du Pérou*, 1886, t. III. p. 429, n° 1281.
— Ph.-L. Sclater et W.-H. Hudson, *Argentine Ornith.*, 1889, t. II, p. 91, n° 314.

L'expédition de la *Magicienne*, sous les ordres de M. l'amiral Serres, avait déjà rapporté au Muséum, en 1877, de Port Churrucha (Magellan) trois individus de cette espèce qui occupe toute l'Amérique méridionale et l'Amérique centrale et qui, d'après M. Durnford, est commune et sédentaire dans la région du Sengel et du Sengelen (Patagonie orientale). Trois autres exemplaires ont été capturés par M. Lebrun sur l'île Leones ([1]) le 20 octobre 1882 et dans le New Year Sound, le 3 avril 1883; un quatrième a été pris par M. de Lartigue, officier du *Volage*, à Missioneros, à la fin de 1882; trois femelles ont été tuées par M. le Dr Hyades et M. Sauvinet dans la baie Orange, le 19 mai, le 1er et le 8 juillet 1883; enfin une femelle et quatre mâles ont été abattus par M. le Dr Hahn dans la baie Orange et dans la baie Packsaddle, le 29 mars, le 11 juillet et le 28 août 1883. Les mâles de la baie Packsaddle avaient les yeux d'un vert d'émeraude, comme les *Ph. brasiliensis* en plumage de noces rapportés par M. Jelski de la côte du Pérou et décrits par M. Taczanowski. La couleur de l'iris paraissait seulement un peu plus pâle (vert d'eau clair) chez une des femelles de la baie Orange (1er juillet 1883), tandis qu'elle était complètement différente (brun clair, légèrement blanche) chez les deux autres femelles de la même localité (19 mai et 8 juillet 1883), qui étaient cependant revêtues de la livrée de l'adulte. Enfin M. Jelski nous apprend que chez les jeunes l'œil est d'un gris verdâtre assez foncé.

La femelle obtenue le 19 mai 1883 avait en outre la mandibule supérieure noire en dessus, couleur de corne brune sur les côtés, la mandibule inférieure couleur de corne blonde foncée, tirant légèrement au noirâtre sur les bords, les parties nues des côtés de la face bleuâtres vers la paupière inférieure et d'un jaune clair à la base de

---

(1) Cette île est située près de la côte orientale de Patagonie, par 47°6'20" de latitude sud.

la mandibule inférieure, et les tarses noirs. Chez la femelle tuée le 1^er^ juillet, les pattes étaient de la même couleur, mais le bec était blanchâtre sur les côtés et en dessous, noirâtre sur le dos de la mandibule supérieure; les parties nues étaient d'un jaune citron près de la commissure du bec, et la membrane comprise entre les branches de la mandibule inférieure offrait une coloration d'un brun rougeâtre. Enfin chez la femelle tuée le 8 juillet, le bec était noirâtre le long de l'arête, jaune citron très pâle sur les bords de la mandibule supérieure et sur la mandibule inférieure; les tarses étaient noirs et les parties dénudées d'un blanc jaunâtre autour des yeux et d'un jaune citron pâle à la base du bec.

Les Fuégiens donnent à ce Cormoran le nom de *Yéyachah*.

### 64. Phalacrocorax carunculatus.

(*Pl.* 6.)

**Pelecanus carunculatus** et **P. cirrhatus** Gmelin, *Syst. Nat.*, 1788, t. I, p. 576, n^os^ 25 et 28.

**Phalacrocorax imperialis** Ph.-P. King, *Proceed. zool. Soc. Lond.*, 1830, t. I, p. 30.

— Ph.-L. Sclater et O. Salvin, *Proceed. zool. Soc. Lond.*, 1878, p. 652, n° 8, et *Voy. of the « Challenger »*, *Report on Birds, Steganopodes*, p. 120 et pl. XXV.

— R.-B. Sharpe, *Zool. collect. made during the Survey of H. M. S. « Alert »*, *Proceed. zool. Soc. Lond.*, 1881, p. 11, n° 35.

**Carbo albiventer** Lesson, *Traité d'Ornith.*, 1831, p. 604, n° 2.

**Carbo cirrhatus** et **C. purpurascens** Brandt, *Bull. Acad. Sc. Saint-Pétersb.*, 1838, t. III, p. 56.

**Hypoleucus cirrhatus, Urile (Leucocarbo) carunculatus** et **U. (L.) purpurascens** Ch.-L. Bonaparte, *Consp. Av.*, 1857, t. II, p. 174, 176 et 177.

**Phalacrocorax carunculatus** J. Gould, Darwin, *Voy. « Beagle », Zool., Birds*, 1841, p. 145.

— Ph.-L. Sclater, *Cat. Birds Falkland Islands, Proceed. zool. Soc. Lond.*, 1859, p. 391, n° 56.

**Phalacrocorax carunculatus** Ph.-L. Sclater et O. Salvin, *Third List of Birds collected by Dr Cunningham, Ibis*, 1870, p. 499, n° 12, et p. 504, n° 12. — *Nom. Av. neotr.*, 1873, p. 124.

**Phalacrocorax cirrhatus** et **Ph. purpurescens** Ph.-L. Sclater, *On Chilian Birds, Proceed. zool. Soc. Lond.*, 1867, p. 340, nos 27 et 29.

**Phalacrocorax cirrhatus** Ph.-L. Sclater et O. Salvin, *On the Birds collected in the straits of Magellan by Dr Cunningham, Ibis*, 1868, p. 189, n° 41, et *Second List, Ibis*, 1869, p. 284, n° 27.

**Phalacrocorax carunculatus** Alph. Milne Edwards, *Faune des régions australes, Ann. Sc. Nat., Zool.*, 1882, 6e série, t. XIII, art. n° 4, p. 27.

**?Haliaeus (Hypoleucus) verrucosus** J. Cabanis, *Journ. f. Ornith.*, 1875, p. 450.

— J. Cabanis et A. Reichenow, *Ibid.*, 1876, p. 359 et pl. I.

**?Phalacrocorax verrucosus** R.-B. Sharpe, *Zool. of Kerguelen*, p. 49.

— Ph.-L. Sclater et O. Salvin, *Zool. collect. of « Challenger », Proceed. zool. Soc. Lond.*, 1878, p. 652, n° 9, et *Voy. of the « Challenger », Rep. on the Birds, Steganopodes*, p. 122, n° 9 et pl. XXVI.

— H. Filhol, *Mission de l'île Campbell*, 1885, p. 82.

Le Cormoran à caroncules a été rencontré au Chili par M. Gay et par les naturalistes de l'expédition de l'*Astrolabe* (*Voyage au pôle sud*), à Chiloé par les naturalistes de l'expédition autrichienne de la *Novara*, aux Malouines par Quoy et Gaimard (1) et par le capitaine Abbott, à Port Saint-Julien (Patagonie) par Ch. Darwin, à Santa-Magdalena et dans le détroit de Magellan par le Dr Cunningham, dans l'été 1867-1868, à Punta-Arenas par M. l'amiral Serres, commandant la *Magicienne*, qui a rapporté trois exemplaires de cette espèce au Muséum en 1877, à Missioneros et sur les bords du Rio Gallegos par MM. Lebrun et de Lartigue au mois de novembre 1882 et en juin 1883, dans les parages de la Terre de Feu, sur la Terre des États et à l'ile Dawson

(1) Lors du voyage de l'*Uranie*. C'est de cette expédition et de cette localité que provenait le type du *C. albiventer* Less., qui a dû être réformé il y a quelques années. M. le Dr Hyades mentionne également dans ses notes la capture d'un *Phalacrocorax carunculatus* faite au sud des Malouines par le capitaine Willis, de l'*Allen Gardiner* qui a donné à la Mission française la dépouille de ce spécimen (femelle ?).

en 1882 et 1883 par MM. les Drs Hyades et Hahn et par MM. Sauvinet, Steimann et Lebrun. La Mission du cap Horn a même obtenu un nombre si considérable de *Phalacrocorax carunculatus* que l'énumération en deviendrait fastidieuse. Je dirai seulement que ces oiseaux, d'âges et de sexes différents, ont été tués, les uns dans la baie Bon-Succès, au sud de la Terre de Feu, le 30 octobre, d'autres dans la baie Cook (Terre des États) le 17 et le 19 novembre 1882, d'autres à la baie Orange, à la baie Lort et à la baie Stockwell, le 6, le 8, le 16 et le 17 février, le 5, le 10, le 16 et le 24 mars, le 17 et le 25 mai et le 29 juin 1883; d'autres, dans l'anse Indienne, dans la baie Doze et dans le canal Hahn (New Year Sound), le 4 et le 9 avril et le 29 juillet 1883, d'autres enfin dans la baie du 14 Juillet (île Button), le 14 juillet 1883.

En outre, je relèverai sur les étiquettes ou sur les carnets de notes des naturalistes attachés à la Mission du cap Horn les indications suivantes, relatives aux couleurs des yeux, des pattes et des parties nues, et au contenu de l'estomac chez quelques-uns des oiseaux abattus :

1° Mâle tué le 30 octobre 1882, dans la baie Bon-Succès : iris brun clair, bec d'un gris sale, pattes couleur de chair.

2° Mâle tué le 17 novembre 1882, dans la baie Cook (Terre des États) : iris gris foncé, paupières et parties nues bleues; pattes couleur de chair.

3° Femelle tuée le 8 février à la baie Orange : iris jaune, peau dénudée jaune citron sur les côtés de la face et bleue à la base du bec; mandibules noires passant au brun à l'extrémité; tarses noirâtres, avec des plaques grisâtres sur leur face antérieure.

4° Jeune mâle tué à la baie Lort, au sud de la baie Orange, le 16 février 1883 : iris jaune; peau nue à la base du bec bleue; mandibules noires avec l'extrémité brune; tarses couleur de chair.

5° Femelle tuée en même temps que l'individu précédent : mêmes caractères, sauf que la peau nue au-dessus du bec est rose, la membrane sous la mandibule inférieure jaune citron; en outre, les membranes interdigitales sont d'une teinte grisâtre foncée.

6° Mâle tué le 5 mars 1883 à la baie Orange : iris brun; bec noir, passant à la couleur corne blonde à l'extrémité des deux mandibules, et au gris perle foncé à la base de la mandibule inférieure; tarses d'un blanc grisâtre; parties nues d'un rouge brique à la base de la mandibule inférieure et autour des yeux et d'un gris noirâtre au-dessus de la mandibule supérieure; estomac renfermant des restes de Poissons.

7° Mâle tué le 10 mars 1883 à la baie Orange : mêmes caractères que chez la femelle de la baie Lort, sauf que l'iris est brun et la membrane sous la mandibule inférieure d'un gris perle foncé.

8° Mâle tué le 24 mars 1883 à la baie Orange : iris gris; bec noir en dessus, gris perle sur la mandibule inférieure et couleur corne blonde foncée sur la lisière de la mandibule supérieure; tarses d'un brun marron; parties dénudées d'un brun marron foncé au-dessus de la base du bec, et d'une teinte jaunâtre au-dessous de la mandibule inférieure.

9° Femelle tuée le 30 mars 1883 dans l'anse Indienne : iris brun; bec blanchâtre; tarses couleur de chair; estomac contenant des restes de petits Poissons et de Crevettes.

10° Mâle (?) tué et apporté à la baie Orange par les Fuégiens, le 27 avril 1883 : iris brun; bec de couleur corne blonde, plus foncée sur la mandibule supérieure; tarses d'un gris blanchâtre un peu rosé; parties nues brunâtres autour des yeux et brunes au-dessus du bec.

11° Femelle tuée et apportée à la baie Orange par les Fuégiens, le 5 mai 1883, iris brun; bec noir, tarses blanchâtres tirant au rose chair; membranes interdigitales grisâtres; peau nue d'un rouge tirant au jaune autour des yeux et noire au-dessus du bec.

12° Femelle tuée le 17 mai 1883 à la baie Orange : iris d'un brun très clair, bec brun passant à la couleur corne blonde à l'extrémité des deux mandibules; tarses blanchâtres nuancés de rose; peau nue colorée en violet autour des yeux, en brun au-dessus de la mandibule supérieure, en jaune clair à reflets dorés sur les côtés de la face, en jaune un peu verdâtre au-dessous de la mandibule inférieure.

13° Femelle tuée à la même date, dans la même localité : iris brun; bec brun, plus clair à l'extrémité que dans le reste de sa longueur; tarses grisâtres, nuancés de rose sur leur face antérieure; parties nues colorées en brun au-dessus du bec, en bleuâtre autour des yeux, en marron jaunâtre sur les côtés de la face, en rose chair sous la mandibule inférieure.

14° Femelle tuée le 29 juin 1883 dans la même localité : iris brun;

bec noirâtre passant à la couleur corne blonde à l'extrémité des mandibules; tarses blanchâtres, légèrement nuancés de rose sur le dessus des doigts; parties nues colorées en rouge autour des yeux, en noirâtre au-dessus du bec, en jaune verdâtre clair au-dessous de la mandibule inférieure.

15° Femelle tuée le 29 juillet 1883 dans la baie Stockwell, près de la baie Orange, avec trois autres femelles qui portaient également une huppe et offraient exactement les mêmes caractères : iris d'un brun clair, bec noirâtre avec la pointe couleur de corne brune; tarses d'un gris blanchâtre nuancés de rose en dessus, d'un gris noirâtre en dessous; peau nue colorée en jaune d'ocre sur les côtés de la face et en noirâtre au-dessus du bec.

16° Mâle tué sur l'île Dawson par M. Steimann : iris jaune orange clair.

17° Femelle tuée sur les bords du Rio Gallegos par M. Lebrun : paupières bleues et pattes roses.

D'un autre côté, Darwin nous apprend que les Cormorans à caroncules qu'il a trouvés nichant en grand nombre à Port Saint-Julien, au mois de janvier, avaient la peau nue autour des yeux d'un bleu *campanule*, les caroncules d'un rouge safran mélangé de rouge cambodge, les marques entre les yeux et l'angle du bec couleur orpiment et les tarses d'un rouge écarlate.

Enfin je relève sur des notes manuscrites de J. Verreaux :

Femelle prise à Talcahuano (Voyage de l'*Astrolabe*, Musée de Paris) : iris noir vert; bec et pattes rouges ([1]).

Il résulte de ces renseignements que la couleur des pattes chez le *Phalacrocorax carunculatus* est d'un blanc tantôt grisâtre, tantôt rosé, que la couleur de l'iris varie du gris au jaune et au brun, et que celle de la peau dénudée autour des yeux et des caroncules voisines du bec passe du brun au jaune, à l'orangé, au rouge et au bleu. Ces différences de coloration dépendent de l'âge et des saisons et, d'une façon générale, toutes les teintes sont beaucoup plus vives chez l'adulte pendant la saison de la nidification, qui correspond à notre automne ([2]); c'est

([1]) Par *bec* il faut entendre probablement *la base du bec*.

([2]) Des œufs de *Ph. carunculatus* ont été recueillis le 4 octobre 1867 par M. le Dr Cunningham sur l'île Santa-Magdalena.

alors que le tour des yeux est d'un bleu vif, que les caroncules s'injectent, que les membranes se colorent en jaune orangé et que les pattes prennent des tons clairs, en même temps que de petites plumes blanches se montrent sur le cou et sur les tempes; au contraire, pendant l'hiver austral, qui correspond à notre été, les membranes se décolorent, les caroncules s'effacent et les pattes deviennent grisâtres.

Le nom fuégien de cette espèce est *Ouçanim*, *Ouçanim Chatoukh* (¹) ou bien encore *Ouçanim Chatouckh*.

Beaucoup d'auteurs (²) rapportent à une seule et même espèce qu'ils appellent *Phalacrocorax carunculatus*, des Cormorans qui vivent les uns sur les îles Malouines ou sur les côtes de l'Amérique australe, d'autres aux îles Crozet (³), à l'île Pitt, par le travers de la Nouvelle-Zélande, d'autres encore sur l'île Kerguelen. Certains ornithologistes au contraire (⁴) reconnaissent parmi ces oiseaux plusieurs espèces distinctes, appelant *Phalacrocorax imperialis* (King) les Cormorans du cap Horn, *Ph. albiventris* (Lesson) ceux des îles Malouines, *Ph. verrucosus* (Cab.) ceux de Kerguelen, et réservant le nom de *Ph. carunculatus* aux Cormorans de la Nouvelle-Zélande. Quoique la question ne puisse être résolue que par l'examen d'un grand nombre de spécimens, de diverses provenances, la première opinion, celle qui n'admet l'existence que d'une seule espèce largement répandue, me parait, dès maintenant, de beaucoup la plus vraisemblable. Quels sont en effet les motifs que l'on invoque pour séparer les Cormorans de la Patagonie et du cap Horn de ceux de la Nouvelle-Zélande? C'est l'absence de huppe, chez le *Ph. imperialis*, ainsi que l'étendue plus grande de la teinte blanche des parties inférieures qui remonte sur les joues et la présence d'une large

---

(¹) Ce deuxième nom s'applique spécialement aux individus adultes, en plumage de noces et pourvus d'une huppe, *Chatoukh* en fuégien signifiant huppe ou aigrette.

(²) Alph. Milne-Edwards, *op. cit.*, p. 28. — Schlegel, *Mus. des Pays-Bas*, *Pelecani*, p. 21. — Elliott Coues, *Bull. Un. St. Nat. Mus.*, n° 2, p. 7. — Buller, *Birds of New Zealand*, p. 331 et pl. XXX, fig. 1, etc.

(³) Alph. Milne-Edwards, *loc. cit.*, d'après une note manuscrite de J. Verreaux qui avait eu sous les yeux deux spécimens des îles Crozet envoyés par M. Layard à M. Edouard Verreaux, en 1859.

(⁴) Voyez notamment Ph.-L. Sclater et O. Salvin, *Voy. of the « Challenger », Report on the Birds, Steganopodes*, p. 120.

tache blanche sur le milieu de la région dorsale. Or un individu mâle rapporté de Patagonie (Missioneros) par la Mission française de Santa-Cruz et tué par l'un des officiers du *Volage* offre déjà quelques plumes blanches sur la région dorsale, et d'autre part plusieurs individus obtenus par les naturalistes de la Mission du cap Horn ont une huppe très développée et recourbée en avant ([1]). Par l'absence de tache blanche sur le dos, ces Cormorans ressemblent aux *Ph. verrucosus* de Kerguelen, mais ils en diffèrent, en revanche, parce qu'ils possèdent des bandes obliques, d'un blanc pur, sur la partie antérieure de l'aile. Toutefois, ces bandes blanches varient de largeur d'un spécimen à l'autre, et même d'une aile à l'autre chez les mêmes individus, de telle sorte que l'un des caractères invoqués pour séparer le *Ph. verrucosus* du *Ph. imperialis* ne semble pas constant. D'un autre côté, chez certains Cormorans de l'Amérique australe, les plumes remontent jusque vers le menton en dessinant une pointe, tandis que chez d'autres elles laissent à découvert un espace demi-circulaire, de façon qu'il est impossible d'attacher la moindre importance au caractère tiré de la disposition des plumes de cette région, caractère que M. Cabanis fait intervenir dans la distinction du *Ph. verrucosus* et du *Ph. caruncululatus*. Enfin, s'il fallait réserver un nom spécial aux Cormorans de la Nouvelle-Zélande, ce serait certainement celui de *Phalacrocorax cirrhatus* (Gm.), puisque, sous le nom de *Ph. caruncululatus*, Gmelin a confondu des oiseaux de la Nouvelle-Zélande et de la Terre des États.

### 65. Phalacrocorax magellanicus.

**Pelecanus magellanicus** Gmelin, *Syst. Nat.*, 1788, t. I, p. 576, n° 26.

**Carbo magellanicus** Forster, *Descr. Anim.*, p. 356, et *Icon. inéd.*, p. 105.

---

([1]) Il faut remarquer d'ailleurs que si MM. Sclater et Salvin disent que les Cormorans rapportés de l'Amérique australe par l'expédition du *Challenger n'ont pas de huppe* (*having no crest, crista nulla*), King, dans sa description originale du *Phalacrocorax imperialis*, écrit au contraire *Phalacrocorax capite cristato*. De même MM. Sclater et Salvin (*Voy. of the « Challenger »*, *loc. cit.*) rangent parmi les espèces *dépourvues de huppe* le *Phalacrocorax verrucosus*, qui sur la planche du *Journal für Ornithologie* (1876, pl. I) est représenté avec une petite touffe de plumes redressées.

**Carbo magellanicus** Hombron et Jacquinot, *Voy. au Pôle sud, Zoologie, Oiseaux*, pl. XXXI *bis*, fig. 1.

**Phalacrocorax sarmentiosus** et **Ph. erypthros** King, *Proceed. zool. Soc. Lond.*, 1830, p. 30.

**Carbo leucotis** Cuvier, *Mus. de Paris* (*nec auct.*).

**Carbo leucotis** Pucheran, *Étude sur les types peu connus du Musée de Paris, Rev. et Mag. de Zoologie*, 1850, p. 536.

**Phalacrocorax erythrops** King, *Proceed. zool. Soc. Lond.*, 1831, p. 30.

**Phalacrocorax magellanicus** Ch.-L. Bonaparte, *Consp. Av.*, 1857, t. II, p. 177.

— Ph.-L. Sclater, *Cat. Birds Falkland Islands, Proceed. zool. Soc. Lond.*, 1859, p. 391, n° 57.

— Ph.-L. Sclater et O. Salvin, *Third List of Birds collected by Dr Cunningham, Ibis*, 1870, p. 499, n° 13. — *Nom. Av. neotrop.*, 1873, p. 124.

— Alph. Milne-Edwards, *Faune des régions australes, op. cit.*, ch. V, p. 26.

— R.-B. Sharpe, *Zool. coll. made during the Survey of H. M. S. « Alert »*, *Proceed. zool. Soc. Lond.*, 1881, p. 11, n° 34.

Le Cormoran de Magellan, que les marins connaissent sous les noms de *Nigaud* et de *Ninnie*, est très commun dans les parages du cap Horn et dans l'archipel des Malouines, où il niche en colonies nombreuses et où il a été observé successivement par Pernetty ([1]), par Quoy et Gaimard ([2]), par Lesson et Garnot ([3]), par le capitaine Abbott ([4]) et par le Dr Coppinger, chirurgien de l'*Alert* ([5]).

L'expédition commandée par Dumont d'Urville a rapporté quelques individus de cette espèce pris à l'île Magdalena et à Port Famine; le Dr Cunningham a rencontré ces oiseaux à Port Churrucha et à Port Tasseras, en 1869; d'autres spécimens, provenant d'Eden (Patagonie), ont été donnés au Muséum, à une date beaucoup plus récente, en 1877, par M. l'amiral Serres, commandant la *Magicienne;* enfin la Mission

---

([1]) *Voyage aux Malouines*, t. II, p, 23.

([2]) Voyage de *l'Uranie*. Muséum d'Histoire naturelle de Paris : 1 spécimen.

([3]) Voyage de la *Coquille*. Muséum d'Histoire naturelle de Paris : 1 spécimen.

([4]) *Voir Ibis*, 1861, p. 167.

([5]) R.-B. Sharpe, *Op. cit., P. z. S.* 1881, p. 11, n° 34. Trinidad Channel, 27 fév. 1879.

du cap Horn a pu réunir une série très nombreuse de ces Cormorans, capturés dans les localités suivantes :

1° Baie Orange, 26 et 28 septembre, 1er, 7 et 12 octobre, 21 et 30 décembre 1882; 1er février, 5, 7, 10, 13, 15, 18, 23 et 25 mars, 27 avril, 7, 12 et 27 mai, 23 juin, 3, 8, 10, 15 et 26 juillet 1883;

2° Anse Saint-Martin, dans l'île l'Hermite, 15 et 16 décembre 1882;

3° Anse Louise, canal de la Romanche, 9 et 15 avril 1883;

4° Baie Maxwell, dans le nord-ouest de l'archipel du cap Horn, 27 juin 1883.

Le Cormoran pris à l'île Magdalena par MM. Hombron et Jacquinot avait les yeux noirs, le bec noir, les caroncules orangées et les tarses rouges; au contraire, chez trois femelles tuées au vol ou posées sur l'eau, à la baie Orange, le 28 septembre, le 1er et le 8 octobre 1882, le bec était toujours noir; la peau nue, autour des yeux et au-dessus du bec, était également de couleur noire, et les tarses offraient une couleur très foncée, noire ou brune. Chez un mâle tué au vol, le 1er décembre 1882 dans le sud de la Mission, durant une excursion en baleinière, les caractères étaient les mêmes que chez la femelle tuée le 28 septembre; seulement les tarses, noirs en dessous, étaient marbrés en dessus de rose chair et de noirâtre, cette dernière teinte allant en augmentant d'intensité du dedans en dehors; en outre, l'iris était jaune. Un mâle, tué à la baie Orange le 5 mars 1883, avait le bec noirâtre, passant à la couleur corne blonde à l'extrémité des mandibules, les parties nues des côtés de la tête d'un rouge brique, la membrane au-dessus du bec noire, les tarses noirs et les yeux bruns. Mêmes caractères chez six mâles tués le 7, le 10, le 13 et le 15 mars 1883 dans la même localité; seulement, chez un de ces individus, la couleur corne blonde de la base des mandibules était beaucoup plus foncée, et, chez un autre, l'iris était d'un jaune tirant sur le rouge, et la base des doigts ainsi que les membranes interdigitales offraient une teinte rouge chair foncée. Quatre femelles, tuées le 18 mars 1883, à la baie Orange ne présentaient que de légères différences avec les spécimens précédents; toutefois, chez deux d'entre elles, les parties nues étaient d'une teinte noirâtre foncée, et, chez les deux autres, la membrane au-dessus du bec était d'un brun marron, le bec noir, avec l'extrémité couleur de corne brune, les yeux bruns, les pattes d'un brun noirâtre avec les membranes interdigitales noires, la peau nue au-dessous des yeux d'un brun marron, et celle de la région au-dessous de la mandibule inférieure d'un brun rougeâtre.

Une autre femelle, tuée le 23 mars, à la baie Orange, avait le bec noir, passant à la couleur corne brune à l'extrémité des mandibules, la membrane au-dessus du bec d'un marron tirant au noir, la peau nue des côtés de la face, au-dessous de la paupière inférieure, de couleur rose, et celle de la région située sur le bec de couleur noire, les pattes noires et les yeux bruns. Un autre individu, qui a été tué le 27 avril par les Fuégiens, et dont le squelette a été seul conservé, portait un plastron blanc et offrait de petites taches blanches à la naissance de la gorge; son bec était noir, de même que la membrane adjacente, mais la peau nue autour des yeux était d'un rouge vermillon; les yeux étaient bruns et les pattes noirâtres.

Chez une femelle prise le 27 mai 1883, toujours dans la même localité, les pattes étaient d'un gris blanchâtre, passant au noirâtre sur les doigts, la partie externe des tarses et les parties nues d'un rouge framboise, tandis qu'un mâle tué le 23 juin avait les yeux d'un brun clair, le bec et les tarses noirs et les parties dénudées noires au-dessus du bec et un peu rougeâtres autour des yeux. D'après une maquette exécutée par M. le Dr Hahn, la couleur rouge était beaucoup plus vive et s'étendait jusque dans le voisinage du bec chez une femelle tuée le 27 juin 1883 dans la baie Maxwell; mais les yeux étaient bruns et le bec noir, comme chez le mâle de la baie Orange. Même coloration rouge intense (rouge vermillon) des parties nues autour des yeux chez un autre mâle tué le 8 juillet 1883 à la baie Orange, et ici encore l'iris était brun, le bec noir, avec une peau noire dans le voisinage de la mandibule supérieure; quant aux pattes, elles offraient une teinte noire sur la face inférieure des tarses, blanchâtre ou un peu rosée sur la face supérieure et sur les membranes interdigitales.

Une femelle, tuée le 10 juillet à la baie Orange, avait la tête surmontée d'une aigrette, le bec noir, passant à la couleur corne brune à la pointe, les yeux bruns, les pattes blanchâtres, nuancées de rose chair, avec une teinte noire sur la face postérieure des tarses et sur la pulpe des phalanges. Un mâle, tué cinq jours plus tard au même endroit, présentait la même coloration du bec et des pattes; mais la membrane voisine du bec était plutôt noirâtre que noire et la peau nue des côtés de la face était d'un brun marron foncé. Au contraire, cette peau offrait une couleur rouge fraise clair chez une femelle tuée le 17 juillet; les tarses, noirâtres en arrière, étaient d'un gris noirâtre sur leur face antérieure, et le bec, de couleur noirâtre, allait en s'éclaircissant vers la pointe de la mandibule inférieure. Chez une autre femelle qui fut tuée le 26 juillet 1883, à la baie Orange, et qui excita l'admiration des Fuégiens, la nuance rouge du ton des yeux était un peu différente et tirait au rouge framboise; mais les pattes étaient encore d'un gris noirâtre, les mandibules noires avec la pointe couleur de corne brune foncée; enfin, chez une femelle prise dans le canal de la Trinité par le D^r^ Coppinger, le 27 février 1879, les yeux étaient d'un brun rougeâtre, les paupières et la peau verruqueuse voisine du bec rouge sang, les pattes grises en avant et noirâtres en arrière. On voit par cette longue énumération que la coloration du bec, des pattes, des yeux et des parties nues des côtés de la face est sujette, chez les Cormorans de Magellan, à de grandes variations qui ne paraissent pas toujours dépendre de l'âge ou du sexe, puisqu'on observe des différences sur des individus, tous mâles ou tous femelles, tués à quelques jours de distance dans la même localité. A ces variations se joignent d'ailleurs des modifications individuelles dans les couleurs du plumage. Ainsi, parmi les spécimens rapportés par la Mission du cap Horn, il y en a qui portent un costume de transition, avec la région abdominale mouchetée de blanc sur fond noir, et d'autres qui ont le ventre d'un blanc pur; en outre, parmi ces derniers, et même parmi les autres, on observe quelques individus qui, au lieu d'avoir le cou d'un noir bleuâtre uniforme, portent une tache blanche sur le devant de la gorge, tache accompagnée parfois de deux marques blanches sur les oreilles et de quelques plumes blanches piliformes sur les tempes ou sur la région postérieure des flancs. Un exemplaire, obtenu à l'île Magdalena par MM. Hombron et Jacquinot (Voyage au pôle Sud), a même toute la partie antérieure du cou largement maculée de blanc. Or le *Graculus Bougainvillii* qui a été décrit par Lesson dans la Zoologie du *Voyage de la « Thétis »* (1), et qui est identique au *Carbo albigula* de Brandt (2), a précisément pour caractères une grande tache blanche sur le menton, tache à la rencontre de laquelle s'avance, sans l'atteindre cependant, la teinte blanche de l'abdomen. On signale encore, il est vrai, chez le Cormoran de Bougainville, qui serait propre, dit-on, aux îles du Chili et du Pérou, un développement considérable du bec et la présence de liserés noirs sur les couvertures des ailes. Mais cette dernière particularité existe aussi chez le Cormoran de Magellan. En tous cas, les caractères indiqués ont peu d'importance, et, comme l'a fait observer M. Alph. Milne-Edwards, il est bien difficile de distinguer le *Ph. Bougainvillii* du *Ph. magellanicus*, lorsque le plumage n'a pas encore atteint son développement ultime.

Le *Phalacrocorax Campbelli*, décrit par M. le Dr H. Filhol (3) d'après deux individus, mâle et femelle, rapportés de son voyage à l'île Campbell, est intermédiaire aux *Ph. Bougainvillii* et *magellanicus*; il ne diffère même pas autant de ce dernier que le supposait M. Filhol, qui avait eu sous les yeux une série de Cormorans beaucoup moins complète que celle que j'ai pu examiner. Parmi les Cormorans de Magellan, j'ai vu en effet plusieurs spécimens qui avaient la tache gulaire blanche aussi nette et la face presque aussi dénudée que les oiseaux de Campbell; en revanche, ceux-ci, je dois le reconnaître, ont le bec et les tarses notablement plus courts que les Cormorans de Bougainville; mais sous ce rapport encore, ils ressemblent à l'espèce de Magellan, dont, à mon avis, ils représentent une simple race, à plus forte raison encore que le *Ph. Bougainvillii*.

Ainsi que M. Alph. Milne-Edwards l'a fait remarquer (4), c'est à cette race qu'appartiennent les Cormorans dont M. Hutton a parlé sous le nom de *Phalacrocorax magellanicus* (5) et probablement aussi

(1) P. 331. — *Compl. à Buffon*, 2e édit., p. 731. — *Phalacrocorax Bougainvillii* Taczanowski, *Ornith. du Pérou*, t. III, p. 430, n° 1282.

(2) *Bull. Acad. Saint-Pétersbourg*, t. III, p. 57.

(3) *Bull. de la Soc. philomathique*, 1878, 2e série, t. II, p. 132, et *Mission à l'île Campbell*, p. 55.

(4) *Faune des régions australes*, in *Ann. des Sc. nat., Zoologie*, 6e série, t. XIII, art. n° 4, p. 29.

(5) *Trans. N. Zealand. Inst.*, t. XI, p. 338.

quelques spécimens obtenus à l'île Auckland par l'expédition de l'*Astrolabe* (Voyage au pôle Sud).

Quant au *Carbo leucotis* de G. Cuvier, dont le type, originaire des Malouines, se trouve encore au musée de Paris, c'est tout simplement un *Ph. magellanicus* ayant la gorge et les côtés de la tête tachetés de blanc, comme certains spécimens rapportés par la Mission du cap Horn.

La présence de débris de petits Poissons dans l'estomac de plusieurs de ces oiseaux nous indique clairement quel est le régime habituel du Cormoran de Magellan. Cette espèce est appelée par les Fuégiens *Alaouo* et *Alaouo chatoukh*, ce dernier nom s'appliquant aux individus munis d'aigrettes.

### 66. Phalacrocorax Gaimardi.

**Pelecanus Gaimardi** Garnot, *Zool. du Voy. de la « Coquille »*, pl. XXXVIII.

**Carbo Gaimardi** Lesson, *Traité d'Ornith.*, 1831, p. 605.

**Phalacrocorax Gaimardi** G.-R. Gray, *List B. Brit. Mus.*, 1844, p. 186.
— Ph.-L. Sclater et O. Salvin, *Nom. Av. neotr.*, 1873, p. 124.
— L. Taczanowski, *Ornith. du Pérou*, 1886, t. III, p. 431, n° 1283.

**Sticticarbo Gaimardi** Ch.-L. Bonaparte, *Consp. Av.*, 1857, t. II, p. 174, n° 162, 1.
— Alph. Milne-Edwards, *Faune des régions australes*, ch. VII, p. 30.

M. Lebrun a obtenu à Port-Désiré (Patagonie) un individu de cette espèce, qui s'avance par conséquent plus loin vers le Sud qu'on ne le supposait. Le type du *Ph. Gaimardi* de Garnot a été pris dans le sud de Lima par les naturalistes attachés à l'expédition de la *Coquille*. C'est également du Pérou (île San Lorenzo) que proviennent trois spécimens donnés au Muséum par M. l'amiral Serres et plusieurs exemplaires conservés au musée de Varsovie.

Il est assez remarquable que, le *Phalacrocorax magellanicus* étant représenté dans les parages de la Nouvelle-Zélande par une race peu distincte, le *Ph. Gaimardi* ait de son côté des proches parents dans la même région, savoir les *Ph. Feathersoni* Buller [1] et *punctatus* Gray [2].

### 67. Diomedea exulans.

**L'Albatros** Brisson, *Ornith.*, 1760, t. VI, p. 126.

**L'Albatros du cap de Bonne-Espérance** Daubenton, *Pl. enl. de Buffon*, 1770, pl. CCXXXVII.

**Diomedea exulans** Linné, *Syst. Nat.*, 1766, t. I, p. 214.
— Vieillot, *Galerie des Oiseaux*, p. 234 et pl. CCXCIII.
— J. Gould, *Birds Austral.*, t. VII, pl. XXXVIII.
— Fanning, *Voyage round the world*, p. 87.
— Abbott, *Birds of the Falkland, Ibis*, 1861, t. III, p. 165.
— E. Coues, *Proceed. Acad. Philad.*, 1866, p. 171.
— Ph.-L. Sclater et O. Salvin, *On the Birds collected in the Straits of Magellan by D^r Cunningham, Ibis*, 1869, p. 284, n° 23.
— O. Salvin, *Zool. coll. made during the voyage of H. M. S. « Challenger ». Rep. on Birds, Procellariidæ, Proceed. zool. Soc. Lond.*, 1878, p. 740, et *Voy. of the « Challenger », Procellariidæ*, p. 147, n° 19.
— R.-B. Sharpe, *Trans. « Venus » Exped., Birds of Kerguelen*, p. 45.
— Alph. Milne-Edwards, *Faune des régions australes*, *op. cit.*, 1882, ch. III, p. 5, et carte.
— H. Filhol, *Mission de l'île Campbell*, 1885, p. 44.
— L. Taczanowski, *Ornith. du Pérou*, 1886, t. III, p. 461, n° 1309.

Chacun sait que l'Albatros géant, ou *Mouton du Cap*, ne se rencontre pas seulement dans les parages du cap de Bonne-Espérance, mais qu'il fait le tour du globe, et qu'il est très commun autour des îles Saint-Paul et d'Amsterdam et dans les parages de l'Australie et de la Nouvelle-Zélande. Il niche sur les îles Campbell, Kerguelen, du Prince-Édouard, de Tristan d'Acunha, ainsi que dans la Géorgie australe [3], visite assez

(1) *Ibis*, 1873, p. 90, et *Birds N. Zealand*, p. 338 et pl. XXXII.
(2) *Dieffenbach's Travels in N. Zealand*, t. II, p. 201. — Buller, *Birds N. Zealand*. p. 334 et Pl. XXXI. — Alph. Milne-Edwards, *op. cit.*, p. 30.
(3) *Voyez*, au sujet de la nidification de cette espèce, Filhol, *op. cit.*, et *Voy. of « Challenger », Procellariidæ*, p. 147.

régulièrement les Sandwich et s'égare parfois, dit-on, sur les côtes de l'Amérique septentrionale; enfin, il ne doit pas être rare dans les parages de la Patagonie australe. En effet, plusieurs individus de cette espèce ont été tués ou observés par Fanning aux îles Malouines, par le Dr Cunningham sur les îles Chonos (le 27 mai 1868), par M. l'amiral Serres dans le golfe de Penas (1877), et par les naturalistes attachés à la Mission du cap Horn dans l'anse Saint-Martin (île l'Hermite), le 16 décembre 1882, à la baie Orange (27 mars 1883), à Port-Maxwell (30 juin 1883) et sur l'île Button (26 juillet 1883).

L'Albatros tué à la baie Orange avait la base du bec blanchâtre, l'extrémité des mandibules rose chair, les tarses d'un blanc mat et les yeux bruns. Le *Diomedea exulans* est appelé *Karapou* par les Fuégiens.

### 68. Ossifraga gigantea.

**Giant Petrel** Latham, *Gen. Synops.*, t. VI, p. 390, et pl. C.

**Procellaria gigantea** Gmelin, *Syst. Nat.*, 1788, p. 563.

— J. Gould, *Birds Austral.*, t. VII, p. 407, et Darwin, *Voy.* « *Beagle* », *Zoology*, t. III, *Birds*, p. 139.

**Ossifraga gigantea** Reichenbach, *Syst. Av.*, *Tubinares*, pl. XX, fig. 332.

— Ch.-L. Bonaparte, *Consp. Av.*, 1857, t. II, p. 186.

— R.-B. Sharpe, *Zool. of Kerguelen, Trans.* « *Venus* » *Exped.*, *Birds*, p. 32, et *Zool. coll. made during the Survey of H. M. S.* « *Alert* », *Proceed. zool. Soc. Lond.*, 1881, p. 11, n° 40.

— O. Salvin, *Zool. coll. made during the voyage of H. M. S.* « *Challenger* », *Proceed. zool. Soc. Lond.*, 1878, p. 737, et *Voy. of the* « *Challenger* », *Procellariidæ*, p. 143, n° 9.

— Alph. Milne-Edwards, *Faune des régions australes*, ch. V, p. 2.

Ce grand Pétrel, qui appartient presque exclusivement à la zone antarctique, a été signalé pour la première fois par les navigateurs dans les parages des Malouines, de la Terre de Feu et du cap Horn. C'est le *Quebranta Huesos* de Bougainville (1), le *Mouton* de Pernetty (2), le

(1) *Voyage autour du monde en* 1766-1769, p. 29.

(2) *Histoire d'un voyage aux îles Malouines*, t. II, p. 15, pl. VIII, fig. 3.

*Mother Cary's Goose* de Cook (1), le *Nelly* des marins anglais, le *Cordonnier* ou *Puant* des marins français. Il niche dans l'archipel des Malouines (2) et sur les iles voisines de la pointe australe de l'Amérique, près de la côte orientale de la Patagonie, notamment sur l'île des Lions marins, île Leones (3), ainsi que sur la terre de Palmers, dans l'île du Prince-Édouard et à Kerguelen (4), visite les iles Saint-Paul et Amsterdam (5), l'île de la Réunion, les côtes de la Tasmanie et de l'Australie, la Nouvelle-Zélande, l'île Campbell (6), et remonte parfois le long des côtes occidentales de l'Amérique jusqu'au niveau du 39e degré ou du 40e degré de latitude (7).

Quatre individus de cette espèce, tous mâles, ont été capturés par M. le Dr Hahn, dans la baie Orange le 8 octobre 1882, à Port-Maxwell le 20 décembre 1882 et le 27 juin 1883, et dans le New-Year Sound le 15 avril 1883. Un cinquième individu de même sexe a été tué sur l'île Dawson par M. Steimann, au mois de février 1883.

L'oiseau pris dans la baie Orange avait l'œil brun avec des taches plus claires irrégulières sur l'iris, le bec d'un gris verdâtre et les pattes grises, maculées irrégulièrement. Telles étaient aussi, à peu de chose près, les couleurs d'un mâle tué à Tom Bay, le 13 avril 1879, par le Dr Coppinger, chirurgien de l'*Alert*.

Les Fuégiens connaissent le Pétrel géant sous le nom d'*Ouichalam*.

## 69. Daption capensis.

**Le Pétrel tacheté** vulgairement appelé **Damier** Brisson, *Ornith.*, 1760, t. VI, p. 146.

**Procellaria capensis** Linné, *Syst. Nat.*, 1766, t. I, p. 213.

**Daption capensis** Stephens, *Gen. Zool.*, t. XIII, p. 241.

---

(1) *Voyage towards the South Pole in* 1772-1775, t. II, p. 205.
(2) Abbott, *Birds of the Falkland Islands*, in *Ibis*, 1861, p. 164.
(3) Darwin, *Voyage of the « Beagle »*, *Zool.*, t. III, *Birds*, p. 139.
(4) R.-B. Sharpe, *Zool. of Kerguelen*, *Birds*, p. 42.
(5) Ch. Vélain, *Faune des îles Saint-Paul et Amsterdam*, 1878, p. 49.
(6) H. Filhol, *Mission à l'île Campbell*, p. 51.
(7) Alph. Milne-Edwards, *Faune des régions australes*, in *op. cit.*, ch. V, § 2.

**Daption capensis** J. Gould, Darwin, *Voy. of the « Beagle », Birds*, p. 140, et *Birds Austral.*, t. VII, pl. LIII.

— E. Coues, *Proc. Acad. Philad.*, 1866, p. 163.

— Ph.-L. Sclater et O. Salvin, *Nom. Av. neotr.*, 1873, p. 149.

— O. Salvin, *Zool. coll. made during the Survey of H. M. S. « Challenger », Procellariidæ*, in *Proc. zool. Soc. Lond.*, 1878, p. 737, et *Voy. « Challenger », Rep. on the Birds, Procellariidæ*, p. 144, n° 11.

— R.-B. Sharpe, *Trans. « Venus » Exped., Zool. of Kerguelen, Birds*, p. 18, et *Zool. coll. made during the Survey of H. M. S. « Alert », Proceed. zool. Soc. Lond.* 1881, p. 12, n° 43.

— Alph. Milne-Edwards, *Faune des régions australes, Ann. des Sc. nat., Zool.*, 6e série, t. XIII, art. n° 4, p. 10, et carte pl. XV.

— L. Taczanowski, *Orn. du Pérou*, 1886, t. III, p. 465, n° 1315.

Il résulte des recherches de M. Alph. Milne-Edwards que le Pétrel damier a ses principales stations de reproduction au delà du cercle glacial et dans les parties les plus reculées de l'océan circompolaire austral, mais qu'il se plaît aussi sur les côtes de l'Australie et de la Nouvelle-Zélande, à Kerguelen, dans les parages du cap de Bonne-Espérance et sur les côtes de la partie méridionale du Nouveau-Monde ; mais qu'il ne fréquente nulle part les mers très chaudes. Aussi ne remonte-t-il pas aussi haut sur les côtes de l'Amérique dans l'Atlantique que dans le Pacifique, où un courant froid, venu du pôle, vient rafraîchir l'Océan.

Aux nombreux exemplaires de cette espèce que le Muséum d'Histoire naturelle possédait dejà et qui provenaient de quelques-unes des régions précitées, sont venus s'ajouter deux spécimens tués par les officiers du *Volage*, et sept spécimens rapportés par la Mission du cap Horn. Ces derniers ont été tous pris à la ligne entre le détroit de Lemaire et l'entrée du détroit de Magellan, sur les côtes orientales de la Terre de Feu, ou en plein océan, du mois d'octobre 1882 au 19 septembre 1883. Des deux premiers, l'un a été capturé près des côtes de Patagonie, le 3 septembre 1882, tandis que l'autre a été tué en pleine mer par 38° 50′ de latitude Sud et 58° 26′ de longitude Ouest.

### 70. Procellaria (Majaqueus) æquinoctialis.

**Le Puffin du cap de Bonne-Espérance** Brisson, *Ornith.*, 1760, t. VI, p. 137.

**Procellaria æquinoctialis** Linné, *Syst. Nat.*, 1766, t. I, p. 213.

**Majaqueus æquinoctialis** Reichenbach, *Syst. Av.*, *Longipennes*, pl. XII, fig. 340-341.

— Ch.-L. Bonaparte, *Consp. Av.*, 1857, t. II, p. 200, n° 191, 1.

— Coues, *Proceed. Acad. Philad.*, 1864, p. 118.

— Coues et Kidder, *Bull. Un. St. Mus.*, n° 2, p. 25.

— Ph.-L. Sclater et O. Salvin, *Nom. Av. neotr.*, 1873, p. 149.

— R.-B. Sharpe, *Trans. « Venus » Exped.*, *Zool.*, *Birds of Kerguelen*, p. 19, et *Zool. collection made during the Survey of H. M. S. « Alert »*, *Proceed. zool. Soc. Lond.*, 1881, p. 12, n° 44.

— O. Salvin, *Report on the collection made during the voyage of H. M. S. « Challenger »*, *Procellariidæ*, *Proceed. zool. Soc. Lond.*, 1878, p. 737, et *Voy. of the « Challenger »*, *Procellariidæ*, p. 143, n° 8.

— Alph. Milne-Edwards, *Faune des régions australes*, ch. V, *Ann. des Sc. nat.*, *Zool.*, 6e série, t. XIII, art. n° 4, p. 6, et pl. XV (carte).

Ce Pétrel, qui est commun aux environs du cap de Bonne-Espérance, vient nicher sur les îles Crozet et Kerguelen et se montre aussi dans les parages de l'île Saint-Paul, sur les côtes du Chili et sur d'autres points de l'Amérique australe. Un individu de cette espèce (mâle) a été tué le 1er mars 1883, à l'entrée de la baie Ponsonby, par M. le Dr Hyades. Cet oiseau avait les yeux noirs, le bec d'un blanc verdâtre et les tarses noirs, et offrait par conséquent à peu près les mêmes couleurs que le mâle et la femelle qui ont été tués à Valparaiso, au mois de mars 1879, par le Dr Coppinger, et chez lesquels le bec était gris et brun, les yeux d'un brun foncé et les pattes noires.

Le *Majaqueus æquinoctialis* est désigné par les Fuégiens sous le nom de *Yakatachoulo* (1).

---

(1) *Yaka* veut dire petit.

### 71. Puffinus (Nectris) fuliginosus *var.* chilensis.

**Nectris fuliginosus** var. **chilensis** Ch.-L. Bonaparte, *Consp. Av.*, 1857, t. II, p. 202.

**Nectris amaurosoma** E. Coues, *Proceed. Acad. Philad.*, 1864, p. 124.
— Ph.-L. Sclater et O. Salvin, *Nomencl. Av. neotrop.*, 1873, p. 149.
— L. Taczanowski, *Ornith. du Pérou*, 1886, t. III, p. 463, n° 1313.

J'attribue à cette variété du Puffin fuligineux de l'océan Atlantique quatre spécimens rapportés de la baie Orange par les naturalistes de la Mission française. Ces oiseaux, que les indigènes désignaient sous le nom de *Taouçioua*, ont été tués le 6 novembre 1882. L'un d'eux avait dans l'estomac de petits Crustacés.

Par leurs dimensions et par leur mode de coloration, ces Puffins se rapportent assez exactement à la description du *Nectris amaurosoma* que donne M. Taczanowski d'après les individus, mâle et femelle, tués à Chorillos (Pérou) par M. Jelski. Ils ont, en effet, le corps, les ailes et la tête d'un brun fuligineux, avec des bordures un peu plus claires sur les plumes scapulaires et dorsales, la gorge d'un brun grisâtre, la poitrine et l'abdomen bruns, les sous-alaires blanchâtres avec des stries brunes le long de la tige, le bec d'un blanc verdâtre, les pattes d'un rouge sombre tirant au noir. Leur longueur totale est de $50^{cm}$ environ, sur laquelle $9^{cm}$ reviennent à la queue et $55^{mm}$ au bec. L'aile mesure $29^{cm}$, le tarse $0^{mm},53$ et le doigt médian $0^{mm},55$.

Je vois par une note manuscrite de Verreaux que cette variété a été rencontrée également au Pérou par les naturalistes de l'expédition de la *Bonite*, mais je ne la trouve point mentionnée sur les Catalogues récents des voyages de l'*Alert*, du *Challenger*, etc.

### 72. Thalassœca tenuirostris.

**Procellaria tenuirostris** J.-J. Audubon, *Ornith. biogr.*, 1831-1844, t. V, p. 333, et *B. N. Amer.*, t. VII, p. 210.
— Cassin, *Un. St. Expl. Exped.*, p. 409.

**Procellaria glacialoides** Smith, *Illustr. zool. S. Afr.*, pl. LI.

— J. Gould, Darwin, *Voy. « Beagle », Zool.*, t. III, *Birds*, p. 140, et *B. Austr.*, t. VII, pl. XLVIII.

— Cassin, *Un. St. Expl. Exped., Birds*, p. 409.

— Alph. Milne-Edwards, *Faune des régions australes*, ch. V, p. 5, et pl. XV (carte).

**Priocella Garnoti** Hombron et Jacquinot, *Voy. au pôle Sud, Zoologie*, t. III, *Oiseaux*, p. 148, et pl. XXXII.

**Thalassœca glacialoides** Reichenbach, *Handb., Longipennes*, pl. XIII, fig. 789.

— Ch.-L. Bonaparte, *Consp. Av.*, 1857, t. II, p. 191.

— E. Coues, *Proceed. Acad. Philad.*, 1866, p. 31.

**Fulmarius glacialoides** Ph.-L. Sclater et O. Salvin, *On the Birds collected in the Straits of Magellan by Dr Cunningham, Ibis*, 1868, p. 189, n° 44.

**Thalassœca glacialoides** O. Salvin, *Reports on the collection of Birds made during the voyage of H. M. S. « Challenger », Procellariidæ, Proceed. zool. Soc. Lond.*, 1878, p. 736, et *Voy. of the « Challenger », Procellariidæ*, p. 142, n° 5.

— L. Taczanowski, *Ornith. du Pérou*, 1886, t. III, p. 464, n° 1314.

**Thalassœca tenuirostris** R.-B. Sharpe, *Trans. « Venus » Exped., Birds of Kerguelen*, p. 23, et *Zool. coll. made during the Survey of H. M. S. « Alert »*, *Proceed. zool. Soc. Lond.*, 1881, p. 11, n° 37.

La *Thalassœca tenuirostris* a été observée dans la Géorgie australe, sur la Terre Louis-Philippe (1), à l'île Kerguelen, autour du cap Horn, dans le détroit de Magellan, sur les côtes de la Patagonie, du Chili, du Pérou, dans les parages de la Nouvelle-Zélande et du cap de Bonne-Espérance, même dans le nord du Pacifique jusqu'à la hauteur de l'Orégon et de la Colombie. Son principal centre de reproduction se trouve dans la Géorgie australe, où, d'après les renseignements recueillis par Ch. Darwin, elle arrive en septembre pour nicher sur les falaises surplombant la mer.

Le spécimen étudié par M. Ch. Darwin avait été pris à la ligne à la

(1) Un spécimen de cette région a été rapporté au Muséum par MM. Hombron et Jacquinot (Voyage au pôle Sud).

hauteur de la baie San-Mathias, par 43° de latitude Sud ; les quatre individus mentionnés dans le Catalogue du *Challenger* provenaient de la barrière de glaces antarctiques et avaient été capturés le 14 février 1874 ; enfin, les six individus que j'ai sous les yeux et qui ont été rapportés par la Mission française du cap Horn ont été tués, les uns vers le 30 octobre 1882 sur les bords de la baie Bon-Succès, au sud de la Terre de Feu ; d'autres, le 29 novembre, sur les rives du Beagle, à Oushouaïa ; un autre enfin dans la baie Orange. Ce dernier spécimen fut apporté à la Mission, le 29 juin 1883, par les Fuégiens qui l'avaient probablement pris au harpon sur l'eau. Il avait les yeux bruns, les pattes d'un gris perle clair, le bec rose, passant au gris perle à la base et au noirâtre à l'extrémité des mandibules. Cette espèce porte le nom fuégien d'*Ithlaoi*.

## 73. Prion desolatus.

**Procellaria desolata** Gmelin, *Syst. Nat.*, édit. XIII, 1788, t. I, p. 562.
— Kuhl, *Beitr. Zool.*, pl. XI, fig. 7.

? **Prion vittatus** J. Gould, Darwin, *Voy. « Beagle », Zool.*, t. III, *Birds*, p. 141.

**Pseudoprion desolatus** E. Coues, *Bull. Un. St. Mus.*, n° 2, p. 32.

**Prion desolatus** R.-B. Sharpe, *Trans. « Venus » Exped.*, *Birds of Kerguelen*, p. 37 (*part.* ?)
— O. Salvin, *Reports on the collection made during the voyage of H. M. S. « Challenger »*, *Procellariidæ*, *Proceed. zool. Soc. Lond.*, 1878, p. 738, et *Voy. of the « Challenger »*, *Procellariidæ*, p. 145, n° 15.
— Alph. Milne-Edwards, *Faune des régions australes*, ch. V, *loc. cit.*, p. 17 (*part.* ?).

Le *Prion desolatus* est extrêmement commun sur l'île Kerguelen, où il niche dans des trous et forme des colonies innombrables. C'est probablement à cette espèce qu'appartenaient les bandes de Pétrels que Ch. Darwin a observées, durant son voyage à bord du *Beagle*, au sud du 35$^e$ degré de latitude et des deux côtés de la pointe australe de l'Amérique, mais dont il n'a pu se procurer un seul individu ; c'est sans doute aussi au même type qu'appartenaient les Pétrels que M. Stokes, un des officiers du *Beagle*, observa surtout en grand nombre sur l'île Landfall, en face de la côte occidentale de la Terre de Feu, et c'est sans aucune hésitation que j'attribue au *Prion desolatus* un spécimen rapporté de la baie Orange par les naturalistes de la Mission française du cap Horn. En revanche, je ne puis, faute de matériaux suffisants, exprimer mon opinion sur la question encore débattue de l'identité du *Prion turtur*, du *Prion brevirostris*, du *Prion ariel* et du *Prion desolatus*. M. Sharpe admet que chez le *Prion desolatus* le bec subit, suivant l'âge, le sexe ou les localités, de légères variations dans les dimensions, et conséquemment il réunit sous une même rubrique des Pétrels de Madère, du cap de Bonne-Espérance, des côtes de l'Australie, de l'île Kerguelen, etc.; tandis que M. Salvin estime, d'après l'examen des spécimens rapportés par le *Challenger*, que le bec présente sensiblement les mêmes dimensions dans les deux sexes chez le *Prion desolatus* comme chez le *P. Banksii*, ce qui conduit à maintenir la séparation de quelques espèces réunies par M. Sharpe. Encore une fois, c'est là une question que je dois laisser de côté, le Musée de Paris ne possédant qu'un très petit nombre de *Prion* et la plupart de ces oiseaux se rapportant plutôt au type du *Prion vittatus* qu'au type du *P. desolatus*.

Le spécimen qui figure dans les collections de la Mission du cap Horn fut apporté, le 7 mars 1883, par un Fuégien qui l'avait trouvé mort sur la plage. C'était un mâle, ayant les yeux bruns, les tarses d'un gris perle, les membranes interdigitales blanches, le bec noir passant au gris perle à l'extrémité, au gris terne sur la mandibule inférieure.

D'après M. le Dr Hyades, cette espèce de Pétrel est appelée *Tataouya* par les Fuégiens.

### 74. Oceanites oceanica.

**Procellaria oceanica** Kuhl, *Beitr. Zool.*, p. 136, pl. X, fig. 1.

**Procellaria Wilsoni** Ch.-L. Bonaparte, *Proceed. Acad. Philad.*, t. III, Part II, p. 231, pl. IX, fig. 2.

**Thalassidroma Wilsoni** J.-J. Audubon, *B. Amer.*, pl. CCCCLX, et éd. in-8°, t. VIII, p. 106, pl. CCCCLX.

**Thalassidroma Wilsoni** J. Gould, *B. Austr.*, t. VII, pl. LXV.

**Thalassidroma oceanica** Schinz, *Eur. Faun.*, p. 397, et pl. I.
— J. Gould, Darwin, *Voy.* « *Beagle* », *Zool.*, t. III, *Birds*, p. 141.
— Degland et Gerbe, *Ornith. europ.*, 2e édit. 1867, t. II, p. 386.

**Oceanites oceanica** Ch.-L. Bonaparte, *C. R. Acad. Sc.*, t. XLII, p. 769.
— Giglioli, *Faun. Vertebr. Ocean.*, p. 37.
— Coues, *Proceed. Acad. Philad.*, 1864, p. 82.
— Coues et Kidder, *Bull. Un. St. Nat. Mus.*, t. II, p. 30.
— R.-B. Sharpe, *Trans.* « *Venus* » *Exped.*, *Birds of Kerguelen*, p. 32, et *Zool. coll. made during the Survey of H. M. S.* « *Alert* », *Proceed. zool. Soc. Lond.*, 1881, p. 11, n° 39.
— O. Salvin, *Ornith. Misc.*, t. II, p. 227.
— Alph. Milne-Edwards, *Faune des régions australes*, ch. V, *loc. cit.*, p. 18.
— L. Taczanowski, *Ornith. du Pérou*, 1886, t. III, p. 463, n° 1312.

**Oceanites oceanicus** O. Salvin, *Reports on collect. made during the voyage of H. M. S.* « *Challenger* », *Procellariidæ*. *Proceed. zool. Soc. Lond.*, 1878, p. 735, et *Voy. of the* « *Challenger* ». *Procellariidæ*, p. 141, n° 1.

Cette petite espèce de Pétrel, appartenant à la catégorie des oiseaux connus des marins sous le nom d'*Oiseaux des tempêtes* a été, rencontrée depuis les parages de la Terre Louis-Philippe jusque sur les côtes de la Grande-Bretagne, de la Gascogne et de l'Amérique du Nord. Elle s'égare de temps en temps dans la Méditerranée et se montre beaucoup plus fréquemment dans les mers australiennes, près du cap de Bonne-Espérance, aux Antilles, sur les côtes du Brésil, du Chili et de la Patagonie. La Géorgie australe, l'île de Kerguelen et peut-être aussi les îles Malouines [1] constituent ses principaux centres de reproduction. Dans la première de ces localités, les Oiseaux des tempêtes arrivent, dit-on, dès le mois de septembre [2], tandis qu'à Kerguelen ils ne se montrent qu'à la fin de novembre, la ponte s'effectuant seulement en décembre ou janvier [3].

---

(1) Abbott, *Ibis*, 1861, p. 164.
(2) Darwin, *op. cit.*, p. 141.
(3) R.-B. Sharpe, *op. cit.*, p. 33. Ce dernier auteur a donné, d'après les notes du Rév.

Dans les collections fournies par la Mission française du cap Horn, l'*Oceanites oceanica* était représentée par six spécimens, des deux sexes, pris l'un le 16 mars 1883 sur l'île Gable, les autres le 17 octobre de la même année, à la sortie du détroit de Magellan. Les spécimens rapportés par l'expédition du *Challenger* avaient été capturés dans le voisinage des glaces antarctiques, le 14 février 1874, et celui de l'*Alert* avait été pris en mer, par 9°47′ latitude S. et 35°5′ longitude O.

## 75. Pelecanoides urinatrix.

**Diving Petrel** Forster, *Voy.*, t. I, p. 189.
— Latham, *Gen. Syn.*, t. III, Part II, p. 413, et *Gen. Hist.*, X, p. 194.

**Procellaria urinatrix** Gmelin, *Syst. Nat.*, 1788, t. I, p. 360.

**Pelecanoides urinatrix** de Lacépède, *Mém. de l'Institut*, 1800, p. 517.
— Gray, *Voy. « Erebus » and « Terror »*, *Birds*, p. 17.
— Coues, *Proceed. Acad. Philad.*, 1866, p. 190.
— Coues et Kidder, *Bull. Un. St. Nat. Mus.*, t. II, p. 36.
— O. Salvin, *Reports on the coll. of Birds made during the voyage of H. M. S. « Challenger »*, *Procellariidæ*, *Proceed. zool. Soc. Lond.*, 1878, p. 739, et *Voy. « Challenger »*, *Procellariidæ*, p. 146, n° 17.
— Alph. Milne-Edwards, *Faune des régions australes*, ch. V, *loc. cit.*, p. 21, et pl. XVI (carte).
— R.-B. Sharpe, *Trans. « Venus » Exped.*, *Birds of Kerguelen*, p. 14, et *Zool. coll. made during the Survey of H. M. S. « Alert »*, *Proceed. zool. Soc. Lond.*, 1881, p. 12, n° 42.

**Halodroma urinatrix** Illiger, *Prodr. Syst. Mamm. et Av.*, p. 274.
— Ch.-L. Bonaparte, *Consp. Av.*, 1857, t. II, p. 206.

**Puffinuria urinatrix** J. Gould, *B. Austr.*, t. VII, pl. LX.

**Pelecanoides Berardi** Quoy et Gaimard, *Voy. de l' « Uranie »*, *Zool.*, p. 135, et pl. XXXVII.
— J. Gould, Darwin, *Voy. of the « Beagle »*, *Zool.*, t. III, *Birds*, p. 135, et

---

A.-E. Eaton, des détails circonstanciés sur les mœurs et la nidification des petits Pétrels de Kerguelen.

*List of the Birds from the Falkland Islands, Proceed. zool. Soc. Lond.*, 1859, p. 98.

**Pelecanoides Berardi** Ph.-L. Sclater, *Cat. of the Birds of the Falkland Islands, Proceed. zool. Soc. Lond.*, 1860, p. 398.

— Abbott, *Ibis*, 1861, p. 164.

**Procellaria Berardi** Garnot, *Ann. Sc. nat.*, 1826, t. VII, p. 54.

**Puffinuria Berardi** Lesson, *Trait. d'Ornith.*, 1831, p. 614.

**Halodroma Berardi** Reichenbach, *Handb. Longip.*, pl. IX, fig. 764.

— Ch.-L. Bonaparte, *Consp. Av.*, t. II, 1857, p. 286.

— Ph.-L. Sclater et O. Salvin, *Nom. Av. neotr.*, 1873, p. 149.

Il résulte des recherches de MM. Kidder, Coues et Sharpe que le *Pelecanoides Berardi* Q. et G. et le *P. urinatrix* Gm. ne représentent que deux âges d'une seule et même espèce qui est assez répandue dans les régions australes et qui niche sur les îles Crozet et Kerguelen (¹). On la trouve communément près des côtes de la Tasmanie, de la Nouvelle-Zélande, de l'île Auckland, du Chili et du Pérou, sur les îles Chonos, sur les îles Malouines, près des côtes occidentales de la Patagonie et dans les baies et les canaux de la Terre de Feu. Trois individus de cette espèce, mâle et femelles, ont été tués le 19, le 21 et le 25 octobre 1882, dans la baie Orange, par les naturalistes de la Mission française du cap Horn. Ces spécimens ne diffèrent par aucun caractère important de ceux que le Muséum possédait déjà et qui ont été rapportés de Port Churrucha par M. l'amiral Serres en 1877, de Port-Galant (Magellan) par MM. Hombron et Jacquinot (voyage au pôle Sud) et des Malouines par MM. Quoy et Gaimard (voyage de l'*Uranie*) (²).

D'après Ch. Darwin, le *Pelecanoides urinatrix* est des plus répandus entre les Malouines et la Terre de Feu et il est également fort commun à Port-Famine. Il a été observé également, à une date plus récente, dans les mêmes parages, par le Dr Coppinger qui en a obtenu deux spécimens, deux femelles tuées l'une sur les îles Antonio, dans le Tri-

(¹) R.-B. Sharpe, *Birds of Kerguelen*, p. 16. Dans cette dernière localité, la ponte a lieu à la fin d'octobre et en novembre.

(²) Ce dernier spécimen est le type même du *Pelecanoides Berardi*.

nidad Channel le 17 février 1879, et l'autre à Cockle Cove le 16 octobre de la même année. L'un de ces Pétrels avait l'estomac rempli de petits Crustacés. Ses yeux et son bec étaient noirs, ses pattes d'un gris ardoisé. Telle était aussi la couleur des individus que j'ai eus sous les yeux ([1]).

Le *Pelecanoides Garnoti* ([2]), dont le Muséum possède plusieurs spécimens, parmi lesquels le type même de l'espèce, n'est pas aussi distinct du précédent qu'on le supposait primitivement. Peut-être même faut-il le considérer comme une simple race, de taille un peu plus forte, du *Pelecanoides urinatrix* ([3]). Il habite d'ailleurs les mêmes régions que le *P. urinatrix*, et s'il ne figure pas dans les collections de la Mission française du cap Horn, il est mentionné en revanche dans le Catalogue de l'expédition anglaise du *Challenger* ([4]) et dans une des listes des oiseaux de Magellan recueillis par le Dr Cunningham ([5]), et il a été rencontré par Lesson et Garnot (Voyage de la *Coquille*) dans l'archipel des Malouines ([6]), où se trouve aussi et où niche le *P. urinatrix*.

## 76. Stercorarius antarcticus.

**Lestris cataractes** Quoy et Gaimard, *Voy. de l'« Uranie ». Oiseaux*, p. 137, et pl. XXXVIII (*nec* L.).
— J. Gould, *B. Austr.*, pl. XXI.

---

([1]) Ch. Darwin dit que, chez le *Pelecanoides urinatrix* ou *Berardi*, les pattes sont, pendant la vie, d'un gris bleu (couleur *fleur de lin*); Gould leur assigne une coloration d'un bleu clair, teinté de brun, le Dr Kidder une couleur bleu lavande et le Dr Buller une couleur bleu cobalt, nuancé de vert.

([2]) *Puffinuria Garnoti* Lesson et Garnot, *Voy. de la « Coquille », Zoologie, Oiseaux*, pl. XL; *Pelecanoides Garnoti* E. Coues, *Proceed. Acad. Philad.*, 1866, p. 190.

([3]) Coues et Kidder, *Bull. U. S. Mus. N.-H.*, t. II, p. 36. — Sharpe, *Trans. « Venus » Exped., Birds of Kerguelen*, p. 16, et *Zool. coll. made during the Survey of H. M. S. « Alert »*, *Proc. zool. Soc. Lond.*, 1881, p. 12 à 42.

([4]) O. Salvin, *Report on the collection of Birds made during the voyage of H. M. S. « Challenger », Procellariidæ, Proceed. zool. Soc. Lond.* 1878, p. 739, et *Voy. of the « Challenger », Procellariidæ*, p. 140, n° 18.

([5]) Ph.-L. Slater et O. Salvin, *Third List of the Birds collected by Dr Cunningham*, etc., *Ibis*, 1870, p. 500, n° 300.

([6]) *Voir* Alph. Milne-Edwards, *Faune des régions australes*, Ch. V., *loc. cit.*, p. 22. L'individu rapporté par l'expédition de la *Coquille* est le type même du *P. Garnoti*.

**Lestris antarcticus** Lesson, *Traité d'Ornith.*, 1831, p. 616.
— Abbott, *Ibis*, 1861, p. 165.
— Ph.-L. Sclater et O. Salvin, *On neotrop.*, *Laridæ*, *Proceed. zool. Soc. Lond.*, 1871, p. 579, et *Nom. Av. neotr.*, 1873, p. 148.

**Stercorarius antarcticus** Gray, *List Anser.*, *B. Mus.*, p. 167.
— Ch.-L. Bonaparte, *Consp. Av.*, 1857, t. II, p. 207.
— A. Saunders, *Proc. zool. Soc. Lond.*, 1876, p. 321. — *Rep. on the coll. of Birds made during the voyage of H. M. S. « Challenger »*, n° 5. — *On the Laridæ*, *Proceed. zool. Soc. Lond.*, 1877, p. 799, n° 15, et *Voy. of the « Challenger »*, *Laridæ*, p. 139, n° 15.
— Alph. Milne-Edwards, *Faune des régions australes*, ch. IV, *Ann. des Sc. nat.*, *Zool.*, 1882, t. XXV, art. n° 9, p. 21, et carte n° 3.
— R.-B. Sharpe, *Zoology of Kerguelen*, *Birds*, p. 9, et pl. VII, fig. 1 et 2.

**Megalestris antarctica** J. Gould, *List of the Birds of the Falkland Islands*, *Proceed. zool. Soc. Lond.*, 1859, p. 98.

**Lestris antarctica** Ph.-L. Sclater, *Cat. of the Birds of the Falkland Islands*, *Proceed. zool. Soc. Lond.*, 1860, p. 390, n° 51.

Comme l'a fait observer M. Alph. Milne-Edwards ([1]), les deux spécimens de la collection du Muséum qui ont été rapportés par l'expédition de l'*Uranie*, et d'après lesquels Lesson a établi son *Stercorarius antarcticus*, sont notablement plus petits que les *Stercorarius* recueillis à l'île Campbell par M. le Dr Filhol et ils offrent une coloration un peu moins sombre, tirant davantage au roussâtre. Par leurs dimensions et par les nuances de leur plumage, ils doivent ressembler aux individus des Malouines que M. Saunders a étudiés et qu'il dépeint également comme étant plus petits que les *Stercorarius* de Campbell, et comme ayant les plumes lancéolées du cou et des épaules distinctement striées de blanc jaunâtre. Ces mêmes stries se retrouvent sur un spécimen provenant du voyage de l'*Astrolabe* et de la *Zélée* et capturé dans les parages de Magellan, spécimen qui me paraît devoir être attribué plutôt au *Stercorarius chilensis*. Trois spécimens obtenus par l'expédition de l'*Erebus* et de la *Terror*, près des glaces antarctiques, et

([1]) *Op. cit.*, p. 21.

examinés par M. Saunders, ont les parties supérieures de teintes encore un peu moins sombres que chez les oiseaux des Malouines, les plumes de la poitrine nuancées de jaune dans leur portion terminale et les plumes acuminées du cou fortement teintées de jaune d'or, de façon à dessiner une sorte de capuchon en limitant nettement la couleur noirâtre de la tête. « Sous le rapport des dimensions, ces trois individus, dit M. Saunders, sont un peu inférieurs aux Stercoraires des Malouines; leur bec est plus court et plus obtus; mais les caractères généraux de l'espèce sont conservés, et la teinte claire sur les parties inférieures du corps n'affecte que l'extrémité des plumes, de telle sorte que cette modification dans les couleurs peut être attribuée à des influences climatériques. Par l'aspect légèrement tacheté de leur plumage, par la disposition serrée des plumes qui couvrent la base de leur bec, ces Stercoraires ont la physionomie des oiseaux qui sont destinés à vivre constamment dans les régions inhospitalières voisines du pôle, tandis que les Stercoraires des Malouines semblent établir la transition entre la forme circompolaire et celle qui vit dans un climat plus tempéré, dans des régions où l'existence est plus facile (¹). »

Le Stercoraire tué à Kerguelen par le Rév. Eaton et décrit par M. Sharpe (²) avait la même taille et la même livrée sombre que nos Stercoraires de l'île Campbell; mais deux autres oiseaux en peau, conservés au Musée britannique et provenant de Christmas Harbour (Expédition antarctique), se distinguent par leur manteau moucheté de jaune et par leur cou strié de fauve. Les exemplaires obtenus sur l'île Saint-Paul par M. Lantz, et rapportés au Muséum d'Histoire naturelle de Paris par la Mission du passage de Vénus, sont, d'autre part, un peu moins grands que ceux de l'île Campbell, mais colorés de même. Enfin, en passant en revue les spécimens rapportés par les naturalistes de la Mission du cap Horn, je me suis convaincu que ces spécimens se rapportaient, les uns, ceux de M. Lebrun, au *Stercorarius chilensis*, dont je parlerai tout à l'heure; les autres, ceux de MM. Hyades, Hahn

(¹) Une femelle rapportée des Malouines par l'expédition du *Challenger* (voir *P. Z. S.*, 1877, p. 800) avait également les plumes du cou lisérées de jaune.

(²) *Birds of Kerguelen*, p. 10.

et Sauvinet, au *Stercorarius antarcticus*. Ces derniers exemplaires, au nombre de cinq[1], ont été pris, le premier à la baie Orange, le deuxième sur l'île Elizabeth, deux autres (mâle et femelle) dans la baie Edwards, le 27 février 1883, et le cinquième, une femelle, dans la baie Française (îles Malouines), le 7 mars de la même année. Le spécimen de la baie Edwards est encore jeune et conserve quelques légers flocons de duvet, mais il offre déjà la livrée sombre et à peu près uniforme des Stercoraires antarctiques de Campbell, tandis que le spécimen de la baie Française est d'un brun fuligineux légèrement roussâtre, avec de très nombreuses mouchetures et des raies fauves sur le haut de la poitrine, le cou et le dos. Dans la région des oreilles et sur la nuque, ces raies prennent un ton plus vif, d'un jaune d'or, comme chez les individus des Malouines décrits par M. Saunders. Avec son plumage rayé et tirant faiblement au roux, ce Stercoraire se rapproche déjà de ceux de Santa Cruz que je rapporte à la forme *St. chilensis* (Saund.).

### 77. Stercorarius chilensis.

**Lestris antarcticus**, var. b. **chilensis** Ch.-L. Bonaparte, *Consp. Av.*, 1857, t. II, p. 207.

**Lestris antarctica** Ph.-L. Sclater et O. Salvin, *Second List of Birds collected by Dr Cunningham, Ibis*, 1869, p. 284, n° 20.

**Stercorarius chilensis** H. Saunders, *On the Stercorariinæ, Proceed. zool. Soc. Lond.*, 1876, p. 323, et pl. XXIV. — *Rep. on the coll. of Birds made during the voyage of H. M. S. « Challenger »*, n° 5. — *On the Laridæ, Proceed. zool. Soc. Lond.*, 1877, p. 800, n° 16, et *Voy. of the « Challenger », Laridæ*, p. 140, n° 16.

— R.-B. Sharpe, *Zool. coll. made during the Survey of H. M. S. « Alert », Proceed. zool. Soc. Lond.*, 1881, p. 17, n° 11.

— A. Milne-Edwards, *Faune des régions australes*, 2e Partie, ch. IV, p. 21 et carte n° 1.

Quatre spécimens, mâles et femelles, capturés par M. Lebrun à Missioneros, près Santa Cruz (Patagonie), au mois de novembre 1882,

(1) Sans compter quelques spécimens dans l'alcool ou réduits à l'état de squelettes.

ressemblent complètement par leurs couleurs et le dessin de leur plumage à l'oiseau figuré par mon ami M. Saunders. D'autres individus appartenant à la même forme ont été obtenus ou observés par le Dr Cunningham à Santa Magdalena (Magellan), le 2 mars 1868; par les naturalistes du *Challenger* à l'île Élisabeth, le 18 janvier 1876; par le Dr Coppinger, chirurgien de l'*Alert*, sur les bords du détroit de Magellan, en décembre 1879 (1), et à Talcahuano (Chili), au mois de septembre de la même année; par M. Gervase Mathew, de la Marine royale anglaise, à Valparaiso (Chili) au mois de janvier, et à Coquimbo au mois de février et par M. J.-R. Denison à Mejillones (côtes de la Bolivie), par 25° 5′ de latitude Sud, à la fin de février ou au commencement de mars. On sait enfin que le type de cette race ou de cette variété, qui se trouve au Musée de Berlin, provenait du Chili. Le *Stercorarius chilensis* se rencontre donc sur la côte orientale de l'Amérique du Sud au moins jusqu'au 50e parallèle, et sur les côtes occidentales jusqu'au 23e.

## 78. Larus dominicanus.

**Larus dominicanus** Lichtenstein, *Verz. Doubl.*, 1823, p. 82.

— J. Gould, Darwin, *Voy. « Beagle »*, *Zool.*, t. III, 1841, p. 142.

— J. Gould, *List of Birds from the Falkland Islands, Proceed. zool. Soc. Lond.*, 1859, p. 97.

— Ph.-L. Sclater, *Cat. of the Birds of Falkland Islands, Proceed. zool. Soc. Lond.*, 1860, p. 390, n° 52.

— Ph.-L. Sclater et O. Salvin, *On the Birds collected in the Straits of Magellan by Dr Cunningham, Ibis*, 1868, p. 189, n° 43. — *Second List of the Birds, Ibis*, 1869, p. 284, n° 21. — *On the nest and eggs collected in the Straits of Magellan by Dr Cunningham, Ibis*, 1870, p. 503, n° 8. — *On neotrop., Laridæ, Proceed. zool. Soc. Lond.*, 1871, p. 576, n° 6.

— H. Durnford, *On some Birds observed in the Chuput Valley, Patagonia. Ibis*, 1877, p. 45, et *Notes on the Birds of central Patagonia, Ibid.*, 1878, p. 405.

— R.-B. Sharpe, *Zoology of Kerguelen, Birds*, p. 7, et *Zool. coll. made*

(1) Un Stercoraire mâle pris dans le détroit de Magellan en décembre avait le bec et les pattes noirs et les yeux bruns.

*during the Survey of H. M. S. « Alert », Proceed. zool. Soc. Lond*, 1881, p. 17, n° 76.

**Larus Dominicanus** H. Saunders, *Reports on collect. of Birds made during the voyage of H. M. S. « Challenger »*, n° 5, *Laridæ, Proceed. zool. Soc. Lond.*, 1877, p. 799, n° 14. — *Voy. of the « Challenger », Reports on Birds, Laridæ*, p. 139, n° 14. — *On the Laridæ, Proceed. zool. Soc. Lond.*, 1878, p. 180.

— A. Milne-Edwards, *Faune des régions australes*, 1882, ch. IV, p. 20.

— L. Taczanowski, *Ornith. du Pérou*, 1886, t. III, p. 447, n° 1297.

**Larus littoreus** Forster, *Descr. anim.*, 1844, p. 46.

**Larus antipodus** Gray, *Cat. Anseres Brit. Mus.*, 1844, p. 169.

**Dominicanus antipodus, D. pelagicus, D. vetula, D. vociferus, D. antipodum, D. Verreauxii** et **D. Fritzei** Bruch, *Journ. f. Ornith.*, 1853, p. 100, et 1855, p. 281.

**Dominicanus Fritzei, D. vetula, D. Azaræ, D. pelagicus** et **D. antipodum** Ch.-L. Bonaparte, *Consp. Av.*, 1857, t. II, p. 214.

Le Goéland dominicain, qui remplace notre Goéland marin dans l'hémisphère austral, se rencontre sur les côtes méridionales de l'Australie, en Tasmanie, à la Nouvelle-Zélande, dans les îles Chatham, Auckland, Campbell, Crozet et Kerguelen, fréquente les parages du cap de Bonne-Espérance et niche même sur quelques ilots voisins de la pointe méridionale du continent africain. Il se reproduit également sur la Terre Louis-Philippe aussi bien que dans l'archipel des Malouines et remonte d'une part jusqu'aux environs de Rio de Janeiro, sur la côte du Brésil, d'autre part jusqu'au Pérou. Dans les pampas de la République Argentine il s'avance, suivant Darwin, jusqu'à 50 ou 60 milles de la mer, et aux environs de Buenos Ayres il se mêle aux troupes de Cathartes et de Caracaras pour se nourrir de détritus de toutes sortes. M. Durnford avait cru constater que les Goélands marins de Patagonie (vallée de la Chuput) différaient de ceux de Buenos Ayres par les dimensions de leur bec et de leurs pattes, les individus de la République Argentine étant en général plus forts; mais, suivant M. Saunders, on observe des différences de ce genre sur les oiseaux provenant d'une même région, de sorte qu'il ne faut pas y attacher d'importance, pas plus qu'à la présence ou à l'absence du miroir blanc près de l'extrémité de la première rémige, cette tache n'apparaissant qu'à un moment donné et augmentant avec l'âge.

Aux spécimens que le Muséum avait reçus autrefois du cap de Bonne-Espérance (Delalande, 1820), du Brésil (A. Saint-Hilaire, 1820), du Paraguay (Bonpland, 1833), de la Nouvelle-Zélande (Verreaux, 1845) sont venus s'ajouter dans ces derniers temps quatre exemplaires donnés par M. l'amiral Serres et provenant d'Éden (Patagonie), quatre autres individus, mâles et femelles, obtenus par M. Lebrun sur les bords du Rio Santa Cruz ([1]) et à Missioneros au mois de septembre et d'octobre 1882, et enfin toute une série d'oiseaux obtenus en 1882 et 1883, sur les côtes de la Terre de Feu et des terres avoisinantes, par la Mission du cap Horn. Parmi ces derniers spécimens, je citerai seulement les suivants dont les étiquettes portaient des renseignements ou sur lesquels M. le Dr Hyades m'a transmis des indications manuscrites :

1° Jeune mâle tué le 19 septembre 1882 à la baie Orange. Iris jaune pâle; bec jaune et rouge; pattes grises à reflets jaunâtres;

2° Femelle tuée le 26 octobre 1882 à la baie Orange, à l'entrée de la rivière de la Mission. Iris jaune paille; base du bec jaune citron, avec l'extrémité de la mandibule inférieure d'un rouge vermillon; tarses d'un jaune verdâtre;

3° et 4° Jeunes mâles pris vivants à la baie Orange le 23 décembre 1882. Iris brun foncé; bec noir, avec l'extrémité des deux mandibules couleur de chair sur une longueur d'un demi-centimètre; tarses d'un gris noirâtre;

5° et 6° Femelles adultes et jeunes tuées le 16 avril 1883 dans le New Year Sound;

7° Femelle tuée à la baie Orange, le 14 mai 1883. Iris brun; bec noir, passant à la couleur corne blonde à l'extrémité de la mandibule supérieure et à la base des deux branches de cette mandibule; tarses d'un gris blanchâtre ([2]);

---

([1]) Un des spécimens (une femelle, tuée le 11 septembre 1882 et donnée à M. Lebrun par les naturalistes de l'expédition australe argentine) avait les yeux bruns, les pattes d'un gris plombé et le bec couleur corne.

([2]) D'après M. le Dr Hyades, les Fuégiens considéraient cet individu comme le jeune d'une espèce dont l'adulte serait d'un blanc pur. Toutefois, je n'ai rien observé qui puisse

8° Femelle tuée le 20 mai 1883 dans la même localité. Iris brun; bec noir; tarses d'un gris brunâtre tirant au noir sur leur face antérieure;

9° Mâle tué le 23 juin 1883 à la baie Orange, à l'entrée de l'anse aux Canards. Iris d'un brun très clair, un peu jaunâtre; bec noir dans la partie antérieure et sur les bords de la mandibule supérieure, ainsi que dans la portion antérieure de la mandibule inférieure, couleur corne brune claire à la base et à la pointe; tarses d'un gris perle très foncé;

10° Femelle tuée le 10 juillet 1883 à la baie Orange, sur les bords de l'anse aux Canards. Iris brun avec un très léger reflet mordoré; bec noirâtre avec la pointe couleur de corne blanche; tarses d'un gris perle pâle;

11° Femelle tuée le 11 juillet 1883 dans la même localité. Iris jaune paille; bec d'un jaune citron très pâle, avec une tache rougeâtre occupant une longueur de $0^{m},01$ environ sur la mandibule inférieure, au niveau de l'éminence de cette mandibule; tarses d'un gris perle clair;

12° Femelle tuée le 26 juillet 1883, à la baie Orange, dans l'anse aux Canards. Iris d'un jaune très clair; bec d'un jaune citron pâle, avec une tache rouge sur la protubérance de la mandibule inférieure; tarses d'un gris perle clair.

En recourant, d'autre part, au Catalogue dressé par M. Sharpe des spécimens rapportés en Angleterre par l'expédition de l'*Alert*, je trouve les indications suivantes :

1° Mâle adulte tué à Tom Bay le 5 avril 1879. Iris d'un gris clair; paupières rouges; pattes olivâtres;

2° Jeune mâle tué à Cockle Cove le 14 février 1879. Iris noir; bec noir; pattes d'un gris foncé;

3° Jeune mâle tué à Tom Bay le 8 mars 1879. Iris brun foncé; paupières noires; bec noir; pattes grises;

4° Femelle en changement de plumage, obtenue à Valparaiso le 13 avril 1879. Bec gris avec la pointe noire; iris foncé; pattes d'un gris clair avec les ongles noirs;

5° Femelle adulte tuée à Peckett Harbour (détroit de Magellan),

justifier une telle hypothèse, et l'individu en question ne m'a paru différer par aucun caractère des autres *Larus dominicanus* en premier plumage.

le 4 janvier 1879. Bec jaune avec le bout de la mandibule inférieure rouge; paupières rouges; yeux d'un gris clair; pattes verdâtres;

6° Jeune mâle tué à Porto Bueno, le 21 février 1879. Iris brun foncé; paupières noires; pattes grises;

7° Individu tué à Porto Bueno, le 20 février 1879. Bec noir; pattes d'un gris foncé;

8° Mâle tué à Port Henry, le 28 janvier 1879. Iris gris; paupières rouges; bec jaune avec la pointe rouge; pattes olivâtres avec les ongles noirs.

Enfin je vois encore mentionnées, dans les catalogues des collections fournies par le Dr Cunningham, les localités et les dates suivantes : Sandy Point, juin 1867, et Halt Bay, 24 avril 1868; dans le catalogue du voyage du *Challenger* ces autres indications : Mâle; Nassow Harbour (détroit de Magellan), 11 janvier 1876; yeux gris; bec jaune; angle de la mandibule inférieure rouge.

De l'ensemble de ces renseignements on peut tirer quelques conclusions, savoir :

1° La coloration des yeux, du bec et des pattes se modifie avec l'âge chez le *Larus dominicanus* : ainsi l'iris, qui est brun foncé (ou noir chez le jeune, devient d'un gris clair chez l'adulte, en même temps que les pattes, d'abord grises, prennent une teinte olivâtre, et que le bec noir ou grisâtre passe au jaune à la base et au rouge sur l'extrémité de la mandibule inférieure.

2° Le *Larus dominicanus* séjourne pendant toute l'année dans la Patagonie australe et dans les parages du cap Horn.

Nous savons du reste qu'il s'y reproduit, car un jeune de cette espèce a été rapporté des Malouines par le capitaine Abbott, et des œufs ont été obtenus à l'île Élisabeth par le Dr Cunningham, à la baie Orange par M. le Dr Hyades, et aux environs de Santa Cruz par M. Lebrun. Les œufs rapportés par ce dernier voyageur sont d'un brun olivâtre et parsemés de nombreuses taches généralement assez petites (sauf sur un exemplaire), les unes d'un brun de sépia, les autres d'une teinte neutre. Ils mesurent $0^{m},075$ (grand axe) sur $0^{m},050$ (petit axe); $0^{m},072$ sur $0^{m},046$; $0^{m},070$ sur $0^{m},051$ et $0^{m},074$ sur $0^{m},047$ et, par conséquent, tout en ayant des formes plus ou moins allongées, plus ou moins effilées à une extrémité, ils dépassent généralement en grosseur les œufs recueillis par M. Cunningham de l'île Élisabeth, œufs dont le grand axe mesurait 2p,7 et 2p,82 (0m,068 et 0m,071) sur 1p,89 et 1p,9 (0m,047 et 0m,048). D'un autre côté, ils diffèrent notablement par leur forme, et surtout par leur coloration, des quatre œufs rapportés d'Oushouaïa par la Mission du cap Horn. Ceux-ci sont en effet les uns (trois) d'une teinte vert eau tachetée de brun de sépia et de gris teinte neutre, l'autre (le quatrième) d'un blanc bleuâtre à peine marqué de quelques taches et points bruns, et ils offrent les dimensions suivantes : grand diamètre 0m,069; 0m,068; 0m,068 et 0m,076; petit diamètre 0m,052; 0m,047; 0m,049 et 0m,051. Mais il ne faut pas attacher d'importance à ces différences, que je retrouve sur des œufs de la même espèce rapportés précédemment de l'île Campbell et de la Nouvelle-Zélande par M. le Dr Filhol.

Le *Larus dominicanus* se reproduit également dans la Patagonie orientale, où M. Durnford a rencontré, à Tombo Point, une colonie d'une cinquantaine de paires de Goélands nichant au mois de décembre.

J'avais déjà remarqué que tous les oiseaux de cette espèce recueillis par la Mission du cap Horn ne portaient pas le même nom fuégien inscrit sur l'étiquette, les uns, à plumage gris et brun, étant dénommés *Kalala*, les autres, à plumage blanc et noir étant appelés *Kiouakou*. Mon attention a été de nouveau appelée sur ce fait par M. le Dr Hyades, qui avait pu constater combien les Fuégiens sont habiles à reconnaître une espèce sous ses différentes livrées et qui était étonné de les voir imposer ici deux noms complètement dissemblables à une seule et même forme de Goéland; mais une étude attentive n'a pu que me confirmer dans ma première opinion : les *Kalala* ne sont que les jeunes des *Kiouakou*. L'erreur des Fuégiens est d'ailleurs bien excusable en raison des changements considérables qui se manifestent par les progrès de l'âge chez le *Larus dominicanus* comme chez le *Larus marinus*. Dans la série des Goélands dominicains rapportés de la Nouvelle-Zélande et de l'île Campbell par M. le Dr Filhol j'ai d'ailleurs trouvé des phases de plumage correspondant exactement à celles que présentent les Goélands dominicains du cap Horn.

## 79. Larus Scoresbii
(*Pl.* 3).

**Larus Scoresbii** Trail, *Mem. Wern. Soc.*, 1823, t. IV, p. 514.
— A. von Pelzeln, *Voy.* « *Novara* », *Vög.*, p. 151.
— Ph.-L. Sclater, *Cat. of the Birds of the Falkland Islands, Proceed. zool. Soc. Lond.*, 1860, p. 361, n° 53.
— H. Saunders, *On the Laridæ, Proceed. zool. Soc. Lond.*, 1878, p. 184, n° 25.
— A. Milne-Edwards, *Faune des régions australes*, ch. IV, p. 31, et carte.

**Larus hæmatorhynchus** (Vigors), *King's Zool. Journ.*, 1828-29, t. IV, p. 103.
— Jardine et Selby, *Illust. Orn.*, t. II, pl. CVI.
— J. Gould, Darwin, *Voy.* « *Beagle* », *Zool.*, t. III, 1841, *Birds*, p. 142.

**Leucopheus hæmatorhynchus** Bruch, *Journ. f. Ornith.*, 1853, p. 108, et 1855, p. 287.
— Ch.-L. Bonaparte, *Nauman.*, 1854, p. 211.

**Procellarus negletus** et **Leucophæus Scoresbii** Ch.-L. Bonaparte, *Nauman.*, 1854, p. 211 et 213, et *Consp. Av.*, 1857, t. II, p. 211 et 231.

**Leucophæus Scoresbii** Ph.-L. Sclater et O. Salvin, *Nom. Av. neotrop.*, 1873, p. 148.

D'après M. H. Saunders, cette espèce se trouve dans les îles Malouines et sur les côtes orientales de Patagonie, au sud du 45e degré de latitude, s'avance jusqu'aux Nouvelles-Shetland, par 63° de latitude sud, fréquente les parages du détroit de Magellan et remonte sur la côte occidentale jusqu'à la hauteur de Chiloe ([1]). Elle niche et paraît assez commune sur divers points de l'aire comprise entre les limites que je viens d'indiquer; mais, comme cette aire est relativement peu étendue, et qu'elle n'avait été qu'imparfaitement explorée jusqu'à ces derniers temps, les exemplaires de *Larus Scoresbii* sont encore rares dans les collections. Le Muséum n'en possédait encore qu'un seul spécimen, donné par mon ami M. Howard Saunders, quand est arrivée la belle série recueillie par M. Lebrun et par les membres de la Mission du cap Horn.

---

([1]) Sur la foi de Peale (*Un. St. Expl. Exped. Ornith.*, p. 337), M. A. Milne-Edwards (*op. cit.*) étend même jusqu'au Pérou la limite du *Larus Scoresbii;* cependant je ne trouve pas l'espèce mentionnée dans l'*Ornithologie du Pérou* de M. L. Taczanowski.

Dans cette série je mentionnerai spécialement les individus suivants :

1° Une femelle obtenue par M. Lebrun sur les bords du rio Santa Cruz, au mois d'octobre 1882;

2° et 3° Un mâle et une femelle tués le 17 mars 1883 sur l'île Gabble, où, d'après les Notes de M. le Dr Hahn, les Mouettes de cette espèce vivent en bandes sur les rochers (ces deux individus avaient les yeux bruns, les paupières et le bec d'un rouge vif);

4° Un mâle tué à Packsaddle le 12 juillet 1883. D'après les maquettes de M. Hahn, cet individu avait la tête blanche, l'iris d'un brun foncé, le bord des paupières, le bec et les pattes d'un rouge vermillon vif, tandis qu'un autre oiseau de la même espèce, mais beaucoup plus jeune, tué le 17 juillet 1883, sur la Voverland, avait la tête d'un gris plombé, le bord des paupières rose, l'iris brun, le bec couleur chair à la base et noirâtre à la pointe;

5° Femelle (jeune au dire des Fuégiens) tuée à la baie Orange, dans l'anse aux Canards, le 26 juillet 1883; iris d'un gris très clair, blanchâtre; bec d'un rouge clair avec une tache noirâtre sur la partie renflée; tarses d'un rouge clair avec les écailles de la face antérieure des tarses et du dessus des phalanges d'un brun marron clair;

6° Un mâle tué le 15 août 1883 sur les bords de la baie Banner;

7° et 8° Deux individus, un adulte et un jeune, tués le 23 août 1883 sur les bords de la baie Orange.

Les indications de couleur inscrites sur les étiquettes de ces individus ou fournies par les notes de M. le Dr Hyades et par les maquettes de M. le Dr Hahn concordent parfaitement avec les renseignements donnés par M. Saunders et par Ch. Darwin.

Les Fuégiens désignent cette espèce par le nom de *Thakacha*. Quant au nom d'*Ouilaouil* que nous croyons d'abord désigner le jeune de cette espèce, il doit probablement être reporté au *Stercorarius antarcticus*. Ce nom en effet avait été indiqué par les Fuégiens pour un très jeune Laridé (femelle ?) encore couvert de duvet, qu'ils avaient apporté vivant à la Mission, le 1er janvier 1883.

Ce poussin mourut dans la nuit suivante, après avoir mangé avidement de la chair d'un Renard qui venait d'être mis en pièces, et sa dépouille, qui figurait dans la collection rapportée par les naturalistes de la Mission, fut attribuée à tort au *Larus dominicanus*. Mais, après une étude attentive de ce spécimen, je suis disposé à le considérer plutôt comme un jeune *Stercorarius antarcticus;* il est revêtu, en effet, d'un duvet brun passant au jaune ocreux sur les parties inférieures du corps et au blanchâtre sur les joues et rappelle par conséquent les teintes des poussins du *Stercorarius longicaudus* décrits et figurés par M. A. Marchand dans sa *Monographie des Poussins d'Europe* (*Revue et Magasin de Zoologie*, 1875, p. 144 et pl. IV).

Les Stercoraires antarctiques se reproduisent d'ailleurs probablement dans les parages de la baie Orange, où ils ne sont pas rares.

## 80. Larus glaucodes.

**Larus glaucodes** Meyen, *Observ. zool.*, p. 115 et pl. XXIV, et *Beitr. zool.*, 1834, p. 239 et pl. XXXIV.

— Gay, *Faun. Chil.*, *Aves*, 1847, t. I, p. 480.

— Cossin, *Un. St. Astr. Exped.*, *Birds*, 1855, p. 204.

— Ph.-L. Sclater et O. Salvin, *On neotrop. Laridæ*, *Proceed. zool. Soc. Lond.*, 1871, p. 578, n° 10, et *Nom. Av. neotrop.*, 1873, p. 148.

— H. Saunders, *Rep. on the coll. of Birds made during the voy. of H. M. S. « Challenger »*, n° V, *On the Laridæ*, *Proceed. zool. Soc. Lond.*, 1877, p. 799, n° 12. — *Voy. of the « Challenger »*, *Rep. on the Birds*, p. 138, n° 12. — *On the Laridæ*, *Proceed. zool. Soc. Lond.*, 1878, p. 203.

— R.-B. Sharpe, *Zool. coll. made during the survey of H. M. S. « Alert »*, *Proceed. zool. Soc. Lond.*, 1881, p. 16, n° 74.

— L. Taczanowski, *Ornith. du Pérou*, 1886, t. III, p. 454, n° 1303.

**Xema cirrocephalum** J. Gould, Darwin, *Voy. « Beagle »*, *Zool.*, t. III, *Birds*, 1841, p. 142 (part. *nec* Vieillot).

**Chroicocephalus glaucotes** Blasius, *Journ. f. Ornith.*, 1853, p. 105, et 1855, p. 291.

**Gavia roseiventris** J. Gould, *List of the Birds from the Falkland Islands*, *Proceed. zool. Soc. Lond.*, 1859, p. 97.

**Larus roseiventris** Ph.-L. Sclater, *Cat. of the Birds of the Falkland Islands*, *Proceed. zool. Soc. Lond.*, 1860, p. 391, n° 54.

— Abbott, *Ibis*, 1861, p. 66.

Le *Larus glaucodes*, qui a été souvent confondu avec le *Larus cirrhocephalus* (Vieillot) des côtes du Pérou, du Brésil et de la République Argentine, fréquente des latitudes plus méridionales que cette dernière espèce et se trouve dans les îles Malouines, où il niche, sur les bords du détroit de Magellan et sur la Terre de Feu, sur les côtes occidentales de la Patagonie et sur les côtes du Chili. Suivant M. Saunders, il manquerait sur les côtes orientales de la Patagonie où il serait remplacé par le *Larus maculipennis;* et en effet, je ne trouve pas l'espèce représentée dans les collections formées par M. Lebrun aux environs de Santa Cruz. En revanche, j'ai sous les yeux un spécimen adulte (¹) de *Larus glaucodes* tué le 13 août 1883 par M. le Dr Hahn, sur les bords de la baie Sloggett (côte sud-ouest de la Terre de Feu). D'après une maquette exécutée par M. Hahn cet oiseau avait l'œil brun, le bec d'un rouge vif à la base et d'un brun foncé à l'extrémité. L'étiquette portait le nom fuégien de *Waimarrh' kipa* (²).

Dans le catalogue de l'*Alert*, il est fait mention d'un individu de la même espèce (mâle) tué à Cap Gregory, le 1er janvier 1879, et dans le catalogue du *Challenger* je trouve cité un autre individu (mâle), tué le 4 janvier 1876 sur les bords du Messier Channel (Magellan). D'après les notes prises par les naturalistes de l'expédition, les yeux étaient bruns et les pattes et le bec rougeâtres, ce qui montre que cet individu était moins adulte que l'oiseau de la baie Slogett; M. Saunders nous apprend d'ailleurs que, si la bande foncée qui caractérise les très jeunes individus était complètement effacée, quelques plumes brunes subsistaient encore sur les épaules de cet oiseau, qui était âgé d'un an environ.

Les œufs de cette espèce, décrits par M. Gould, mesurent environ 0m,050 sur 0m,035 et sont marqués, sur un fond vert olive clair, de taches de couleur terre d'ombre. Ces taches, plus nombreuses au gros bout, où elle dessinent une zone, sont les unes en forme de V, d'autres en forme de fer de flèche, etc. (³).

---

(¹) Ce spécimen est malheureusement en trop mauvais état pour pouvoir être montré.

(²) *Kipa* en fuégien signifie femelle.

(³) *Voy.* Gould, *Proceed. zool. Soc. Lond.*, 1860, p. 97.

## 81. Sterna hirundinacea.

**Sterna hirundo** Garnot, *Ann. des Sc. nat.*, 1826, t. VII, p. 55.

**Sterna hirundinacea** Lesson, *Traité d'Ornithologie*, 1831, p. 621.
— H. Saunders, *On the Sterninæ, Proceed. zool. Soc. Lond.*, 1876, p. 647. — *Rep. on the collect. of Birds made during the voy. of H. M. S. « Challenger »*, n° V; *On the Laridæ, Proceed. zool. Soc. Lond.*, 1877, p. 796, n° 4. — *Voy. of the « Challenger », Rep. on Birds, Laridæ*, p. 135, n° 4.
— H. Durnford, *On some Birds observed in the Chuput Valley (Patagonia), Ibis*, 1877, p. 43 et *Notes on the Birds of central Patagonia, Ibis*, 1878, p. 404.
— R.-B. Sharpe, *Zool. coll. made during the Survey of H. M. S. « Alert ». Proceed. zool. Soc. Lond.*, 1881, p. 16, n° 72.
— Alph. Milne-Edwards, *Faune des régions australes*, ch. IV, p. 34.
— L. Taczanowski, *Ornith. du Pérou*, 1886, t. III, p. 440, n° 1290.

**Sterna antarctica** Peale, *Un. St. Expl. Exped.*, 1848, p. 280 (*nec* Less.).

**Sterna meridionalis** Cassin, *Un. St. Expl. Exped.*, 1858, p. 385.

**Sterna Cassini** Ph.-L. Sclater, *Cat. of the Birds of the Falkland Islands, Proceed. zool. Soc. Lond.*, 1860, p. 391, n° 55.
— Abbott, *Ibis*, p. 166, 1861.
— Ph.-L. Sclater et O. Salvin, *On neotrop. Laridæ, Proceed. zool. Soc. Lond.*, 1870, p. 570.

**Sterna Cassini** Ph.-L. Sclater et O. Salvin, *Second List of the Birds collected in the Straits of Magellan by Dr Cunningham, Ibis*, 1869, p. 284, n° 19. — *Third List of the Birds, etc., Ibis*, 1870, p. 500, n° 28.

La *Sterna hirundinacea* se rencontre principalement dans les régions australes de l'Amérique du Sud : elle remonte cependant sur la côte orientale jusqu'à la hauteur de Rio de Janeiro et sur la côte occidentale jusqu'au 35e degré de latitude et peut-être même un peu plus loin (1). M. H. Durnford l'a observée en troupes assez nombreuses, au mois de novembre, à l'embouchure de la rivière Chuput, en Patagonie, et

(1) *Voyez* H. Saunders, *Proceed. zool. Soc. Lond.*, 1876, p. 648.

M. Lebrun en a rapporté au Muséum cinq exemplaires, tous mâles, pris dans la même contrée, mais plus au sud, à Missioneros et sur l'île Leones, par 45°6′20″ de latitude sud, au mois de novembre 1882, et à Punta Arenas au mois de février 1883. D'autres spécimens ont été obtenus par MM. Pack et Abbott dans l'archipel des Malouines, par le Dr Cunningham dans la baie de San Yago (détroit de Magellan) le 7 décembre 1867, par les naturalistes du *Challenger* le 4 janvier 1876, dans le Messier Channel (Magellan) le 18 et le 19 janvier 1876, sur l'île Elisabeth, par le Dr Coppinger, chirurgien de l'*Alert*, à Cockle Cove le 16 octobre 1879 et à Tom Bay (détroit de Magellan) le 29 et le 30 novembre 1879, et enfin par la Mission française du cap Horn sur les bords de la baie Orange le 6 novembre et le 17 décembre 1882, et à Oushouaïa le 29 novembre de la même année. Une femelle tuée dans cette dernière localité et une autre femelle tuée au vol le 17 décembre 1882, devant l'anse de la Forge, à la baie Orange, au milieu d'une bande d'oiseaux de la même espèce, avaient l'estomac rempli de débris de petits poissons, comme les individus mentionnés dans le catalogue du *Challenger*. Ceux-ci étaient complètement adultes et avaient le bec et les pattes rouges. La même coloration rouge (rouge sang ou rouge vermillon) du bec et des pattes a été notée par M. Lebrun sur les spécimens de Missioneros et par M. le Dr Hyades sur un mâle et deux femelles, tués le 6 novembre 1882, au dessus d'un vol de Puffins fuligineux dans la baie Orange, au sud de la pointe Lephay, dans le cours d'une excursion en baleinière. L'une de ces femelles avait l'œil d'un brun marron foncé, l'autre couleur lie de vin, et l'un des spécimens de Missioneros offrait la même coloration de l'iris, ce qui ne concorde pas avec l'indication *yeux noirs* fournie par les naturalistes du *Challenger*.

Des notes que je viens de citer, des observations de M. Durnford et de l'examen des oiseaux qui ont été rapportés par l'expédition française on pourrait déjà conclure que la saison de la nidification, pour cette Hirondelle de mer, commence vers le mois de novembre et se continue jusqu'en janvier. Les naturalistes du *Challenger* qui se trouvaient, durant cette période de l'année, correspondant à notre printemps, dans les parages du détroit de Magellan, ont en effet recueilli un assez grand nombre d'œufs de *Sterna hirundinacea*, que M. H. Saunders a pu étudier et qui lui ont offert les mêmes variations de couleur et de dessin que les œufs des *Sterna macrura* et *fluviatilis*. Ces variations ont été constatées également par M. H. Durnford qui a visité, à la fin du mois de décembre 1877, une colonie de *Sterna hirundinacea* située à Tombo Point, à 60 milles environ au sud de la station de Chuput (ou Chupat). Cette colonie dont on lui avait signalé l'existence, dépassait en étendue tout ce qu'il avait pu imaginer. Les nids couvraient un espace de 150 yards carrés, ce qui, à raison de 3 nids par yard et de 5 œufs par nid (chiffres sans doute au-dessous de la vérité, puisque, dit M. Durnford, on ne pouvait guère faire un pas sans écraser des œufs), donnait un total de 67500 nids, 135000 oiseaux et 102500 œufs!

Une autre espèce de Sterne, le Noddi niais (*Anous stolidus L.*) est représentée par deux spécimens dans la collection remise au Muséum par la Mission du cap Horn; mais cette espèce n'a aucun droit à figurer dans mon catalogue, les spécimens en question ayant été pris à bord de *la Romanche*, avec un troisième spécimen, dans la nuit du 14 août 1882, par 19° 15′ de latitude sud et 38° 4′ de longitude ouest, c'est-à-dire tout à fait en dehors des limites de la région que j'ai à considérer. Le Noddi niais est d'ailleurs un oiseau des mers tropicales, qui ne s'égare probablement jamais dans les parages de la Patagonie et du cap Horn. C'est également d'une localité voisine des tropiques, des parages de l'île Saint-Ambroise, que provenait un Noddi d'une autre espèce (*Anous cinereus* Gould) capturé par le Dr Coppinger à bord du navire anglais l'*Alert* (1).

### 82. Cygnus nigricollis.

**Anas nigricollis** Gmelin, *Syst. nat.*, 1788, p. 102.

**Cygnus nigricollis** Stephens, in *Shaw's Zool.*, t. XII, p. 17.
— Eyton, *Monogr. Anat.*, 1838, p. 98.
— Gay, *Faun. Chil.*, 1848, p. 445 et pl. XIV.
— J. Gould, *List of Birds from the Falkland Islands. Proceed. zool. Soc. Lond.*, 1859, p. 98.

---

(1) Voyez R.-B. Sharpe, *Zool. coll. made during the Survey of H. M. S. « Alert »*, *Proceed. zool. Soc. Lond.*, 1881, p. 16, n° 73.

**Cygnus nigricollis** Ph.-L. Sclater, *Cat. of the Birds of the Falkland Islands, Proceed. zool. Soc. Lond.*, 1860, p. 388, n° 30.

— Ph.-L. Sclater et O. Salvin, *Second List of Birds collected in the Straits of Magellan by D^r Cunningham, Ibis*, 1869, p. 284, n° 29. — *Nests and eggs collected in the Straits of Magellan by D^r Cunningham, Ibis*, 1870, p. 504, n° 13. — *Nomencl. Av. neotrop.*, 1873, p. 139. — *Neotrop. Anatidæ, Proceed. zool. Soc. Lond.*, 1876, p. 370, n° 1.

— H. Durnford, *On some Birds observed in the Chuput Valley, Patagonia, Ibis*, 1877, p. 41, et *Notes on the Birds of central Patagonia, Ibis*, 1878, p. 400.

— R.-B. Sharpe, *Zool. coll. made during the Survey of H. M. S. « Alert », Proceed. zool. Soc. Lond.*, 1881, p. 14, n° 52.

— Alph. Milne-Edwards, *Faune des régions australes*, 1882, ch. IX, p. 40.

D'après MM. Sclater et Salvin, l'île Sainte-Catherine, située en face de la côte du Brésil, par 28° environ de latitude Sud, se trouve, du côté de l'Est, à la limite septentrionale extrême de l'aire habitée par le *Cygnus nigricollis* qui, du côté de l'Ouest, remonte jusqu'à Valparaiso et peut-être jusqu'aux frontières de la Bolivie et qui, vers le Sud, s'avance jusque dans l'archipel des Malouines et jusqu'à la Terre de Feu. Sans être aussi communs que dans les Pampas de Buenos-Ayres, les Cygnes à col noir sont encore fort répandus en Patagonie, dans les vallées de la Chuput, du Sengel et du Sengelen; ils nichent même à l'embouchure de cette dernière rivière et ils ne sont pas très rares non plus aux Malouines, où ils séjournent pendant toute l'année, mais où ils se montrent très farouches, et ne nichent guère que sur les îlots voisins de l'île principale.

Six individus de cette espèce, qui est aujourd'hui bien connue et qui se trouve représentée dans la plupart de nos jardins zoologiques, ont été rapportés par la Mission du cap Horn. Tous ont été tués par M. le D^r Hahn le 18 février 1883 dans les lagons de Skiring Water, qui se rattachent par le canal Fitzroy à la vaste baie connue sous le nom d'Otway Water et située elle-même à l'ouest de Punta Arenas et de la baie Laredo. L'un de ces oiseaux, un mâle adulte, avait les yeux d'un brun foncé, la cire rouge, surmontée d'un tubercule d'un rouge violacé et les pattes blanches. Un autre mâle plus jeune avait les pattes d'un blanc sale et une femelle offrait une teinte violacée, moins accentuée sur le tubercule de la mandibule supérieure.

De son côté le Dr Coppinger, chirurgien de l'*Alert*, attribue à un Cygne mâle, tué le 20 décembre 1879 à Hugh Bay, sur la côte occidentale de Patagonie, des yeux bruns, des pattes d'un gris clair et un bec bleu surmonté d'une crête rouge, et il semble au premier abord que ces indications ne concordent pas exactement avec les renseignements fournis par le Dr Hahn et entièrement conformes à ce que l'on observe sur les Cygnes à col noir vivant dans nos ménageries; mais il faut observer que le Dr Coppinger, en notant la couleur du bec, ne veut parler que de la partie antérieure et visible des mandibules, qui est, en effet, bleuâtre ou, pour parler plus exactement, d'un gris légèrement ardoisé avec un liséré et un onglet couleur de chair, et qu'il désigne sous le nom de *crête* le double tubercule et la membrane naso-oculaire. Celle-ci est, comme le dit M. Hahn, d'un rouge plus ou moins vif, plus ou moins nuancé d'orangé.

Trois œufs recueillis par le Dr Cunningham sur l'île Elisabeth, au mois d'octobre 1867, et appartenant très probablement au *Cygnus nigricollis* étaient d'un blanc jaunâtre sale et mesuraient $4^p,06$, $4^p,13$ et $4^p,31$ (c'est-à-dire de $0^m,10$ à $0^m,11$), sur $2^p,71$, $2^p,69$ et $2^p,63$ (c'est-à-dire de $0^m,05$ à $0^m,07$). Cette couleur et ces dimensions sont en effet celles des œufs de Cygnes à col noir qui ont été pondus à diverses reprises dans la ménagerie du Muséum d'Histoire naturelle. Sous notre climat la ponte se fait généralement au mois d'avril ou dans les premiers jours de mai, c'est-à-dire dans la même saison qu'en Patagonie, notre mois de mai correspondant à peu près au mois d'octobre des antipodes.

D'après M. le Dr Hahn, *Wanouma* est le nom fuégien et *Kokorò* le nom chilien du *Cygnus nigricollis*.

### 83. Bernicla (Chloephaga) magellanica.

**Painted Duck** Cock, *Itin.*, I, p. 96.

**Oie des terres magellaniques** Daubenton, *Pl. enl. de Buffon*, 1770, pl. XVI.

**Anas picta, A. magellanica, A. leucoptera** Gmelin, *Syst. nat.*, 1788, t. I, p. 504 et 505, n°s 55, 56 et 59.

**Anser pictus, A. magellanicus, A. leucopterus** Vieillot, *Encycl. méthod.*, 1823, p. 113 et 117.

**Chloephaga magellanica** Eyton, *Monogr. Anat.*, 1838, p. 82.

— J. Gould, Darwin, *Voy.* « *Beagle* », *Zool.*, t. III, *Birds*, 1841, p. 134. — *List of Birds from the Falkland Islands. Proceed. zool. Soc. Lond.*, 1859, p. 96.

— Ph.-L. Sclater, *Proceed. zool. Soc. Lond.*, 1857, p. 128, et 1858, p. 289, et *Cat. of the Birds of the Falkland Islands. Proceed. zool. Soc. Lond.*, 1860, p. 387, n° 27.

— Abbott, *Ibis*, 1861, p. 157.

— Ph.-L. Sclater et O. Salvin, *List of Birds collected in the Straits of Magellan by Dr Cunningham. Ibis*, 1868, p. 189, n° 36. — *Third List, Ibis*, 1870, p. 499. — *Nests and eggs collected in the Straits of Magellan by Dr Cunningham, Ibis*, 1870, p. 504. — *Nomencl. Av. neotrop.*, 1873, p. 128.

L'*Oie des Terres magellaniques*, ainsi que la nommait Buffon, est assez commune dans les parages du détroit de Magellan, sur la Terre de Feu, sur la Terre des États, aux Malouines et sur quelques petites îles de la même région. Peut-être même faut-il étendre l'aire d'habitat de la *Bernicla magellanica* vers le Nord jusqu'au centre du Chili et à la République Argentine, car la *Bernicla dispar*, que MM. Philippi et Landbeck ont considérée comme une espèce distincte ([1]), ne paraît constituer qu'une variété locale assez mal définie. Comme l'ont fait remarquer MM. Sclater et Salvin ([2]), le principal sinon l'unique caractère distinctif de cette prétendue espèce consiste dans la présence,

---

([1]) Voici la synonymie de cette *Bernicla dispar* : *Bernicla magellanica* Cassin, *Gilliss's Expedit.*, 1856, t. II, p. 201 et pl. XXIV; Gay, *Faun. Chil.*, 1848, p. 443. — *Bernicla dispar* Philippi et Landbeck, *Wiegm. Arch.*, 1863, p. 190 et *Cat. Av. Chil.*, p. 40; Ph. L. Sclater, *Ibis*, 1864, p. 122; Burmeister, *Proceed. zool. Soc. Lond.*, 1872, p. 366. — *Chloephaga dispar* Ph. L. Sclater, *Proceed. zool. Soc. Lond.*, 1867, p. 320 et 334. — *Bernicla dispar* Ph. L. Sclater et O. Salvin, *Proceed. zool. Soc. Lond.*, 1876, p. 364, n° 4. — *Bernicla magellanica* H. Durnford, *Notes on the Birds of central Patagonia, Ibis*, 1878, p. 400.

([2]) *Proceed. zool. Soc. Lond.*, 1876, p. 365.

chez le mâle, de nombreuses barres noires rayant la surface inférieure du corps. Or ce caractère n'est point spécial aux Bernaches du Chili; MM. Sclater et Salvin l'ont déjà vu se manifester, à un certain degré, chez un jeune mâle de *Bernicla magellanica* provenant des îles Malouines, et je l'ai retrouvé, assez prononcé, mais *plus d'un côté du corps que de l'autre*, chez un mâle de la même espèce rapporté par la Mission du cap Horn, et *très accentué* chez un autre mâle de même provenance. Ce dernier spécimen est aussi complètement rayé sur les parties inférieures du corps que le mâle de la *Bernicla dispar* typique, et comme dans la même collection je trouve un autre mâle d'un blanc absolument pur sur la poitrine et l'abdomen, je suis forcé d'admettre, ou bien que la *Bernicla dispar* s'avance vers le sud bien au delà des frontières du Chili et de la République Argentine, jusque dans les régions occupées par la *Bernicla magellanica* ([1]) avec laquelle elle se croise, à l'état sauvage, comme elle fait en captivité, pour donner des individus à livrée intermédiaire, ou bien, ce qui me paraît beaucoup plus probable, que la présence de raies transversales noires n'est qu'un caractère local, ou peut-être même individuel. Ce caractère peut d'ailleurs être plus fréquent chez les Bernaches du Chili et de la République Argentine que chez celles du cap Horn, des îles Malouines et de la Terre de Feu qui vivent sous un climat plus froid.

Parmi les Bernaches de Magellan qui ont été rapportées par la Mission du cap Horn je citerai seulement les spécimens suivants :

1° et 2° Un mâle et une femelle tués le 13 novembre 1882 sur l'île Elisabeth. Le mâle est précisément l'un des individus auxquels je faisais allusion tout à l'heure et, par son plumage régulièrement barré de noir sur les parties inférieures du corps, répond à la description de la *Bernicla dispar* Ph. et Landb. M. le commandant Martial, dans l'*Histoire du voyage* de la Mission scientifique du cap Horn (1888, t. I, p. 83), nous apprend que les chasseurs rapportèrent à bord de la *Romanche* une ample provision d'Oies et d'autres oiseaux, ainsi que des

---

([1]) Ainsi, c'est à la *Bernicla dispar* qu'ont été rapportés par la suite les spécimens obtenus par M. Durnford dans la Patagonie centrale et orientale et attribués primitivement par ce naturaliste à la *B. magellanica*.

nids remplis d'œufs que l'on trouve en abondance sur l'île Élisabeth, à cette époque de l'année; et, en effet, je trouve, dans la série d'œufs rapportés par l'expédition française, trois œufs de *Bernicla magellanica* provenant de l'île Élisabeth, ce qui concorde parfaitement avec un renseignement qui nous est fourni par MM. Sclater et Salvin, qui ont eu entre les mains un œuf de *Bernicla magellanica* recueilli par le Dr Cunningham précisément sur la même île, et dans le même mois de l'année (en novembre 1867). L'époque de la nidification et l'une des stations de reproduction de la Bernache de Magellan se trouvent ainsi parfaitement fixées. J'ajouterai que les trois œufs rapportés par les membres de la Mission française sont exactement semblables à celui qui a été obtenu par M. le Dr Cunningham : ils sont d'un jaune crème uniforme et mesurent $0^{m},08$ sur $0^{m},05$.

3°, 4° et 5° Un mâle adulte et deux femelles jeunes tués le 18 décembre 1882 à la baie Orange, dans les montagnes, à $100^{m}$ environ d'altitude. Le mâle, par la teinte blanche uniforme des parties inférieures de son corps, correspond à la forme typique de la *Bernicla magellanica;* il avait le bec noir, les yeux bruns, les tarses noirâtres avec quelques écailles d'un jaune verdâtre, les ongles complètement noirs. Les femelles avaient, au contraire, le bec d'un vert très foncé, tirant au noirâtre, les yeux bruns et les tarses d'un vert olive noirâtre;

6° Femelle prise le 10 janvier 1883 à la baie Orange, dans un piège à renards posé au bord du lac de la Mission. Bec noir, iris brun; tarses noirs sur la face interne, jaunes sur la moitié de leur face externe. Les Fuégiens considéraient cet individu comme étant un jeune mâle;

7°, 8°, 9° et 10° Femelles apportées vivantes par les Fuégiens, à la baie Orange, le 20 et le 21 janvier 1883. Mêmes caractères que chez le mâle tué le 18 décembre, à cette exception près qu'une des femelles avait les tarses grisâtres;

11° Jeune mâle apporté vivant par les Fuégiens à la baie Orange, le 21 janvier 1883. Mêmes caractères que chez la femelle prise le 10 janvier;

12° Une femelle tuée le 27 février 1883 à la baie Edwards;

13° Un mâle tué le 6 avril 1883 à la baie Orange. Sans être aussi fortement rayé que le mâle tué sur l'île Élisabeth, cet individu offre des barres transversales nombreuses sur la poitrine et l'abdomen, principalement du côté gauche. Il représente une forme de transition entre la *Bernicla magellanica* typique et la *Bernicla dispar*. Son bec et ses yeux étaient d'un noir franc; ses pattes de la même couleur avec des taches jaunâtres sur la face inférieure des doigts.

Je rappellerai encore, pour compléter ce que je viens de dire relativement aux variations de plumage de cette espèce, qu'une Oie de Magellan, capturée sur l'île Élisabeth par M. le Dr Cunningham et examinée par MM. Sclater et Salvin, avait, comme un des oiseaux pris dans la même localité par M. le Dr Hahn, les parties inférieures aussi fortement ou même plus fortement rayées que les Bernaches du Chili.

En comparant avec deux Bernaches de Magellan (mâle et femelle) rapportées des Malouines, en 1820, par l'expédition de l'*Uranie* la série des spécimens obtenus par la Mission du cap Horn, j'ai reconnu d'autre part que ces derniers, toutes choses étant égales d'ailleurs, âge, sexe, etc., offraient constamment une taille un peu plus faible. Ainsi la longueur moyenne d'un mâle adulte de *Bernicla magellanica* étant de $0^{m},757$, l'aile mesurant chez cet oiseau $0^{m},435$, la queue $0^{m},190$, le bec (culmen) $0^{m},042$, la tarse $0^{m},075$ et le doigt médian $0^{m},075$, la longueur totale du mâle des Malouines atteint $0^{m},880$; l'aile a $0^{m},460$, la queue $0^{m},200$, le bec (culmen) $0^{m},047$, le tarse $0^{m},097$ et le doigt médian $0^{m},090$ (ongle compris). J'avais cru en conséquence pouvoir distinguer, dans les galeries du Muséum, les Bernaches des îles Malouines, au moins à titre de variété locale, sous le nom de *Bernicla magellanica* var. *leucoptera* Gm. (1); mais cette distinction est peut-être aussi inutile que celle de la variété *dispar*. En tout cas, c'est un fait qui mérite d'être signalé que cet accroissement de taille, joint à une netteté admirable du plumage que semblent offrir les Bernaches de Magellan dans l'archipel des Malouines, où elles trouvent sans doute une nourriture plus abondante que sur la Terre de

(1) Buffon et après lui Gmelin et Latham avaient en effet distingué l'Oie des Malouines (*Anas leucoptera*) de l'Oie de la Terre des États (*Anas picta*) et de l'Oie des terres magellaniques (*Anas magellanica*), qui ne représentent que les deux sexes d'une même espèce.

Feu. A l'époque où Ch. Darwin visita ces îles, il y a une cinquantaine d'années, les Bernaches de Magellan vivaient en petites troupes dans l'intérieur des terres et ne se rapprochaient que rarement des rivages de la mer ou des lacs d'eau douce; mais elles ne nichaient guère que sur les îlots écartés, sans doute pour mettre leur progéniture à l'abri de la dent des Renards. Depuis lors, les Renards ayant été exterminés, les habitudes de ces Oies, que les marins anglais désignent sous le nom d'*Oies des plateaux* (*Upland Geese*), se sont quelque peu modifiées, et vers 1860 le capitaine Abbott a trouvé ces oiseaux nichant çà et là sur toute l'étendue de la contrée.

Les jardins zoologiques de l'Europe ont reçu à diverses reprises, depuis une trentaine d'années, des Bernaches de Magellan qui se sont reproduites soit entre elles, soit avec des Bernaches du Chili de la forme *dispar*. Les œufs qui ont été pondus dans la ménagerie du Jardin des Plantes étaient tantôt un peu plus gros, tantôt un peu plus petits que ceux qui ont été rapportés par la Mission du cap Horn; parfois aussi ils offraient une forme plus régulièrement ovale; mais ils avaient la même couleur.

La Bernache de Magellan est appelée *Kimoa* par les Fuégiens.

### 84. Bernicla (Chloephaga) poliocephala.

**Anas inornatus** (*fem.*) King, *Proceed. zool. Soc. Lond.*, 1830-1831, p. 15.

**Bernicla inornata** Gray et Mitchell, *Gen. of Birds*, 1844, pl. CLXV.

— Gay, *Faun. Chil.*, t. I, p. 444.

**Chloephaga poliocephala** Gray, *List Gall., Grall. et Anser. in Brit. Mus.*, 1844, p. 127.

— Ph.-L. Sclater, *Proceed. zool. Soc. Lond.*, 1857, p. 128; 1858, p. 290; 1861, p. 46; 1867, p. 335.

— J. Gould, *List of Birds from the Falkland Islands, Proceed. zool. Soc. Lond.*, 1859, p. 96.

— Abbott, *Ibis*, 1861, p. 159.

— Ph.-L. Sclater et O. Salvin, *List of Birds collected in the Straits of Magellan by Dr Cunningham, Ibis*, 1868, p. 189, n° 37. — *Third List, Ibis*, 1870,

p. 299, n° 18. — *Nomencl. Av. neotrop.*, 1873, p. 128 et *Birds of the Antarct. Amer.*, *Proceed. zool. Soc. Lond.*, 1878, p. 436, n° 30.

**Bernicla chiloensis** Philippi et Landbeck, *Wiegm. Arch. für Naturgesch.*, 1863, p. 149.

**Bernicla poliocephala** Burmeister, *Lamellirostres of the Argentine Republic*, *Proceed. zool. Soc. Lond.*, 1872, p. 366.

— Ph.-L. Sclater et O. Salvin, *Revision of the neotrop. Anatidæ*, *Proceed. zool. Soc. Lond.*, 1876, p. 366, n° 5, et *Voy. of the « Challenger »*, *Report on Birds Antarct. Amer.*, p. 107, n° 30.

— H. Durnford, *Notes on the Birds of central Patagonia*, *Ibis*, 1878, p. 400.

**Chloephaga poliocephala** R.-B. Sharpe, *Zool. coll. made during the Survey of H. M. S. « Alert »*, *Proceed. zool. Soc. Lond.*, 1881, p. 13, n° 48.

**Chloephaga poliocephala** Alph. Milne-Edwards, *Faune des régions australes*, ch. IX, p. 43.

La Bernache à tête grise ne se montre qu'accidentellement dans les îles Malouines, mais est fort commune en Patagonie et dans l'île de Chiloë, où, d'après MM. Philippi et Landbeck, se trouve l'un des centres de reproduction de l'espèce. Vers le Sud, elle franchit le détroit de Magellan et s'avance jusque sur la Terre de Feu.

A côté des spécimens de *Bernicla poliocephala* que le Muséum possédait déjà, et qui avaient été envoyés de la Patagonie orientale par d'Orbigny en 1831, ou rapportés d'Éden (Patagonie australe) par M. l'amiral Serres en 1877, j'ai pu examiner deux individus vivants de la même espèce, qui ont été rapportés du canal du Beagle par la Mission du cap Horn et les dépouilles de quatorze individus tués dans les localités et aux dates suivantes :

Baie Orange le 20 octobre, le 12, le 18 et le 26 novembre, le 3 et le 4 décembre 1882, le 10, le 21 et le 28 janvier 1883;

Anse Banner, île Picton, le 23 novembre 1882;

Oushouaïa, le 28 novembre 1882.

Un mâle tué le 20 octobre avait les yeux bruns, le bec noir et les pattes d'un jaune orangé, avec des taches noires sur les tarses et les tibias.

Chez un autre mâle, tué au vol au-dessus de l'eau, près de l'isthme de la pointe Lephay, le 12 novembre 1882, chez un mâle et chez une femelle abattus le 18 et le 26 novembre dans la même localité et chez un mâle tué le 28 janvier dans l'intérieur des terres, près de Red Hill, à la baie Orange, le bec avait la même couleur noire, mais les yeux étaient d'un brun marron plus clair et les tarses étaient rouges en dehors et noirs en dedans, la séparation de ces deux couleurs suivant une ligne longitudinale aboutissant à l'ongle du premier doigt externe; en outre, quelques taches d'un noir moins profond apparaissaient sur la couleur noire intense des membranes interdigitales.

Quelques-uns des spécimens obtenus par l'expédition anglaise de l'*Alert* présentaient à peu près les mêmes caractères. Les notes du Dr Coppinger, naturaliste de l'expédition, renfermaient en effet les renseignements suivants, qui ont été relevés par M. Sharpe :

Femelle tuée à Nestam Cove, Trinidad Channel, le 28 février 1879 : bec couleur de corne; iris d'un brun foncé; pattes noires en avant, d'un jaune orange en arrière;

Mâle tué le 3 décembre 1879 à Alert Bay : bec noir; yeux d'un brun foncé, pattes d'un jaune orangé, teintées de noir sur leur face antérieure;

Femelle très jeune, tuée à Port Henry, le 3 décembre 1879 : bec couleur de corne, yeux bruns, pattes d'un gris foncé.

De son côté, M. Durnford attribue aux femelles adultes de *Bernicla poliocephala* un bec noir, des yeux jaune orange, des tarses jaune orange, marquées de noir en-dessus, des pieds noirs, légèrement tachetés d'orangé et des ongles noirs.

On voit par là que la coloration des pattes varie peu chez les adultes des deux sexes, mais qu'elle est beaucoup moins vive chez les jeunes.

Nous savons enfin que le Dr Cunningham a obtenu successivement deux individus de la même espèce à Oazy Harbour en mars 1867 et à Port Grappler en décembre 1868.

De l'ensemble de ces documents nous pouvons conclure que les Bernaches à tête grise qui arrivent dans la Patagonie centrale avec d'autres Bernaches et qui y nichent sur les bords du lac Colguape séjournent pendant la moitié de l'année au moins, durant la période correspondant à notre printemps et à notre été, dans les parages du cap Horn; nous pouvons même affirmer qu'elles s'y reproduisent, puisqu'un jeune se trouvait dans la collection du Dr Coppinger, et que des œufs et de très jeunes individus ont été rapportés plus récemment par la Mission française. Les œufs m'ont paru un peu plus petits que ceux de la Bernache de Magellan : ils ne mesurent que $0^m,078$ sur $0^m,050$, et la différence est encore plus frappante quand on considère les œufs de Bernache à tête grise pondus dans la ménagerie du Jardin des Plantes en 1885. Ceux-ci n'ont en effet que $0^m,068$ ou $0^m,070$ sur $0^m,047$ ou $0^m,048$.

Les Fuégiens désignent cette espèce sous le nom de *Louroukh*.

### 85. Bernicla (Chloephaga) antarctica.

**Antarctic Goose** Forster, *It.*, p. 495 et 518.

**Anas antarctica** Gmelin, *Syst. nat.*, 1788, t. I, p. 505.

**Bernicla antarctica** Stephens in *Shaw's Gen. Zool.*, t. XII, p. 59.

— Lesson et Garnot, *Voy. de la « Coquille ». Zool. Ois.*, pl. L.

— Eyton, *Monog. Anat.*, 1838, p. 84.

— J. Gould, Darwin, *Voy. « Beagle », Zool.*, t. III, *Birds*, 1841, p. 134.

— Gay, *Faun. Chil.*, 1848, p. 442.

— Cassin, in *Gilliss's Exped.*, 1856, p. 200, pl. XXIII.

— J. Gould, *List of Birds of the Falkland Islands, Proceed. zool. Soc. Lond.*, 1859, p. 96.

— Ph.-L. Sclater, *Cat. of Birds of the Falkland Islands, Proceed. zool. Soc. Lond.*, 1860, p. 388, n° 29.

— Abbott, *Ibis*, 1861, p. 159.

— Philippi et Sandbeck, *Wiegm. Arch.*, 1863, p. 199, et *Cat. Av. Chil.*, p. 40.

— Ph.-L. Sclater and O. Salvin, *Second List of the Birds collected in the Straits of Magellan by Dr Cunningham, Ibis*, 1869, p. 284, n° 30. — *Third List, Ibis,* 1870, p. 499, n° 16. — *Nomencl. Av. neotrop.*, 1873, p. 128. — *Revision of the neotrop. Anatidæ, Proceed. zool. Soc. Lond.*, 1876, p. 367, n° 7. — *Birds of Antarct. Amer., Proc. zool. Soc. Lond.*, 1878, p. 436, n° 29, et *Voy. of the « Challenger », Rep. on the Birds, Antarct. Amer.*, p. 106, n° 29.

**Bernicla antarctica** Burmeister, *La Plata Reise,* 1861, t. II, p. 514, et *Proceed. zool. Soc. Lond.*, 1872, p. 361.

— R.-B. Sharpe, *Zool. coll. made during the Survey of H. M. S. « Alert »*, *Proceed. zool. Soc. Lond.*, 1881, p. 13, n° 47.

Les Bernaches antarctiques ont été rencontrées communément par Darwin, par Abbott et par Lesson et Garnot, naturalistes de l'expédition française de la *Coquille*, et par les naturalistes du *Challenger* dans l'archipel des Malouines, où elles se tiennent constamment sur les rochers voisins de la mer, ce qui a valu à l'espèce le nom de *Rock Goose* (Oie de rocher) de la part des marins anglais. Elles ont été trouvées également dans la Patagonie orientale par MM. Burmeister et Hudson, dans les parages du détroit de Magellan, à Port Otway (16 avril 1868), à Goods Bay (12 avril 1869), à Port Henry (février 1879), sur l'île des Pingouins (Messier Channel)(janvier 1876), à Port Churrucha (1877) par MM. Cunningham et Coppinger, par les naturalistes du *Challenger* et par l'expédition française de la *Magicienne* sous les ordres de M. l'amiral Serres; enfin sur la Terre de Feu d'abord par Forster, ensuite par Darwin et enfin par les naturalistes de la Mission française du cap Horn. D'autre part, suivant MM. Sclater et Salvin, qui ont résumé les documents que l'on possédait en 1876 sur la distribution géographique de l'espèce, la *Bernicla magellanica*, remonterait sur la côte occidentale de l'Amérique jusqu'à la hauteur de Valdivia (Chili), tandis que sur la côte opposée elle ne dépasse guère la région du Rio Santa Cruz.

Comme pour la *Bernicla magellanica*, j'ai constaté des différences de taille entre les individus provenant de l'archipel des Malouines et ceux qui sont originaires de la Patagonie australe et de la Terre de Feu. Les premiers sont plus grands : ainsi chez un mâle, rapporté par l'expédition de la *Coquille*, la longueur totale atteint $0^m,790$; l'aile mesure $0^m,370$; la queue $0^m,195$, le tarse $0^m,080$ et le bec $0^m,041$; tandis que chez les individus de même sexe obtenus par la Mission du cap Horn la longueur totale peut être évaluée, en moyenne, à $0^m,705$; celle de l'aile à $0^m,390$, la queue $0^m,190$ à $0^m,200$, le tarse $0^m,070$ et le bec $0^m,038$. J'avais même cru remarquer que ces différences dans les dimensions étaient accompagnées de très légères différences dans le dessin du plumage des femelles, et j'avais, provisoirement, désigné les Oies des Malouines de ce type sous le nom de *Bernicla antarctica* var. *falklandica;* mais, tout bien considéré, je ne crois pas qu'il soit nécessaire de maintenir cette distinction.

Les spécimens très nombreux rapportés par la Mission française étaient accompagnés des renseignements suivants :

1° Femelle tuée par M. Hahn à la baie Orange le 10 septembre 1882 : yeux bleus; bec bleuâtre avec une tache d'un blanc rosé au milieu, à la hauteur des narines; pattes jaunes;

2° Femelles et mâles tués par le même naturaliste dans la même localité, le 20 septembre et le 16 novembre 1882;

3° Femelles tuées par le même naturaliste à la baie Saint-Jean (Terre des États) le 21 novembre 1882;

4° Adulte et jeunes en duvet provenant de deux couvées, pris par le même naturaliste, à l'anse Saint Martin (île l'Hermite) le 15 décembre 1882;

5°, 6° et 7° Jeunes femelles apportées vivantes par les Fuégiens à la baie Orange, le 22 décembre 1882 : iris brun foncé; bec noir passant à la couleur corne blonde à l'extrémité des deux mandibules; tarses d'un gris noirâtre;

8° et 9° Jeunes femelles tuées par MM. Hyades et Sauvinet dans la même localité, le 20 et le 21 janvier 1883 : iris et bec noir; tarses grisâtres;

10° Mâle tué par les mêmes naturalistes à la baie Skotchwell, le 6 février 1883 : iris brun; bec noir avec une petite tache blanchâtre entre les deux narines; tarses jaune citron;

11° et 12° Femelles adulte et jeune tuées par M. le Dr Hahn à la baie Désolée (île Burnt), le 11 février 1883;

13° et 14° Mâles tués par MM. Hyades et Sauvinet à la baie Orange, le 16 février 1883 : iris brun; bec noir avec une petite tache blanchâtre entre les narines; tarses jaunes;

15° et 16° Femelles tuées par les mêmes naturalistes à la baie Orange, sur l'îlot de l'anse aux Canards, le 11 mars 1883 : iris brun; bec rose chair clair, nuancé de gris perle au-dessus des narines et passant à la couleur corne blonde très claire à l'extrémité des mandibules; tarses jaune citron;

17° Mâle tué à la baie Orange, par un Fuégien, le 14 avril 1883 : iris brun foncé; bec noir avec des taches blanches entre les deux narines, près de l'extrémité de la mandibule supérieure et près de l'extrémité de la mandibule inférieure; tarses d'un jaune citron;

18° Femelle tuée à la baie Orange, par un Fuégien, le 17 avril 1883 : mêmes caractères que chez la femelle tuée le 11 mars, avec la nuance gris perle du bec moins prononcée; estomac renfermant du gravier fin et des débris d'algues communes;

19° Mâle tué à la baie Orange, par un Fuégien, le 27 avril 1883 : mêmes caractères que chez le mâle tué le 14 avril, sauf que la mandibule inférieure est très légèrement mouchetée de blanc près de l'extrémité antérieure, au lieu de présenter une tache unique dans cette région;

20° Mâle tué le 28 avril 1883, sur la plage de l'anse aux Canards : mêmes caractères que chez le mâle tué le 14 avril, à cette exception près qu'il n'y a qu'une seule tache blanche entre les narines et que l'extrémité de la mandibule inférieure tire seulement au blanchâtre;

21° Femelle tuée le 1er mai 1883, à la baie Orange, par un Fuégien : iris brun marron foncé; bec rose chair; tarses jaune citron;

22° Femelle tuée le 27 mai 1883, sur l'île Jaune, à la baie Orange : mêmes caractères que chez l'individu précédent; bec rose chair très pâle;

23° Femelle tuée le 30 juin 1883 sur l'isthme de la pointe Lephay, à la baie Orange : iris brun; bec d'une teinte rose chair très claire avec deux plaques d'un blanc rosé à la pointe; tarses jaune citron;

24° Femelle tuée par M. Hahn à l'île Horn, le 30 juin 1883;

25° Mâle tué à la baie Orange, le 8 juillet 1883 : iris brun très foncé; bec noirâtre, passant au blanchâtre à la base et marbré de blanc à la pointe de la mandibule supérieure et sur la mandibule inférieure; membrane de la mandibule inférieure noire; tarses d'un jaune citron foncé;

26° Femelle tuée le 8 juillet 1883, à la baie Orange, sur l'île Jaune : mêmes caractères que chez la femelle tuée le 1er mai; membrane interdigitale présentant un trou en losange produit probablement par le passage d'un grain de plomb, anciennement;

27° Mâle tué le 17 juillet 1883, à la baie Orange, sur la plage (cet individu ne pouvait s'envoler lorsqu'il a été tiré, ayant reçu une blessure antérieure : il avait du reste un grain de plomb dans le cou et un dépôt sanguinolent dans l'abdomen) : iris brun très foncé; bec noirâtre avec une large tache couleur de chair au milieu de la mandibule supérieure, une plaque d'un brun noirâtre rayé de blanc à la pointe de cette mandibule et des marbrures couleur chair sur les côtés de la mandibule inférieure, près de l'extrémité; tarses d'un jaune citron; ongles couleur de corne blanchâtre.

M. Lebrun a rapporté en outre deux œufs de cette espèce qui sont d'une teinte crème pâle et uniforme et qui mesurent $0^m,073$ sur 0,053, ayant par conséquent la même coloration et, à très peu de chose près, les mêmes dimensions que les œufs recueillis aux Malouines par M. Abbott (1).

La Bernache antarctique est appelée *Chakouch* par les Fuégiens de la baie Orange.

## 86. Anas cristata.

**Crested Duck** Latham, *Synops.*, t. III, p. 543.

**Anas cristata** Gmelin, *Syst. Nat.*, 1788, t. I, p. 540.

— Gay, *Faun. Chil.*, 1848, p. 449.

— J. Gould, *List of Birds from the Falkland Islands, Proceed. zool. Soc. Lond.*, 1859, p. 96.

— Ph.-L. Sclater, *Cat. of Birds of the Falkland Islands, Proceed. zool. Soc. Lond.*, 1860, p. 389, n° 35.

— Abbott, *Ibis*, 1861, p. 160.

— Ph.-L. Sclater et O. Salvin, *Third List of the Birds collected in the Straits of Magellan by Dr Cunningham, Ibis*, 1870, p. 499, n° 19. — *Nomencl. Av. neotrop.*, 1873, p. 129. — *Revision of the neotrop. Anatidæ, Proceed. zool. Soc. Lond.*, 1876, p. 381, n° 4.

---

(1) Ceux-ci mesuraient 2 pouces $\frac{7}{8}$, soit $0^m,073$ sur 1 pouce $\frac{3}{8}$, soit $0^m,048$.

**Anas cristata** R.-B. Sharpe, *Zool. coll. made during the Survey of H. M. S. « Alert », Proceed. zool. Soc. Lond.*, 1881, p. 13, n° 50.

— L. Taczanowski, *Ornithologie du Pérou*, 1886, t. III, p. 473, n° 1323.

**Anas specularoides** King, *Zool. Journ.*, 1838, t. IV, p. 98.

**Anas pyrrhogaster** Meyen, *Nov. Act.*, t. XVI, suppl., p. 119 et pl. XXV.

**Dafila pyrrhogaster** Eyton, *Monogr. Anat.*, 1838, p. 113.

D'après MM. Sclater et Salvin l'*Anas cristata* remonte vers le Nord jusque dans le Pérou méridional où M. Whitely l'a trouvé à Salinas, sur les bords d'un lac salé situé dans la Cordillère, au-dessus d'Arequipa, à une altitude de plus de 4000$^{m}$. Au Chili, il habite également les hauts plateaux des Andes pendant l'été, mais il vient hiverner dans les plaines. Sur la côte opposée il se rencontre aussi dans la Patagonie méridionale, d'où le Muséum en a reçu deux spécimens, le premier obtenu en 1831 par d'Orbigny, et le second en 1883 par M. Lebrun.

De leur côté, les naturalistes de l'expédition anglaise de l'*Alert* ont rapporté des bords du détroit de Magellan deux femelles et un mâle tués à Cockle Cove le 7 février, à Port Rosario le 15 mars et à Tom Bay le 29 novembre 1879 et dans le catalogue de la collection formée antérieurement dans les mêmes parages par le D^r Cunningham, pendant la croisière du *Nassau*, figure aussi un spécimen d'*Anas cristata* pris à Tuesday Bay en décembre 1868.

Les Canards huppés paraissent être encore plus communs en Fuégie, car la Mission du cap Horn n'en a pas rapporté moins de 15 individus, d'âges et de sexes différents, tués soit à la baie Orange du 17 septembre 1882 au 12 juillet 1883, soit à la baie Bon-Succès le 30 octobre 1882.

Parmi ces spécimens, je mentionnerai seulement les suivants :

1° Mâle tué le 17 septembre 1882, à la baie Orange : yeux d'un rouge rubis; bec d'un gris noirâtre; pattes noires;

2° et 3° Mâles tués le 15 et le 21 décembre 1882, à la baie Orange, sur la plage de la Mission : iris rouge doré; bec noir en dessus, jaune rougeâtre bordé de noir en dessus; tarses noirs à reflets gris foncé;

4° Mâle tué le 4 février 1883 à l'entrée de la baie Ponsonby; mêmes caractères que chez l'individu précédent;

5° Mâle tué le 8 février 1883, à la baie Packsaddle, près la baie Orange : mêmes caractères que chez les mâles tués le 15 et le 21 décembre;

6° Mâle apporté vivant à la baie Orange par les Fuégiens, le 10 février 1883 : iris brun clair; bec noir en dessus, jaune rougeâtre clair sur la mandibule inférieure; tarses d'un gris noirâtre;

7° Mâle tué le 8 mars 1883, à la baie Orange, au bord de l'anse aux Canards : mêmes caractères que chez les mâles tués le 15 et le 21 décembre;

8° Mâle tué le 12 mars 1883, à la baie Orange, sur la plage de la rivière de Mission : iris rouge; mandibule supérieure noire, passant au bleuâtre à la base; mandibule inférieure d'un rose chair, bordée de noir dans les sept huitièmes postérieurs; tarses d'un gris noirâtre à reflets plombés; membrane interdigitale d'un gris noirâtre foncé avec une petite bordure d'un blanc jaunâtre le long des phalanges, en avant et surtout en dedans;

9° Mâle tué le 3 avril 1883, à la baie Orange : iris d'un jaune citron, passant rapidement au rougeâtre après la mort; bec noir en dessus, bleu noirâtre sur les quatre cinquièmes postérieurs des bords de la mandibule inférieure, jaune clair sur la membrane intermédiaire et couleur corne blonde à l'extrémité de la mandibule inférieure; tarses d'un noir grisâtre avec les écailles de la face antérieure du même bleu noir que la base du bec; phalanges offrant une étroite bordure grise en avant; en somme, mêmes caractères que chez le mâle tué le 12 mars ;

10° Mâle tué le 5 avril 1883, à la baie Orange : iris rose brique; bec noir avec les bords postérieurs de la mandibule inférieure d'un noir bleuâtre et la membrane de cette même mandibule rougeâtre (rouge chair); pattes d'un noir grisâtre à reflets plombés;

11° Femelle tuée le 14 avril 1883, à la baie Orange, près de la plage : iris d'un jaune clair au moment de la mort, d'un rouge brique cinq ou six heures après; bec noir avec la membrane de la mandibule inférieure rougeâtre ; tarses noirâtres à reflets plombés;

12° et 13° Femelle et mâle tués le 13 juin 1883, à la baie Orange, sur les bords de l'anse aux Canards : iris rouge brique vif; bec noir sur la mandibule supérieure, passant au noir bleuté à la base, couleur de chair sur la mandibule inférieure, sauf latéralement et en arrière où il passe au noir bleuté; tarses d'un gris noirâtre foncé;

14° Mâle tué le 11 juillet 1883, dans la même localité : iris rouge brique; bec noirâtre sur la mandibule supérieure, jaune clair sur la mandibule inférieure sauf sur les deux tiers postérieurs des bords, qui sont noirâtres; tarses d'un gris de plomb.

Chez une femelle tuée à Cockle Cove par les naturalistes de l'expédition anglaise de l'*Alert*, les yeux étaient d'un rouge sang, la mandibule supérieure couleur de corne et l'inférieure d'un rose chair, et les pattes d'un gris foncé; chez un mâle pris à Tom Bay, les yeux étaient d'un rouge jaunâtre et le bec noir; enfin, d'après les notes de M. Lebrun, le mâle tué aux environs de Santa Cruz, et auquel j'ai fait allusion ci-dessus, avait les yeux jaunes.

Il résulte de ces observations que l'iris, chez l'*Anas cristata*, varie du jaune au rouge rubis, en passant par le rouge jaunâtre et le rouge brique, la teinte s'altérant d'ailleurs rapidement après la mort; que les pattes sont d'un gris plus ou moins foncé suivant les individus et peut-être suivant les saisons, et que le bec peut aussi passer du brun corne au gris noirâtre.

Les dates de captures que j'ai citées montrent, d'autre part, que les Canards huppés se rencontrent à toutes les époques de l'année dans la Patagonie australe, sur la Terre de Feu et sur les terres avoisinantes, et que, par conséquent, ils se reproduisent dans ces parages, comme ils le font dans l'archipel des Malouines, où ils sont aussi très répandus (1).

La présence dans la collection formée par la Mission du cap Horn d'un jeune *Anas cristata*, pris au mois de février à la baie Orange, nous indique d'ailleurs que la nidification doit se faire là vers la même époque qu'aux Malouines, où elle a lieu du commencement d'octobre au commencement de novembre. Suivant MM. Sclater et Salvin, le nid renferme ordinairement cinq œufs, qui sont d'un blanc crémeux,

---

(1) Dès 1820, l'expédition de l'*Uranie*, commandée par M. de Freycinet, avait rapporté des îles Malouines deux oiseaux de cette espèce qui font encore partie des collections du Muséum.

tirant plus ou moins au rougeâtre et qui mesurent de $0^m,06$ à $0^m,07$ sur $0^m,04$ à $0^m,05$ (1).

Le nom fuégien de l'*Anas cristata* est *Ouyèn*.

## 87. Querquedula cyanoptera.

**Anas cyanoptera** Vieillot, *Nouv. Dict.*, 1816, t. V, p. 104, et *Encycl. méthod.*, 1823, p. 352.

— Burmeister, *La Plata Reise*, t. II, p. 516, et *Journ. f. Ornith.*, 1860, p. 226.

**Querquedula cyanoptera** Cassin, *Ill. Ornith.*, p. 84, pl. XV, et *Gilliss's Exp.*, 1856, t. II, p. 102.

— J. Gould, *List of Birds of the Falkland Islands, Proceed. zool. Soc. Lond.*, 1859, p. 96.

— Ph.-L. Sclater, *Cat. of Birds from the Falkland Islands, Proceed. zool. Soc. Lond.*, 1860, p. 389, n° 38.

— Abbott, *Ibis*, 1861, p. 161.

— Ph.-L. Sclater et O. Salvin, *List of Birds collected in the Straits of Magellan by Dr Cunningham, Ibis*, 1868, p. 119, n° 39. — *Nom. Av. neotrop.*, 1873, p. 129. — *Revis. of the neotrop. Anatidæ. Proceed. zool. Soc. Lond.*, 1876, p. 384, n° 2.

— H. Durnford, *On some Birds observed on the Chuput Valley, Patagonia. Ibis*, 1877, p. 41, et *Notes on the Birds of central Patagonia. Ibis*, 1878, p. 400.

— R.-B. Sharpe, *Zool. coll. made during the Survey of H. M. S. « Alert ». Proceed. zool. Soc. Lond.*, 1881, p. 14, n° 54.

— Alph. Milne-Edwards, *Faune des régions australes*, ch. IX, p. 46.

— L. Taczanowski, *Ornith. du Pérou*, 1886, t. III, p. 474, n° 1324.

**Anas cœruleata** Lichtenstein, *Mus. Berl.*

— Bibra, *Denksch. Akad. Wien.*, 1853, t. V, p. 131.

**Querquedula cœruleata** Gay, *Faun. Chil.*, 1848, p. 452.

— Philippi et Landbeck, *Cat. Av. chil.*, p. 42.

— J. Gould, *List of Birds from the Falkland Islands. Proceed. zool. Soc. Lond.*, 1859, p. 96.

---

(1) Quelques-uns de ces œufs ont été recueillis par le capitaine Abbott (*voyez* J. Gould, *Proceed. zool. Soc.*, 1859, p. 96).

**Anas Rafflesi** King, *Zool. Journ.*, 1828, t. IV, p. 97.

— Jardine et Selby, *Illustr. Ornith.*, pl. XXIII.

La Sarcelle aux ailes bleues a été rencontrée par différents voyageurs sur une grande partie de continent américain, depuis la Californie jusqu'au détroit de Magellan, où l'espèce a été observée à Sandy Point par le D^r Cunningham, chirurgien du *Nassau*, pendant la campagne 1866-1867. Elle a été trouvée également par MM. Pack et Abbott dans l'archipel des Malouines où elle niche probablement, mais où elle est beaucoup moins commune que dans les lagunes de la République Argentine et du Chili. C'est de cette dernière contrée que proviennent deux spécimens donnés par M. Gay au Muséum d'Histoire naturelle, en 1843. D'autres exemplaires de la collection du Muséum ont été envoyés du Paraguay par Bonpland en 1833, et de Patagonie par d'Orbigny en 1831 et par M. Lebrun en 1883. En Patagonie toutefois, l'espèce paraît être assez rare, car M. Durnford n'en a vu qu'une seule fois quelques individus, sur une lagune dans la vallée de la Chuput et à l'embouchure du Sengel. C'était le 6 novembre 1876, et comme d'autre part le spécimen obtenu par M. Lebrun à Suzanne Cove porte la date de juin 1883, on peut supposer, avec assez de vraisemblance, que de petites bandes de Sarcelles aux ailes bleues ne visitent les côtes de la Patagonie orientale et méridionale qu'aux époques correspondant à notre printemps et à notre automne, alors qu'elles se rendent du Chili et de la République Argentine aux Malouines, et *vice versa*. Si ces migrations s'effectuent réellement et dans le sens que je viens d'indiquer, on comprend facilement que les naturalistes de la Mission française n'aient pas observé la *Querquedula cyanoptera* sur la Terre de Feu.

Le spécimen obtenu à Suzanne Cove par M. Lebrun est indiqué comme étant du sexe mâle et comme ayant eu les yeux d'un rouge vermillon et les pattes jaunes. Au contraire, une Sarcelle à ailes bleues, femelle, rapportée jadis de Talcahuano (Chili) par MM. Hombron et Jacquinot (voyage au Pôle Sud), portait sur l'étiquette la mention *yeux marron*, et les individus pris dans la même localité, c'est-à-dire à Talcahuano, à une date récente, par le D^r Coppinger, chirurgien de l'expédition anglaise de l'*Alert*, étaient accompagnés des indications suivantes :

Mâle tué le 10 septembre 1879 : iris jaune; bec noir; pattes jaunes avec les ongles de couleur foncée;

Mâle tué également au mois de septembre 1879 : iris jaune; bec noir et pattes jaunes;

Femelle tuée le 22 septembre 1879 : yeux bruns; bec de couleur foncée avec des taches grises; pattes d'un brun clair.

Un mâle adulte, en plumage de noces, pris au Pérou et décrit par M. Taczanowski, avait les yeux d'un brun foncé, le bec noir, les pattes jaunâtres avec les membranes rembrunies à l'extrémité; une femelle, originaire de la même contrée, le bec noir avec la mandibule inférieure brune et les pattes d'un jaune brunâtre avec les membranes noires; enfin chez un jeune mâle, mentionné par le même auteur, l'iris était d'un rouge orangé. Cette dernière indication se rapproche déjà beaucoup du renseignement donné par M. Lebrun, et l'on peut admettre que chez le *Querquedula cyanoptera*, l'iris passe du rouge (jeunes oiseaux) au brun foncé (oiseaux adultes) et que les pattes varient du brun clair (femelles) au jaune plus ou moins vif (mâles).

## 88. Querquedula flavirostris.

**Anas flavirostris** Vieillot, *Nouv. Dict. d'Hist. nat.*, 1816, t. V, p. 107, et *Encycl. méthod.*, 1823, p. 353.

**Querquedula flavirostris** Burmeister, *Journ. f. Ornith.*, 1860, p. 226, et *La Plata Reise*, t. II, p. 516.

— Ph.-L. Sclater et O. Salvin, *Nom. Av. neotrop.*, 1873, p. 129. — *Rev. of the neotrop. Anatidæ, Proceed. zool. Soc. Lond.*, 1876, p. 386, n° 5.

— H. Durnford, *On some Birds observed in the Chuput Valley, Patagonia*, *Ibis*, 1877, p. 41, et *Notes on the Birds of central Patagonia*, *Ibis*, 1878, p. 401.

**Anas creccoides** King, *Zool. Journ.*, 1828, t. IV, p. 99.

**Querquedula creccoides** Eyton, *Monogr. Anat.*, 1838, p. 128.

— Gay, *Faun. Chil.*, 1848, p. 453.

**Querquedula creccoides** Cassin, *Gilliss's Exped.*, 1856, t. II, p. 203, et pl. XXVI.
— J. Gould, Darwin, *Voy. « Beagle »*, *Zool.*, t. III, *Birds*, p. 135. — *List of Birds from the Falkland Islands, Proceed. zool. Soc. Lond.*, 1859, p. 96.
— Ph.-L. Sclater, *Cat. of Birds of the Falkland Islands, Proceed. zool. Soc. Lond.*, 1860, p. 389, n° 36.
— Philippi et Landbeck, *Cat. Av. Chil.*, p. 42.
— Abbott, *Ibis*, 1861, p. 161.
— Alph. Milne-Edwards, *Faune des régions australes*, ch. IX, p. 46.

La Sarcelle à bec jaune représente dans l'Amérique australe, au Chili (1), en Bolivie (2), au Paraguay (3), dans la République Argentine (4), en Patagonie et aux îles Malouines (5), notre Sarcelle d'hiver, le *Querquedula crecca*. Dans l'archipel des Malouines, elle est particulièrement commune et niche en septembre et même au mois d'août. Son nid, caché dans l'herbe sèche, au fond de quelque vallée écartée, renferme ordinairement cinq œufs que M. Gould décrit comme étant de forme ovale allongée (2 pouces $\frac{1}{4}$ de long sur 1 pouce $\frac{9}{16}$ de large) et offrant une coloration d'un jaune ocreux uniforme. Elle se reproduit également dans la vallée de la Chuput, en Patagonie, où, d'après M. Durnford, on la voit communément seule ou associée au *Dafila spinicauda*. Ch. Darwin et les naturalistes de l'expédition française commandée par Dumont d'Urville l'ont rencontrée sur les bords du détroit de Magellan, notamment à Port-Famine, et c'est également d'une localité de cette région, d'Éden que provenaient deux spécimens donnés au Muséum par M. l'amiral Serres, en 1877.

Un autre individu de la même espèce a été tué par M. Lebrun plus au nord, sur la côte orientale de Patagonie, à Santa Cruz, au mois d'octobre 1882. Ce spécimen (mâle) avait les yeux bruns, tandis qu'un autre individu, pris à Port-Famine par MM. Hombron et Jacquinot, avait

(1) Muséum d'Histoire naturelle de Paris, deux spécimens donnés par Gay en 1843.
(2) Un spécimen envoyé au Muséum par Weddell en 1852.
(3) Muséum d'Histoire naturelle, un spécimen envoyé par Bonpland en 1843.
(4) Muséum d'Histoire naturelle, deux spécimens des rives de la Plata envoyés par A. Saint-Hilaire en 1822.
(5) Muséum d'Histoire naturelle, deux spécimens rapportés par l'*Uranie* en 1820.

les yeux fauves, le bec étant brun avec une tache jaune à la base, de chaque côté, et les pattes brunes.

Dans la collection rapportée par la Mission du cap Horn figuraient neuf autres Sarcelles à bec jaune, mâles et femelles, adultes et jeunes, tuées ou prises vivantes à la baie Orange le 25 septembre, le 24 et le 26 octobre 1882 et le 16 mars 1883, et à la baie Cook (Terre des États) le 19 novembre 1882. L'un de ces oiseaux, un mâle tué le 25 septembre avait, d'après M. Hahn, l'iris d'un rouge rubis, le bec brun avec une double tache jaune à la base et les pattes d'un gris verdâtre, tandis que d'autres individus, un mâle et trois femelles tués le 24 et le 26 octobre 1882 dans la même localité, avaient, d'après M. Hyades, l'iris d'un brun marron foncé, le bec noir, marqué d'une tache rouge cadmium à la base et les tarses d'un jaune verdâtre. L'estomac de ces derniers oiseaux renfermait quelques larves d'insectes aquatiques et du gravier.

Enfin chez un mâle pris vivant le 16 mars 1883 à la baie Orange, près des mares, par le chien européen de la Mission, l'iris était d'un brun foncé, le bec noir sur la partie médiane de la mandibule supérieure, à partir des narines jusqu'à la pointe, jaune citron sur les côtés et sous la mandibule inférieure, complètement noir à l'extrémité de cette mandibule et verdâtre dans la portion intermédiaire; les tarses étaient d'un gris noirâtre tirant au noir vers les articulations des doigts, et la membrane interdigitale était noire.

La Sarcelle à bec jaune est appelée *Mélapa* par les Fuégiens.

### 89. Querquedula versicolor.

**Anas versicolor** Vieillot, *Nouv. Dict. d'Hist. nat.*, 1816, t. V, p. 109, et *Encycl. méthod.*, 1823, p. 353.

**Querquedula versicolor** Cassin, *Gilliss's Exped.*, 1856, t. II, p. 203.

— Ph.-L. Sclater, *Cat. of Birds of the Falkland Islands, Proceed. zool. Soc. Lond.*, 1860, p. 389, n° 37.

— Abbott, *Ibis*, 1861, p. 161.

— Ph.-L. Sclater et O. Salvin, *Third List of the Birds collected in the Straits of Magellan by Dr Cunningham, Ibis*, 1870, p. 499, n° 20. — *Nomencl.*

*Av. neotrop.*, 1873, p. 129. — *Revis. of the neotrop. Anatidæ, Proceed. zool. Soc. Lond.*, 1876, p. 388, n° 7.

**Querquedula versicolor** H. Durnford, *On some Birds observed in the Chuput Valley, Patagonia, Ibis,* 1877, p. 41, et *Notes on the Birds of central Patagonia, Ibis,* 1878, p. 401.

— Alph. Milne-Edwards, *Faune des régions australes,* ch. IX, p. 46.

**Anas maculirostris** Lichtenstein, *List Doubl.*, 1823, p. 84.

— Burmeister, *Journ. f. Ornith.*, 1860, p. 266, et *La Plata Reise,* t. II, p. 516.

**Querquedula maculirostris** Gay, *Faun. chil.*, p. 452.

— Philippi et Landbeck, *Cat. Av. chil.*, p. 42.

**Anas fretensis** King, *Proceed. zool. Soc. Lond.*, 1830-1831, p. 15.

— Jardine et Selby, *Ill. Ornith.*, t. IV, pl. XXIX.

**Cyanopterus fretensis** Eyton, *Monogr. Anat.*, 1838, p. 131.

Cette espèce de Sarcelle paraît avoir une aire de dispersion au moins aussi étendue que le *Querquedula flavirostris*, puisqu'elle a été signalée non seulement au Chili (1), dans la République Argentine (2), en Patagonie et dans les îles Malouines, mais encore au Brésil (3), au Paraguay (4) et dans les îles Galapagos, d'après Sundewall (5). Elle se reproduit certainement dans l'archipel des Malouines, puisque le capitaine Abbott a trouvé des jeunes en duvet, mais elle ne s'y montre que de temps en temps en grandes bandes, et elle n'est pas non plus très commune au Chili, ni en Patagonie où elle niche cependant sur les bords du Sengelen (6). Dans le sud de cette dernière

(1) Philippi et Landbeck, *loc. cit.*, et Muséum d'Histoire naturelle de Paris, deux spécimens montés donnés par M. Gay en 1843 (Santiago), et un spécimen un peu en mauvais état, pris à Chiloé par M. Dervaux, officier de l'*Ariane* et rapporté par l'expédition commandée par Dumont d'Urville.

(2) Hudson, *Proceed. zool. Soc. Lond.*, 1872, p. 367, n° 15 (sous le nom de *Querquedula maculirostris*), et Muséum d'Histoire naturelle, un spécimen envoyé par d'Orbigny en 1829, de la province de Buenos-Ayres.

(3) Muséum d'Histoire naturelle de Paris, deux spécimens donnés par M. A. Saint-Hilaire en 1822.

(4) Muséum d'Histoire naturelle, un spécimen envoyé par Bonpland en 1823.

(5) *Proceed. zool. Soc. Lond.*, 1871, p. 126 (*Anas maculirostris*).

(6) *Voir* Durnford, *Ibis*, 1877, p. 41 et 1878, p. 401.

région, un spécimen a été pris par le Dr Cunningham à Sandy Point, en janvier 1879, et un autre a été tué par M. Lebrun à Suzanne Cove, en juin 1883. Ce dernier oiseau avait les yeux d'un jaune grisâtre, le bec d'un jaune orangé à la base et les pattes noires.

### 90. Dafila spinicauda.

**Anas spinicauda** Vieillot, *Nouv. Dict. d'Hist. nat.*, 1816, t. V, p. 135, et *Encycl. méthod.*, p. 356.
— Burmeister, *La Plata Reise*, 1861, t. II, p. 515.

**Anas oxyura** Meyen, *Nov. Act.*, 1838, t. XIV, suppl., p. 122.
— Gay, *Faun. chil.*, 1848, p. 449.
— Cassin, *Gilliss's Exped.*, 1856, t. II, p. 202.
— Burmeister, *La Plata Reise*, 1861, t. II, p. 515.
— Philippi et Landbeck, *Cat. Av. chil.*, p. 41.

**Dafila urophasianus** Ph.-L. Sclater, *Cat. of Birds of the Falkland Islands*, *Proceed. zool. Soc. Lond.*, 1860, p. 389, n° 33.
— Abbott, *Ibis*, 1861, p. 160.

**Dafila** *sp.* Ph.-L. Sclater et O. Salvin, *List of the Birds collected in the Straits of Magellan by Dr Cunningham*, in *Ibis*, 1860, p. 189, n° 40.

**Dafila spinicauda** Ph.-L. Sclater et O. Salvin, *Proceed. zool. Soc. Lond.*, 1870, p. 665, et pl. XXXVIII. — *Third List of the Birds collected in the Straits of Magellan by Dr Cunningham*, *Ibis*, 1870, p. 501. — *Nomencl. Av. neotrop.*, 1873, p. 130. — *Rev. of the neotrop. Anatidæ*, *Proceed. zool. Soc. Lond.*, 1876, p. 392, n° 2.
— H. Durnford, *On some Birds observed in the Chuput Valley, Patagonia*, *Ibis*, 1877, p. 41, et *Notes on the Birds of central Patagonia*, *Ibis*, 1878, p. 401.
— R.-B. Sharpe, *Zool. coll. made during the Survey of H. M. S. « Alert »*, *Proceed. zool. Soc. Lond.*, 1881, p. 14, n° 53.

**Dafila spinicauda** et **D. urophasianus** Alph. Milne-Edwards, *Faune des régions australes*, ch. IX, p. 45 et 46.

**Dafila spinicauda** L. Taczanowski, *Ornith. du Pérou*, 1886, t. III, p. 481, n° 1328.

Le *Dafila spinicauda*, qui a été souvent confondu avec le *D. baha-*

*mensis*, se rencontre à peu près dans toutes les régions de l'Amérique situées au sud de l'équateur, c'est-à-dire dans les provinces méridionales du Brésil ([1]), au Pérou ([2]), dans la République Argentine ([3]), dans l'Uruguay ([4]), au Paraguay ([5]), au Chili ([6]) et en Patagonie où, d'après M. Durnford, il est sédentaire et très commun sur les bords de la Chuput, du Sengel et du Sengelen. Dans cette même région, il a été observé un peu plus au sud sur la côte orientale, aux environs de Rio Santa Cruz par M. Lebrun, en 1882, et sur les bords du détroit de Magellan, à Sandy Point, en décembre 1866. Aux îles Malouines, l'espèce, qui avait déjà été signalée en 1861 par le capitaine Abbott, a été retrouvée récemment par M. le Dr Hahn, qui en a tué deux femelles de *Dafila spinicauda* sur les bords de la baie Edwards, le 20 février 1883. L'une de ces femelles avait les yeux de la même couleur qu'une femelle envoyée par M. Lebrun, c'est-à-dire d'un rouge rubis, le bec d'un jaune clair en dessus ([7]) et les pattes brunes. Un mâle adulte du Pérou, décrit par M. Taczanowski, avait au contraire les yeux d'un brun foncé, le bec noir avec les côtés de la base de la mandibule supérieure d'un jaune sale, la mandibule inférieure jaune et les pattes d'une teinte plombée.

### 91. Mareca sibilatrix.

**Anas sibilatrix** Poeppig, *Fror. Not.*, 1829, n° 59, p. 10.

**Anas chiloensis** King, *Proceed. zool. Soc. Lond.*, 1830-1831, p. 15.

— Burmeister, *Journ. f. Ornith.*, 1860, p. 227, et *La Plata Reise*, 1861, t. II, p. 517.

---

(1) Sclater et Salvin, *Proceed. zool. Soc. Lond.*, 1876, p. 392.

(2) Sclater et Salvin, *loc. cit.*, et Taczanowski, *Ornith. du Pérou*, t. III, p. 481.

(3) D'Azara, *Apunt.* n° 429 (*Pato cola aguda*); Sclater et Salvin, *Proceed. zool. Soc. Lond.*, 1876, p. 392. — Muséum d'Histoire naturelle de Paris, un spécimen envoyé par d'Orbigny en 1829.

(4) Sclater et Salvin, *loc. cit.*

(5) Muséum d'Histoire naturelle de Paris, un spécimen envoyé par Bonpland en 1833.

(6) Philippi et Landbeck, *Cat. Av. chil.*, p. 14. Muséum d'Histoire naturelle de Paris, un spécimen tué à Santiago et donné par M. Gay.

(7) Dans cette indication fournie par les Notes de M. Hahn, *le dessus du bec* signifie probablement *une partie* du dessus du bec (les côtés de la base), car l'arête et le bout de la mandibule supérieure paraissent avoir été noirs.

**Mareca chiloensis** Eyton, *Monogr. Anatide,* 1838, p. 117, pl. XXI.

— Gay, *Faun. chil.*, 1848, p. 447.

— Cassin, *Gilliss's Exped.*, 1856, t. II, p. 201.

— J. Gould, *List of Birds from the Falkland Islands, Proceed. zool. Soc. Lond.*, 1859, p. 96.

— Ph.-L. Sclater, *Cat. of Birds of the Falkland Islands, Proceed. zool. Soc. Lond.*, 1860, p. 389, n° 32.

— Philippi et Landbeck, *Cat. Av. chil.*, p. 41.

— Ph.-L. Sclater et O. Salvin, *Second List of Birds collected in the Straits of Magellan by D^r Cunningham, Ibis*, 1869, p. 284, n° 31. — *Nom. Av. neotrop.*, 1873, p. 395.

— Al. Milne-Edwards, *Faune des régions australes*, ch. IX, p. 45.

**Mareca sibilatrix** Ph.-L. Sclater et O. Salvin, *Rev. of the neotrop. Anatidæ. Proceed. zool. Soc. Lond.*, 1876, p. 395, n° 2. — *Birds of Antarct. Amer.. Proceed. zool. Soc. Lond.*, 1878, p. 436, n° 31. — *Voy. of the « Challenger », Rep. on the Birds, Antarct. Amer.*, p. 107, n° 31.

— H. Durnford, *On some Birds observed in the Chuput Valley, Patagonia. Ibis*, 1877, p. 41, et *Notes on the Birds of central Patagonia, Ibis*, 1878, p. 401.

— R.-B. Sharpe, *Zool. coll. made during the Survey of H. M. S. « Alert », Proceed. zool. Soc. Lond.*, 1881, p. 13, n° 51.

M. Lebrun a obtenu au mois de décembre 1882, en Patagonie, sur les bords du Rio Gallegos, un couple de cette espèce dont un spécimen avait déjà été tué dans la même saison (le 12 décembre 1867), sur les bords de la baie Gregory (détroit de Magellan) par M. le D^r Cunningham. La *Mareca sibilatrix* a été rencontrée également par l'expédition antarctique anglaise et par le capitaine Abbott dans l'archipel des Malouines, où elle niche probablement, mais je ne crois pas qu'elle s'avance jusque sur la Terre de Feu, car elle ne figure point dans la collection rapportée par la Mission du cap Horn. En revanche, elle remonte d'un côté jusque dans le Paraguay et la République Argentine, de l'autre jusque dans le Chili austral, et c'est une des espèces de Canards les plus communes dans la Patagonie orientale. M. Durnford a observé un grand nombre de ces oiseaux nichant à l'embouchure du Sengelen.

### 92. Micropterus cinereus.

(*Pl.* 4.)

**Anas cinereus** Gmelin, *Syst. nat.*, 1788, p. 506.

**Micropterus cinereus** Lesson, *Traité d'Ornithologie*, 1831, p. 630.
— Gay, *Faun. Chil.*, 1848, p. 457.
— Philippi et Landbeck, *Cat. Av. chil.*, p. 43.
— Ph.-L. Sclater, *Cat. of the Birds of the Falkland Islands, Proceed. zool. Soc. Lond.*, 1860, p. 39, n° **389**, et *Suppl., Proc. zool. Soc. Lond.*, 1861, p. 46.
— Cunningham, *Ibis*, 1868, p. 127 (*part.*). — *Notes on the natural history of the Straits of Magellan*, 1871, p. 94 et suiv. (*part.*). — *Trans. zool. Soc. Lond.*, 1873, t. VII, p. 493 (*part.*).
— Ph.-L. Sclater et O. Salvin, *List of Birds collected in the Straits of Magellan by Dr Cunningham, Ibis*, 1868, p. 189, n° **38** (*part.*). — *Third List, Ibis*, 1870, p. 499, n° **21** (*part.*).

**Tachyeres cinereus** Ph.-L. Sclater et O. Salvin, *Nom. av.*, 1873, p. 130 (*part.*). — *Revision of the neotrop. Anatidæ, Proceed. zool. Soc. Lond.*, 1876, p. 402 (*part.*). — *Birds of Ant. America, Proceed. zool. Soc. Lond.*, 1878, p. 437, n° **33** (*part.*). — *Voy. of the « Challenger », Rep. on the Birds, Antarct. Amer.*, p. 107, n° **33** (*part.*).

**Anas brachyptera** Latham, *Ind. Orn.*, t. II, p. 834.
— Quoy et Gaimard, *Voy. de l'« Uranie », Zoologie*, p. 139 et pl. XXXIX.

**Micropterus brachypterus** Lesson, *Traité d'Ornith.*, 1831, p. 630.
— Eyton, *Mon. Anat.*, 1838, p. 143.
— J. Gould, Darwin, *Voy. of the « Beagle »*, 1841, *Zool.*, t. III, *Birds*, p. 136.

**Tachyeres brachypterus** Owen, *Trans. zool. Soc.*, 1875, t. IX, p. 254.

Y a-t-il une ou deux espèces de Canards microptères, de ces oiseaux que les anciens voyageurs anglais (Cook, Byron, etc.) ont appelés *Race-horses-Ducks* et auxquels le capitaine King a donné le nom plus significatif de *Steamers-Ducks* que nous traduisons par *Canards à vapeur?* En d'autres termes, le *Micropterus patachonicus* de King qui vole bien n'a-t-il été décrit, comme le prétend le Dr Cunningham [1], que d'après des individus *adolescents* du *Micropterus cinereus* Gm., qui ne se sert de ses ailes que pour progresser rapidement à la surface de l'eau, ou bien, au contraire, comme le pense le capitaine Abbott, les deux espèces sont-elles distinctes? Je crois devoir adopter cette dernière opinion en m'appuyant, d'une part sur le témoignage des naturalistes de la Mission du cap Horn, de l'autre sur l'étude attentive des squelettes et des *très nombreuses* dépouilles que j'ai eus sous les yeux.

Les arguments invoqués par M. le Dr Cunningham pour justifier la réunion de *Micropterus patachonicus* au *Micropterus cinereus* peuvent être résumés en ces termes :

1° Les individus qui volent et ceux qui ne volent pas se voient fréquemment associés;

2° Les premiers sont plus petits que les seconds;

3° Les squelettes des individus qui volent présentent constamment des traces indéniables d'*immaturité*, tandis que les squelettes des individus qui ne volent pas ont toutes les pièces de leur charpente complètement ossifiées.

M. Cunningham ajoute : « Je crois en conséquence que, à mesure que l'oiseau augmente en grosseur et en poids, par suite du dépôt dans ses os d'une quantité de plus ou plus grande de substance minérale et par d'autres causes de nature diverse, il perd graduellement l'habitude de voler, se sentant suffisamment protégé contre le danger, à la fois par la vitesse avec laquelle il peut progresser dans l'eau, grâce aux mouvements rapides de ses ailes, et par la facilité avec laquelle il plonge. »

Examinons la valeur de ces arguments avec tout le soin que réclament les travaux d'un naturaliste dont la compétence et l'expérience sont incontestables et qui, pendant la croisière du *Nassau* dans le détroit de Magellan, a eu souvent l'occasion d'observer des Canards à vapeur dans leur élément.

Nous constatons d'abord que le fait de l'association des Microptères qui volent et de ceux qui ne volent pas ne fournit qu'un argument à

(1) *Notes on the natural History of Magellan*, p. 94, et *Trans. zool. Soc. Lond.*, 1873, t. VII, p. 493 et suiv.

peu près sans valeur. En effet, les associations d'individus d'espèces différentes sont *très communes* parmi les Échassiers de rivage et parmi les Oiseaux d'eau, en dehors de la saison des amours. Elles sont particulièrement fréquentes parmi les Canards et les Oies. Ainsi, dans nos pays, on tire souvent pendant l'hiver des Canards milouinans dans des bandes de Canards morillons (1), et les seuls exemplaires des Bernaches à tête grise que le capitaine Abbott put obtenir durant son séjour aux Malouines furent abattus au milieu de volées d'Oies de Magellan (2). D'un autre côté, si le mélange des *Micropterus cinereus* et des *Micropterus patachonicus* se produit souvent, il ne s'effectue pas constamment, loin de là. Je puis invoquer à cet égard le témoignage formel de M. Sauvinet, l'un des membres de la Mission du cap Horn, qui a vu en maintes circonstances des bandes uniquement composées de Canards appartenant soit à l'une, soit à l'autre espèce.

La seconde raison, la différence de taille, est plutôt en faveur de la thèse que je soutiens. S'il y a deux espèces, il est naturel qu'elles n'aient pas les mêmes proportions. Or c'est précisément ce qui existe en général, ainsi qu'on peut s'en rendre compte en parcourant le Tableau suivant, où j'ai consigné les principales dimensions de la série nombreuse des Microptères que possède le Muséum d'Histoire naturelle de Paris :

---

(1) Crespon, *Ornithologie du Gard*, p. 529.

(2) Ph.-L. Sclater et O. Salvin, *Revision of the neotropical Anatidæ, Proceed. zool. Soc. Lond.*, 1876, p. 366.

| Nos. | LOCALITÉS. | SEXES et âges. | LONGUEUR totale. | LONGUEUR de l'aile. | LONGUEUR de la queue. | LONGUEUR DU BEC en-dessus. | LONGUEUR DU BEC latéralement. | LONGUEUR du tarse. | LONGUEUR du doigt médian (sans l'ongle). |
|---|---|---|---|---|---|---|---|---|---|
| | **A. Micropterus cinereus.** | | | | | | | | |
| | | | m | m | m | m | m | m | m |
| 1 | Port Churrucha.... | Adulte. | 0,785 | 0,290 | 0,135 | 0,060 | 0,068 | 0,065 | 0,090 |
| 2 | Havre Molyneux... | Adulte. | 0,790 | 0,260 | 0,130 | 0,055 | 0,065 | 0,060 | 0,090 |
| 3 | Baie Orange....... | ♀ (?) | 0,810 | 0,295 | 0,140 | 0,055 | 0,065 | 0,060 | 0,098 |
| 4 | Canal Shapenham (Anse mauvaise). | ♀ | 0,820 | 0,280 | 0,135 | 0,050 | 0,065 | 0,060 | 0,090 |
| 5 | Canal du Beagle.... | ♂ | 0,930 (1) | 0,280 | 0,150 | 0,060 | 0,070 | 0,070 | 0,105 |
| 6 | Baie Orange....... | ♀ | 0,810 | 0,270 | 0,120 | 0,055 | 0,060 | 0,060 | 0,098 |
| 7 | Terre des États.... | ♀ | 0,820 | 0,280 | 0,130 | 0,052 | 0,060 | 0,065 | 0,098 |
| 8 | Pointe Divid (Canal du Beagle)...... | ♀ | 0,780 | 0,260 | 0,120 | 0,053 | 0,058 | 0,055 | 0,085 |
| 9 | Détroit de Magellan. | | 0,795 | 0,280 | 0,130 | 0,055 | 0,065 | 0,070 | 0,100 |
| 10 | Baie Orange....... | ♀ | 0,770 | 0,310 | 0,150 | 0,055 | 0,065 | 0,060 | 0,080 |
| | **B. Micropterus patachonicus.** | | | | | | | | |
| 11 | Malouines......... | Très adulte. | 0,695 | 0,285 | | 0,060 | 0,070 | 0,060 | 0,080 |
| 12 | Baie Orange....... | ♀ | 0,735 | 0,300 | 0,140 | 0,055 | 0,065 | 0,060 | 0,080 |
| 13 | Baie Orange....... | ♂ | 0,740 | 0,310 | 0,135 | 0,055 | 0,065 | 0,060 | 0,080 |
| 14 | Baie Française (Malouines)........ | ♀ | 0,790 | 0,270 | 0,130 | 0,050 | 0,063 | 0,058 | 0,083 |
| 15 | Baie Française (Malouines)........ | ♀ | 0,700 | 0,305 | 0,135 | 0,050 | 0,055 | 0,050 | 0,082 |
| 16 | Baie Fleuriais ..... | Adulte. | 0,705 | 0,295 | 0,125 | 0,050 | 0,058 | 0,050 | 0,072 |
| 17 | Baie Orange....... | ♀ | 0,780 | 0,320 | 0,140 | 0,050 | 0,058 | 0,050 | 0,084 |
| 18 | Baie Fleuriais ..... | Jeune. | 0,610 | 0,145 | 0,095 | 0,045 | 0,050 | 0,050 | 0,065 |
| 19 | Canal du Beagle ... | Jeune femelle. | 0,540 | | 0,080 | 0,043 | 0,047 | 0,050 | 0,067 |

(1) La peau de cet individu paraît avoir été fortement étendue.

Ce Tableau montre que les *Micropterus cinereus* sont en général de plus forte taille que les *M. patachonicus*, qu'ils ont les ailes absolument et relativement plus courtes, le bec plus long, les tarses plus élevés et le doigt médian plus développé.

A ces différences dans les dimensions se joignent des différences de plumage, qui sont faciles à apprécier chez les adultes et qui ressortiront de la description que je donne ci-dessous des 19 spécimens dont les dimensions se trouvent consignées dans le Tableau précédent.

### A. *Micropterus cinereus.*

1° Individu de sexe indéterminé donné par M. l'amiral Serres au Muséum, en 1877 et provenant de Port Churrucha :

Parties supérieures du corps d'un gris cendré avec les plumes du dos et celles de la poitrine distinctement bordées de gris noirâtre, ces dernières étant en outre légèrement nuancées de roux, mais à un bien plus faible degré que chez les *Micropterus patachonicus;* tête d'un gris un peu plus clair que le dos, avec un peu de blanc dans le voisinage de l'œil; gorge grise, sans aucune trace de roux; ailes ornées d'une bande transversale blanche assez large, occupant une partie des plumes secondaires; flancs gris; partie inférieure de la poitrine et milieu du ventre blancs.

2° Individu de sexe indéterminé donné par M. l'amiral Serres et provenant du Havre Molyneux : mêmes caractères que l'individu précédent; un simple cercle blanc autour de l'œil et une large bande blanche sur l'aile.

3° Femelle (?) complètement adulte, tuée le 26 mai 1883 sur l'îlot de la pointe Lephay (baie Orange) : tête d'un gris bleuâtre, avec une tache blanche peu étendue dessinant un cercle autour de l'œil; cou et côtés de la poitrine d'un gris blanc, sans mélange de roux; dos d'un gris plus foncé que la tête et assez uniforme, avec les bordures des plumes à peine indiquées; flancs gris; partie inférieure de la poitrine et milieu du ventre blancs; ailes ornées chacune d'une bande transversale blanche de largeur médiocre, occupant une partie des plumes secondaires et armées en avant d'une double callosité saillante, formant éperon. Iris brun foncé; bec d'un rouge orangé (couleur *peau d'orange*) avec une plaque noire sur l'extrémité de chaque mandibule; pattes d'un jaune orangé tirant au rouge sur les membranes interdigitales noires et quelques écailles rougeâtres.

4° Femelle tuée dans une excursion sur baleinière dans le canal Shapenham (Anse mauvaise), au sud-est de la baie Orange, le 14 janvier 1883 : plumage gris en dessus, avec les bordures foncées des plumes assez nettement marquées; teinte de la tête se fondant par des nuances insensibles dans celle du dos; pas de cercle blanc autour de l'œil, mais une bande blanche sur l'aile.

5° Mâle tué dans le canal du Beagle, le 1er mars 1883 : plumage analogue à celui de l'individu précédent : bec jaune avec l'extrémité des deux mandibules noires; pattes jaunes avec les membranes interdigitales grises et une tache grise sur chaque phalange; éperons des ailes jaunes.

6° Femelle tuée à la baie Orange, le 3 janvier 1881 : plumage semblable à celui de l'individu n° 1; tête d'un gris assez clair passant au blanc sur le front, le vertex, la nuque et autour de l'œil, la teinte blanche ne dessinant pas cependant une raie distincte dans la région oculaire; poitrine marquée de raies ondulées formées par le bord foncé des plumes, mais n'offrant pas une teinte rousse; bande blanche des ailes de largeur médiocre; éperons des ailes bien accusés, celui du bas étant en forme de pyramide triangulaire tronquée, de couleur jaune.

7° Femelle tuée dans la baie Cook (Terre des États) le 16 novembre 1882 : tête et cou gris avec le tour de l'œil blanc; poitrine grise avec une bordure foncée sur chaque plume; ailes ornées d'une large bande blanche.

8° Femelle tuée à la pointe Divid, dans le canal du Beagle, le 28 juillet 1883 : tête et cou gris; poitrine et flancs d'un gris plus foncé, avec des *ondes* noirâtres; ailes ornées d'une large bande blanche; paupières rouge orangé; bec jaune orangé foncé avec l'onglet et le bout de la mandibule inférieure noirs (d'après une maquette de M. le Dr Hahn).

9° Individu tué sur les bords du détroit de Magellan et donné par

M. le commandant Martin : tête grise, avec quelques plumes claires et le tour de l'œil blanc; poitrine avec des raies ondulées comme chez l'individu précédent; ailes ornées d'une bande blanche; bec jaune et noir.

10° Femelle tuée à la baie Orange, à l'entrée de la rivière de la Mission, le 7 novembre 1882 : tête grise avec la partie inférieure du cou et la nuque blanchâtres, cette teinte claire se prolongeant latéralement sous la forme d'une raie qui rejoint un cercle blanc autour de l'œil; côtés de la face d'un gris rouan; milieu de la gorge d'un roux vif; dos gris, flancs gris avec les bordures des plumes d'une nuance plus foncée; poitrine marquée comme les flancs, mais nuancée de gris rouan; milieu du ventre blanc; ailes ornées d'une bande blanche et armées d'éperons très saillants, de couleur jaune; iris d'un brun marron clair; bec et pattes d'un jaune orangé.

*B. Micropterus patachonicus.*

11° Individu tué aux îles Malouines et rapporté par l'expédition de la *Coquille :* vertex et base du cou presque blancs; reste du cou d'un gris très clair; côtés de la face et cou fortement nuancés de roux vineux; manteau gris, légèrement nuancé de roux, avec des reflets argentés sur les plumes; poitrine et flancs également de couleur grise, mais beaucoup plus fortement nuancés de roux; milieu du ventre d'un blanc pur, ailes ornées d'une bande blanche et armées d'un double éperon dans leur partie antérieure qui est dénudée.

12° Femelle tuée devant la Mission, à la baie Orange, le 15 décembre 1882 : tête grise, fortement lavée de roux veineux sur les côtés et marquée d'un trait latéral et d'un cercle blanc autour de l'œil; dos, poitrine et flancs gris avec les plumes bordées de gris foncé; poitrine d'un gris nuancé roux avec des bordures foncées dessinant des sortes d'écailles; ailes grises, avec une bande blanche; éperons alaires saillants, mais moins accusés que chez l'individu précédent : iris noir ou brun marron très foncé, bec noir, passant au brun verdâtre à la base de la mandibule supérieure et sur le milieu de la mandibule inférieure; tarses jaune indien.

13° Mâle tué au vol le 12 juillet 1883, dans l'anse aux Canards, à la baie Orange : même livrée que l'individu précédent, avec les bandes blanches des ailes un peu plus larges; éperons très saillants, l'inférieur surtout ([1]); iris brun, bec d'un jaune orangé très clair avec une plaque d'un noir luisant à la pointe; pattes d'un jaune citron avec les membranes interdigitales noires, ponctuées de jaune.

14° Femelle tuée dans la baie Française (Malouines), le 7 mars 1883 : tête et cou d'un gris foncé, tirant au rougeâtre sur les joues, les tempes et sur la gorge; dos, ailes et flancs d'un gris foncé, avec une teinte argentée sur le milieu et du gris bleuâtre sur le bord des plumes; milieu de l'abdomen blanc; larges bandes alaires blanches; éperons visibles, mais peu saillants; bec d'une teinte verdâtre uniforme.

15° Femelle (mère de plusieurs jeunes qui ont été pris en même temps) tuée le 23 novembre 1882, dans la baie Française (Malouines) : tête grise avec une raie blanche très apparente en arrière de l'œil et une teinte roussâtre sur les joues et les tempes; membrane d'un gris souris, à reflets argentés; devant du cou teinté de roux; poitrine couverte de plumes bordées de gris bleuâtre foncé et par suite nettement dessinées, quelques-unes laissant voir en outre la teinte saumonée qui s'étend sur leur base; flancs revêtus de plumes analogues, mais brillant d'un éclat argenté; milieu de l'abdomen blanc; ailes recoupées transversalement par une large bande blanche qui envahit une grande partie des plumes secondaires et des couvertures, et armées en avant de deux petits tubercules coniques; bec d'un noir verdâtre uniforme avec les lamelles très saillantes; pattes d'une nuance un peu plus claire, avec quelques taches jaunâtres.

16° Individu bien adulte, tué dans la baie Fleuriais et donné par M. l'amiral Serres en 1877 : tête d'un gris lavé de roux sur les côtés et recoupé derrière l'œil par un trait blanc; menton et gorge d'un roux plus blanc; poitrine grise, lavée de roux; dos couvert de plumes grises argentées, bordées de gris foncé; ailes ornées d'une très large bande blanche et pourvues de deux éperons, dont l'inférieur est particu-

---

([1]) D'après une Note de M. le Dr Hyades, le double éperon de chaque aile est appelé *Tamila* en fuégien.

lièrement saillant; ventre blanc; bec d'un noir verdâtre uniforme.

17° Femelle tuée le 4 mai 1883 à la baie Orange, sur le bord de l'Anse aux Canards : plumage rappelant un peu celui du *M. cinereus*, mais s'en distinguant par les bordures très nettes des plumes du dos et de la poitrine, cette dernière région étant en outre lavée de roux; côtés de la tête nuancés de roux; trait blanc en arrière de l'œil peu visible, et fondu dans la teinte grise environnante; bande blanche de l'aile très apparente; iris d'un brun très foncé, bec d'un jaune peau d'orange foncé à la base, plus clair entre les narines et sur le milieu de la mandibule supérieure, qui se termine par un onglet noir et qui présente de chaque côté, au-dessous des narines, un espace triangulaire teinté de bleuâtre; pattes d'un jaune citron clair, avec les membranes interdigitales et le dessous des doigts d'une teinte moins pure, tirant au noir.

18° Jeune individu pris dans la baie Fleuriais et donné par M. l'amiral Serres en 1877 : plumage encore mélangé de quelques touffes de duvet sur le dos et sur les ailes, mais offrant déjà les principales teintes du plumage de l'adulte et la nuance rousse des côtés de la tête et de la poitrine; bordures foncées des plumes du dos de la base du cou et des flancs peu distinctes; pas de bande blanche sur l'aile, pas d'éperons distincts.

19° Femelle encore plus jeune que l'individu précédent, tuée le 9 février 1883 dans une baie du canal du Beagle : plumage d'un gris foncé, varié de brun noirâtre sur le bord des plumes; tête d'un gris uniforme, sans trait blanc dans le voisinage de l'œil; pas de bande blanche sur l'aile.

De l'examen comparatif de ces spécimens il ressort, en résumé :

1° Que chez le *Micropterus cinereus* et chez le *M. patachonicus* les couleurs fondamentales de la livrée de l'adulte sont les mêmes, le gris dominant sur les parties supérieures du corps, sur le cou, la poitrine et les flancs, le blanc pur occupant le milieu de l'abdomen, le milieu des ailes et parfois les côtés et le dessus de la tête;

2° Que chez le *M. patachonicus* les teintes sont généralement plus tranchées que chez le *M. cinereus*;

3° Que chez le *M. patachonicus* le blanc peut envahir parfois une grande partie de la tête et du cou, tandis que chez le *M. cinereus*, il reste confiné dans le voisinage de l'œil;

4° Que chez le *M. patachonicus* la teinte grise du plumage est plus foncée que dans l'autre espèce, et qu'en même temps les plumes du dos, de la poitrine et des flancs offrent un aspect écailleux, grâce à la bordure foncée qui les encadre et qui contraste avec les reflets argentés de leur portion médiane;

5° Que chez le *M. patachonicus* on observe généralement, sur les côtés de la tête, la gorge et la poitrine, une teinte rousse ou même rougeâtre très accusée qui manque presque toujours chez le *M. cinereus* et qui, sur la poitrine, provient de la coloration saumonée de la base des plumes;

6° Que chez le *M. patachonicus* la coloration du bec est généralement moins vive et plus uniforme que chez le *M. cinereus*.

J'arrive maintenant à l'examen d'une autre catégorie d'arguments invoqués par M. le D^r Cunningham, je veux parler de ceux qui sont fournis par l'étude de la charpente osseuse. M. Cunningham nous apprend qu'il a eu à sa disposition :

1° Deux squelettes presque entiers de Canards microptères adultes, provenant des îles Malouines et conservés dans la collection du Collège des chirurgiens, à Londres;

2° Deux crânes d'individus adultes qu'il a obtenus lui-même sur la côte occidentale de Patagonie et dans le détroit de Magellan;

3° Deux squelettes de jeunes Canards microptères *volants*, provenant des mêmes régions;

4° Deux crânes de jeunes oiseaux, encore incapables de voler, qui ont été tués en compagnie de leurs parents, dans une des baies du Messier Channel.

Soit en tout quatre squelettes et quatre crânes.

De mon côté, j'ai eu sous les yeux trois squelettes complets de Canards microptères rapportés par la Mission du cap Horn; je n'ai donc pas eu autant de matériaux d'études que M. Cunningham, mais la différence à cet égard n'est pas aussi grande qu'elle le paraît au premier abord, deux des squelettes examinés par M. Cunningham étant incomplets et les crânes des jeunes ne pouvant fournir d'éléments pour la discussion.

Des trois squelettes rapportés par la Mission du cap Horn, l'un A (n° 445, *Cat. voyag.*) est celui d'un mâle tué le 29 juillet 1888 dans la baie Fleuriais, mâle qui, d'après la maquette de la tête de l'oiseau prise par M. le Dr Hahn, appartenait *certainement* à la forme *M. cinereus;* le second B (n° 234, *Cat. voy.*) est celui d'un mâle tué le 10 janvier 1883 à la baie Orange et se rapportant, selon moi, également au *M. cinereus;* le troisième C (n° 448 *Cat. voy.*) est celui d'une femelle qui a été tuée dans la même localité que le spécimen auquel appartient le squelette A, mais que j'attribue néanmoins à l'autre forme, *M. patachonicus.*

Ce dernier squelette C est en effet plus grêle de formes et se compose d'os généralement moins robustes que les squelettes A et B, certaines pièces offrant même des différences considérables avec les pièces correspondantes, ainsi qu'on peut en juger par le Tableau suivant, donnant les dimensions de quelques os.

| | Sq. A. m | Sq. B. m | Sq. C. m |
|---|---|---|---|
| Longueur de l'humérus, mesuré en ligne droite..... | 0,132 | 0,128 | 0,120 |
| Longueur du cubitus, mesuré en ligne droite....... | 0,098 | 0,098 | 0,092 |
| Longueur de la main (carpe, métacarpe et doigt médius). | 0,121 | 0,123 | 0,110 |
| Longueur du fémur, mesuré en ligne droite........ | 0,092 | 0,092 | 0,083 |
| Longueur du tibia, mesuré en ligne droite......... | 0,140 | 0,138 | 0,130 |
| Longueur du tarso-métatarsien, mesuré en ligne droite. | 0,075 | 0,074 | 0,062 |
| Longueur du doigt médian, y compris la phalange onguéale........................................ | 0,105 | 0,104 | 0,093 |
| Longueur du sternum, du milieu du bord inférieur au milieu du bord supérieur........................ | 0,132 | 0,132 | 0,128 |
| Longueur du sternum, du milieu du bord inférieur au sommet du bréchet......................... | 0,105 | 0,104 | 0,093 |
| Écartement des branches de la fourchette ou distance d'une apophyse coracoïdienne à l'autre........... | 0,060 | 0,060 | 0,050 |

Il y a donc entre les deux premiers et le troisième squelettes des différences assez considérables, pouvant aller jusqu'à 10mm ou 12mm pour le même os. Ces différences sont-elles attribuables à l'âge ? Évidemment non. En effet, le squelette C, qui, dans l'hypothèse du Dr Cunningham, devrait appartenir à un jeune individu, offre tous les caractères d'un individu adulte. Ainsi la crête qui limite la région occipitale est aussi marquée que sur le crâne de l'oiseau adulte figuré par M. Cunningham ([1]); la crête médiane de cette même région est aussi bien dessinée; les fontanelles occipitales sont encore plus petites, les surfaces voisines de ces fontanelles sont aussi rugueuses, et les différentes pièces qui entrent dans la constitution de l'occipital (*supraoccipital, exoccipitaux* et *basioccipital*) sont parfaitement soudées, au lieu de se montrer distinctes comme chez le jeune oiseau représenté par M. Cunningham ([2]). La cloison interorbitaire est mince, transparente, mais ne présente pas ces grands pertuis que M. Cunningham indique dans la cloison interorbitaire des Microptères *adolescents;* son aspect est exactement le même que dans les deux autres squelettes.

Les pariétaux sont complètement soudés avec les pièces voisines. A la mandibule inférieure les branches ne montrent que deux traces de sutures presque effacées, exactement comme chez les Microptères adultes ([3]).

Le sternum du squelette C est aussi complètement ossifié que ceux des squelettes A et B, dont il ne diffère que par ses dimensions un peu plus faibles; il présente également en arrière une double échancrure très profonde, recouverte d'une membrane, et son bréchet est relativement aussi saillant.

La fourchette est en forme d'U dans les trois spécimens, avec les branches un peu plus rapprochées dans le spécimen C que dans les deux autres; partout elle est mince, mais solide et largement séparée du sternum.

Les os de l'épaule, du bras et de la main sont conformés dans les trois squelettes exactement sur le même modèle et ne diffèrent que par leurs dimensions.

J'en dirai autant des os du bassin et des membres inférieurs. Vu par sa face supérieure, le bassin du squelette C ne laisse apercevoir que quelques trous réduits à de simples pertuis, ou bien des nombreuses

(1) *Op. cit., Trans. zool. Soc. Lond.*, t. VII, pl. LX, fig. 18.
(2) *Op. cit., Trans. zool Soc. Lond.*, t. VII, pl. LX, fig. 20.
(3) *Trans. zool. Soc. Lond.*, t. VII, pl. LX, fig. 37.

et larges perforations figurées par M. Cunningham sur le bassin de l'oiseau adolescent et capable de voler ([1]), et vu par la face latérale il montre, comme les squelettes A et B, un trou obturateur étroit et très allongé, et un trou sciatique ovalaire qui se rétrécit un peu en arrière, et dont le bord postérieur est mince et transparent, mais n'offre aucune trace de trou accessoire indiqué par M. Cunningham ([2]).

Comme je suis convaincu de la parfaite exactitude des descriptions et des figures publiées par M. Cunningham, je ne puis expliquer que d'une seule façon, mais d'une façon fort simple, le désaccord qui existe entre nous. Si nous n'arrivons pas aux mêmes résultats, cela provient uniquement, selon moi, de ce que nous n'avons pas comparé des termes de valeur correspondante.

J'ai mis en regard deux individus adultes du *Micropterus cinereus* et un individu également adulte du *Micropterus patachonicus*, et M. Cunningham a sans doute étudié comparativement deux crânes et deux squelettes du *Micropterus cinereus* adultes et deux squelettes du *Micropterus patachonicus n'ayant pas encore acquis tout leur développement.* Voilà pourquoi il a constaté entre les Canards qui volent et d'autres qui ne volent pas non seulement des différences dans les dimensions des os, mais encore des différences dans le degré d'ossification et dans la fusion de certaines pièces, en même temps que dans le développement des saillies qui donnaient attache aux tendons des principaux muscles. Par suite, il a mis sur le compte de l'âge les différences de dimensions qu'il observait, et il a rapporté à des individus *adolescents* du *Micropterus cinereus* des squelettes et des crânes appartenant en réalité à de jeunes *Micropterus patachonicus.*

Je crois avoir démontré au contraire : 1° qu'il existe chez les Canards microptères des différences de dimensions qui peuvent être relevées non seulement sur la dépouille, mais encore sur le squelette; 2° que ces différences coïncident avec certaines particularités dans la coloration du plumage; 3° qu'elles se manifestent chez des individus qui ne diffèrent point d'ailleurs sous le rapport de la solidité et du degré de

---

([1]) *Op. cit.*, pl. LXII, fig. 58.
([2]) *Op. cit.*, pl. LXII, fig. 59.

fusion des pièces osseuses. J'en conclus qu'il y a réellement deux espèces, ou tout au moins deux races de Microptères, l'une plus petite, aux teintes plus vives et plus tranchées, *Micropterus patachonicus*, l'autre plus grande, aux teintes plus fondues, *Micropterus cinereus*. A l'appui de cette opinion j'ajouterai que les Fuégiens, généralement fort habiles dans l'art de distinguer les espèces ornithologiques (1) donnent à ces deux formes deux noms différents, appelant *Alakouch* le *Micropterus cinereus* et *Tachka* le *Micropterus patachonicus*. M. Bridges, qui dirige depuis plus de vingt-cinq ans la Mission évangélique du canal du Beagle, a confirmé le fait à M. le Dr Hyades en lui donnant les indications suivantes : *Alakouch, Steamer Duck who does not fly; Tachka, Steamer Duck flying, who can fly*, et j'ai trouvé sous ce rapport, à une ou deux exceptions près, une concordance remarquable entre les Notes prises soit par M. le Dr Hyades, soit par M. le Dr Hahn et mes propres déterminations.

La question me parait donc jugée; mais, en présence de la confusion qui a été faite entre les deux espèces, je me trouve naturellement dans l'impossibilité de reconnaitre si les spécimens cités dans le Catalogue récent du voyage du *Challenger* sous la rubrique *Micropterus cinereus* appartiennent tous au *Micropterus cinereus* proprement dit, ou si quelques-uns doivent être attribués au *Micropterus patachonicus*. Ces spécimens sont au nombre de 8, savoir :

1° Une femelle (jeune) provenant du Messier's Channel : yeux bruns; estomac contenant des crustacés;

2° Un jeune de la même localité : yeux bruns; bec et pattes noirs;

3° Une femelle de Tom Harbour : yeux bruns; bec jaune à pointe noire; pattes jaunes; estomac renfermant du gravier;

4° Un mâle du détroit de Magellan;

5° et 6° Deux femelles de Port Churrucha, pesant 8 livres anglaises et 8 livres $\frac{1}{2}$;

7° et 8° Deux mâles (jeunes) des Malouines : estomac renfermant des coquilles; bec noir; pattes d'un beau noir.

---

(1) En consultant le vocabulaire fuégien dressé par M. le Dr Hyades, il est facile de voir que les Fuégiens appliquent un nom particulier, non seulement à chaque genre, mais à chaque espèce d'oiseau.

J'en dirai autant des spécimens qui sont mentionnés dans le Catalogue du voyage de l'*Alert* et dont voici l'énumération :

1° Femelle tuée à Puerto Bueno sur un lac d'eau douce, près de la mer : yeux noirs; bec d'un vert olivâtre; pattes jaunes;

2° Individu tué à Walney Sound, le 4 février 1879 : poids 10 livres $\frac{1}{2}$; gésier rempli de Moules entières et de Crevettes;

3° Individu tué sur l'île Élisabeth, le 3 février 1879;

4° Poussin pris à Tom Bay, le 30 novembre 1879;

5° Crâne rapporté de Cockle Crove;

6° Squelette d'un individu tué à Tom Bay, le 24 février 1879.

Je suis porté à supposer cependant que le spécimen provenant de Walney Sound et pesant plus de 10 livres anglaises était un *Micropterus cinereus*, de même que les femelles de Port Churrucha, pesant 8 livres et 8 livres $\frac{1}{2}$, tandis que la femelle de Puerto Bueno rapportée par l'*Alert*, la jeune femelle du Messier's Channel et les jeunes mâles des Malouines rapportés par le *Challenger*, étaient des *Micropterus patachonicus*. Chez plusieurs de ces individus, le bec est en effet indiqué comme étant noir ou vert olivâtre, couleurs qu'offrent plusieurs exemplaires de *Micropterus patachonicus* que j'ai sous les yeux, et d'autres individus, par leur poids considérable, qui a été noté avec soin, ressemblent à nos *Micropterus cinereus*.

En revanche, d'après les indications manuscrites qui m'ont été fournies par M. le Dr Hyades et par M. le Dr Hahn, je puis rapporter avec certitude au *Micropterus cinereus* un certain nombre de jeunes individus et de poussins qui ont été rapportés par la Mission du cap Horn et dont voici l'énumération :

1° Femelle tuée le 19 novembre 1882 dans la baie Cook (Terre des États);

2° Mâle tué le 20 novembre 1882 dans la baie Basill Hall (Terre des États) (1);

3° et 4° Jeunes pris vivants à la baie Orange, dans l'anse aux Canards, le 3 décembre 1882;

5° Jeune mâle tué le 6 février 1883 dans la baie n° 3 du canal du

(1) Ce spécimen et le précédent n'ont pas été conservés par le Muséum.

Beagle : tête et corps encore revêtus en moyenne partie par du duvet, mais offrant déjà des indications des couleurs et du dessin du plumage de l'adulte, les parties supérieures étant brunes, la poitrine d'un gris brunâtre, le ventre blanc, les côtés de la tête d'un gris brunâtre avec une ligne blanche très nettement marquée en arrière de l'œil; ailes, réduites à des moignons, offrant une petite raie transversale blanche; bec et pattes d'un brun noirâtre, avec quelques taches jaunâtres au bord des doigts;

6° et 7° Individus encore plus jeunes que le précédent, pris le 10 février 1883 à la baie des Baleines (ile Burnt) : bec et pattes noirâtres, tête et corps revêtus de duvet, mais offrant déjà les teintes dominantes du plumage de l'adulte et une large raie sourcilière blanche, descendant un peu en arrière le long du cou ([1]);

8° Très jeune femelle, apportée vivante à la baie Orange par les Fuégiens, le 26 janvier 1883 : iris brun; bec noir, avec l'extrémité des mandibules couleur de corne blonde; tarses noirs, avec quelques plaques vert olive foncé, ongles d'un jaune rougeâtre, tête et corps entièrement couverts d'un duvet brun en dessus, blanc sur le menton, sur l'abdomen, en dessus et en arrière des yeux et sur les côtés du cou, où l'on remarque une large bande recourbée en croissant et venant rejoindre la teinte claire du menton;

9° et 10° Femelles encore plus jeunes (poussins) apportées vivantes à la baie Orange par les Fuégiens, le 12 janvier 1883 : iris brun foncé, bec noir passant à la teinte acajou foncé à la pointe des mandibules; membrane de la mandibule inférieure jaune; tarses noirs tirant au verdâtre; duvet de la tête et du corps offrant déjà les couleurs et le dessin du plumage de l'adulte; large bande blanche recourbée en arrière de l'œil et sur les côtés du cou; moignons d'ailes marqués d'une petite raie blanche;

11° et 12° Poussins apportés vivants par les Fuégiens, le 10 février 1883 et morts le même jour;

---

([1]) L'un de ces spécimens offre exactement les mêmes dimensions ($0^m,036$ ou 1¼ pouces anglais), les mêmes couleurs, les mêmes taches qu'un jeune oiseau du détroit de Magellan décrit par M. Cunningham (*Notes on the Natural History of the Straits of Magellan*, 1871, p. 97).

13°, 14° et 15° Poussins apportés vivants par les Fuégiens, le 11 février 1883.

Grâce à la présence, dans la collection fournie par la Mission du cap Horn, de plusieurs jeunes d'âges différents, pris dans les derniers et les premiers mois de l'année, et d'un certain nombre d'œufs recueillis le 16 novembre sur la Terre des États (1), on peut affirmer que le *Micropterus cinereus* se reproduit non seulement aux environs de la baie Orange, mais sur la Terre des États et sur les bords du canal du Beagle, et que la ponte s'effectue du mois de novembre à la fin de janvier, de telle sorte que des jeunes ont déjà atteint au milieu de février les deux tiers de leur taille, alors que d'autres n'ont que $0^m,20$ ou $0^m,25$ de long (2).

Les œufs sont bien tels que M. Cunningham les a décrits : leur coquille étant de couleur crème et leur grand axe ayant $0^m,085$, tandis que le petit axe mesure $0^m,052$ à $0^m,055$. Ils sont déposés par nombre de 4 ou 5, dans un nid construit avec des herbes et placé sous un buisson, sur le rivage. En l'absence de la mère, ils sont recouverts d'une couche de duvet brun. Les jeunes restent pendant longtemps sous la surveillance de leurs parents, à la suite desquels on les voit souvent nager avec beaucoup d'aisance. Ils plongent aussi facilement et peuvent rester quelque temps immergés. Quant aux adultes, ils méritent bien leur nom de *Steamer Ducks* par la rapidité étonnante avec laquelle ils progressent à la surface de l'eau, en s'aidant à la fois de leurs ailes et de leurs pattes et en laissant derrière eux un long sillon d'écume. Lorsqu'un danger les menace, ils filent ainsi avec une vitesse de 12 à 15 milles à l'heure, ou bien ils plongent brusquement pour reparaître quelques mètres plus loin et recommencer aussitôt le même manège (3). La rapidité de leurs mouvements est telle qu'ils sont fort

(1) Je trouve mentionnée à la même date, dans les Notes de M. le Dr Hahn, la capture d'une femelle *ayant pondu*. C'est probablement à cette femelle qu'appartenaient les œufs, au nombre de trois, recueillis par M. Hahn.

(2) Aux îles Malouines, selon M. Abbott, la ponte s'effectue un peu plus tôt, de la fin de septembre à la fin de novembre, et chaque couvée comprend de 7 à 9 œufs.

(3) CUNNINGHAM, *Notes on the Natural History of the Straits of Magellan*, p. 93, 96 et 97.

difficiles à atteindre, à moins qu'on ne parvienne à les acculer au fond de quelque baie, et leur plumage est si serré que le petit plomb glisse à la surface.

Les adultes de cette espèce atteignent un poids considérable, 13 ou même 29 livres anglaises, soit 7$^{kg}$ à 13$^{kg}$, poids qui est hors de proportion avec les dimensions des ailes, de telle sorte que celles-ci ne peuvent plus soutenir l'oiseau dans les airs et ne servent que comme organes de locomotion aquatique. Les ailes ne sont cependant pas tout à fait aussi réduites que le dit le D^r^ Cunningham. En outre, il n'est pas complètement exact d'affirmer que les Microptères cendrés ne volent jamais, car M. le D^r^ Hyades a vu un individu de cette espèce prendre son essor après avoir reçu un coup de feu à la tête.

La présence de débris de Poissons dans l'estomac de plusieurs individus tués par MM. Hyades et Sauvinet prouve enfin que le régime de ces Canards est un peu plus varié qu'on ne pensait, et ne se compose pas seulement de Mollusques recueillis sur les algues flottantes.

Outre le nom de *Steamer Duck,* le Microptère cendré ou *Alakouch* porte encore le nom anglais de *Loggerhead* [1], employé surtout par les colons des Malouines.

## 93. Micropterus patachonicus.

(*Pl.* 5.)

**Micropterus patachonicus** King, *Proceed. zool. Soc. Lond.*, 1830, p. 15.

**?Micropterus cinereus** J. Gould, *List of Birds from the Falkland Islands. Proceed. zool. Soc. Lond.*, 1859, p. 96.

— Ph.-L. Sclater, *Cat. of Birds of the Falkland Islands, Proceed. zool. Soc. Lond.,* 1860, p. 389, n° 39 (*part.*).

**Micropterus patachonicus** Ph.-L. Sclater, *Add. and. corr. of the List of the Birds of the Falkland Islands, Proceed. zool. Soc. Lond.*, 1861, p. 46.

— Abbott, *Ibis,* 1861, p.

**Micropterus cinereus** R. Cunningham, *Ibis,* 1868, p. 127 (*part.*). — *Notes on*

(1) Lourdaud.

*the nat. Hist. of the Straits of Magellan*, 1871, p. 94 et suiv. (*part.*). — *Trans. zool. Soc. Lond.*, 1873, t. VII, p. 493 et suiv. (*part.*).

**Micropterus cinereus** Ph.-L. Sclater et O. Salvin, *List of Birds collected in the Straits of Magellan by D<sup>r</sup> Cunningham, Ibis*, 1868, p. 189, n° 38 (*part.*). — *Third List, Ibis*, 1870, p. 499, n° 21 (*part.*).

**Tachyeres cinereus** Ph.-L. Sclater et O. Salvin, *Nom. Av.*, 1873, p. 130 (*part.*). — *Revis. of the neotrop., Anatidæ, Proceed. zool. Soc. Lond.*, 1876, p. 402 (*part.*). — *Birds of Antarct. Amer., Proceed. zool. Soc. Lond.*, 1878, p. 437, n° 33 (*part.*). — *Voy. of the « Challenger », Report on the Birds, Antarct. Amer.*, p. 107, n° 33 (*part.*).

? **Fuligula cinerea** Schlegel, *Mus. des Pays-Bas, Anseres*, 1866, p. 13 (*part.*).

Les considérations exposées ci-dessus, à propos du *Micropterus cinereus*, me permettront d'être très bref au sujet du *Micropterus patachonicus* qui a été parfaitement caractérisé par King. La diagnose, en quelques lignes, rédigée par ce voyageur d'après des spécimens provenant de la partie occidentale du détroit de Magellan s'applique exactement aux exemplaires des Malouines, de la baie Fleuriais et de la baie Orange que j'ai mentionnés plus haut et dont je ne reprendrai pas l'énumération. A ces spécimens j'ajouterai seulement les suivants qui sont cités dans les notes de M. le Dr Hyades ou de M[r] le Dr Hahn, et dont quelques-uns seulement ont été conservés par le Muséum d'Histoire naturelle :

1° Mâle tué sur l'eau près de la rivière de la Mission, à la baie Orange, le 27 octobre 1882 : iris brun marron très foncé tirant au noir; membrane au-dessus du bec jaune; bec noir; estomac renfermant des débris de coquilles (entre autres des *Photinula* );

2°, 3°, 4° et 5° Femelle tuée avec ses jeunes, le 23 novembre 1882, à la baie Banner (île Picton );

6°, 7° et 8° Individus de sexe indéterminé, tués, le 15 décembre 1882, au bord de la baie Saint-Martin (île l'Hermite);

9° Très jeune femelle (poussin) encore en duvet, apportée vivante par les Fuégiens de la baie Orange, le 11 février 1883 : iris brun clair; bec noir, passant au rougeâtre sur les bords de la mandibule supérieure, en arrière, et à la couleur corne blonde à l'extrémité qui porte encore le petit tubercule saillant des poussins qui viennent de briser leur coquille; membrane au-dessous de la mandibule inférieure de couleur jaunâtre; tarses d'un vert olive très foncé, tirant au noirâtre; ongles rougeâtres; duvet offrant déjà la distribution des teintes du plumage de l'adulte et notamment les bandes blanches des côtés de la tête, en arrière des yeux;

10° Jeune mâle (?) encore en duvet, pris avec le précédent et ayant la même taille (0m,215) et les mêmes caractères;

11° Jeune femelle prise avec les deux individus précédents et ayant les mêmes caractères;

12°, 13° et 14° Mâles et femelles tués, le 8 mars 1883, sur la Terre des États;

15° et 16° Mâles tués, le 28 et le 29 juillet 1883, à la baie Fleuriais (île Gordon).

Le *Micropterus patachonicus*, que les Fuégiens désignent sous le nom de *Tachka* et qui est appelé *Flying Loggerhead* par les Anglais établis aux îles Malouines, *Flying Steamer Duck* par le Rév. Bridges, ne se trouve donc pas seulement aux îles Malouines et sur les bords du détroit de Magellan, mais aussi sur la Terre des États, sur les bords du canal du Beagle, à la baie Orange, sur l'île Picton et certainement aussi sur d'autres îles situées au sud de la Terre de Feu. Sur divers points de la Fuégie, l'espèce se reproduit régulièrement et probablement aux mêmes époques que le *Micropterus cinereus*, c'est-à-dire dans les derniers et les premiers mois de l'année, puisque des jeunes, rapportés par la Mission du cap Horn et paraissant âgés au plus d'une dizaine de jours, portent les dates du 23 novembre et du 11 février. Enfin les observations faites par les naturalistes français confirment pleinement l'assertion du capitaine Abbott; elles montrent que les individus capables de voler construisent des nids, pondent, couvent et élèvent leurs petits exactement comme les individus privés de la faculté de s'élever dans les airs, et c'est là encore un argument contraire à la thèse soutenue par M. le Dr Cunningham.

Le *Micropterus patachonicus* niche certainement sur l'île Picton et aux environs d'Oushouaïa, car la Mission du cap Horn a rapporté des œufs et des jeunes de ces deux localités. Les œufs ne diffèrent pas, en général, de ceux du *Micropterus cinereus* sous le rapport de la teinte et des dimensions. Un seul est notablement plus petit que les autres, et en même temps plus blanc et plus brillant. Il ne mesure que 0m,080 sur 0m,055.

## 94. Podiceps major.

**Colymbus major** Boddaert, *Tabl. Pl. enl. de Buffon,* 1783, pl. CCCCIV, fig. 1.

**Colymbus cayennensis** Gmelin, *Syst. Nat.,* 1788, t. I, p. 593.

**Podiceps bicornis** Lichtenstein, *Verz. Doubl.*, p. 88.
— Burmeister, *La Plata Reise,* 1861, t. II, p. 520.

**Podiceps major** G.-R. Gay et Mitchell, *Genera of Birds,* 1844, t. III, p. 633.
— H. Schlegel, *Mus. des Pays-Bas,* 1867, *Urinatores*, p. 58.
— Ph.-L. Sclater et O. Salvin, *Third List of Birds collected in the Straits of Magellan by Dr Cunningham, Ibis,* 1870, p. 500, n° 32.
— R. Cunningham, *Notes on the Natural History of the Straits of Magellan,* 1871, p. 458.
— W.-H. Hudson, *On Patagonian Birds, Proceed. zool. Soc. Lond.*, 1872, p. 549, n° 45.

**Æchmophorus major** Ph.-L. Sclater et O. Salvin, *Nom. Av. neotrop.,* 1873, p. 150.
— H. Durnford, *Notes on the Birds of Central Patagonia, Ibis,* 1878, p. 405.
— L. Taczanowski, *Ornith. du Pérou,* 1886, t. III, p. 492, n° 1335.
— Ph.-L. Sclater et W.-H. Hudson, *Argentine Ornith.,* 1889, t. II, p. 202, n° 419.

La Mission du cap Horn a rapporté les dépouilles de trois mâles du Grand Grèbe américain qui ont été tués par M. le Dr Hahn le 16 mars 1883 sur l'île Gabble, et le 27 juillet de la même année dans la baie Lapataïa, sur le canal du Beagle, au sud de la Terre de Feu. De son côté M. Lebrun a obtenu dans la Patagonie australe, à Port-Désiré et dans un autre point de la côte, voisin de Missioneros, deux exemplaires de cette espèce dont le Dr Cunningham n'avait pu se procurer qu'un individu, tué le 4 janvier 1869 dans la baie Saint-Nicolas, mais qu'il avait eu l'occasion d'observer à diverses reprises, durant la croisière du *Nassau* dans le détroit de Magellan. Jusqu'à présent le *Podiceps major* n'a jamais été signalé dans l'archipel des Malouines; mais, d'après M. Durnford, il est sédentaire dans la Patagonie centrale et fort commun sur les étangs et les marais des vallées de la Chuput, du Sengel et du Sengelen et sur le lac Colguape; il a été rencontré également sur divers points du continent américain. Ainsi M. Taczanowski, dans sa *Faune du Pérou*, a décrit un jeune individu de cette espèce tué par M. Stolzmann au nord de Pascamayo (Pérou) et un autre individu, un mâle adulte, venant du Chili et conservé dans la collection Godman et Salvin. Feu Schlegel indique, d'autre part, la présence au Musée de Leyde de spécimens de *Podiceps major* originaires du Chili, du Paraguay et du Brésil, et le Muséum d'Histoire naturelle de Paris ne possède pas seulement les exemplaires auxquels j'ai fait allusion ci-dessus, car il a reçu autrefois quelques-uns de ces oiseaux tués au Brésil par Aug. Saint-Hilaire (1822), au Paraguay par Bonpland (1833), au Chili par Gay (1843) et en Patagonie par d'Orbigny (1831). Le spécimen envoyé par d'Orbigny est malheureusement en mauvais état, mais il porte la livrée complète de l'adulte, avec les joues d'un gris fuligineux, le sommet de la tête et la nuque d'un noir glacé de vert, le devant et les côtés du cou d'un roux châtain vif. Un des Grèbes tués par M. Hahn est revêtu à peu près du même costume; il n'a été l'objet d'aucune remarque particulière de la part du voyageur; mais un autre exemplaire, obtenu avec le précédent, est accompagné de ce renseignement : « œil rubis, bec gris brun, pattes marron » qui complète ou rectifie les indications prises par M. Taczanowski sur l'oiseau mort.

### 95. Podiceps Rollandi.

**Podiceps Rollandi** Quoy et Gaimard, *Voy. de l'« Uranie », Zool.*, p. 133 et pl. XXXVI.

— J. Gould, Darwin, *Voy. « Beagle », Zool.*, t. III, *Birds*, p. 137. — *List of Birds from the Falkland Islands, Proceed. zool. Soc. Lond.*, 1859, p. 98.

— Ph.-L. Sclater, *Cat. Birds Falkland Islands, Proceed. zool. Soc. Lond.*, 1860, p. 389, n° 41.

**Podiceps Rollandi** Gay, *Faun. Chil.*, t. III, p. 463 (?).

— Ph.-L. Sclater et O. Salvin, *List of the Birds collected in the Straits of Magellan by Dr Cunningham*, *Ibis*, 1868, p. 189, n° 42. — *Second List*, *Ibis*, 1869, p. 284, n° 24. — *Nom. Av. neotrop.*, 1873, p. 150.

— R. Cunningham, *Notes on the Natural History of the Straits of Magellan*, p. 348.

— W.-H. Hudson, *On Patagonian Birds*, *Proceed. zool. Soc. Lond.*, 1872, p. 549, n° 46.

— H. Durnford, *On some Birds observed in the Chuput Valley, Patagonia*, *Ibis*, 1877, p. 45.

— R.-B. Sharpe, *Zool. coll. made during the Survey of H. M. S. « Alert »*, *Proceed. zool. Soc. Lond.*, 1881, p. 17, n° 79.

— Alph. Milne-Edwards, *Faune des régions australes*, ch. VIII, p. 39.

— L. Taczanowski, *Ornith. du Pérou*, 1886, t. III, p. 494, n° 1337.

**Rollandia leucotis** Ch.-L. Bonaparte, *Tabl. des Palmipèdes*, *C. R. Acad. Sc.*, 1856, t. XLII, p. 775.

La Grèbe de Rolland, décrit par Quoy et Gaimard d'après des spécimens qu'ils avaient rapportés des îles Malouines, et qui se trouvent encore dans les collections du Muséum d'Histoire naturelle, a été retrouvé dans le même archipel par des voyageurs plus récents et notamment par les naturalistes de l'expédition antarctique anglaise, par le capitaine Pack, par M. Abbot Stanley (1), par Ch. Darwin et par la Mission du cap Horn. Il a été signalé également dans diverses régions du continent américain, au Chili, au Pérou, dans la République Argentine et en Patagonie. Parmi les spécimens provenant de cette dernière région, je citerai d'abord ceux qui ont été pris par le Dr Cunningham à Sandy Point et à Halt Bay (21 avril 1868) et ensuite ceux qui ont été obtenus par le Dr Coppinger, durant la campagne du navire anglais *l'Alert*, et qui étaient accompagnés des indications suivantes :

1° Individu en plumage d'été, tué dans la baie Portland, le 20 mars 1879 : iris rouge, bec noir, pattes noires;

2° Mâle tué dans le havre Peckett, le 4 janvier 1879;

(1) H. Schlegel, *Mus. des Pays-Bas*, p. 42.

3° Individu tué dans le canal Picton, le 31 mars 1879 : iris rouge, paupières noires, pattes d'un gris foncé;

4° Individu tué à Swallow Bay, le 14 mars 1880 : bec couleur de corne, pattes d'une teinte olive verdâtre;

5° Individu tué à Port Rio-Frio, sur la côte ouest de Patagonie, au mois de mars 1880 : iris rouge, bec couleur de corne, pattes grises;

6° Individu tué à Talcahuano, au mois de septembre 1879 : bec noir, yeux rouges, pattes grises.

Le Grèbe de Rolland rapporté par la Mission du cap Horn a été tué dans la baie Française (Malouines) par M. Lebrun, le 8 février 1883. Cet oiseau, un jeune mâle, porte déjà une livrée aux couleurs vives, mais n'a pas encore les grandes plumes des ailes sorties de leurs étuis. Son tube digestif renfermait un Ténia.

## 96. Podiceps americanus.

**Podiceps americanus** Garnot, *Voy. de la « Coquille »*, 1829, *Zool., Oiseaux*, p. 599.

— H. Schlegel, *Mus. des Pays-Bas*, 1867, *Urinatores*, p. 42.

**Podiceps albicollis** Lesson, *Traité d'Ornith.*, 1831, p. 594.

— Pucheran, *Types du Musée de Paris*, *Rev. et Mag. de Zoologie*, 1851, p. 571.

**Tachybaptes americanus** Ch.-L. Bonaparte, *Tabl. des Palmipèdes*, *C. R. Acad. Sc.*, 1856, t. XLII, p. 775.

Le *Podiceps americanus*, que mon savant prédécesseur au Muséum, le Dr Pucheran a le premier identifié avec le *P. albicollis* de Lesson, ne figure que très rarement dans les Catalogues de voyages ou dans les Mémoires consacrés à l'Ornithologie de l'Amérique du Sud. Ce n'est pas pourtant que l'espèce soit rare dans les régions méridionales du nouveau monde, car le Muséum d'Histoire naturelle de Paris en possédait déjà une dizaine de spécimens recueillis au Brésil (Rio Grande) par M. Saint-Hilaire en 1822, en Patagonie et en Bolivie par d'Orbigny, en 1831 et 1834, à Talcahuano par les naturalistes de la *Zélée*

(Voyage au pôle Sud, 1841) et à Yungas par M. de Castelnau, en 1846 ([1]), avant que M. l'amiral Serres, M. Lebrun et les naturalistes de la Mission du cap Horn rapportassent toute une série d'exemplaires pris sur divers points de la Patagonie australe et de la Terre de Feu. Je crois donc qu'il faut attribuer ce défaut de mention du *Podiceps americanus* à une confusion qui s'est établie entre cette espèce et le *P. Rollandi* et qui a fait attribuer à ces derniers plusieurs renseignements qui auraient dû appartenir au premier. Dans leur plumage de noces, le *Podiceps Rollandi* et le *P. americanus* se ressemblent, en effet, d'une façon extraordinaire. Même livrée d'un roux vif sur la poitrine, d'un noir glacé de vert sur la tête, le cou et le dos, avec une large tache blanche, rayée de noir, sur les côtés de la tête et beaucoup de blanc sur les ailes; mais, comme l'a fort bien remarqué M. H. Schlegel ([2]), les proportions ne sont pas identiques, le *P. americanus* étant constamment plus petit que le *P. Rollandi*. En outre, en y regardant de près, on peut découvrir de légères différences dans le plumage des adultes : ainsi chez le *P. americanus* la teinte des parties inférieures du corps est moins uniforme, les plumes de la poitrine étant irrégulièrement marquées de raies ondulées d'un blanc argentin et celles de l'abdomen tirant au gris rouan, à reflets soyeux. En outre, chez les jeunes du *P. americanus*, la gorge est d'un blanc pur, contrastant avec la teinte rousse de la partie inférieure du cou. C'est un individu dans ce premier plumage, venant du Brésil ([3]), qui a servi de type à Lesson pour sa diagnose, par trop succincte, de son *P. albicollis*.

La description que M. Taczanowski donne, dans son *Ornithologie du Pérou* ([4]), de deux femelles, l'une adulte et l'autre jeune, de *Podiceps Rollandi* envoyées du Pérou par MM. Jelski et Whitely convient, à mon sens, plutôt à des exemplaires de *P. americanus*. J'y retrouve, en effet, la mention des raies ondulées peu distinctes sur les parties inférieures du corps de l'adulte, ainsi que celle de la large plaque blanche de la

---

([1]) D'après H. Schlegel, le Musée de Leyde possède aussi des exemplaires de *P. americanus* venant du Brésil (Voyage de Natterer) et du Chili.

([2]) *Musée des Pays-Bas, Urinatores*, p. 42.

([3]) Envoi de M. A. Saint-Hilaire au Muséum (1822).

([4]) T. III, p. 494. n° 1337.

gorge du jeune : c'est pourquoi j'ai placé avec un point de doute dans la synonymie du *P. americanus* l'indication bibliographique relative aux oiseaux du Pérou, cités par M. Taczanowski. Parmi ces Grèbes du Pérou, l'un, l'adulte, avait le bec noirâtre, les pattes d'une teinte olive noirâtre et l'iris d'un beau rouge carminé, varié de veines noires ramifiées, tandis que l'autre, le jeune, avait le bec brun, passant au jaunâtre sur la base des mandibules, les pattes olive, avec une raie jaune sur le devant et sur la face postérieure du tarse, des membranes digitales plus ou moins jaunâtres et l'iris brun. Ces indications de couleurs correspondent fort bien avec les renseignements qui m'ont été fournis par MM. Hyades, Hahn et Sauvinet, renseignements que je transcris intégralement :

1° Femelle tuée le 26 novembre 1882, à Oushouaïa : iris rubis, pattes jaune pâle;

2° Femelle tuée le 29 janvier 1883, à Oushouaïa : iris rouge rubis, bec d'un brun noir, tarses bruns;

3° Femelle tuée le 18 février 1883, à la baie Orange, sur le bord du lac de la Mission, dans une troupe de douze individus de même espèce : iris brun, bec noir, pattes noires avec des écailles d'un vert noirâtre sur la face antérieure des doigts;

4° Mâle tué à Packsaddle, le 11 juillet 1883 : iris rubis.

Outre ces spécimens, j'ai pu étudier encore, dans les collections formées par la Mission :

5° Un Grèbe de sexe indéterminé, tué par M. Sauvinet le 18 février 1883, à la baie Orange;

6° Une femelle tuée par M. Hahn le 17 mars 1883, sur l'île Gabble;

7° Deux mâles tués par le même naturaliste le 28 et le 30 juillet 1883, sur les bords de la baie Fleuriais, dans l'île Gordon.

Enfin j'ai rencontré, parmi les oiseaux envoyés par M. Lebrun, un jeune *Podiceps americanus* mâle tué à la Portad, près du Rio Gallegos, le 27 décembre 1882 et dans les collections rapportées par l'expédition de la *Magicienne*, dirigée par M. l'amiral Serres, un mâle et une femelle de la même espèce, tués à Eden (Patagonie) en 1877. Ces derniers spécimens n'étaient accompagnés d'aucun renseignement, mais l'oiseau tué par M. Lebrun est indiqué comme ayant eu les yeux d'un rouge brique.

Selon M. le Dr Hyades, *Aouiama* est le nom fuégien du *Podiceps americanus*.

### 97. Eudyptes chrysocomus.

**Le Manchot huppé de Sibérie** Daubenton, *Pl. Enl. de Buffon*, 1770, pl. CMLXXXIV.

**Le Manchot huppé** Buffon, *Hist. nat. des Oiseaux*, t. IX.

**Le Manchot sauteur** Bougainville, *Voy. autour du monde par la frégate « la Boudeuse »*, édit. in-4°, 1771, p. 69.

**Aptenodytes chrysocome** Forster, *Nov. Comment. Gœtting.*, t. III, p. 135 et pl. I, et *Descr. anim.*, p. 99.

**Pinguinaria cirrhata** Shaw et Miller, *Cimelia physica*, 1796, pl. XLIX.

**Pinguinaria cristata** Shaw et Nodder, *Vivarium Naturæ, or the Naturalist's Miscellany*, t. XI, pl. CCCCXXXVII.

**Chrysocoma saltator** Stephens, *Gener. Zool.*, 1826, t. XIII, p. 58 et pl. VIII.

**Cataractes chrysocomus** Brandt, *Bull. Acad. Sc. Saint-Pétersbourg*, 1837, t. II, p. 315.

**Eudyptes chrysocome** J. Gould, *Birds Aust.*, t. VII, pl. LXXXIII.

**Eudyptes pachyrhynchus** G.-R. Gray, *Zool. of the Voy. of H. M. S. « Erebus», and « Terror »*, *Birds*, p. 17, et *Genera of Birds*, t. III, p. 641.

**Eudyptes pachyrhynchus** O. Finsch, *Revis. d. Vög. Neuseelands, Journ. f. Ornith.*, 1872, p. 261, et 1874, p. 217.

**Eudyptes chrysolopnus** G.-R. Gray et Mitchell, *Genera of Birds*, t. III, p. 641 (*nec* Brandt).

— Abbott, *The Pinguins of the Falkland Islands, Ibis*, 1860, p. 338.

— Ph.-L. Sclater, *Add. and correct. in the List of Birds from the Falkl. Islands, Proceed. zool. Soc. Lond.*, 1861, p. 47.

— H. Schlegel, *Mus. des Pays-Bas*, 1867, *Urinatores*, p. 7.

— G.-R. Gray, *Handlist of Birds*, 1871, t. III, p. 98.

— Ph.-L. Sclater et O. Salvin, *Nom. Av. neotr.*, 1873, p. 151.

— Coues, *Bull. Un. St. Nat. Museum*, n° 2, p. 45.

**Eudyptes chrysolopnus** Kidder, *Bull. Un. St. Nat. Museum*, n° 3, p. 19. — J. Cabanis et A. Reichenow, *Journ. f. Ornith.*, 1876, p. 330.

**Chrysocoma cataractes, Ch. pachyrhynchus** et **Ch. chrysolopha** Ch.-L. Bonaparte, *Consp. Ptilopt. system.*, *C. R. Acad. Sc.*, 1855, t. XLI, p. 775 et *tirage à part*, p. 29, n$^{os}$ 5, 6 et 7.

**Chrysocoma cataractes** J. Gould, *Handb. B. Austr.*, t. II, p. 517.

**Eudyptes nigrivestris** J. Gould, *Proceed. zool. Soc. Lond.*, 1860, p. 418. — Ph.-L. Sclater, *Add. and correct. to the List of the Birds of the Falkl. Isl.*, *Proceed. zool. Soc. Lond.*, 1861, p. 46.

**Spheniscus chrysocome** H. Schlegel, *Mus. des Pays-Bas*, 1867, *Urinatores*, p. 6.

**Eudyptes nigriventris** (err.) G.-R. Gray, *Handlist of Birds*, 1871, t. III, p. 98.

**Eudyptes chrysocome** von Pelzeln, *Novara Exped.*, *Zoolog. Theil.*, t. I, *Vögel*, p. 140 et pl. V.

**Eudyptes chrysocomus** Buller, *Birds New Zealand*, p. 345, pl. XXXIII, t. I.

**Eudyptes chrysocoma** et **E. saltator** R.-B. Sharpe, *Birds of Kerguelen* (*Trans. Venus Exped.*), p. 58 et 60 et pl. VIII, fig. 1, et *Philosoph. Trans.*, t. CLXVIII, 1879, p. 152 et suiv.

**Eudyptes chrysocoma** Alph. Milne Edwards, *Faune des régions australes*, 1880, ch. II, p. 46 et suiv., et pl. II.

**Eudyptes chrysocome** Ph.-L. Sclater, *Cat. of the Birds of the Falkland Islands*, *Proceed. zool. Soc. Lond.*, 1860, p. 390, n° 44. — Ph.-L. Sclater et O. Salvin, *Rep. on the collect. of Birds made during the Voy. of H. M. S. « Challenger »*, n° 11, *Steganopodes and Impennes*, *Proceed. zool. Soc. Lond.*, 1878, p. 654, n° 6, et *Voy. of the « Challenger »*, *Rep. on the Birds, Steganopodes and Impennes*, 1881, p. 178, n° 6, et pl. XXX.

Comme on le voit par la synonymie longue et compliquée que je donne ci-dessus, j'accepte entièrement l'opinion exprimée par M. le professeur Alph. Milne Edwards dans ses *Recherches sur la faune des régions australes*, et je reconnais maintenant, comme l'ont fait aussi MM. Ph.-L. Slater et O. Salvin, l'identité spécifique des formes décrites sous les noms d'*Eudyptes chrysocome* (ou mieux *chrysocomus*), *Pinguinaria cristata* ou *cirrhata*, *Eudyptes pachyrhynchus*, *E. nigrivestis*,

*Chrysocoma cataractes*, etc. Déjà dans ses études sur les Oiseaux de Kerguelen, M. Sharpe avait réduit à trois les espèces du genre *Eudyptes*, savoir : *Eudyptes chrysolopha, E. chrysocoma* et *E. saltator*, et il avait commencé à débrouiller la confusion qui s'était introduite par suite des transpositions des noms faites par différents auteurs de l'*Eudyptes chrysocoma* à l'*E. chrysolopha* (¹); mais M. Milne Edwards, par l'examen d'une nombreuse série d'individus et par de patientes recherches bibliographiques, a pu aller encore plus loin et ramener à deux espèces seulement, *Eudyptes chrysolophus* ou *Macaroni* et *E. chrysocomus* ou *Rockhopper*, les Manchots du genre *Eudyptes* qui sont répandus sur différentes terres de l'hémisphère austral. Il a montré notamment que les Manchots empanachés et à front noir qui se trouvent à l'île Stevart, qui se montrent parfois sur les côtes de la Nouvelle-Zélande et que l'on rencontre aussi sur les îles Malouines, ne constituent point une espèce distincte (*Eudyptes pachyrhyncha* Gr.), mais sont de véritables Chrysocomes, se distinguant seulement par la grosseur de leur bec, particularité qui ne constitue même pas un caractère de race, puisque les dimensions du bec ne sont pas constantes chez les Manchots de Campbell et augmentent probablement avec l'âge de l'individu. M. Milne Edwards a montré également que l'*Eudyptes nigrivestis* qui, d'après Gould, se distinguerait de l'*Eudyptes saltator* par sa taille plus faible, sa bande sourcilière moins développée, son menton et ses ailes d'une teinte plus foncée, ne représente en réalité qu'une variété de l'*Eudyptes chrysocomus*, variété à laquelle appartient un spécimen de la collection du Muséum, acquis à M. Lennier en 1840 et provenant des îles Malouines.

L'étude que j'ai faite de deux *Eudyptes* rapportés par la Mission du cap Horn (²) confirme absolument cette manière de voir. En effet, chez

---

(¹) Adoptant l'opinion du savant directeur du musée de Leyde, feu H. Schlegel, j'avais moi-même, dans ma *Note sur différents oiseaux de l'île Saint-Paul* (*Bulletin de la Société philomathique de Paris*, 1875, t. XI, p. 74) commis l'erreur d'appeler *Eudyptes chrysolopha* des Manchots qui ne constituent qu'une race de l'*E. chrysocomus*.

(²) Le nombre des spécimens recueillis par la Mission est en réalité plus considérable; mais plusieurs de ces spécimens, ayant été réduits à l'état de squelettes, n'ont pu être utilisés pour mes études, puisqu'il est impossible de dire s'ils appartiennent à l'espèce

ces oiseaux, qui ont été tués tous deux à la baie Orange, le plumage est d'une couleur presque aussi foncée, au moins sur la tête, la nuque et le dos, et la raie sourcilière est encore moins accusée que chez l'*Eudyptes nigrivestis* (¹), mais le corps est aussi robuste et le bec aussi fort que chez l'*E. pachyrhynchus* (²). L'embarras dans lequel on se trouve pour rapporter le Manchot de la baie Orange à l'une ou à l'autre des deux prétendues espèces que je viens de nommer fournit encore un argument en faveur de leur identification. En réalité, cet *Eudyptes* n'est qu'un de ces Manchots chrysocomes aux formes robustes, comme on en rencontre dans la zone australe correspondant au continent antarctique (³), et qui doivent peut-être leur forte taille à l'abondance de leur nourriture et aux conditions favorables dans lesquelles ils se trouvent. D'après les renseignements consignés sur l'étiquette d'un de ces oiseaux, tué le 10 avril 1883 à la baie Orange, l'iris était d'un rouge brique, le bec rouge, les tarses bleus sur leur face supérieure, noirs sur leur face inférieure.

Dans les collections réunies par la Mission du cap Horn figurait aussi un œuf de cette espèce de Manchot qui, d'après M. le Dr Hyades, est connue des Fuégiens sous le nom de *Kalaouina*. Cet œuf, provenant d'Oushouaïa, est à peu près de la grosseur de certains œufs d'*Eudyptes chrysocoma* de l'île Saint-Paul (⁴), de forme ovoïdo-conique et d'un

---

*chrysocomus* ou à l'espèce *chrysolophus*. J'incline cependant à penser que ces oiseaux étaient des Manchots chrysocomes, car ils sont tous désignés dans les Notes de M. le Dr Hahn par le même nom fuégien (*Kallouina*) que les spécimens en peau. D'après ces notes, sept Manchots, mâles et femelles, auraient été pris le 23 et le 27 février 1883 sur les bords de la baie Edwards dans les îles Malouines. L'un de ces oiseaux, un mâle, capturé vivant le 27 février sur une petite île du même archipel, dans un trou creusé entre les touffes de *tussac-grass*, était en mue et avait les yeux d'une teinte un peu plus claire que le Manchot ordinaire ou *Choucha* des Fuégiens (*Spheniscus magellanicus*).

(¹) Alph. Milne Edwards. *Faune des régions australes*, Chap. II, *Manchots* (*Bibliothèque des hautes Études*, 1880, t. XXI, art. n° 4).

(²) Alph. Milne Edwards, *loc. cit.* pl. II, *fig.* 5 (d'après un spécimen rapporté de l'île Stewart par M. le Dr Filhol).

(³) Alph. Milne Edwards, *Faune des régions australes*, Chap. II, *Manchots*, p. 51.

(⁴) Les œufs des Manchots de l'île Saint-Paul (*Eudyptes chrysocomus* Pelz.) varient beaucoup sous le rapport de la forme et des dimensions. Parmi ceux qui ont été rapportés

blanc légèrement bleuté. Son grand axe mesure $0^m,065$ et son axe transversal maximum $0^m,050$.

Je n'ai pas à retracer ici la distribution géographique de l'*Eudyptes chrysocomus*, les détails les plus circonstanciés à cet égard se trouvant dans le Mémoire de M. Alph. Milne Edwards sur la *Faune des régions australes*. Je ferai remarquer seulement que, si la présence de l'*Eudyptes chrysocomus* sur la Terre de Feu n'a rien de surprenant, l'espèce ayant déjà été signalée dans l'archipel des Malouines et dans la Nouvelle-Géorgie du Sud, elle n'en constitue pas moins un fait digne d'être noté, les seuls genres indiqués sur la Carte de M. Milne Edwards comme se trouvant dans les parages du cap Horn étant les genres *Aptenodytes*, *Microdyptes* et *Spheniscus*.

### 98. Microdyptes serresianus.

**Eudyptula serresiana** E. Oustalet, *Descript. d'une nouvelle espèce de Manchot, Ann. des Sc. nat.*, 1878, *Zool. et Paléont.*, 6e série, t. VIII, art., n° 4.

**Microdyptes serresianus** Alph. Milne Edwards, *Faune des régions australes.* (*Bibl. des Hautes Études*, 1880, *Sc. nat.*, t. XXI, art. n° 4), ch. II, p. 54, et pl. IV.

La Mission du cap Horn a rapporté trois exemplaires de cette jolie petite espèce de Manchot que j'ai décrite en 1878 d'après un individu tué à Port Churrucha, sur l'île de la Désolation, pendant la croisière de la *Magicienne*, commandée par M. l'amiral Serres, et qui a été placée, quelques années plus tard, par M. Alph. Milne Edwards dans un nouveau genre, le genre *Microdyptes*. Ces trois exemplaires, qui offrent de la manière la plus accentuée les caractères distinctifs de l'espèce et du genre, étaient accompagnés des annotations suivantes :

1° Mâle tué sur l'île Burnt, dans la baie Désolée, le 11 février 1883 : iris brun foncé, estomac contenant des débris de Poissons;

---

en 1874 par l'expédition du passage de Vénus, j'en trouve de globuleux et d'allongés : les uns mesurent $0^m,070$ sur $0^m,055$, les autres $0^m,065$ sur $0^m,050$, mais tous sont d'un blanc bleuâtre uniforme.

2° Mâle tué le même jour, dans la même localité; estomac renfermant des débris de Crevettes;

3° Mâle tué le 20 avril 1883, dans la baie Louise (New Year Sound): iris brun, tarses noirs en dessous et blancs sur la face supérieure.

M. le Dr Hahn, dans ses Notes, donne pour le *Microdyptes serresianus* les deux noms fuégiens d'*Aouwiya* et de *Kallouina* ou *Kalaouina*, ce dernier étant appliqué aussi à l'*Eudyptes chrysocomus*.

## 99. Spheniscus magellanicus.

**Aptenodytes magellanica** Forster, *Nov. comm. Soc. Gœtting.*, 1780, t. III, p. 143, pl. V.

**Aptenodytes demersa** (err.) Abbott, *Ibis*, 1860, p. 336.

**Spheniscus magellanicus** Ph.-L. Sclater, *Cat. B. Falkl. Islands, Proceed. zool. Soc. Lond.*, 1860, p. 390, n° 43 et *Add. and correct. to the List of the Birds of the Falkl. Isl., Proceed. zool. Soc. Lond.*, 1861, p. 47.

**Spheniscus demersus** H. Schlegel, *Mus. des Pays-Bas*, 1867, *Urinatores*. p. 10 (*part.*).

**Spheniscus magellanicus** Ph.-L. Sclater et O. Salvin, *Second List of the Birds collected in the Straits of Magellan by Dr Cunningham. Ibis*. 1869, p. 284, n° 33. — *Nom. Av. neotrop.*, 1873, p. 151. — *Rep. on the collect. of Birds made during the voyage of H. M. S. « Challenger »*. n° 11, *Steganopodes and Impennes, Proceed. zool. Soc. Lond.*, 1878, p. 653, n° 4. — *Voy. of the « Challenger », Rep. on the Birds, Steganopodes and Impennes*, p. 125, n° 4, et pl. XXVIII.
— R.-B. Sharpe, *Zool. coll. made during the Survey of H. M. S. « Alert »*, *Proceed. zool. Soc. Lond.*, 1881, p. 17, n° 78.

**Aptenodytes magnirostris** Peale, *Un. St. Expl. Exped., Birds*. p. 263.

**Sphenicus demersus**, var. **magellanicus**, E. Coues, *Proceed. Acad. Philad.*, 1872, p. 211.
— Alph. Milne Edwards, *Faune des régions australes*, ch. II, *Manchots*, p. 63.

La Mission du cap Horn a obtenu une vingtaine de spécimens de cette sorte de Manchot que M. Alph. Milne Edwards et M. Elliot Coues considèrent comme une race locale d'une espèce largement répandue et comprenant en outre le *Spheniscus demersus* du cap de Bonne-Espérance, le *Sph. Humboldtii* des côtes du Chili et du Pérou et le *Sph. mendicatus* des îles Gallapagos. Sur ces vingt spécimens, onze seulement sont entrés dans les collections ornithologiques du Muséum; néanmoins dans la liste suivante, j'ai cru devoir tenir compte des renseignements afférents à quelques-uns des exemplaires qui n'ont pas été conservés ou qui se trouvent réduits à l'état de squelettes.

1° Femelle tuée à la baie Orange, le 8 octobre 1882 : iris brun, bord des paupières couleur de chair, pattes brunes en dessous, d'un blanc rosé tacheté de brun en dessus;

2° Mâle tué le 20 octobre 1882 dans la même localité : iris brun, bec noir, tarses bruns en dessous et d'un blanc rosé tacheté de brun en dessus;

3° Femelle tuée le 18 novembre 1882 dans la baie Cook (Terre des États);

4° Mâle tué le même jour dans la même localité;

5° Femelle tuée le 13 décembre 1882 dans l'anse Saint-Martin (île l'Hermite);

6° et 7° Mâles tués le 4 et le 6 janvier 1883 à la baie Orange;

8° Mâle tué le 4 février 1883 dans la même localité : iris brun, bec noirâtre, pattes grisâtres;

9°, 10°, 11° et 12° Mâles et femelle tués les 6 et 16 février, 5 et 7 mars 1883 dans la même localité;

13° Mâle tué le 7 avril 1883 sur l'île Choungoungou (New Year Sound).

Plusieurs de ces exemplaires (et entre autres la femelle tuée le 15 décembre 1882 sur l'île l'Hermite) offrent les signes caractéristiques de l'espèce ou de la race, c'est-à-dire le large collier noirâtre entourant la partie inférieure du cou et séparé de la tache gulaire foncée, ainsi que son ruban pectoral de la même teinte, par deux bandes blanches dont l'une est le prolongement de la bande temporo-sourcilière, tandis que l'autre se continue avec les bandes blanches des flancs comprises entre le noir du dos et le ruban pectoro-ventral (¹). D'autres, au

(¹) Alph. Milne Edwards, *Faune des régions australes*, Ch. II, *Manchots*, p. 63. Voyez contraire (et notamment le mâle tué le 5 mars à la baie Orange), n'ont point de ruban pectoral foncé et portent seulement un collier noirâtre assez large séparé de la tache gulaire par une bande blanche moins nettement définie que chez les individus adultes; d'autres enfin (et notamment le mâle tué le 6 février à la baie Orange) ressemblent à une jeune femelle rapportée par l'expédition anglaise du *Challenger* et figurée dans la *Zoologie du Voyage* (¹), c'est-à-dire qu'ils offrent un bandeau pectoral mal défini et sont dépourvus de tache gulaire, le menton et les joues étant *ombrés* seulement par une teinte grisâtre.

Outre le spécimen auquel je viens de faire allusion et qui vient des îles Malouines, l'expédition du *Challenger* a rapporté un mâle pris à Port Churrucha. Cet oiseau avait l'iris d'un brun noisette, le bec noir ou d'un gris ardoise, la face supérieure des pieds blanche (comme les oiseaux tués à la baie Orange par M. le Dr Hahn), et son estomac renfermait des morceaux de poisson, de dimensions considérables.

D'autre part, l'expédition anglaise de l'*Alert* a obtenu dans la Patagonie australe trois oiseaux de la même espèce, dont les dépouilles sont accompagnées des renseignements suivants :

1° Jeune mâle tué à Tom Bay (Patagonie australe) le 17 février 1879 : iris brun; paupières noires; bec noir; pattes grises, tachetées de noir; ongles noirs;

2° Individu tué le 7 avril 1879 dans la même localité : iris brun; paupières noires et non couleur de chair; bec couleur de corne; pieds noirs avec des mouchetures blanches sur la face antérieure et complètement noirs sur la face postérieure;

3° Femelle tuée le 5 avril 1879 dans la même localité : iris brun; bec couleur de corne; pattes grises mouchetées de noir sur la face antérieure, noires sur la face postérieure.

Pendant la croisière du navire anglais le *Nassau*, le Dr Cunningham

---

aussi *Voy. du « Challenger »*, *Rep. on the Birds, Steganopodes and Impennes*, pl. XXVIII, fig. 1. Si le sexe de l'individu décrit ci-dessus a été exactement déterminé, on peut en conclure que les femelles *adultes* ne diffèrent pas des mâles par leur livrée, comme on le supposait (Alph. Milne Edwards, *op. cit.*, p. 62).

(¹) *Loc. cit.*, pl. XXVIII, fig. 2.

a pris également un Sphénisque de Magellan, à Santa Magdalena, le 4 décembre 1867.

Le *Spheniscus magellanicus* avait été observé antérieurement dans l'archipel des Malouines par les capitaines Pack et Abbott. Enfin le Muséum d'Histoire naturelle de Paris a reçu en 1877, de M. l'amiral Serres, un exemplaire de la même espèce capturé à Port Churrucha, et en 1883, de M. Lebrun, trois spécimens dont l'un, une femelle aux yeux d'un brun grisâtre, a été tué sur l'île Leones (Patagonie orientale) au mois de novembre 1882, tandis que les deux autres, un mâle et une femelle aux yeux bruns, ont été tués, également au mois de novembre, à Missioneros.

Il résulte de l'analyse de ces documents que les Sphénisques séjournent dans la Patagonie australe et sur la Terre de Feu pendant sept mois de l'année, du mois d'octobre au mois d'avril inclusivement. L'absence dans la collection de la Mission du cap Horn de spécimens portant des dates postérieures au milieu d'avril, semble indiquer que ces oiseaux quittent alors les parages de la Fuégie, comme les Manchots chrysocomes quittent l'île Saint-Paul à une époque toutefois un peu moins tardive (¹). L'époque de l'arrivée des Sphénisques ne peut être indiquée avec certitude; il est probable cependant qu'elle ne coïncide pas exactement avec celle des Manchots dans l'île Saint-Paul, et qu'elle doit être placée plutôt en septembre qu'en août. On a remarqué en effet que les oiseaux du groupe des Manchots ne viennent à terre que pour nicher et élever leurs petits pendant un mois environ après leur arrivée dans leurs stations et reproduction. C'est ainsi qu'à l'île Saint-Paul, les *Aptenodytes*, arrivés au mois d'avril pondent en septembre (²). Inversement on peut établir approximativement l'époque de l'arrivée des Sphénisques en Fuégie d'après une observation de M. le Dr Hahn qui a trouvé, en faisant l'autopsie d'une femelle tuée le 8 octobre, des œufs ayant déjà $0^{m},01$ de diamètre, ce qui permet de supposer que la ponte s'effectue à la fin d'octobre ou en novembre,

---

(¹) M. Ch. Vélain (*Faune des îles Saint-Paul et Amsterdam*, p. 61) nous apprend que les Manchots de Saint-Paul prennent la mer au mois de mars pour ne revenir qu'au mois d'août suivant.

(²) Ch. Vélain, *op. cit.*, p. 57.

c'est-à-dire beaucoup plus tard qu'au cap de Bonne-Espérance ([1]) et dans la même saison que la ponte des *Aptenodytes* des îles Campbell et Stewart ([2]). Cette hypothèse se trouve confirmée par ce fait que les Sphénisques tués à la fin de l'année par les naturalistes de la Mission du cap Horn étaient revêtus de leur livrée de noces.

Les Fuégiens désignent le *Spheniscus magellanicus* par le nom de *Choucha*.

### 100. Rhea Darwinii.

**Rhea pennata** Alc. d'Orbigny, *Voy. dans l'Amérique méridionale*, t. II, p. 76, (sans descript.).

**Rhea Darwinii** J. Gould, *Proceed. zool. Soc. Lond.*, 1837, p. 35, et Darwin, *Voy. « Beagle », Zool.*, t. III, *Birds*, p. 123, et pl. XLVII.

— Ph.-L. Sclater, *On the Rheas in the Society's Ménagerie, Proceed. zool. Soc. Lond.*, 1860, p. 207 et 209, fig. 3. — *Trans. zool. Soc. Lond.*, 1862, t. IV, p. 69, pl. LXX.

**Rhea Darwinii** H. Durnford, *On some Birds observed in the Chuput Valley, Patagonia, Ibis*, 1877, p. 46, et *Notes on the Birds of central Patagonia, Ibis*, 1878, p. 406.

— Ph.-L. Sclater et W.-H. Hudson, *Argentine Ornith.*, 1889, t. II, p. 219, n° 434.

**Pterocnemis Darwinii** Ph.-L. Sclater et O. Salvin, *Nom. Av. neotrop.*, 1873, p. 154.

Quoique MM. Hyades, Hahn et Sauvinet n'aient pas eu l'occasion d'observer le Nandou de Darwin, qui ne franchit pas le détroit de Magellan, je crois devoir néanmoins mentionner dans mon Catalogue cette espèce, dont M. Lebrun a obtenu plusieurs dépouilles et dont M. le Commandant Martial a même ramené deux individus vivants ([3]). Le

---

([1]) E.-L. Layard (*The Birds of South Africa*, édit. R.-B. Sharpe, Londres, 1875, p. 789, n° 769) rapporte qu'au Cap les Sphénisques nichent sur les îlots, en août, septembre et octobre.

([2]) H. Filhol, *Miss. de l'île Campbell*, 1885, t. III, 2e Part., p. 38.

([3]) Ces oiseaux ont vécu pendant deux ans à la Ménagerie. Antérieurement la Ménagerie avait déjà reçu un autre Nandou vivant de M. le baron Arnous de Rivière.

Nandou de Darwin est d'ailleurs une des formes caractéristiques de la faune de l'Amérique australe. Vers le nord, les Nandous de Darwin ne dépassent qu'accidentellement le Rio Negro; ils sont même déjà fort rares dans les plaines situées au sud de ce fleuve où d'Orbigny a vainement cherché à s'en procurer; mais ils deviennent beaucoup plus communs à partir du 42e degré de latitude sud, et ils sont très répandus sur les plateaux qui dominent la rivière Chuput, où M. Durnford a eu l'occasion d'en tuer plusieurs individus et de trouver fréquemment des œufs. D'après ce naturaliste, la ponte commence en septembre, et chaque nid peut contenir jusqu'à vingt-sept œufs.

C'est certainement au *Rhea Darwinii* que se rapportait le Nandou tué par M. Martens à Port-Désiré, par 48° de latitude sud, et mentionné par Ch. Darwin (1), qui a vu lui-même à Santa Cruz plusieurs oiseaux de cette espèce. C'est du reste aux environs de cette dernière localité, ainsi que de Missioneros et de Cerro de la Picane que proviennent les neuf dépouilles de Nandous mâles et femelles, adultes et jeunes, et les six œufs rapportés par M. Lebrun. Les œufs ont été recueillis dans les derniers mois de l'année en novembre et décembre (2).

Vers le sud, à mesure qu'on se rapproche du détroit de Magellan, la *Rhea Darwinii* devient plus rare, et le Dr Cunningham n'a pu rapporter aucun exemplaire de cette espèce dont il a pu voir cependant les œufs et les dépouilles (3) et qui, selon Darwin, est bien connue des Indiens vivant dans ces parages. D'après le même naturaliste, les Gauchos donnent à la *Rhea Darwinii* le nom d'*Avestruz Petise*.

### 101. Sarcorhamphus gryphus.

**Le Condor** Brisson, *Ornith.*, 1760, t. I, p. 473.

**Vultur gryphus** Linné, *Syst. nat.*, 1766, t. I, p. 121.
— D. Humbolt et Bonpland, *Obs. Zool.*, 1811, p. 26, pl. VIII.

**Vultur magellanicus** Shaw, *Mus. Lever.*, 1792, t. I, p. 1, pl. I.

(1) *Voy. of the « Beagle »*, *Zool.*, t. III, *Birds*, p. 124.
(2) *Voyez*, au sujet de ces œufs, Canning, *Proceed. zool. Soc. Lond.*, 1871, p. 54.
(3) *The natural History of the Straits of Magellan*, 1871, p. 134.

**Vultur condor** Shaw, *Gen. Zool.*, 1809, t. I, p. 2, et pl. II, III, IV.

**Gypagus gryffus** Vieillot, *Nouv. Dict. d'Hist. nat.*, 1819, t. XXXV, p. 450.

**Cathartes gryphus** Temminck, *Pl. col.*, 1823, t. I, pl. CXXXIII, CCCCVIII et CCCCXCIX.

**Gypagus condor** Vieillot, *Galerie des Oiseaux*, 1825, t. I, p. 11.

**Sarcorhamphus gryphus** Stephens, *Gen. Zool.*, 1826, t. XIII, p. 6.
— Alc. d'Orbigny, *Voy. dans l'Amérique mérid.*, 1835-1844, *Zool.*, t. III, Part. 2, *Oiseaux*, p. 17.
— J. Gould, Darwin, *Voy. « Beagle »*, *Zool.*, t. III, 1841, *Birds*, p. 1.
— Burmeister, *La Plata Reise*, 1861, t. II, p. 433.
— Ph.-L. Sclater et O. Salvin, *Nom. Av. neotrop.*, 1873, p. 123.
— H. Durnford, *On some Birds observed in the Chuput Valley, Patagonia*, *Ibis*, 1877, p. 29 et 40, et *Notes on the Birds of Central Patagonia*, *Ibis*, 1878, p. 398.
— L. Taczanowski, *Ornith. du Pérou*, 1884, t. I, p. 75, n° 1.
— Ph.-L. Sclater et W.-H. Hudson, *Argentine Ornith.*, 1889, t. II, p. 90, n° 313.

**Sarcorhamphus condor** Lesson, *Traité d'Ornith.*, 1831, p. 25.
— Gay, *Faun. Chil.*, *Zool.*, 1847, t. I, p. 194, et pl. I.

**Sarcorhamphus papa** (err.) R. Cunningham, *The Nat. Hist. of the Straits of Magellan*, 1871, p. 114 et 303.

Si cette grande et belle espèce de Rapace n'occupe pas dans mon travail le rang que lui assignent ses affinités zoologiques, en d'autres termes, s'il ne figure pas entre le *Conurus smaragdinus* et le *Cathartes aura*, c'est que j'ai hésité quelque temps à lui assigner une place dans le Catalogue des Oiseaux du cap Horn. Sa véritable patrie se trouve en effet dans la région des Andes. Toutefois, après réflexion, j'ai pensé qu'il avait autant de droit à être mentionné que la *Rhea Darwinii*, le *Tinamotis Ingoufi*, le *Pseudochloris Lebruni*, en un mot, que diverses espèces qui n'ont pas été rencontrées par MM. Hyades, Hahn et Sauvinet, mais dont un ou plusieurs exemplaires ont été obtenus par M. Lebrun, préparateur au Muséum, qui, après avoir fait des collections aux environs de Santa Cruz, avec le concours des officiers du *Volage*, est venu rejoindre la Mission à terre, à la baie Orange. Ce naturaliste a tué sur les bords du Rio Gallegos, le 15 juin 1883, une femelle de Condor qui avait les yeux jaunes, la cire jaune et les pattes noires. Le *Sarcorhamphus gryphus* a été rencontré à l'embouchure de la même rivière à Port Gallegos, ainsi que sur divers points de la côte de Patagonie, le long de la partie orientale du détroit de Magellan par M. le Dr Cunningham, durant le croisière du navire anglais le *Nassau*. Il y a donc lieu de reporter beaucoup plus au sud (1) la limite méridionale de l'espèce que Ch. Darwin fixait au niveau du Rio Santa Cruz, tandis qu'il fixait du côté de l'est la limite septentrionale au niveau du Rio Negro. Entre ces deux points, Ch. Darwin avait d'ailleurs observé des Condors sur les rochers du Port-Désiré, et plus récemment M. H. Durnford a noté la présence de l'espèce à Ninfas Point, près Chuput, le 15 novembre, et il l'a trouvée nichant sur les rochers au-dessus de la vallée du Sengel le 16 novembre.

Le *Sarcorhamphus gryphus* se trouve donc sur tous les points de la Patagonie où des falaises se dressent le long des côtes ou sur le bord des rivières. A l'Ouest, il remonte, le long de la chaîne des Andes, dans le Chili, la Bolivie, le Pérou et jusque dans la République de l'Équateur, des observations récentes ayant montré que la limite septentrionale de l'espèce, fixée par d'Orbigny au niveau du 8e degré de latitude méridionale, devait être remontée de cinq ou six degrés vers le nord.

D'Orbigny nous apprend que le *Sarcorhamphus gryphus* est appelé *Buytre* par les Espagnols, *Mauké* par les indigènes du Chili et *Chanana* par les Puelches.

### 102. Ibycter albigularis.

**Polyborus albigularis** J. Gould, *Proceed. zool. Soc. Lond.*, 1837, p. 9.

**Milvago albigularis** J. Gould, Darwin, *Voy. of the « Beagle »*, *Zool.*, t. III, 1841, *Birds*, p. 18 et pl. 1.

— Ph.-L. Sclater et O. Salvin, *Nom. Av. neotr.*, 1873, p. 122

(1) Dans l'*Histoire du voyage de la Mission du cap Horn* (p. 174), M. le commandant Martial rapporte que, le 18 avril 1883, durant l'exploration du New Year Sound, un oiseau qui, à en juger par son envergure, devait être un Condor, fut aperçu planant au-dessus de l'île Pothuau.

**Ibycter albigularis** R.-B. Sharpe, *Cat. B. Brit. Mus.*, 1874, t. I, *Accipitres*, p. 37.

Une femelle de cette espèce a été tuée par M. Lebrun le 16 juin 1883 sur les bords du Rio Gallegos. Elle avait les yeux d'un jaune foncé et la cire d'un jaune orange. Au contraire, le type de l'*Ibycter albigularis* qui avait été obtenu sur les bords du Rio Santa Cruz, par 50° de latitude Sud, a été représenté avec les yeux bruns, la cire et les pattes d'un jaune gomme-gutte.

---

L'*Ibycter albigularis*, qui d'ailleurs ne se trouve pas ici à sa place naturelle, clôt la longue série des oiseaux rapportés par la Mission du cap Horn. Je vais maintenant, pour compléter autant que possible mon travail, passer rapidement en revue un certain nombre d'espèces qui ont échappé aux recherches des naturalistes de l'expédition française, et qui ont été observées par d'autres voyageurs dans l'archipel des Malouines, sur les bords du détroit de Magellan ou sur divers points de la Patagonie [1]. Chacune de ces espèces portera un double numéro, le premier correspondant à la place que l'oiseau occupe dans cet Appendice, le second à celle qu'il devrait occuper dans un Catalogue systématique.

### 103 (1 *a*). Conurus patagonus.

**Psittacus patagonus** Vieillot, *Nouv. Dict. d'Hist. nat.*, 1823, t. XXV, p. 367.

**Psittacara patagonica** Lesson et Garnot, *Voy. de la « Coquille »*, 1825, *Zool.*, t. I, p. 625, et pl. XXXV *bis*.

---

(1) Je tiens à déclarer que j'emploie dans tout le cours de mon travail le mot de *Patagonie* dans un sens purement géographique. J'appelle ainsi la vaste région qui s'étend entre le détroit de Magellan, l'océan Pacifique, le golfe d'Ancud, la chaine des Andes, le Rio Negro et l'océan Atlantique, tandis que je nomme *Fuégie* ou *Terres magellaniques* les îles situées au sud du détroit de Magellan, et que je désigne plus spécialement sous le nom de *République Argentine* l'ancien territoire de la Plata. Ces divisions sont d'ailleurs celles qui sont admises encore sur des cartes récentes et entre autres sur celles de l'Atlas de Stieler; mais elles ne correspondent point, je ne l'ignore pas, avec les divisions politiques actuelles, puisqu'aujourd'hui le Chili et la République Argentine se sont partagé la Patagonie.

**Conurus patachonicus** J. Gould, Darwin, *Voy. of the « Beagle », Zool.*, t. III, 1841, *Birds*, p. 113.

**Conurus patagonus** Burmeister, *La Plata Reise*, 1861, t. II, p. 441.
— Ph.-L. Sclater et O. Salvin, *Nom. Av. neotr.*, 1873, p. 111.
— H. Durnford, *On some Birds observed in the Chuput Valley, Patagonia, Ibis*, 1877, p. 37. — *On the Birds of the Province of Buenos Ayres, Ibid.*, p. 186, n° 72, et *Notes on the Birds of central Patagonia, Ibis*, 1878, p. 396.
— A. Reichenow, *Conspectus Psittacorum*, 1882, p. 165, n° 31,
— Ph.-L. Sclater et W.-H. Hudson, *Argentine Ornith.*, 1889, t. II, p. 41, n° 276.

Ch. Darwin a rencontré communément cette espèce aux environs de Concepcion (Chili), et il l'a trouvée également sous la même latitude à Bahia Blanca (République Argentine) au milieu d'une contrée stérile et complètement dépourvue d'arbres. Sur ce dernier point, les Perruches patagones nichaient, au mois de septembre, côte à côte avec des Hirondelles (*Hirundo cyanoleuca*) dans des trous creusés dans des sortes de falaises de terre et de sable. A une date plus récente, M. H. Durnford a observé une petite colonie de ces oiseaux beaucoup plus au sud, dans la vallée de Chuput, et il a constaté que dans cette localité les *Conurus* avaient choisi, pour établir leurs nids, les crevasses des rochers qui dominent le cours de la rivière. Le même naturaliste a vu aussi un vol de ces Perruches sur les rives du Sengel, en novembre.

Le *Conurus patagonus* s'avance donc au moins jusqu'au 44e degré de latitude Sud dans la Patagonie proprement dite, mais sans doute il ne s'y montre qu'au printemps et en été.

### ? 104 (7 *a*). Harpyhaliætus coronatus.

**Aquila coronata** d'Azara, *Apunt.*, 1802, t. I, p. 36.
— G. Hartlaub., *Index d'Azara*, 1867, p. 1.

**Harpyia coronata** Vieillot, *Nouv. d'Hist. nat.*, 1817, t. XIV, p. 237.

**Falco coronatus** Temminck, *Pl. Col.*, t. I, pl. CCXXXIV.

**Harpyhaliætus coronatus** De Lafresnaye, *Rev. Zool.*, 1842, p. 173.

**Harpyhaliætus coronatus** Ph.-L. Sclater *in* Hudson, *On Patagonian Birds*, 1872, p. 536 et 549, n° 32.
— Ph.-L. Sclater et O. Salvin, *Nom. Av. neotr.*, 1873, p. 119.
— R.-B. Sharpe, *Cat. B. Brit. Mus.*, 1874, t. I, *Accipitres*, p. 222.
— Ph.-L. Sclater et W.-H. Hudson, *Argentine Ornith.*, 1889, t. II, p. 66, n° 301.

Ce grand Rapace, qui a été observé au Chili, dans le Brésil méridional et dans la République Argentine, ne doit pas descendre beaucoup au delà du Rio Negro, sur les bords duquel il a été rencontré par M. Hudson.

? 105 (9 *a*). Buteo borealis.

**Falco borealis** Gmelin, *Syst. Nat.*, 1788, t. I, p. 266.
— Wilson, *Am. Ornith.*, 1812, t. VI, p. 75, et pl. LII, fig. 1.
— J.-J. Audubon, *Birds Amer.*, pl. LI, et *Ornith. biogr.*, 1831, t. I, p. 265.

**Buteo borealis** Vieillot, *Nouv. Dict. d'Hist. nat.*, 1816, t. IV, p. 478.
— Ph.-L. Sclater et O. Salvin, *Nom. Av. neotr.*, 1873, p. 118.
— R.-B. Sharpe, *Cat. B. Brit. Mus.*, 1874, t. I, *Accipitres*, p. 188.

**Buteo ventralis** J. Gould, *Proceed. zool. Soc. Lond.*, 1837, p. 10, et Darwin, *Voy. of the « Beagle »*, *Zool.*, 1841, t. III, *Birds*, p. 27, n° 3.

MM. Sclater et Salvin paraissent considérer le *Buteo borealis* comme une espèce propre au Mexique, à l'Amérique centrale et à Panama ; de son côté, M. R.-B. Sharpe ne cite parmi les régions habitées par cette espèce que les États de l'est de l'Union américaine et les Antilles ; mais en même temps, mon savant ami inscrit parmi les synonymes du *Buteo borealis* le *B. ventralis* Gould dont le type a été pris à Santa Cruz, en Patagonie, sous le 50e degré de latitude. Si cette assimilation est exacte, il faut évidemment étendre bien loin vers le Sud l'aire assignée au *Buteo borealis*.

106 (10 *a*). Falco fusco-cœrulescens.

**Alconcillo aplomado** et **Alconcillo obscuro azulejo** d'Azara, *Apunt.*, 1802, t. I, p. 175.

**Falco fusco-cœrulescens** Vieillot, *Nouv. Dict. d'Hist. nat.*, 1817, t. XI, p. 90.

**Falco fusco-cœrulescens** R.-B. Sharpe, *Cat. B. Brit. Mus.*, 1874, t. I, *Accipitres*, p. 401, n° 19.

— Ph.-L. Sclater et W.-H. Hudson, *Argentine Ornith.*, 1889, t. II, p. 69, n° 304.

**Falco femoralis** Temminck, *Planches coloriées*, 1823, t. I, pl. CXXI et CCCXLIII.

— D'Orbigny, *Voy. Amér. mérid.*, 1835, *Zool.*, *Oiseaux*, p. 116.

— J. Gould, Darwin, *Voy. of the « Beagle »*, *Zool.*, t. III, 1841, *Birds*, p. 26.

— Ph.-L. Sclater et O. Salvin, *Nom. Av. neotr.*, 1873, p. 121.

— H. Durnford, *Notes on the Birds of central Patagonia*, *Ibis*, 1878, p. 398.

L'aire d'habitat du *Falco fusco-cœrulescens* est extrêmement vaste et s'étend depuis le Mexique jusqu'au milieu de la Patagonie et peut-être même plus loin encore vers le sud. Darwin a observé en effet cette espèce à Port-Désiré, par 47°44' de latitude sud, et il s'est assuré qu'elle nichait dans la région. M. H. Durnford a trouvé le 3 novembre, dans la Patagonie centrale, un nid du même Faucon qui est, dit-il, sédentaire, mais plus commun en hiver.

### 107 (12 *a*). Syrnium rufipes.

**Strix rufipes** King, *Zool. Journ.*, t. III, p. 426.

**Ulula rufipes** J. Gould, Darwin, *Voy. of the « Beagle »*, *Zool.*, t. III, 1841, *Birds*, p. 34.

**Ulula fasciata** Des Murs, *Iconogr. ornith.*, pl. XXXVII.

**Syrnium rufipes** G.-R. Gray, *Handlist of Genera and Species of Birds*, 1869, t. I, p. 48, n° 508.

— Ph.-L. Sclater et O. Salvin, *Nom. Av. neotr.*, 1873, p. 116.

— R.-B. Sharpe, *Cat. B. Brit. Mus.*, 1875, t. II, *Striges*, p. 261, n° 10.

M. Sharpe assigne pour habitat au *Syrnium rufipes* le Chili et la Patagonie, et Darwin rapporte qu'il a obtenu un exemplaire de cette espèce de Fuégiens qui l'avaient tué dans les îles situées à l'extrême sud de la Terre de Feu. Peut-être cette donnée n'est-elle pas tout à fait exacte, car les naturalistes de la Mission du cap Horn, qui ont exploré avec tant de zèle les îles auxquelles Darwin fait allusion, n'ont jamais rencontré le *Syrnium rufipes*. D'autre part, cette espèce n'est pas citée dans les Notes sur les oiseaux du Chili de M. Sclater (*Proceed. zool. Soc. Lond.*, 1867, p. 319 et suiv.); mais elle se trouve certainement dans la Patagonie australe, sur les bords du détroit de Magellan, car le type décrit par King vient de Port-Famine.

### ? 108 (16 *a*). Picus lignarius.

**Picus lignarius** Molina, *Stor. Nat. Chil.*, 1789, p. 209.
— Malherbe, *Monogr. Picidés*, 1862, pl. XXVI, fig. 9-12.
— Ph.-L. Sclater et O. Salvin, *Nom. Av. neotr.*, 1873, p. 99.

**Picus melanocephalus** King, *Proceed. zool. Soc. Lond.*, 1830, p. 14.

**Picus Kingii** G.-R. Gray, Darwin, *Voy. of the « Beagle »*, 1841, *Zool.*, t. III, *Birds*, p. 113.

**Picus puncticeps** d'Orbigny, *Voy. Am. mérid.*, 1835-1841, *Oiseaux*. p. 379 et pl. LXIV, fig. 1.

**Dendrocopus lignarius** Edw. Hargitt, *Cat. B. Brit. Mus.*, 1890, t. XVII. p. 257.

Je doute beaucoup que cette espèce se trouve, comme le dit King, dans les parages du détroit de Magellan. M. Ph.-L. Sclater et O. Salvin la considèrent comme propre au Chili, et M. Hargitt ne signale sa présence qu'au Pérou, en Bolivie, dans la République Argentine et au Chili. C'est d'ailleurs du Pérou et du Chili seulement que proviennent les spécimens qui figurent dans les collections du Muséum d'Histoire naturelle.

### 109 (16 *b*). Colaptes agricola.

**Geopicus campestroides** Malherbe, *Rev. Zool.*, 1849, p. 541.

**Geopicus agricola** Malherbe, *Monogr. Picidés*, 1862, t. II, p. 254, et pl. CVIII.

**Colaptes australis** Burmeister, *La Plata Reise*, 1861, t. II, p. 445.

**Colaptes agricola** Ph.-L. Sclater *in* Hudson, *On Patagonian Birds*, *Proceed. zool. Soc. Lond.*, 1872. p. 549, n° 30.

**Colaptes agricola** Ph.-L. Sclater et O. Salvin, *Nom. Av. neotr.*, 1873, p. 101.
— Ph.-L. Sclater et W.-H. Hudson, *Argentine Ornith.*, 1889, t. III, p. 24, n° 260.
— Edw. Hargitt, *Cat. B. Brit. Mus.*, 1890, t. XVII, p. 25.

Le *Colaptes agricola* a été rencontré dans le sud du Brésil, dans l'Uruguay, sur les bords du Rio Negro et sur divers points de la République Argentine. Le Muséum d'Histoire naturelle en possède un exemplaire envoyé de Patagonie par d'Orbigny en 1831. L'espèce ne doit pas cependant descendre au delà du 42ᵉ degré de latitude, car elle n'a pas été signalée par M. Durnford dans la vallée de la Chuput.

### 110 (17 *a*). Stenopsis bifasciata.

**Caprimulgus bifasciatus** J. Gould, *Proceed. zool. Soc. Lond.*, 1837, p. 22, et Darwin, *Voy. of the « Beagle »*, *Zool.*, t. III, 1841, *Birds*, p. 37.

**Stenopsis bifasciata** Ph.-L. Sclater, *Proceed. zool. Soc. Lond.*, 1866, p. 140.
— Ph.-L. Sclater et O. Salvin, *Nom. Av. neotr.*, 1873, p. 96.
— H. Durnford, *On some Birds observed in the Chuput valley, Patagonia, Ibis*, 1877, p. 37, et *Notes on the Birds of central Patagonia, Ibis*, 1878, p. 396.
— L. Taczanowski, *Ornith. du Pérou*, 1884, p. 221, n° **80**.
— Ph.-L. Sclater et W.-H. Hudson, *Argentine Ornith.*, 1889, t. II, p. 14, n° **245**.

Signalé d'abord au Chili, l'Engoulevent à double bande a été retrouvé plus récemment au Pérou et dans la Patagonie, sur les bords de la rivière Chuput et sur les collines voisines du Sengelen. Il paraît être sédentaire, mais assez rare dans cette dernière région (Hudson).

### 111 (17 *b*). Eustephanus galeritus.

**Trochilus galeritus** Molina, *Hist. Chil.*, p. 219.
— Gmelin, *Syst. Nat.*, 1788, t. I, p. 484, sp. 23.

**Melisuga Kingii** Vigors, *Zool. Journ.*, t. III, p. 430,

**Eustephanus galeritus** Reichenbach, *Aufz. d. Colib.*, 1853, p. 14.
— J. Gould, *Monogr. Trochil.*, t. IV, pl. 265.

**Eustephanus galeritus** Mulsant, *Hist. nat. des Oiseaux-Mouches*, t. II, p. 246.
— Ph.-L. Sclater et O. Salvin, *Nom. Av. neotr.*, 1873, p. 90. — *Rep. on coll. made during the Voy. of H. M. S. « Challenger », Rep. on Birds, Proceed. zool. Soc. Lond.*, 1878, p. 433, n° 16, et *Voy. of the « Challenger », Rep. on Birds, Antarct. Amer.*, p. 103, n° 16.
— D.-G. Elliott, *A Classif. and Synops. Trochil.*, 1879, p. 93.
— R.-B. Sharpe, *Zool. coll. made during the Survey of H. M. S. « Alert », Proceed. zool. Soc. Lond.*, 1881, p. 9, n° 21.

Après avoir été signalé d'abord au Chili et dans l'île Juan Fernandez, l'*Eustephanus galeritus* a été rencontré récemment en Patagonie. Un mâle de cette espèce a été tué à Puerto Bueno par les naturalistes du *Challenger*, et une femelle a été obtenue à Cockle Cove, le 9 février 1879, par le Dr Coppinger, chirurgien de l'*Alert*. Il est vraiment fort intéressant de constater la présence d'un Trochilidé jusque dans les parages du détroit de Magellan.

### 112 (18 *a*). Hirundo (Tachycineta) leucorrhoa.

**Hirundo leucorrhoa** Vieillot, *Nouv. Dict. d'Hist. nat.*, 1817, t. XIV, p. 519.
— W.-H. Hudson, *Proceed. zool. Soc. Lond.*, 1872, p. 606, 845 et 846.
— Ph.-L. Sclater et O. Salvin, *Nom. Av. neotr.*, 1873, p. 14.
— H. Durnford, *On some Birds observed in the Chuput Valley, Patagonia, Ibis*, 1877, p. 32, et *Notes on the Birds of central Patagonia. Ibis*, 1878, p. 392.
— L. Taczanowski, *Ornith. du Pérou*, 1884, t. I, p. 241.

**Hirundo frontalis** J. Gould, Darwin, *Voy. of the « Beagle ». Zool.*, t. III. 1841, *Birds*, p. 40.

**Tachycineta leucorrhous** R.-B. Sharpe, *Cat. B. Brit. Mus.*, 1885, t. X, p. 114.

**Tachycineta leucorrhoa** Ph.-L. Sclater et W.-H. Hudson, *Argentine Ornith.*, 1888, t. I, p. 30.

La *Tachycineta leucorrhoa* habite en hiver le Brésil méridional, le Pérou et le Paraguay et, pendant le printemps et l'été, la République Argentine et la Patagonie australe. M. Durnford a vu, le 24 février, de grandes troupes d'Hirondelles de cette espèce réunies dans la vallée de la Chuput; le lendemain elles avaient toutes disparu. Ces observations concordent parfaitement avec celles de M. Hudson qui déclare n'avoir plus rencontré aucune Hirondelle à croupion blanc sur les bords du Rio Negro durant la période comprise entre mars et août. Dans les environs de Buenos Ayres, suivant ce dernier naturaliste, la migration des *Tachycineta* s'effectue généralement encore plus tôt, dès la mi-février (c'est-à-dire à une époque beaucoup plus hâtive que la migration d'automne de nos Hirondelles européennes), et à partir de cette date on peut voir chaque jour de nombreuses troupes de ces oiseaux se dirigeant vers le nord. Dans la province de Buenos Ayres, quelques individus séjournent cependant durant tout l'hiver dans des endroits abrités.

### 113 (18 *b*). Hirundo (Progne) furcata.

**Progne purpurea** J. Gould, Darwin, *Voy. of the « Beagle », Zool.*, t. III, 1841, *Birds*, p. 38.

— W.-H. Hudson, *Proceed. zool. Soc. Lond.*, 1872, p. 675.

— Ph.-L. Sclater *in* Hudson, *On Patagonian Birds, Proceed. zool. Soc. Lond.*, 1872, p. 548, n° 5, et *Ibid.*, p. 605.

— Ph.-L. Sclater et O. Salvin, *Nom. Av. neotr.*, p. 14.

— H. Durnford, *On some Birds observed in the Chuput Valley, Patagonia. Ibis*, 1877, p. 32, et *Notes on the Birds of central Patagonia, Ibis*, 1878, p. 392.

**Progne furcata** Baird, *Rev. Amer. Birds*, 1864, p. 278.

— R.-B. Sharpe, *Cat. B. Brit. Mus.*, 1885, t. X, p. 175.

— Ph.-L. Sclater et W.-H. Hudson, *Argentine Ornith.*, 1888, t. I, p. 24.

La *Progne furcata*, qui ne me paraît être qu'une race australe de la *Progne purpurea*, se trouve au Chili, au Paraguay et, pendant quelques mois de l'année, dans la Patagonie. M. Hudson nous apprend que les Hirondelles pourprées traversent les provinces orientales de la République Argentine dans leurs migrations, et qu'elles arrivent dans la région du Rio Negro au mois de septembre, qu'elles nichent sous les toits des maisons ou dans les berges des rivières, dans des crevasses naturelles ou dans les trous creusés par les Perruches patagones, et qu'elles repartent avant le milieu de février. Ce voyageur naturaliste a vu, le 14 février, une troupe de ces oiseaux volant dans la direction du Nord, mais c'était, dit-il, la dernière bande d'émigrants. Au contraire, M. Durnford, qui a observé les mêmes Hirondelles dans la vallée de Chuput et qui a recueilli quelques-uns de leurs œufs le 30 décembre, à Tombo Point, indique le 1er mars comme la date ultime de leur départ. Cette date doit correspondre à peu près à la fin de notre été.

### 114 (18 *c*). Hirundo (Atticora) cyanoleuca.

**Hirundo cyanoleuca** Vieillot, *Nouv. Dict. d'Hist. nat.*, 1817, t. XIV, p. 509. — J. Gould, Darwin, *Voy. « Beagle », Zool.*, t. III, *Birds*, p. 41.

**Hirundo patagonica** De Lafresnaye et d'Orbigny, *Synops. Av.*, 1837, p. 69.

**Atticora cyanoleuca** Cabanis, *Mus. Hein.*, 1850, part. I, p. 47.
— Burmeister, *La Plata Reise*, 1861, t. II, p. 479.
— Ph.-L. Sclater et O. Salvin, *Nom. Av. neotrop.*, 1873, p. 14.
— H. Durnford, *On some Birds observed in the Chuput Valley, Patagonia. Ibis*, 1877, p. 32, et *Notes on the Birds of central Patagonia. Ibis*, 1878, p. 392.
— R.-B. Sharpe, *Cat. B. Brit. Mus.*, 1885, t. X, p. 186.
— Ph.-L. Sclater et W.-H. Hudson, *Argentine Ornith.*, 1888, t. I, p. 33.

L'*Atticora cyanoleuca* est largement répandue depuis l'État de Costa Rica jusqu'à la Patagonie centrale. Dans cette dernière région toutefois, selon MM. Durnford et Hudson, les Hirondelles de cette espèce ne séjournent, pour la plupart, que pendant une partie de l'année et arrivent régulièrement en septembre pour repartir au commencement de mars, immédiatement après les Hirondelles pourprées (*Progne furcata*).

### 115 (19 *a*). Agriornis maritima.

**Pepoaza maritima** De Lafresnaye et d'Orbigny, *Synops. Av.*, t. I, p. 65.
— D'Orbigny, *Voy. Amér. mérid., Oiseaux*, p. 353.

**Agriornis maritimus** Gray, Darwin, *Voy. of the « Beagle », Zool.*, t. III, *Birds*, p. 57.
— H. Durnford, *Notes on the Birds of central Patagonia, Ibis*, 1878, p. 394.

**Agriornis maritima** Ph.-L. Sclater et O. Salvin, *Nom. Av. neotr.*, 1873, p. 41.
— Ph.-L. Sclater et W.-H. Hudson, *Argentine Ornith.*, 1888, t. I, p. 112, n° 110.
— Ph.-L. Sclater, *Cat. B. Brit. Mus.*, 1888, t. XIV, p. 6.

**Agriornis leucurus** Burmeister, *La Plata Reise*, 1861, t. II, p. 459.

Cette espèce découverte en Bolivie par d'Orbigny, a été retrouvée depuis au Chili, dans la République Argentine et en Patagonie, à Port-Désiré, sur les bords du Rio Santa Cruz et à Tombo Point.

### ? 116 (21 *a*). Tæniopteba coronata.

**Pepoaza coronada** d'Azara, *Apunt.*, t. II, p. 168.

**Tyrannus coronatus** Vieillot, *Nouv. Dict. d'Hist. nat.*, t. XXXV, p. 92, et *Encycl. méthod.*, p. 855.

**Pepoaza coronata** D'Orbigny, *Voy. Amér. mérid., Oiseaux*, p. 350.

**Tænioptera coronata** G. Hartlaub, *Ind. d'Az.*, p. 13.
— Burmeister, *La Plata Reise*, 1861, t. II, p. 459.
— Ph.-L. Sclater *in* Hudson, *On Patagonian Birds, Proceed. zool. Soc. Lond.*, 1872, p. 548, n° 22, et *Cat. B. Brit. Mus.*, 1888, t. XIV, p. 12.
— Ph.-L. Sclater et O. Salvin, *Nom. Av. neotr.*, 1873, p. 42.
— Ph.-L. Sclater et W.-H. Hudson, *Argentine Ornith.*, 1888, t. I, p. 115, n° 113.

La *Tænioptera coronata* ne doit peut-être pas être considérée comme faisant partie de la faune de la Patagonie, car, si elle est très commune dans les parages de Buenos Ayres, il n'est pas sûr qu'elle franchisse le Rio Negro. Elle se trouve, en revanche, au Paraguay et dans l'Uruguay.

### 117 (21 *b*). Tænioptera murina.

**Pepoaza murina** De Lafresnaye et d'Orbigny, *Synops. Av.*, p. 63, n° 7.
— D'Orbigny, *Voy. Am. mérid., Oiseaux*, p. 348.

**Tænioptera murina** Ph.-L. Sclater *in* Hudson, *On Patagonian Birds, Proceed. zool. Soc. Lond.*, 1872, p. 541, n° 9, et p. 548, n° 24, et *Cat. B. Brit. Mus.*, 1888, t. XIV, p. 15, n° 8.

— Ph.-L. Sclater et O. Salvin, *Nom. Av. neotr.*, 1873, p. 42.

— Ph.-L. Sclater et W.-H. Hudson, *Argentine Ornith.*, 1888, t. I, p. 119, n° 116.

C'est de Patagonie que provient le type de cette espèce, qui a été rencontrée plus tard dans l'ouest de la République Argentine. D'après M. Hudson, la *Tænioptera murina* fait son apparition dans la région du Rio Negro au mois d'octobre.

## 118 (21 *c*). Tænioptera rubetra.

**Tænioptera rubetra** Burmeister, *Journ. f. Ornith.*, 1860, p. 247, et *La Plata Reise*, 1861, t. II, p. 461.

— Ph.-L. Sclater *in* Hudson, *On Patagonian Birds, Proceed. zool. Soc. Lond.*, 1872, p. 541, n° 8, et p. 548, n° 23, et *Cat. B. Brit. Mus.*, 1888, t. XIV, p. 16, n° 9.

— Ph.-L. Sclater et O. Salvin, *Nom. Av. neotr.*, 1873, p. 42.

— H. Durnford, *On some Birds observed in the Chuput Valley, Patagonia. Ibis*, 1877, p. 34, et *Notes on the Birds of Central Patagonia. Ibis*, 1878, p. 394.

— Ph.-L. Sclater et H. Durnford, *Argentine Ornith.*, 1888, t. I, p. 120, n° 117.

Cette espèce se trouve dans la République Argentine et sur divers points de la Patagonie, notamment sur les bords du Rio Negro où M. Hudson la croit sédentaire, et dans la vallée du Sengel, où, d'après M. Durnford, elle est très commune au mois de novembre. Le même voyageur l'a rencontrée aussi, mais plus rarement, dans la vallée de la Chuput, au mois de septembre. Un des oiseaux tués par M. Durnford avait les yeux d'un fauve clair, le bec et les pattes noirs.

## ? 119 (21 *d*). Cnipolegus Hudsoni.

**Cnipolegus Hudsoni** Ph.-L. Sclater *in* Hudson, *On Patagonian Birds. Proceed. zool. Soc. Lond.*, 1872, p. 541, et pl. XXXI, et *Cat. B. Brit. Mus.*, 1888, t. XIV, p. 45.

**Cnipolegus Hudsoni** Ph.-L. Sclater et O. Salvin, *Nom. Av. neotr.*, 1873, p. 43. — Ph.-L. Sclater et W.-H. Hudson, *Argentine Ornith.*, 1888, t. I, p. 126.

Cet oiseau, qui habite les provinces occidentales de la République Argentine, arrive au mois de septembre ou d'octobre dans la Patagonie septentrionale, sur les bords du Rio Negro et y passe l'été; mais peut-être ne franchit-il pas ce fleuve pour pénétrer dans la Patagonie proprement dite.

### 120 (21 *e*). Lichenops perspicillata.

**Motacilla perspicillata** Gmelin, *Syst. nat.*, 1788, t. I, p. 969.

**Muscicapa nigricans** et **Œnanthe perspicillata** Vieillot, *Nouv. Dict. d'Hist. nat.*, t. XXI, p. 454.

**Ada perspicillata** d'Orbigny, *Voy. Am. mérid.*, *Oiseaux*, p. 339.

**Lichenops perspicillatus** (Gr.) et **L. erythropterus** J. Gould, Darwin, *Voy. of the « Beagle »*, *Zool.* t. III, 1841, *Birds*, p. 51 et 52, et pl. IX.

**Lichenops perspicillata** Ch.-L. Bonaparte, *Consp. Av.*, t. I, p. 194.
— Burmeister, *La Plata Reise*, 1861, t. II, p. 457.
— Ph.-L. Sclater et O. Salvin, *Nom. Av. neotr.*, 1873, p. 43.
— Ph.-L. Sclater et W.-H. Hudson, *Argentine Ornith.*, 1888, t. I, p. 129, n° 131.
— Ph.-L. Sclater, *Cat. B. Brit. Mus.*, 1888, t. XIV, p. 48.

**Lichenops perspicillatus** H. Durnford, *On some Birds observed in the Chuput Valley, Patagonia, Ibis*, 1877, p. 34, et *Notes on the Birds of central Patagonia, Ibis*, 1878, p. 394.

L'aire d'habitat de cette espèce comprend le Brésil méridional, le sud de la Bolivie, le Paraguay, l'Uruguay, le Chili, la République Argentine et la Patagonie. Dans la vallée de la Chuput, la *Lichenops perspicillata* est fort commune et sédentaire, d'après M. Durnford.

### 121 (21 *f*). Hapalocercus flaviventris.

**Tachiuri vientre amarillo** d'Azara, *Apunt.*, t. I, p. 89.

**Alecturus flaviventris** De Lafresnaye et d'Orbigny, *Synops. Av.*, part. I, p. 55.

**Alecturus flaviventris** D'Orbigny, *Voy. Am. mérid., Oiseaux*, pl. XXXVI, fig. 1.

**Arundinicola flaviventris** d'Orbigny, *Ibid.*, p. 335.

**Hapalocercus flaviventris** Cabanis, *Wiegm. Arch.*, 1847, t. I, p. 254.

— Ph.-L. Sclater et O. Salvin, *Nom. Av. neotr.*, 1873, p. 46.

— Burmeister, *La Plata Reise*, 1861, t. II, p. 456.

— H. Durnford, *On some Birds observed in the Chuput Valley, Patagonia*, *Ibis*, 1877, p. 34 et 177, et *Notes on the Birds of central Patagonia*, *Ibis*, 1878, p. 395.

— Ph.-L. Sclater et W.-H. Hudson, *Argentine Ornith.*, 1888, t. I, p. 137, n° 141.

— Ph.-L. Sclater, *Cat. B. Brit. Mus.*, 1888, t. XIV, p. 94.

L'*Hapalocercus flaviventris* habite les mêmes contrées que la *Lichenops perspicillata*, à l'exception peut-être de la Bolivie. Il est assez commun dans les vallées de la Patagonie orientale, où M. Durnford le considère comme une espèce sédentaire, tandis que M. Hudson déclare que cet oiseau arrive au mois de septembre, venant du nord, dans la province de Buenos Ayres, où il est très répandu et niche en octobre.

## ? 122 (21 g). Stigmatura flavo-cinerea.

**Phylloscartes flavo-cinerea** Burmeister, *La Plata Reise*, 1861, t. II, p. 455.

**Stigmatura flavo-cinerea** Ph.-L. Sclater *in* Hudson, *On Patagonian Birds*, *Proceed. zool. Soc. Lond.*, 1872, p. 542 (*note*), et p. 549, n° 27 et *Cat. B. Brit. Mus.*, 1888, t. XIV, p. 101.

— Ph.-L. Sclater et O. Salvin, *Nom. Av. neotr.*, 1873, p. 46.

— Ph.-L. Sclater et W.-H. Hudson, *Argentine Ornith.*, 1888, t. I, p. 139, n° 145.

Cette espèce habite la République Argentine proprement dite et peut-être le nord de la Patagonie. M. Hudson l'a rencontrée en toutes saisons sur les bords du Rio Negro, mais je ne crois pas qu'elle descende beaucoup au sud de ce fleuve.

### 123 (21 *h*). Cyanotis Azaræ.

**El Rey** d'Azara, *Apunt.*, t. II, p. 72.

**Sylvia rubrigastra** Vieillot, *Nouv. Dict. d'Hist. nat.*, 1817, t. XI, p. 277, et *Encycl. méthod.*, p. 480.

**Regulus Azaræ** (Lichtenstein) Naumann, *Vögel Deutschl.*, 1823, t. III, p. 966.

**Regulus omnicolor** Vieillot, *Galerie des Oiseaux*, 1825, t. I, p. 271, et pl. CLXVI.

**Tachuris omnicolor** De Lafresnaye et d'Orbigny, *Synops. Av.*, p. 55.

**Tachuris rubrigastra** d'Orbigny, *Voy. Am. mérid.*, *Oiseaux*, p. 333.

**Cyanotis omnicolor** Ch.-L. Bonaparte, *Consp. Av.*, t. I, p. 185.
— H. Durnford, *On some Birds observed in the Chuput Valley, Patagonia*, *Ibis*, 1877, p. 34, et *Notes on the Birds of central Patagonia*, *Ibis*, 1878, p. 395.

**Cyanotis Azaræ** Cabanis et Heine, *Mus. Hein.*, t. II, p. 54.
— Ph.-L. Sclater et O. Salvin, *Nom. Av. neotr.*, 1873, p. 47.
— L. Taczanowski, *Ornith. du Pérou*, 1884, t. II, p. 243, n° 589.
— Ph.-L. Sclater et W.-H. Hudson, *Argentine Ornith.*, 1888, t. I, p. 142.
— Ph.-L. Sclater, *Cat. B. Brit. Mus.*, 1888, t. XIV, p. 110.

Le Muséum d'Histoire naturelle de Paris possède plusieurs spécimens de cette espèce rapportés du Pérou par Bonpland en 1833, du Chili par l'amiral Du Petit-Thouars en 1845 et même du Brésil (Rio Grande) par A. Saint-Hilaire, mais aucun exemplaire venant de la République Argentine ou de la Patagonie. Cependant le *Cyanotis Azaræ* n'est pas rare, au moins pendant une partie de l'année, dans ces dernières contrées. M. Durnford le croyait même sédentaire dans la Patagonie centrale; mais, selon M. Durnford, les quelques individus de cette espèce que l'on peut voir en toutes saisons dans la République Argentine et même au sud du Rio Negro constituent une exception, et la plupart émigrent régulièrement. On les voit apparaître brusquement à la fin de septembre, venant sans doute de contrées plus voisines de l'équateur.

### 124 (22 *a*). Muscisaxicola maculirostris.

**Muscisaxicola maculirostris** De Lafresnaye et d'Orbigny, *Synops. Av.*, p. 66.
— D'Orbigny, *Voy. Am. mérid., Oiseaux*, p. 356, et pl. XLI, fig. 2.
— Ph.-L. Sclater et O. Salvin, *Nom. Av. neotr.*, p. 44.
— H. Durnford, *Notes on the Birds of central Patagonia*, *Ibis*, 1878, p. 59.
— L. Taczanowski, *Ornith. du Pérou*, 1884, t. II, p. 219, n° 561.
— Ph.-L. Sclater et W.-H. Hudson, *Argentine Ornith.*, 1888, t. I, p. 134, n° 134.
— Ph.-L. Sclater, *Cat. B. Brit. Mus.*, 1888, t. XIV, p. 59.
**Ptyonura maculirostris** Burmeister, *La Plata Reise*, 1861, t. II, p. 462.

Trouvée d'abord en Bolivie, par d'Orbigny, la *Muscisaxicola maculirostris* a été rencontrée ensuite au Pérou, dans l'Équateur occidental, au Chili et dans la République Argentine par différents voyageurs et dans la Patagonie centrale, sur les bords du Sengelen, au mois de décembre 1877, par M. H. Durnford.

### ?125 (22 *b*). Muscisaxicola brunnea.

**Muscisaxicola brunnea** J. Gould, Darwin, *Voy. of the « Beagle ». Zool.*, t. III, 1841, *Birds*, p. 84.
— Ph.-L. Sclater, *Cat. B. Brit. Mus.*, 1888, t. XIV, p. 53 (*note*).

Je ne cite qu'avec un point de doute cette espèce qui est inconnue à M. Sclater, et qui a été décrite par Gould d'après un jeune oiseau tué à Port-Saint-Julien (Patagonie).

### 126 (24 *a*). Serpophaga parvirostris.

**Myiobius parvirostris** J. Gould, Darwin, *Voy. of the « Beagle ». Zool.*, t. III, 1841, *Birds*, p. 48.
— Gay, *Faun. Chil., Aves*, p. 341.

**Serpophaga parvirostris** Ph.-L. Sclater et O. Salvin, *Nom. Av. neotr.*, 1873, p. 47.
— Ph.-L. Sclater, *Cat. B. Brit. Mus.*, 1888, t. XIV, p. 105.

D'après M. Sclater, le *British Museum* possède, outre le type de l'espèce provenant de Santa Cruz (Patagonie orientale), un autre spécimen obtenu dans la même contrée, à Saint Martin's Cove, par le lieutenant A. Smith, de la marine royale, et plusieurs exemplaires recueillis au Chili et en Bolivie par Ch. Darwin et d'autres voyageurs. Darwin dit de son côté qu'il a rencontré le *Myiobius parvirostris* non seulement sur les rives de la Plata et aux environs de Valparaiso, mais dans les forêts de la Terre de Feu, et il croit même que ce Tyrannidé doit être sédentaire dans l'Amérique australe, parce qu'il s'en est procuré des exemplaires au mois de juin. Toutefois je crois pouvoir conclure de l'absence de l'espèce dans les collections de la Mission du cap Horn que la *Serpophaga parvirostris* ne se rencontre au contraire qu'à certaines saisons, peut-être même d'une façon tout à fait accidentelle dans les parages du cap Horn.

## 127 (24 *b*). Anæretes parulus.

**Muscicapa parulus** Kittlitz, *Mém. prés. Acad. Sc. Saint-Pétersb.*, 1831, p. 190 et pl. IX.

**Culicivora parulus** De Lafresnaye et d'Orbigny, *Synops. Av.*, part. I, p. 57.
— D'Orbigny, *Voy. Am. mérid.*, *Oiseaux*, p. 332.

**Serpophaga parula** J. Gould, Darwin, *Voy. of the « Beagle »*, *Zool.*, t. III, 1841, *Birds*, p. 49.

**Anæretes parulus** Cabanis et Heine, *Mus. Hein.*, t. II, p. 54.
— Ph.-L. Sclater et O. Salvin, *Second List of Birds collected in the straits of Magellan by Dr Cunningham*, *Ibis*, 1869, p. 283, n° 4. — *Nom. Av. neotr.*, 1873, p. 47. — *Rep. on the collect. made during the Voy. of H. M. S. « Challenger »*, *Antarct. Amer.*, *Proceed. zool. Soc. Lond.*, 1878, p. 432, n° 8, et *Voy. of the « Challenger »*, *Rep. on the Birds, Antarct. Amer.*, p. 101, n° 8.
— Burmeister, *La Plata Reise*, 1861, t. II, p. 455.

**Anæretes parulus** Ph.-L. Sclater *in* Hudson, *On Patagonian Birds, Proceed. zool. Soc. Lond.*, 1872, p. 542 et 549, n° 28. — *Cat. B. Brit. Mus.*, 1888, t. XIV, p. 106.

— H. Durnford, *On some Birds observed in the Chuput Valley, Patagonia. Ibis*, 1877, p. 34, et *Notes on the Birds of central Patagonia. Ibis*, 1878, p. 335.

— R.-B. Sharpe, *Zool. coll. made during the Survey of H. M. S. « Alert »*, *Proceed. zool. Soc. Lond.*, 1881, p. 8, n° 10.

— L. Taczanowski, *Ornith. du Pérou*, 1884, t. II, p. 239, n° 586.

— Ph.-L. Sclater et W.-H. Hudson, *Argentine Ornith.*, 1888, t. I, p. 141, n° 148.

D'après M. Sclater, l'*Anœretes parulus* habite le Pérou, les Andes de l'Équateur, la Bolivie, le Chili, la République Argentine. Il s'avance même jusque sur les bords du détroit de Magellan, puisque, dans le Catalogue des oiseaux recueillis par le Dr Cunningham, je trouve un exemplaire de cette espèce pris à Sandy Point, au mois de mai 1867, et dans les Catalogues des oiseaux rapportés par les expéditions du *Challenger* et de l'*Alert* je rencontre une femelle prise à Puerto Bueno au commencement de janvier 1876, et un mâle tué à l'ile Malaspina, dans le canal de la Trinité, le 16 février 1879. Toutefois l'*Anœretus parulus*, comme d'autres Tyrannidés, doit devenir de moins en moins commun à mesure qu'on s'avance vers le sud de la Patagonie; en effet M. Durnford l'indique déjà comme étant rare, quoique sédentaire, dans la vallée de la Chuput. Peut-être même ne se montre-t-il dans l'extrême sud que pendant la saison correspondant à notre été. Je ne connais en effet aucune mention de capture de cet oiseau de juin à décembre dans les parages du détroit de Magellan.

### 128 (24 *c*). Geositta cunicularia.

**Alauda cunicularia** Vieillot, *Nouv. Dict. d'Hist. nat.*, t. I, p. 369, et *Encycl. méthod.*, p. 323.

**Certhilauda cunicularia** De Lafresnaye et d'Orbigny, *Synops. Av.*, part. I, p. 71.

— D'Orbigny, *Voy. Am. mérid., Oiseaux*, p. 358, et pl. XLIII, fig. 1.

**Furnarius cunicularius** (G.-R. Gray) J. Gould, Darwin, *Voy. of the « Beagle »*, *Zool.*, t. III, 1841, *Birds*, p. 65.

**Geositta cunicularia** G.-R. Gray et Mitchel, *Gen. of Birds*, p. 22.
— Burmeister, *La Plata Reise*, t. II, p. 465.
— Ph.-L. Sclater et O. Salvin, *Nom. Av. neotrop.*, 1873, p. 61.
— H. Durnford, *Notes on the Birds of central Patagonia, Ibis*, 1871, p. 395.
— Ph.-L. Sclater et W.-H. Hudson, *Argentine Ornith.*, 1888, p. 165, n° 176.

Cette espèce a été signalée au Chili, au Pérou ([1]), dans la République Argentine et en Patagonie. Dans cette dernière région, où on le désigne sous le nom de *Caserita*, elle se rencontre notablement plus loin vers le sud que ne l'a indiqué Ch. Darwin, puisqu'elle a été observée par M. H. Durnford au mois de septembre, assez rarement cependant, dans la vallée de la Chuput, par 43° de latitude australe.

### 129 (26 *a*). Cinclodes antarcticus.

**Certhia antarctica** Garnot, *Ann. des Sc. nat.*, 1826, t. VII, p. 45.

**Furnarius fuliginosus** Lesson et Garnot, *Voy. de la « Coquille », Zool.*, t. I, p. 670.

**Opetiorhynchus antarcticus** G.-B. Gray, Darwin, *Voy. of the « Beagle ». Zool.*, t. III, 1841, *Birds*, p. 67 ([2]).

**Cinclodes antarcticus** Ph.-L. Sclater, *Cat. of the Birds of the Falkland Islands, Proceed. zool. Soc. Lond.*, 1860, p. 385, n° 14. — *Cat. B. Brit. Mus.*, 1890, t. XV, p. 25.
— Ph.-L. Sclater et O. Salvin, *Nom. Av. neotr.*, 1873, p. 62.

Le *Cinclodes antarcticus* auquel j'ai déjà fait allusion plus haut, à propos du *Cinclodes fuscus*, paraît être propre aux îles Malouines.

### 130 (26 *b*). Cinclodes patagonicus.

**Motacilla patagonica** Gmelin, *Syst. Nat.*, 1788, t. I, p. 958.

**Furnarius chilensis** Lesson et Garnot, *Voy. de la « Coquille »*, *Zool.*, t. I, p. 671.

---

([1]) Les *Geositta cunicularia* de ce pays diffèrent, paraît-il, notablement de ceux du Chili et méritent, selon M. Taczanowski (*Ornith. du Pérou*, 1884, t. II, p. 93, n° 427) de constituer une race distincte, *G. cunicularia juninensis*.

([2]) C'est par erreur que, dans la synonymie de cette espèce, j'avais écrit plus haut *Opetiorhynchus vulgaris*.

**Furnarius chilensis** Lesson, *Manuel d'Ornith.*, 1829, t. II, p. 17.

**Fournier de Lesson** (Dumont) Lesson, *Traité d'Ornith.*, 1831, p. 307, et Atlas, pl. LXXV, fig. 1 (figure inexacte).

**Unpucethia rupestris** De Lafresnaye et d'Orbigny, *Synops. Av.*, p. 21.

**Opetiorhynchus patagonicus** Gray, Darwin, *Voy. of the « Beagle ». Zool.*, t. III, 1841, *Birds*, p. 67.

**Cinclodes patagonicus** G.-R. Gray et Mitchell, *Genera of Birds*, 1844, t. I, p. 132.

— Ph.-L. Sclater et O. Salvin, *Nom. Av. neotr.*, 1873, p. 62. — *List of Birds collected in the straits of Magellan by D^r Cunningham, Ibis*, 1868, p. 186, n° 5. — *Rep. on the coll. of Birds, made during the Voy. of H. M. S. « Challenger », Rep. on Birds, Antarct. Amer., Proceed. zool. Soc. Lond.*, 1878, p. 433, n° 12, et *Voy. of the « Challenger », Birds Antarct. Amer.*, p. 102, n° 12.

— Ph.-L. Sclater, *Cat. B. Brit. Mus.*, 1890, t. XV, p. 22.

**Cinclodes patachonicus** R.-B. Sharpe, *Zool. coll. made during the Survey of H. M. S. « Alert », Proceed. zool. Soc. Lond.*, 1881, p. 8, n° 17.

J'ai déjà dit plus haut que, outre quelques exemplaires du Chili, le Muséum d'Histoire naturelle de Paris possède un exemplaire de cette espèce provenant du Hâvre Grey (Patagonie) et donné en 1877 par M. l'amiral Serres, et que d'autres spécimens ont été obtenus à Sandy Point (Punta Arenas) par M. le D^r Cunningham, au mois de mai 1867, à Port Otway et à Cold Harbour dans le Messier Channel par les naturalistes du *Challenger*, au mois de janvier 1876; mais j'ai omis d'ajouter que l'expédition anglaise de l'*Alert* s'était également procuré trois spécimens pris, le premier sur l'île Élizabeth, le 6 janvier 1879, le second (un mâle), le 23 janvier à Tom Bay, et le troisième le 25 février 1879 à l'île Twenthu. Le *Cinclodes patagonicus* appartient donc à la faune de la Patagonie australe, et il a d'autant plus de droits à figurer dans cet Appendice qu'à en juger d'après l'état d'un spécimen, il doit se reproduire dans les parages du détroit de Magellan; mais il est probable qu'il n'y séjourne que pendant six mois de l'année, durant la période correspondant à notre printemps et à notre été, car tous les spécimens que j'ai cités plus haut ont été obtenus de janvier à mai. D'un autre côté, comme cette espèce n'est pas citée par M. Hudson ni par M. Durnford, parmi les oiseaux du Rio Negro ou de la Patagonie centrale, je serais disposé à croire que le *Cinclodes patagonicus* arrive du Chili dans la Patagonie australe en suivant la côte occidentale.

### 131 (26 *d*). Henicornis phoenicura.

**Eremobius phœnicurus** J. Gould, Darwin, *Voy. of the « Beagle », Zool.*, t. III, 1841, *Birds*, p. 69, et pl. XXI.

**Henicornis phænicura** Gray, *List Gen. of Birds*, 1844, p. 22.

— Ph.-L. Sclater et O. Salvin, *Nom. Av. neotr.*, 1873, p. 62.

— H. Durnford, *Notes on the Birds of central Patagonia, Ibis*, 1878, p. 395.

— Ph.-L. Sclater et W.-H. Hudson, *Argent. Ornith.*, 1888, t. I, p. 173, n° 185.

— Ph.-L. Sclater, *Cat. B. Brit. Mus.*, 1890, t. XV, p. 26.

M. H. Durnford a rencontré communément, dans son voyage à travers les vallées de la Patagonie centrale, cette espèce qu'il considère comme sédentaire dans la région.

### 132 (27 *a*). Phlæocryptes melanops.

**Sylvia melanops** Vieillot, *Encycl. méthod.*, p. 434.

**Synallaxis dorso maculata** De Lafresnaye et d'Orbigny, *Synops. Av.*, part. I, p. 21.

**Synallaxis dorso maculatus** d'Orbigny, *Voy. Am. mérid., Oiseaux*, p. 237 et pl. XIV, fig. 2.

**Oxyurus dorso maculatus** J. Gould, *Voy. of the « Beagle », Zool.*, t. III, *Birds*, p. 82.

**Synallaxis melanops** Burmeister, *La Plata Reise*, 1861, t. II, p. 470.

**Phlæocryptes melanops** Cabanis et Heine, *Mus. Hein.*, t. II, p. 96.

— Ph.-L. Sclater et O. Salvin, *Nom. Av. neotr.*, 1873, p. 63.

— H. Durnford, *On some Birds observed in the Chuput Valley, Patagonia, Ibis*, 1877, p. 35, et *Notes on the Birds of central Patagonia, Ibis*, 1878, p. 396.

**Phlæocryptes melanops** L. Taczanowski, *Ornith. du Pérou*, 1884, t. II, p. 116. n° 450.

— Ph.-L. Sclater et W.-H. Hudson, *Argentine Ornith.*, 1888, t. I, p. 174, n° 188.

— Ph.-L. Sclater, *Cat. B. Brit. Mus.*, 1890, t. XV, p. 33.

Le *Phlæocryptes melanops*, que M. H. Durnford a rencontré dans les vallées de Chuput (ou Chupat) et de ses affluents, le Sengel et le Sengelen (ou Sanguelen) et qu'il considère comme résidant en toutes saisons dans la contrée, est au contraire, selon M. Hudson, un oiseau franchement migrateur qui passe probablement l'hiver dans les provinces méridionales du Brésil et qui arrive de là chaque année vers le mois de septembre dans les pampas de la République Argentine et dans les plaines de la Patagonie. On le trouve aussi dans l'Uruguay, dans le Paraguay, au Chili et dans le Pérou occidental.

## 133 (27 *b*). Synallaxis striaticeps.

**Synallaxis striaticeps** De Lafresnaye et d'Orbigny, *Synops. Av.*, part. I, p. 22.

— D'Orbigny, *Voy. Am. mérid.*, *Oiseaux*, p. 241 et pl. XVI, fig. 1.

— Burmeister, *La Plata Reise*, 1861, t. II, p. 469.

— W.-H. Hudson, *On Patagonian Birds*, *Proceed. zool. Soc. Lond.*, 1872, p. 544, n° 17.

— Ph.-L. Sclater et O. Salvin, *Nom. Av. neotr.*, 1873, p. 64.

— Ph.-L. Sclater, *On the species of the genus Synallaxis*, *Proceed. zool. Soc. Lond.*, 1874, p. 21, n° 43.

— Ph.-L. Sclater et W.-H. Hudson, *Argent. Ornith.*, 1888, t. I, p. 182, n° 197.

**Phlœocryptes striaticeps** Ph.-L. Sclater *in* Hudson, *op. cit.*, *Proceed. zool. Soc. Lond.*, 1872, p. 548, n° 14.

**Siptornis striaticeps** Ph.-L. Sclater, *Cat. B. Brit. Mus.*, 1890, t. XV, p. 63.

Cette espèce, dont le Muséum d'Histoire naturelle possède les types, a été rencontrée par d'Orbigny dans la République Argentine et en Bolivie, à Corrientes et à Cochabamba, par Gay au Chili et par M. Burmeister, M. Hudson, M. Peel, soit dans les mêmes contrées, soit dans l'Uruguay et en Patagonie. Dans ce dernier pays toutefois, la *Synallaxis striaticeps* ne paraît pas s'avancer beaucoup au sud du Rio Negro.

### 134 (27 *c*). Synallaxis sordida.

**Synallaxis sordida** Lesson, *Rev. Zool.*, 1839, p. 109.

— Ph.-L. Sclater *in* Hudson, *On Patagonian Birds, Proceed. zool. Soc. Lond.*, 1872, p. 543, n° **14**, et p. 548, n° **18**. — *On the species of the genus Synallaxis, Proceed. zool. Soc. Lond.*, 1874, p. 23, n° **51**, et p. 28.

— Ph.-L. Sclater et O. Salvin, *Nom. Av. neotr.*, 1873, p. 64.

— H. Durnford, *On some Birds observed in the Chuput Valley, Patagonia, Ibis*, 1877, p. 35 et *Notes on the Birds of central Patagonia, Ibis*, 1878, p. 396.

— Ph.-L. Sclater et W.-H. Hudson, *Argent. Ornith.*, 1888, t. I, p. 184, n° **200**.

**Siptornis sordida** Ph.-L. Sclater, *Cat. B. Brit. Mus.*, 1890, t. XV, p. 68.

**Synallaxis flavigularis** et **S. brunnea** J. Gould, *Voy. of the « Beagle », Zool.*, t. III, *Birds*, p. 78, et pl. XXIV.

D'après MM. Sclater, Hudson et Durnford, cette espèce est largement répandue et sédentaire dans le Chili, dans toute la République Argentine et en Patagonie. La limite septentrionale de son aire d'habitat se trouve dans l'extrême sud de la République Argentine, et la limite méridionale atteint certainement le 50e degré, puisque des spécimens ont été obtenus par Darwin à Santa Cruz.

### 135 (27 *d*). Synallaxis modesta.

**Synallaxis modesta** Eyton, *Contr. Ornith.*, 1851, p. 159.

— Ph.-L. Sclater *in* Hudson, *On Patagonian Birds, Proceed. zool. Soc. Lond.*, 1872, p. 544, (*note*). — *On the species of the genus Synallaxis, Proceed. zool. Soc. Lond.*, 1874, p. 23, n° **49**.

— Ph.-L. Sclater et W.-H. Hudson, *Argent. Ornith.*, 1888, t. I, p. 183, n° **199**.

**Synallaxis flavigularis** Burmeister, *La Plata Reise*, 1861, t. II, p. 468.

**Synallaxis sordida** Philippi et Landbeck, *Cat. Av. Chil.*, p. 13.

Cette espèce, très voisine de la précédente, paraît s'étendre beaucoup moins loin vers le sud en Patagonie, et ne dépasse sans doute guère la région du Rio Negro; mais elle se trouve dans la République Argentine et au Chili.

### 136 (27 *e*). Synallaxis patagonica.

**Synallaxis patagonica** d'Orbigny, *Voy. Amér. mérid., Oiseaux*, p. 249.
— Ph.-L. Sclater *in* Hudson, *On Patagonian Birds, Proc. zool. Soc. Lond.*, 1872, p. 544, n° 15, et p. 548, n° 17. — *On the species of the genus Synallaxis, Proceed. zool. Soc. Lond.*, 1874, p. 24, n° 53, et p. 28.
— Ph.-L. Sclater et O. Salvin, *Nom. Av. neotr.*, 1873, p. 64.
— H. Durnford, *On some Birds observed in the Chuput Valley, Patagonia, Ibis*, 1877, p. 35.
— Ph.-L. Sclater et W.-H. Hudson, *Argentine Ornith.*, 1888, t. I, p. 186, n° 202.

**Siptornis patagonica** Ph.-L. Sclater, *Cat. B. Brit. Mus.*, 1890, t. XV, p. 69.

La *Synallaxis patagonica* se rencontre dans le nord, le centre et l'est de la Patagonie et dans le nord-ouest de la République Argentine, près de la chaîne des Andes. M. Durnford l'a observée communément dans la vallée de la Chuput, où elle niche en novembre.

### ? 137 (27 *f*). Synallaxis sulphurifera.

**Synallaxis sulphurifera** Burmeister, *Proceed. zool. Soc. Lond.*, 1868, p. 636.
— Ph.-L. Sclater *in* Hudson, *On Patagonian Birds, Proceed. zool. Soc. Lond.*, 1872, p. 544, n° 16, et p. 548, n° 16. — *On the species of the genus Synallaxis, Proceed. zool. Soc. Lond.*, 1874, p. 24, n° 52.
— Ph.-L. Sclater et O. Salvin, *Nom. Av. neotr.*, 1873, p. 64.
— Ph.-L. Sclater et W.-H. Hudson, *Argentine Ornith.*, 1888, t. I, p. 185, n° 201.

**Siptornis sulphurifera** Ph.-L. Sclater, *Cat. B. Brit. Mus.*, 1890, t. XV, p. 69.

La *Synallaxis sulphurifera*, qui est commune aux environs de Buenos-Ayres, a été retrouvée aussi, quoique rarement, sur les bords du Rio Negro, mais n'a pas été rencontrée jusqu'ici sur d'autres points de la Patagonie.

### 138 (27 *g*). Synallaxis anthoides.

**Synallaxis anthoides** King, *Proceed. zool. Soc. Lond.*, 1830, p. 31.
— Ph.-L. Sclater et O. Salvin, *Nom. Av. neotr.*, 1873, p. 64.
— Ph.-L. Sclater, *On the species of the genus Synallaxis, Proceed. zool. Soc. Lond.*, 1874, p. 25, n° 54, et p. 28.

**Synallaxis rufogularis** J. Gould, *Voy. of the « Beagle », Zool.*, t. III, 1841, *Birds*, p. 77 et pl. XXIII.

**Siptornis anthoides** Ph.-L. Sclater, *Cat. B. Brit. Mus.*, 1890, t. XV, p. 70.

J. Gould, d'après Ch. Darwin, a signalé la présence dans les Malouines orientales et dans les vallées de la Patagonie méridionale de cette espèce de *Synallaxis* qui a été rencontrée également au Chili, mais qui ne figure pas dans les listes d'Oiseaux recueillis par MM. Hudson et Durnford dans le nord et le centre de la Patagonie. On est peut-être en droit de supposer, d'après cela, que la *Synallaxis anthoides* émigre du nord-ouest au sud-est, du Chili aux Malouines, en laissant de côté toute la région de la Patagonie située au nord du 45e degré.

### 139 (27 *h*). Synallaxis Hudsoni.

**Synallaxis anthoides** Ph.-L. Sclater et O. Salvin, *Proceed. zool. Soc. Lond.*, 1868, p. 141.

**Synallaxis Hudsoni** Ph.-L. Sclater, *On the species of the genus Synallaxis. Proceed. zool. Soc. Lond.*, 1874, p. 25, n° 55, et p. 28.
— H. Durnford, *On some Birds observed in the Chuput Valley, Patagonia, Ibis*, 1877, p. 36, et *Notes on the Birds of central Patagonia, Ibis*, 1878, p. 396.
— Ph.-L. Sclater et W.-H. Hudson, *Argentine Ornith.*, 1888, t. I, p. 186, n° 203.

**Siptornis Hudsoni** Ph.-L. Sclater, *Cat. B. Brit. Mus.*, 1890, t. XV, p. 70.

Cette espèce, commune dans les Pampas de la République Argentine, dans l'Uruguay et dans la région du Rio Negro, devient déjà beaucoup plus rare sous le 43e degré de latitude sud. M. Durnford ne l'a observée que deux fois dans la vallée et à l'embouchure du Sengel, et il est probable qu'elle ne s'avance point dans la Patagonie australe.

### 140 (27 *i*). Leptasthenura ægithaloides.

**Synallaxis ægithaloides** J. Gould, Darwin, *Voy. of the « Beagle », Zool.*, t. III, 1841, *Birds*, p. 79.
— Burmeister, *La Plata Reise*, 1861, t. II, p. 469.
— Hudson, *On Patagonian Birds, Proceed. zool. Soc. Lond.*, 1872, p. 544, n° 15.

**Leptasthenura ægithaloides** Ph.-L. Sclater *in* Hudson, *op. cit.*, p. 548, n° 15.
— Ph.-L. Sclater et O. Salvin, *Nom. Av. neotr.*, 1873, p. 63.
— H. Durnford, *Notes on the Birds of central Patagonia, Ibis*, 1878, p. 396.
— Ph.-L. Sclater et W.-H. Hudson, *Argentine Ornith.*, 1888, t. I, p. 177, n° 189.
— Ph.-L. Sclater, *Cat. B. Brit. Mus.*, 1890, t. XV, p. 35.

La *Leptasthenura ægithaloides* habite le sud du Pérou, le Chili, l'Uruguay, la République Argentine, le nord, le centre et l'est de la Patagonie. M. Hudson l'a rencontrée, même en hiver, dans la région du Rio Negro et M. Durnford l'a trouvée communément dans la région de la Chuput et de ses affluents, où l'espèce paraît être sédentaire.

### 141 (27 *j*). Homorus gutturalis.

**Anabates gutturalis** de Lafresnaye et d'Orbigny, *Synops. Av.*, part. II, p. 15.
— D'Orbigny, *Voy. Amér. mérid., Oiseaux*, p. 370, et pl. LV, fig. 3.
— Burmeister, *La Plata Reise*, 1861, t. II, p. 467.

**Homorus gutturalis** Ph.-L. Sclater *in* Hudson, *On Patagonian Birds, Proceed. zool. Soc. Lond.*, 1872, p. 545, n° 20, et p. 548, n° 20.
— Ph.-L. Sclater et O. Salvin, *Nom. Av. neotr.*, 1873, p. 65.
— H. Durnford, *On some Birds observed in the Chuput Valley, Patagonia. Ibis*, 1877, p. 36, et *Notes on the Birds of central Patagonia, Ibis*, 1878, p. 398.
— Ph.-L. Sclater et W.-H. Hudson, *Argentine Ornith.*, 1888, t. I, p. 197, n° 213.
— Ph.-L. Sclater, *Cat. B. Brit. Mus.*, 1890, t. XV, p. 86.

Cette espèce, que d'Orbigny a découverte en Patagonie, paraît être propre à cette contrée, mais est plus commune dans le nord, près du Rio Negro, que dans le bassin de la Chuput, où cependant, suivant M. Durnford, elle séjourne pendant toute l'année. Plus au sud, on ne l'a pas encore signalée.

### 142 (29 *a*). Hylactes Tarnii.

**Hylactes Tarnii** King, *Proceed. zool. Soc. Lond.*, 1830, p. 15.
— Ph.-L. Sclater et O. Salvin, *Nom. Av. neotr.*, 1873, p. 77.
— Ph.-L. Sclater, *Cat. B. Brit. Mus.*, 1890, t. XV, p. 349.

**Leptonyx Tarnii** d'Orbigny, *Voy. Amér. mérid., Oiseaux*, p. 198, et pl. VIII, fig. 1.

**Pteroptochos Tarnii** G.-R. Gray, Darwin, *Voy. of the « Beagle », Zool.*, t. III, 1841, *Birds*, p. 70.

J'inscris ici l'*Hylactes Tarnii* sur la foi de King, qui a signalé sa présence non seulement sur l'île de Chiloë, mais à Port-Otway, dans le golfe de Peñas, en Patagonie, et sur la foi de Ch. Darwin, qui fixe les limites de l'aire d'habitat de l'espèce, au nord, au 37e degré et, au sud, entre le 41e et le 50e degré. Je dois dire toutefois que les auteurs plus modernes assignent comme patrie à l'*Hylactes Tarnii* le Chili exclusivement.

### 143 (29 *b*). Rhinocrypta lanceolata.

**Rhinomya lanceolata** Isid.-Geoffroy Saint-Hilaire et d'Orbigny, *Mag. de Zoologie*, 1832, t. II, pl. III.
— D'Orbigny, *Voy. Amér. mérid., Oiseaux*, p. 194, et pl. VII, fig. 2.
— J. Gould, Darwin, *Voy. of the « Beagle », Zool.*, t. III, 1841, *Birds*, p. 70.

**Rhinocrypta lanceolata** G.-R. Gray et Mitchell, *Gen. of Birds*, 1841, t. I, p. 154.
— Burmeister, *La Plata Reise*, 1861, t. II, p. 471.
— Ph.-L. Sclater *in* Hudson, *On Patagonian Birds, Proceed. zool. Soc. Lond.*, 1872, p. 543 (note) et p. 548, n° 21.
— Ph.-L. Sclater et O. Salvin, *Nom. Av. neotr.*, 1873, p. 76.

**Rhinocrypta lanceolata** Ph.-L. Sclater et W.-H. Hudson, *Argentine Ornith.*, 1888, t. I, p. 206, n° 227.
— Ph.-L. Sclater, *Cat. B. Brit. Mus.*, 1890, t. XV, p. 347.

**The Gallito** W.-H. Hudson, *Op. cit., Proceed. zool. Soc. Lond.*, 1872, p. 543.

L'aire d'habitat de cette espèce ne comprend que l'ouest et le sud de la République Argentine et le nord de la Patagonie. C'est de cette dernière région que proviennent les types décrits par Isidore Geoffroy Saint-Hilaire et d'Orbigny.

## 144 (30 *a*). Cistothorus platensis.

**Le Roitelet de Buenos-Ayres** Daubenton, *Pl. enl. de Buffon*, 1770, t. VI, pl. DCCXXX, fig. 2.

**Sylvia platensis** Latham, *Index Ornith.*, t. II, p. 548.

**Troglodytes platensis** Vieillot, *Nouv. Dict. d'Hist. nat.*, t. XXXIV, p. 510, et *Encycl. méthod.*, t. II, p. 472.
— J. Gould, Darwin, *Voy. of the « Beagle », Zool.*, t. III, 1841, *Birds*, p. 75.

**Troglodytes chilensis** Lesson, *Voy. de la « Coquille », Zool.*, t. I, p. 665.

**Cistothorus platensis** Ph.-L. Sclater, *Cat. of the Birds of the Falkland Islands, Proceed. zool. Soc. Lond.*, 1860, p. 384, n° 8.
— Ph.-L. Sclater et O. Salvin, *Nom. Av. neotr.*, 1873, p. 7.
— R.-B. Sharpe, *Cat. B. Brit. Mus.*, 1881, t. VI, p. 244.
— Ph.-L. Sclater et W.-H. Hudson, *Argentine Ornith.*, 1888, t. I, p. 15, n° 14.

**Cistothorus fasciolatus** Burmeister, *La Plata Reise*, 1861, t. II, p. 476.

Ce Troglodyte se trouve au Chili (Musée de Paris, voy. au pôle Sud), dans le sud du Brésil, dans l'Uruguay (Musée de Paris, voyage de l'*Uranie*), en Bolivie, dans la République Argentine, sur les bords du détroit de Magellan et dans l'archipel des Malouines, où, selon Ch. Darwin, il est très répandu. En revanche, M. Durnford ne le cite point parmi les oiseaux qu'il a rencontrés dans la Patagonie centrale.

Je dois faire remarquer, à propos de cette espèce, que le *Troglodytes platensis* de d'Orbigny (*Voy. Am. mérid., Oiseaux*, p. 231) doit probablement être assimilé au *Troglodytes furvus* et non, comme le fait M. R.-B. Sharpe, au *Troglodytes platensis* de Latham. Un oiseau de la collection du Muséum, envoyé de Rio-de-Janeiro par d'Orbigny, en 1827, et étiqueté *Troglodytes platensis* offre en effet tous les caractères du *T. furvus.*

## 145 (32 *a*). Anthus furcatus.

**Anthus furcatus** de Lafresnaye et d'Orbigny, *Synops. Av.*, 1837, part. I, p. 27.
— D'Orbigny, *Voy. Amér. mérid.*, 1835-1844, *Oiseaux*, p. 227.
— J. Gould, Darwin, *Voy. of the « Beagle »*, *Zool.*, t. III, 1841, *Birds*, p. 85.
— L. Taczanowski, *Ornith. du Pérou*, 1884, t. I, p. 459, n° 268.
— R.-B. Sharpe, *Cat. B. Brit. Mus.*, 1885, t. X, p. 605.
— Ph.-L. Sclater et W.-H. Hudson, *Argentine Ornith.*, 1888, t. I, p. 19, n° 16.

Cette espèce de Pipit, découverte en Patagonie par d'Orbigny, a été retrouvée plus tard en Bolivie, au Pérou et dans la République Argentine.

## 146 (33 *a*). Turdus falklandicus.

**Turdus Falklandii** Quoy et Gaimard, *Voy. de l' « Uranie »*, 1829, *Zool.*, p. 104.

**Turdus Falklandiæ** Garnot, *Ann. des Sc. nat.*, 1826, t. VII, p. 44.

**Turdus falklandicus** J. Gould, Darwin, *Voy. of the « Beagle »*, *Zool.*, t. III, 1841, *Birds*, p. 59 (*part.*).
— Ph.-L. Sclater, *Synops. of the Trushes of the New World*, *Proceed. zool. Soc. Lond.*, 1859, p. 330, n° 23 (*part.*), et *Cat. of the Birds of the Falkland Islands*, *Proceed. zool. Soc. Lond.*, 1860, p. 384, n° 7.
— Ph.-L. Sclater et O. Salvin, *Nom. Av. neotr.*, 1873, p. 2 (*part.*).
— H. Seebohm, *Cat. B. Brit. Mus.*, 1881, t. V, p. 224 et pl. XIII.

Le *Turdus falklandicus*, auquel j'ai déjà fait allusion à propos du *T. magellanicus*, ne parait être qu'une race locale de cette dernière espèce, race qui est propre aux îles Malouines où elle a été rencontrée par les naturalistes des expéditions françaises de l'*Uranie* et de la *Coquille*, par Ch. Darwin, par les capitaines Pack et Abbott, etc.

### 147 (33 *b*). Mimus patagonicus.

**Orpheus patagonicus** de Lafresnaye et d'Orbigny, *Synops. Av.*, 1837, part. I, p. 19.
— D'Orbigny, *Voy. Amér. mérid.*, 1835-1844, *Oiseaux*, p. 210, et pl. II, fig. 2.

**Mimus patagonicus** J. Gould, Darwin, *Voy. of the « Beagle »*, *Zool.*, t. III, 1841, *Birds*, p. 60.
— H. Durnford, *On some Birds observed in the Chuput Valley, Patagonia. Ibis*, 1877, p. 31.
— R.-B. Sharpe, *Cat. B. Brit. Mus.*, 1881, t. VI, p. 352.

**Mimus patachonicus** Ph.-L. Sclater *in* Hudson, *On Patagonian Birds*, *Proceed. zool. Soc. Lond.*, 1872, p. 538, n° 5, et p. 548, n° 3.
— Ph.-L. Sclater et O. Salvin, *Nom. Av. neotr.*, 1873, p. 3.
— Ph.-L. Sclater et W.-H. Hudson, *Argentine Ornith.*, 1888, t. I, p. 7, n° 7.

Cette espèce de Moqueur, découverte par d'Orbigny en Patagonie (1), a été retrouvée depuis sur divers points de la même contrée, notamment à Santa-Cruz par Ch. Darwin, sur un autre point de la côte orientale par Sir W. Burnett et par l'amiral Fitz-Roy, sur les bords du Rio Negro par M. Hudson et dans la vallée de la Chuput par M. H. Durnford. Dans cette vallée, M. Durnford a même trouvé, le 21 novembre, un nid de *Mimus patagonicus* renfermant un œuf et un jeune venant d'éclore.

### ? 148 (33 *c*). Mimus triurus.

**Calandria de las tres colas** d'Azara, *Apunt.*, 1805, t. II, p. 237.

**Turdus triurus** Vieillot, *Nouv. Dict. d'Hist. nat.*, 1818, t. XX, p. 275, et *Encycl. méthod.*, 1823, t. II, p. 668.

---

(1) Le type de l'*Orpheus patagonicus* fait partie des collections du Musée de Paris; c'est donc par erreur que M. Sharpe indique, parmi les spécimens du British Museum, *comme types de l'espèce*, deux exemplaires en peau provenant du voyage de Ch. Darwin.

**Orpheus tricaudatus** de Lafresnaye et d'Orbigny, *Synops. Av.*, 1837, part. I, p. 15.
— D'Orbigny, *Voy. Amér. mérid., Oiseaux*, p. 208.

**Mimus triurus** G. Hartlaub, *Ind. d'Azara*, 1814, p. 15.
— Burmeister, *La Plata Reise*, 1861, t. II, p. 475.
— Ph.-L. Sclater *in* Hudson, *On Patagonian Birds, Proceed. zool. Soc. Lond.*, 1872, p. 539, n° 6, et p. 548, n° 2.
— Ph.-L. Sclater et O. Salvin, *Nom. Av. neotr.*, 1873, p. 3.
— R.-B. Sharpe, *Cat. B. Brit. Mus.*, 1888, t. VI, p. 342.
— Ph.-L. Sclater et W.-H. Hudson, *Argentine Ornith.*, 1888, t. I, p. 8, n° 8, et pl. I.

Le *Mimus triurus*, qui a été découvert au Paraguay par d'Azara et qui a été observé plus tard en Bolivie par d'Orbigny et sur divers points de la République Argentine par M. Burmeister et par M. Bridges, a été rencontré également par M. Hudson dans le nord de la Patagonie, sur les bords du Rio Negro, où il est désigné par les colons espagnols sous le nom de *Calandria blanca;* mais il ne doit pas se trouver plus au sud, dans la Patagonie australe, ni même dans le bassin de la Chuput.

### 149 (33 *d*). Phytotoma rutila.

**Phytotoma rutila** Vieillot et Bonneterre, *Encycl. méthod.*, p. 903.
— D'Orbigny, *Voy. Amér. mérid., Oiseaux*, p. 293, et pl. XXIX, fig. 1.
— Burmeister, *La Plata Reise*, 1861, t. II, p. 451.
— Ph.-L. Sclater *in* Hudson, *On Patagonian Birds, Proceed. zool. Soc. Lond.*, 1872, p. 537 (note).
— Ph.-L. Sclater et O. Salvin, *Nom. Av. neotr.*, 1873, p. 60.
— Ph.-L. Sclater et W.-H. Hudson, *Argentine Ornith.*, 1888, t. I, p. 164, n° 175, et pl. VIII.

**Chingolo grande** W.-H. Hudson, *op. cit., Proceed. zool. Soc. Lond.*, 1872, p. 537.

Cet oiseau est répandu dans toute la République Argentine et dans le nord de la Patagonie, où il est connu sous le nom de *Chingolo grande*, et se trouve aussi au Paraguay, contrée d'où les voyageurs Bonpland et Tamberlich ont fait parvenir au Muséum d'Histoire naturelle plusieurs spécimens de *Phytotoma rutila;* mais l'espèce ne s'avance pas jusque dans la Patagonie centrale.

## 150 (34 *a*). Phrygilus caniceps.

**Phrygilus caniceps** Burmeister, *Journ. f. Ornith.*, 1861, p. 158, et *La Plata Reise*, 1861, t. II, p. 487.
— H. Durnford, *Notes on the Birds of central Patagonia. Ibis*, 1878, p. 393.
— Ph.-L. Sclater et W.-H. Hudson, *Argentine Ornith.*, 1888, t. I, p. 53, n° 67.

**Phrygilus Aldunatii** var. **caniceps** R.-B. Sharpe, *Cat. B. Brit. Mus.*, 1888, t. XII, p. 784.

Cette espèce ou cette race du *Ph. Aldunatii*, que je ne connais que par les descriptions données par les auteurs, a été rencontrée par M. Burmeister, par M. Barrow et par M. White sur divers points de la République Argentine et par M. Durnford dans la vallée de la Chuput, mais seulement en été.

## ? 151 (35 *a*). Phrygilus carbonarius.

**Emberiza carbonaria** de Lafresnaye et d'Orbigny, *Synops. Av.*, 1837, part. I, p. 79, n° 17.
— D'Orbigny, *Voy. Amér. mérid.*, 1835-1844, *Oiseaux*, p. 361, et pl. XV, fig. 2.

**Fringilla carbonaria** J. Gould, Darwin, *Voy. of the « Beagle »*, *Zool.*, t. III, 1841, *Birds*, p. 94.

**Phrygilus carbonarius** Ch.-L. Bonaparte, *Consp. Av.*, 1850, t. I, p. 476.
— Burmeister, *La Plata Reise*, 1861, t. II, p. 487.
— R.-B. Sharpe, *Cat. B. Brit. Mus.*, 1888, t. XII, p. 791.
— Ph.-L. Sclater et W.-H. Hudson, *Argentine Ornith.*, 1888, t. I, p. 54, n° 71.

C'est sur la foi de d'Orbigny que j'inscris le *Phrygilus carbonarius* parmi les oiseaux de la Patagonie. En tous cas, s'il se trouve dans cette contrée, c'est seulement dans la région septentrionale; car il ne figure pas dans le Catalogue des oiseaux observés dans la vallée de la Chuput par M. Durnford, et c'est seulement dans les plaines situées au nord du Rio Negro, entre ce fleuve et le Colorado, ou bien encore dans la Sierra de Uspallata, près Mendoza, ou en Bolivie que Ch. Darwin, M. Dörring, M. Burmeister et d'autres voyageurs ont pu, dans ces derniers temps, observer cette espèce ou s'en procurer des spécimens.

### 152 (36 *a*). PHRYGILUS MELANODERUS.

**Emberiza melanodera** Quoy et Gaimard, *Voy. de l'« Uranie », Zool.*, 1824, t. I, p. 109.

— Garnot, *Ann. des Sc. nat.*, 1826, t. VII, p. 45.

**Chlorospiza melanodera** J.-R. Gray, Darwin, *Voy. of the « Beagle », Zool.*, t. III, *Birds*, p. 95 et pl. XXXII.

— Gay, *Faun. chil.*, 1847, t. I, p. 354.

**Melanodera typica** Ch.-L. Bonaparte, *Consp. Av.*, 1850, t. I, p. 470.

— J. Gould, *List of Birds from the Falkland Islands, Proceed. zool. Soc. Lond.*, 1859, p. 95.

**Phrygilus melanoderus** Ph.-L. Sclater, *Cat. of the Birds of the Falkland Islands, Proceed. zool. Soc. Lond.*, 1860, p. 385.

— Abbott, *Ibis*, 1861, p. 153.

— Ph.-L. Sclater et O. Salvin, *Nom. Av. neotr.*, 1873, p. 31. — *Rep. on the coll. of Birds made during the voy. of H. M. S. « Challenger »*; *On the Birds of Antarct. Amer.*, *Proceed. zool. Soc. Lond.*, 1878, p. 432, n° 4. — *Voy. of the « Challenger »*, *Rep. on the Birds Antarct. Amer.*, p. 100, n° 4.

— R.-B. Sharpe, *Cat. B. Brit. Mus.*, 1888, t. XII, p. 786.

Le *Phrygilus melanoderus*, auquel j'ai déjà fait allusion ci-dessus en parlant du *Phrygilus xanthogrammus*, ne se rencontre pas seulement, paraît-il, dans l'archipel des Malouines, où il se reproduit régulièrement et où il a été observé successivement par Quoy et Gaimard, par Ch. Darwin, par les capitaines Pack et Abbott, par M. Leconte, par les naturalistes du *Rattlesnake* et du *Challenger*, etc., mais se trouve aussi, au moins à certaines saisons, sur les côtes orientales et méridionales de la Patagonie. Ch. Darwin a obtenu en effet un individu de cette espèce au mois d'avril, à Santa-Cruz, et M. Sharpe cite en outre un spécimen qui fait partie des collections du British Museum et qui a été rapporté par King du détroit de Magellan.

### ? 153 (40 *a*). Sycalis Pelzelni.

**Chuy** d'Azara, *Apunt.*, 1802, t. I, p. 479.

**Passerina flava** Bonnaterre et Vieillot, *Encycl. méthod.*, 1823, t. III, p. 932.

**Crithagra brasiliensis** J. Gould, Darwin, *Voy. of the « Beagle »*, *Zool.*, t. III, 1841, *Birds*, p. 88.

**Passerina brasiliensis** G. Hartlaub, *Ind. d'Azara*, 1847, p. 9.

**Sycalis Pelzelni** Ph.-L. Sclater, *Ibis*, 1872, p. 42.
— Ph.-L. Sclater et O. Salvin, *Nom. Av. neotr.*, 1873, p. 34.
— R.-B. Sharpe, *Cat. B. Brit. Mus.*, 1888, t. XII, p. 380.
— Ph.-L. Sclater et W.-H. Hudson, *Argentine Ornith.*, 1888, t. I, p. 66, n° 89.

Dans une nombreuse série d'oiseaux de cette espèce qui ont été envoyés au Muséum par d'Orbigny, en 1831 et en 1834, je trouve un spécimen qui porte sur l'étiquette *Patagonie*, février 1831, et c'est ce qui me décide à inscrire ici le nom du *Sycalis Pelzelni*, que M. Sclater et M. Sharpe indiquent comme habitant seulement le Brésil, la Bolivie, le Paraguay et la République Argentine. En tous cas, cet oiseau doit avoir été obtenu dans le nord de la Patagonie. Les autres exemplaires envoyés par d'Orbigny viennent de Chuquisaca, de Mojos, de Chiquitos, d'Ayupaya, de Guarayos (Bolivie) et de Corrientes (République Argentine). Enfin, c'est sans doute à la même espèce qu'il faut attribuer un exemplaire envoyé du Brésil par Aug. Saint-Hilaire, en 1822.

### 154 (40 *b*). Sycalis arvensis.

**Chipiu** d'Azara, *Apunt*, 1802, t. I, p. 475.
— G. Hartlaub, *Ind. d'Azara*, 1847, p. 9.

**Fringilla arvensis** Kittlitz, *Mém. prés. Acad. Saint-Pétersb.*, 1835, t. II, p. 134 et pl. IV.

**Sycalis luteiventris** Burmeister, *La Plata Reise*, 1861, t. II, p. 489 (*nec* Meyen?).

— H. Durnford, *On some Birds observed in the Chuput Valley, Patagonia, Ibis*, 1877, p. 33, et *Notes on the Birds of central Patagonia, Ibis*. 1878, p. 394.

— L. Taczanowski, *Ornith. du Pérou*, 1886, t. III, p. 61, n° 965.

— R.-B. Sharpe, *Cat. B. Brit. Mus.*, 1888, t. XII, p. 382.

**Sycalis luteola** Ph.-L. Sclater, *Ibis*, 1872, p. 25 (*part.*?).

— Ph.-L. Sclater et O. Salvin, *Nom. Av. neotrop.*, 1873, p. 34.

— Ph.-L. Sclater et W.-H. Hudson, *Argentine Ornith.*, 1888, t. I, p. 69, n° 91.

Le *Sycalis arvensis*, dont, suivant M. Sharpe, le *Sycalis luteiventris* de Meyen (*nec* Burmeister), ne constitue qu'une race, se trouve dans le Brésil méridional, dans le sud du Pérou, au Chili, en Bolivie, dans la République Argentine et jusque dans la Patagonie orientale, où M. Durnford a observé de grandes troupes d'oiseaux de cette espèce, dans la vallée de la Chuput. Le Muséum d'Histoire naturelle en possède un exemplaire en mauvais état, envoyé de Patagonie par d'Orbigny, en février 1831, et d'autres spécimens envoyés de Santiago (Chili) par M. Gay, en 1830; de Coquimbo (Chili) par M. Gaudichaud, en 1832; de Chiquitos (Bolivie) par d'Orbigny, en 1834, et de Buenos Ayres par ce même voyageur, en 1829.

## 155 (42 *a*). Molothrus bonariensis.

**Tangavio** Daubenton, *Pl. enl. de Buffon*, 1770, pl. DCCX.

**Tanagra bonariensis** Gmelin, *Syst. Nat.*, 1788, t. I, p. 898.

**Tordo comun** d'Azara, *Apunt.*, t. I, p. 275.

**Molothrus niger** J. Gould, *Voy. of the « Beagle »*, *Zool.*, t. III, 1841, *Birds*, p. 107.

**Molothrus bonariensis** J. Cabanis et Heine, *Mus. Hein.*, t. I, p. 193.

— Ph.-L. Sclater et O. Salvin, *Nom. Av. neotr.*, 1873, p. 37.

— H. Durnford, *On some Birds observed in the Chuput Valley, Patagonia,*

*Ibis*, 1877, p. 33, et *Notes on the Birds of central Patagonia. Ibis*, 1878, p. 394.

**Molothrus bonariensis** Ph.-L. Sclater, *Cat. B. Brit. Mus.*, 1886, t. XI, p. 335. — Ph.-L. Sclater et W.-H. Hudson, *Argentine Ornith.*, 1888, t. I, p. 72, n° 94.

**Icterus sericeus** Lichtenstein, *Verz. Doubl.*, p. 19.

**Molothrus sericeus** Ch.-L. Bonaparte, *Consp. Av.*, 1850, t. I, p. 437. — Burmeister, *La Plata Reise*, 1861, t. II, p. 494.

Cette espèce, dont le Muséum d'Histoire naturelle de Paris possède un assez grand nombre de spécimens, venant principalement du Brésil (Aug. Saint-Hilaire, 1822, et de Castelnau et Deville, 1843 à 1846) et de Bolivie (d'Orbigny, 1831), se trouve aussi au Paraguay, dans l'Uruguay, dans la République Argentine où elle est connue sous le nom de *Tordo* ou *Pajaro negro*, et enfin dans la Patagonie orientale, où M. Durnford l'a observée principalement dans la vallée de la Chuput, mais où elle paraît déjà moins répandue que dans les pampas de Buenos Ayres. Elle ne doit pas dépasser au Sud le 45e degré de latitude.

## 156 (42 *b*). Agelæus thilius.

**Turdus thilius** Molina, *Hist. Nat. Chil.*, 1782, p. 345.

**Tordo negro cobijas amarillas** d'Azara, *Apunt.*, t. II, p. 301.

**Agelaius thilius** Ch.-L. Bonaparte, *Consp. Av.*, 1850, t. I, p. 431.
— Burmeister, *La Plata Reise*, 1861, t. II, p. 492.
— Ph.-L. Sclater et O. Salvin, *Nom. Av. neotr.*, 1873, p. 37.
— H. Durnford, *On some Birds observed in the Chuput Valley, Patagonia. Ibis*, 1877, p. 33, et *Notes on the Birds of central Patagonia, Ibis*, 1878, p. 394.
— L. Taczanowski, *Ornith. du Pérou*, 1884, t. II, p. 421, n° 774.
— Ph.-L. Sclater, *Cat. B. Brit. Mus.*, 1886, t. XI, p. 343.
— Ph.-L. Sclater et W.-H. Hudson, *Argentine Ornith.*, 1888, t. I, p. 97, n° 97.

L'*Agelæus thilius* a été observé dans le Pérou méridional (Musée de Paris, Pentland, 1839), au Chili (Musée de Paris, Gay, 1839 et 1843), au Paraguay, dans la République Argentine, où il est particulièrement commun dans les pampas, et en Patagonie, non seulement dans la région du Rio Negro, mais encore dans la vallée de la Chuput, où il réside toute l'année, à ce que suppose M. Durnford. La limite méridionale de l'espèce doit être à peu près la même que celle du *Molothrus bonariensis*.

### 157 (43'*a*). Columba maculosa.

**Paloma cobijas manchadas, Picazuro** d'Azara, *Apunt.*, t. III, p. 10.

**Columba maculosa** Temminck, *Pigeons et Gallinacés*, 1813, t. I, p. 113.

— Ph.-L. Sclater et O. Salvin, *Nom. Av. neotr.*, 1873, p. 132.

— Ph.-L. Sclater *in* Hudson, *On Patagonian Birds*, *Proceed. zool. Soc. Lond.*, 1872, p. 545, n° 21, et p. 549, n° 42.

— H. Durnford, *On some Birds observed in the Chuput Valley, Patagonia*, *Ibis*, 1877, p. 42, et *Notes on the Birds of central Patagonia*, *Ibis*, 1878, p. 401.

— Ph.-L. Sclater et W.-H. Hudson, *Argentine Ornith.*, 1889, t. II, p. 140, n° 338.

**Colombe à double collier** et **Colombe aux ailes ponctuées** Lesson, *Trait. d'Ornith.*, 1831, p. 469, n^os^ 21 et 22.

**Columba poiciloptera** Vieillot, *Encycl. méthod.*, p. 375, et *Nouv. Dict. d'Hist. nat.*, t. XXVI, p. 344.

**Crossophthalmus Reichenbachi** Ch.-L. Bonaparte, *Consp. Av.*, 1857, t. II, p. 55.

La *Columba maculosa* se trouve au Paraguay, en Bolivie, au Chili, dans la République Argentine et dans le nord et l'est de la Patagonie. Elle est représentée au Pérou par une espèce voisine, *C. albipennis* Scl. et Salv., et sur certains points son aire d'habitat se confond avec celle de la *C. picazuro* qui se trouve aussi au Paraguay et dans la province de Buenos Ayres, mais qui ne s'avance pas aussi loin vers le Sud et qui remonte en novembre jusque dans le Brésil. D'après M. Hudson, les Pigeons de cette espèce arrivent en hiver en grandes troupes dans les plaines cultivées voisines du Rio Negro et repartent pour la plupart au printemps, sans doute pour aller nicher dans les grandes forêts de la

Patagonie occidentale. Suivant M. Durnford, ils seraient au contraire communs en toutes saisons dans le bassin de la Chuput.

Le Muséum d'Histoire naturelle de Paris a reçu successivement d'Alcide d'Orbigny plusieurs exemplaires de cette espèce pris en 1829 dans la République Argentine, en 1831 en Patagonie et en 1834 en Bolivie.

### 158 (44 *a*). Nothura Darwini.

**Nothura minor** J. Gould, Darwin, *Voy. of the « Beagle », Zool.*, t. III, 1841, *Birds*, p. 119 (*nec* Wagler).

**Nothura Darwini** G.-R. Gray, *List. of the Gall.*, p. 104.

— Ph.-L. Sclater *in* Hudson, *On Patagonian Birds, Proceed. zool. Soc. Lond.*, 1872, p. 547 (*note*), et p. 549, n° 48.

— Ph.-L. Sclater et W.-H. Hudson, *Argentine Ornith.*, 1889, t. II, p. 213, n° 431.

**Nothura maculosa** H. Durnford, *On some Birds observed in the Chuput Valley, Patagonia, Ibis*, 1877, p. 45 (*nec* Temminck).

**Nothura perdicaria** H. Durnford, *Notes on the Birds of central Patagonia, Ibis*, 1878, p. 405 (*nec* Kittlitz).

**Perdiz chico** W.-H. Hudson, *On Patagonian Birds, Proceed. zool. Soc. Lond.*, 1872, p. 547, n° 23.

Cette espèce de Tinamou, dont Ch. Darwin avait obtenu un exemplaire à Bahia Blanca, a été rencontrée assez communément par M. Hudson sur les hauts plateaux du Rio Negro et par M. H. Durnford dans le bassin de la Chuput, où, parait-il, elle est sédentaire.

### 159 (44 *b*). Calodromas elegans.

**Eudromia elegans** d'Orbigny et Is.-Geoffroy Saint-Hilaire, *Mag. de Zool.*, 1832, ch. II et pl. I.

— Ph.-L. Sclater *in* Hudson, *On Patagonian Birds, Proceed. zool. Soc. Lond.*, 1872, p. 545, n° 22, et p. 549, n° 47.

**Calodromas elegans** Ph.-L. Sclater, *Nom. Av. neotr.*, 1873, p. 153 et 156.

— H. Durnford, *On some Birds observed in the Chuput Valley, Patagonia,*

*Ibis*, 1877, p. 45, et *Notes on the Birds of central Patagonia, Ibis*, 1878, p. 406.

**Calodromas elegans** Ph.-L. Sclater et W.-H. Hudson, *Argentine Ornith.*, 1889, t. II, p. 214, n° 432.

Le type de cette espèce qui se trouve au Muséum d'Histoire naturelle de Paris a été envoyé du nord (?) de la Patagonie par d'Orbigny, en 1831. A une date plus récente, le *Calodromas elegans* a été signalé dans la République Argentine et dans la Patagonie orientale, où, selon M. Durnford, il réside en toutes saisons et se montre de plus en plus commun à mesure que le pays est mieux cultivé.

### 160 (46 *a*). Chionis alba.

**Vaginalis alba** Gmelin, *Syst. Nat.*, 1788, t. I, p. 705.

**Chionis lactea** Forster, *Descr. Anim.*, p. 330, et *Icon. inéd.*, p. 125.

— Quoy et Gaimard, *Voy. de l' « Uranie », Zool.*, 1824, p. 131 et pl. XXX.

— Garnot, *Ann. des Sc. nat.*, 1826, t. VII, p. 46.

— Lesson et Garnot, *Voy. de la « Coquille », 1829, Zoologie*, t. I, p. 724.

— J. Gould, Darwin, *Voy. of the « Beagle », Zool.*, t. III, *Birds*, p. 118.

— Ph.-L. Sclater, *Cat. of the Birds of the Falkland Islands, Proceed. zool. Soc. Lond.*, 1860, p. 386, n° 17.

— Ph.-L. Sclater et O. Salvin, *Nom. Av. neotr.*, 1873, p. 143.

— Rév. Eaton *in* R.-B. Sharpe, *Zool. of Kerguelen*, p. 5.

Le Chionis blanc se trouve non seulement aux îles Malouines, mais encore, suivant MM. Sclater et Salvin, dans les parages du détroit de Magellan. Un individu de cette espèce fut tué en mer, à 80 lieues des côtes, par M. Bérard, pendant l'expédition de la *Coquille*.

### 161 (48 *a*). Charadrius sociabilis.

**Pluvianellus sociabilis** Hombron et Jacquinot, *Voy. au pôle Sud*, 1853, t. III, *Zool.*, p. 125 et pl. XXX.

**Charadrius sociabilis** H. Seebohm, *The geogr. distrib. of the Charadriidæ*, 1888, p. 107.

Le type de cette espèce, qui se distingue des autres Pluviers à quatre doigts par la brièveté de ses tarses, a été rapporté du détroit de Magellan par l'expédition commandée par Dumont d'Urville et fait partie des collections du Muséum d'Histoire naturelle. Deux autres spécimens se trouvent au Musée britannique et proviennent, le premier de la même localité que le type de l'espèce, le second de Tova Harbour, localité située sur la côte de Patagonie, par 45° de latitude Sud. Ce dernier exemplaire a été obtenu, en 1887, par M. John Young, qui l'a tué au milieu d'une petite troupe de cinq ou six individus. D'après M. Young, l'oiseau avait les yeux et les pattes roses.

## 162 (50 *a*). Hoplopterus cayanus.

**Le Pluvier armé de Cayenne** Buffon, *Hist. nat. des Oiseaux*, t. VIII, p. 102. — Daubenton, *Pl. enl. de Buffon*, 1770, p. 833.

**Charadrius spinosus** var. γ Gmelin, *Syst. nat.*, 1788, t. I, p. 691.

**Charadrius cayanus** Latham, *Ind. Ornith.*, t. II, p. 749.

**Hoplopterus cayanus** Gray et Mitchell, *Genera of Birds*, 1846, t. III, p. 542. — Ph.-L. Sclater, *Addit. and correct. to the list of the Birds of the Falkland Islands, Proceed. zool. Soc. Lond.*, 1861, p. 46, n° 4.
— Ph.-L. Sclater et O. Salvin, *Nom. Av. neotr.*, 1873, p. 142.
— L. Taczanowski, *Ornith. du Pérou*, 1886, t. III, p. 335, n° 1208.

Deux individus de cette espèce furent observés, il y a une trentaine d'années, dans les Malouines orientales par M. Abbott, et l'un de ces oiseaux fut tué et envoyé en Angleterre. C'est le seul exemple que je connaisse de la présence au sud du 50e degré de cette espèce, qui est d'ailleurs largement répandue dans l'Amérique méridionale.

## 163 (52 *a*). Hæmatopus palliatus.

**Hæmatopus palliatus** Temminck, *Man. d'Ornith.*, 1820, t. II, p. 532.
— J.-J. Audubon, *Ornith. biogr.*, t. III, p. 181 et pl. CCXXIII.
— Ph.-L. Sclater et O. Salvin, *Nom. Av. neotr.*, 1873, p. 143.

**Hæmatopus palliatus** H. Durnford, *Notes on the Birds of central Patagonia, Ibis*, 1878, p. 403.
— H. Seebohm, *The geographical distribution of the Charadriidæ*, 1888, p. 305.
— Ph.-L. Sclater et W.-H. Hudson, *Argentine Ornith.*, 1889, t. II, p. 176. n° 392.

Il résulte des observations de M. Durnford que cette espèce d'Huîtrier, qui est largement distribuée dans le nouveau monde, niche à la pointe Tombo, sur la côte orientale de la Patagonie, sous le 44^e^ degré de latitude Sud. M. Seebohm cite, de son côté, un exemplaire d'*Hæmatopus palliatus* qui a été obtenu récemment par M. John Young à Tova Harbour, sous le 45^e^ degré.

### 164 (52 *b*). Numenius borealis.

**Scolopax borealis** Forster, *Philos. Trans.*, 1772, t. LXII, p. 411 et 431.
**Numenius borealis** Latham, *Ind. Ornith.*, 1790, t. II, p. 712.
— Ph.-L. Sclater et O. Salvin, *Nom. Av. neotrop.*, 1873, p. 146.
— H. Durnford, *Notes on the Birds of central Patagonia, Ibis*, 1878, p. 404.
— Sharpe et Dusser, *Birds of Europe*, t. VIII, pl. DLXXV.
— H. Seebohm, *The geographical Distribution of the Charadriidæ*, 1888, p. 333.
— Ph.-L. Sclater et W.-H. Hudson, *Argentine Ornith.*, 1889, t. II, p. 192, n° 409.
**Numenius brevirostris** Lichtenstein, *Verz. Doubl. Mus. Berl.*, 1823, p. 15.
— J. Gould, Darwin, *Voy. of the « Beagle », Zool.*, t. III, 1841, *Birds*, p. 129.
— Ph.-L. Sclater, *Cat. of the Birds of the Falkland Islands, Proceed. zool. Soc. Lond.*, 1860, p. 387, n° 23.
— Abbott, *Ibis*, 1861, p. 156.

MM. Pack et Abbott ont observé une ou deux fois des oiseaux de cette espèce dans les îles Malouines et M. Durnford a vu, du 8 au 10 octobre, de grandes troupes de ces Courlis passer à travers la vallée de la Chuput, se dirigeant vers le sud. Le *Numenius borealis* a été rencontré, d'autre part, dans la République Argentine, au Paraguay, au Brésil, sur les côtes du Chili, dans les îles Galapagos, aux États-Unis, dans les îles Bermudes, au Groenland, sur les côtes de la Sibérie, et même, d'une façon accidentelle, en Angleterre et en Irlande. M. Sclater pense que les Courlis à bec court du nouveau monde prennent leurs quartiers d'hiver au sud de l'équateur; mais je crois plutôt qu'ils se partagent en deux catégories, dont l'une va nicher dans les régions boréales, tandis que l'autre va se reproduire dans les régions australes de l'Amérique, et que toutes deux se rapprochent de l'équateur à l'approche de la mauvaise saison. En d'autres termes, les migrations de printemps des *Numenius borealis* seraient *divergentes*, s'effectuant en partie du sud au nord, en partie du nord au sud, et les migrations d'automne seraient *convergentes*, s'effectuant du nord au sud et du sud au nord. Ceci nous expliquerait pourquoi M. Durnford a vu des Courlis à bec court se diriger vers le sud à une époque correspondant à celle où les observateurs des États-Unis voient des oiseaux de cette espèce gagner les régions boréales. Grâce aux observations de M. Barrows qui, en 1880, a noté l'apparition à Concepcion, dans l'Entre Rios, des premiers vols de Barges boréales le 9 septembre et leur disparition complète après le 15 octobre, et aux observations de M. Durnford qui a vu des troupes des mêmes Barges traverser la vallée de la Chuput du 8 au 10 octobre, en 1877, et se diriger vers le sud, on peut même suivre la marche de ces Échassiers et calculer qu'ils mettent environ un mois pour franchir les 10 degrés qui séparent Concepcion des rives de la Chuput.

### 165 (52 *c*). Limosa hudsonica.

**Scolopax hæmastica** Linné, *Syst. Nat.*, 1758, t. I, p. 147.

**Scolopax hudsonica** Latham, *Ind. Ornith.*, 1790, t. II, p. 720.

**Limosa hudsonica** Vieillot, *Nouv. Dict. d'Hist. nat.*, 1816, t. III, p. 250.
— J.-J. Audubon, *Birds of America*, t. V, pl. CCCXLIX.
— J. Gould, Darwin, *Voy. of the « Beagle », Zool.*, t. III, 1841, *Birds*, p. 129.
— Ph.-L. Sclater et O. Salvin, *Cat. of the Birds of the Falkland Islands*, *Proceed. zool. Soc. Lond.*, 1860, p. 387, n° 22.
— Ph.-L. Sclater et O. Salvin, *Nom. Av. neotr.*, 1873, p. 146.
— H. Durnford, *On some Birds observed in the Chuput Valley, Patagonia*,

*Ibis*, 1877, p. 43, et *Notes on the Birds of central Patagonia, Ibis*, 1878, p. 404.

**Limosa hudsonica** H. Seebohm, *The geographical Distribution of the Charadriidæ*, 1888, p. 392.

**Limosa hæmastica** Ph.-L. Sclater et W.-H. Hudson, *Argentine Ornith.*, 1889, t. II, p. 191, n° 408.

M. Seebohm émet l'hypothèse que cette espèce, qui niche dans les tundras de l'Amérique du Nord, depuis l'Alaska jusqu'à la baie de Baffin, émigre vers le sud en automne, franchit les tropiques et va passer l'hiver dans les régions tempérées de l'Amérique du Sud, où elle a été rencontrée jusque dans l'archipel des Malouines; mais je crois plutôt que, pour la *Limosa hudsonica* comme pour le *Numenius borealis*, il y a un double courant migrateur et que les oiseaux que l'on voit dans les îles Malouines, comme ceux qui traversent la Patagonie centrale, ne sont point ceux qui nichent dans l'extrême nord du continent américain. Ces derniers ne dépassent probablement pas l'équateur. Les oiseaux que M. Durnford a trouvés communément, d'avril à septembre, dans les lagunes et les arroyos au sud de Buenos-Ayres provenaient certainement de la Patagonie, et les deux spécimens qu'il a obtenus le 13 novembre 1877, c'est-à-dire au printemps, retournaient sans doute dans le sud de cette dernière contrée pour y nicher.

M. Hudson, qui a si bien étudié les oiseaux de la région du Rio Negro, admet du reste, comme je le fais ici, l'existence d'un double courant migrateur pour la *Limosa hudsonica*. Il fait remarquer aussi que les troupes de Barges de cette espèce que le capitaine Abbott a observées au mois de mai dans les Malouines ne pouvaient provenir de la colonie de l'Alaska, mais devaient être considérées comme des oiseaux qui, après avoir niché dans l'extrême sud du continent américain, retournaient passer l'hiver sous un ciel plus clément. Toutefois, il paraît supposer que les Barges du nord viennent, pour ainsi dire, à la rencontre des Barges du sud dans l'hémisphère austral, ce qui me semble douteux. Je crois plutôt que la zone tropicale constitue actuellement la limite entre les deux courants.

## 166 (53 *a*). Gallinago Stricklandi.

**Gallinago Stricklandi** G.-R. Gray, *List B. Brit. Mus.*, 1844, t. III, p. 112, et *Voy.* « *Erebus* » *and* « *Terror* », pl. XXIII.
— H. Schlegel, *Mus. des Pays-Bas, Scolopaces*, 1864, p. 15.

**Scolopax meridionalis** Peale, *Un. St. Expl. Exped.*, 1848, t. VIII, p. 229.
— Cassin, *Un. St. Expl. Exped.*, 2ᵉ édit., t. VIII, pl. XXXV, fig. 1.

**Gallinago Stricklandi** Ph.-L. Sclater et O. Salvin, *Nom. Av. neotrop.*, 1873, p. 145.
— R.-B. Sharpe, *Zool. coll. made during the Survey of H. M. S.* « *Alert* », *Proceed. zool. Soc. Lond.*, 1881, p. 15, n° 66.

**Scolopax Stricklandi** R.-B. Sharpe, *Zool. Voy.* « *Erebus* » *and* « *Terror* ». *Birds, App.*, 1875, p. 38.
— H. Seebohm, *The geographical Distrib. of the Charadriidæ*. 1888, p. 488.

Cette espèce, qui n'est représentée dans les musées de l'Europe que par de rares exemplaires, n'a été signalée jusqu'ici qu'au Chili, en Patagonie et sur quelques points de la Fuégie. Ainsi, G.-R. Gray l'indique de l'île l'Hermite et M. R.-B. Sharpe cite une femelle de cette espèce qui a été rapportée de la baie Swallow (île Santa Ines de Sarmiento) par l'expédition de l'*Alert*. Cette femelle, tuée le 14 mars 1880, avait les yeux de couleur foncée, le bec et les pattes d'un jaune grisâtre. Au contraire, toutes les Bécassines obtenues par l'expédition française du cap Horn appartenaient, comme je l'ai dit plus haut, à la *Gallinago Paraguaiæ* ou *magellanica* qui, d'après M. Seebohm, ne serait qu'une race australe de la *Gallinago frenata* (Illig.).

## 167 (54 *a*). Rhynchæa semicollaris.

**Totanus semicollaris** Vieillot, *Nouv. Dict. d'Hist. nat.*, 1816, t. VI, p. 402.

**Totanus atricapilla** Vieillot, *Encycl. méthod.*, 1823, t. III, p. 1090.

**Rhynchæa Hilairii** (Valenciennes) G. Cuvier, *Règne animal*, 2ᵉ édit., 1829, t. I, p. 524.

**Rhynchæa occidentalis** King, *Zool. Journ.*, 1829, t. IV, p. 94.

**Rhynchæa semicollaris** Bridges, *Proceed. zool. Soc. Lond.*, 1843, p. 118.
— Ph.-L. Sclater et O. Salvin, *Nom. Av. neotr.*, 1873, p. 145.
— H. Durnford, *On some Birds observed in the Chuput Valley, Patagonia, Ibis*, 1877, p. 42, et *Notes on the Birds of central Patagonia, Ibis*, 1878, p. 403.
— L. Taczanowski, *Ornith. du Pérou*, 1886, t. III, p. 378, n° 1242.
— H. Seebohm, *The geograph. Distrib. of the Charadriidæ*, 1888, p. 459.
— Ph.-L. Sclater et W.-H. Hudson, *Argentine ornith.*, 1889, t. II, p. 182, n° 398.

**Rhynchæa Hilarii** Burmeister, *La Plata Reise*, 1861, t. II, p. 504.

Outre le type de la *Rhynchœa Hilairii* qui porte sur le Catalogue le nom de *Rhynchœa Hilairea*, et qui a été obtenu au Brésil (capitainerie de Saint-Paul) par M. A. Saint-Hilaire en 1822, le Muséum d'Histoire naturelle de Paris possède des exemplaires de cette espèce envoyés de Corrientes et de Buenos Ayres par d'Orbigny, en 1829, et du Chili par Gay, en 1843. Dans ce dernier pays, le capitaine Markham a rencontré la *Rhynchœa semicollaris* jusqu'au 30e degré de latitude Sud. Elle a été trouvée, d'autre part, dans les forêts du Pérou central par M. de Tschudi. C'est là, ainsi que dans les forêts du Brésil méridional et dans les marais de la République Argentine, qu'elle doit passer l'hiver, ne venant en Patagonie que pendant la belle saison, comme le suppose M. Seebohm. Elle ne s'avance probablement pas d'ailleurs jusque dans le sud de la Patagonie et ne se montre déjà qu'assez rarement au printemps dans les marais du bassin de la Chuput (H. Durnford).

### 168 (53 *c*). Strepsilas virgatus.

**Tringa virgata** et **T. borealis** Gmelin, *Syst. Nat.*, 1788, t. I, p. 674.

**Aphrisa Townsendi** J.-J. Audubon, *Syn. Birds N. Amer.*, 1839, p. 226, et *Birds Amer.*, t. V, pl. CCCXXII.

**Aphriza virgata** G.-R. Gray et Mitchell, *Gen. of Birds*, 1846, t. III, p. 548 et pl. CXLVII.
— Ph.-L. Sclater et O. Salvin, *Nom. Av. neotr.*, 1873, p. 143.

**Aphriza virgata** R.-B. Sharpe, *Zool. coll. made during the Survey of H. M. S. « Alert », Proceed. zool. Soc. Lond.*, 1881, p. 15, n° 62.

**Strepsilas borealis** Gay, *Hist. Chil. Zool.*, 1847, t. I, p. 408.

**Strepsilas virgatus** H. Seebohm, *The geograph. Distrib. of the Charadriidæ*, 1888, p. 412.

Cette espèce, qui fréquente principalement pendant l'été l'Alaska, l'île Vancouver, la Colombie britannique et les côtes de Californie, et qui se rencontre pendant l'hiver sur les côtes du Pérou, de la Bolivie et du Chili, doit s'avancer, au moins accidentellement, jusqu'en Patagonie. Le Dr Coppinger, chirurgien de l'*Alert*, a tué en effet, le 15 février 1879, sur les îles Van, dans le canal de la Trinité, un mâle de cette espèce qui faisait partie d'une troupe d'oiseaux paraissant effectuer leur migration. Peut-être ces Tourne-pierres, après s'être égarés au delà des limites ordinaires de leur résidence d'hiver, retournaient-ils dans leur patrie boréale.

### 169 (55 *a*). Tringa maculata.

**Tringa maculata** Vieillot, *Nouv. Dict. d'Hist. nat.*, 1819, t. XXXIV, p. 465.
— Ph.-L. Sclater et O. Salvin, *Nom. Av. neotr.*, 1873, p. 145.
— H. Durnford, *On some Birds observed in the Chuput Valley, Patagonia. Ibis*, 1877, p. 43.
— Ph.-L. Sclater et W.-H. Hudson, *Argentine Ornith.*, 1889, t. II, p. 183, n° 399.

**Tringa pectoralis** Say, *Long's Exped.*, 1823, t. I, p. 171.

**Tringa acuminata pectoralis** H. Seebohm, *The geograph. Distrib. of the Charadriidæ*, 1888, p. 443.

Cette espèce, que M. Seebohm considère comme une simple race du *Tringa acuminata* (1), est très commune au printemps et en été dans l'Amérique arctique. Un grand nombre de Bécasseaux tachetés, après

(1) Dans cette hypothèse, la race devrait s'appeler, en vertu de la loi de priorité, *Tringa acuminata maculata* et non *Tringa acuminata pectoralis*.

avoir niché dans cette région, et particulièrement dans l'Alaska, traversent les États-Unis et viennent hiverner dans le Mexique, l'Amérique centrale et les Antilles. Peut-être s'avancent-ils encore plus loin vers le Sud; mais est-il bien sûr que les Bécasseaux tachetés obtenus par Buckley en Bolivie, par M. Reed au Chili et par M. Durnford dans la Patagonie orientale aient fait partie de bandes d'émigrants venus de l'Amérique boréale? N'y aurait-il pas dans les régions australes du nouveau monde un autre centre de reproduction du *Tringa maculata* et, par suite, d'autres courants migrateurs, dirigés du pôle austral à l'équateur, et *vice versa?*

### 170 (55 *b*). Calidris arenaria.

**Tringa arenaria** et **Charadrius calidris** Linné, *Syst. Nat.*, 1766, t. I, p. 251 et 255.

**Calidris arenaria** Illiger, *Prodr.*, 1811, p. 249.

— Ph.-L. Sclater et O. Salvin, *Nom. Av. neotr.*, 1873, p. 145.

— H. Durnford, *Notes on the Birds of central Patagonia, Ibis,* 1878, p. 404.

— Ph.-L. Sclater et W.-H. Hudson, *Argentine Ornith.*, 1889, t. II, p. 186, n° 402.

**Tringa arenaria** H. Seebohm, *The geograph. Distrib. of the Charadriidæ,* 1888, p. 431.

Après avoir niché dans les régions boréales de l'ancien et du nouveau monde, les Sanderlings descendent en automne vers les régions méridionales. Ils viennent en grandes troupes passer l'hiver dans le midi de l'Europe, dans le sud de l'Asie, en Afrique et sur les côtes de l'Amérique du Sud. M. Seebohm et M. Layard les ont trouvés fort communs durant cette saison sur divers points de la colonie du Cap et, ce qui est plus intéressant encore au point de vue de nos études, deux individus de cette espèce faisant partie d'une troupe ont été tués par M. Durnford, le 30 décembre 1877, à Tombo Point, sur la côte orientale de Patagonie.

## 171 (56 *a*). TOTANUS FLAVIPES.

**Scolopax flavipes** Gmelin, *Syst. Nat.*, 1788, t. I, p. 659.

**Totanus natator, T. fuscocapillus** et **T. flavipes** Vieillot, *Nouv. Dict. d'Hist. nat.*, 1816, t. VI, p. 400, 409 et 410.

**Gambetta flavipes** Ch.-L. Bonaparte, *Tabl. des Échassiers, C. R. Acad. Sc.*, 1856, t. XLIII, p. 597.
— Ph.-L. Sclater et O. Salvin, *Nom. Av. neotr.*, 1873, p. 145.
— H. Durnford, *On some Birds observed in the Chuput Valley, Patagonia, Ibis*, 1877, p. 43, et *Notes on the Birds of central Patagonia, Ibis*, 1878, p. 404.

**Totanus flavipes** Burmeister, *La Plata Reise*, 1861, t. II, p. 503.
— L. Taczanowski, *Ornith. du Pérou*, 1886, t. III, p. 367, n° 1233.
— H. Seebohm, *The geographical Distrib. of the Charadriidæ*, 1888, p. 364.
— Ph.-L. Sclater et W.-H. Hudson, *Argentine Ornith.*, 1889, t. II, p. 187, n° 404.

Cette espèce de Chevalier, qui niche dans l'Alaska et au Groenland, vient passer l'hiver dans l'Amérique du Sud. Le Muséum d'Histoire naturelle en possède plusieurs exemplaires venant des Antilles (de Porto-Rico, de la Trinité et de la Guadeloupe), que le *Totanus flavipes* traverse dans ses migrations, et M. Seebohm cite d'autres exemplaires obtenus en Colombie, dans l'Équateur, au Venezuela, près de l'embouchure de l'Amazone, au Pérou, au Chili et dans la République Argentine. M. Durnford a même rencontré dans l'un de ses voyages un grand nombre de Chevaliers à pieds jaunes sur les bords de la Chuput, dans la Patagonie orientale, ce qui conduirait à assigner une très grande étendue aux migrations du *Totanus flavipes*, si l'on pouvait affirmer réellement que les individus observés en Patagonie appartiennent aux mêmes bandes que ceux du Brésil et de la Colombie.

## 172 (59 *a*). FULICA LEUCOPYGA.

**Fulica leucopyga** Lichtenstein, ms.
— G. Hartlaub, *Journ. f. Ornith.*, 1853, *extrah.*, p. 84.

**Fulica leucopyga** H. Schlegel, *Muséum des Pays-Bas, Ralli*, p. 64.
— Ph.-L. Sclater et O. Salvin, *Syn. of the Amer. Rallidæ, Proceed. zool. Soc. Lond.*, 1868, p. 467, et *Nom. Av. neotr.*, 1873, p. 140.
— H. Durnford, *On some Birds observed in the Chuput Valley, Patagonia, Ibis*, 1877, p. 42, et *Notes on the Birds of central Patagonia, Ibis*, 1878, p. 402.
— Ph.-L. Sclater et W.-H. Hudson, *Argentine Ornith.*, 1889, t. II, p. 157, n° 380.

Cette espèce de Poule d'eau a été observée au Chili, dans l'Uruguay, dans la République Argentine et dans la Patagonie orientale, où elle fréquente, suivant M. Durnford, les petites lagunes des vallées de la Chuput, du Sengel et du Sengelen.

## 173 (60 *a*). Ardea cocoi.

**Ardea cocoi** Linné, *Syst. Nat.*, édit. XII, 1766, t. I, p. 237.
— Burmeister, *La Plata Reise*, 1861, t. II, p. 508.
— Ph.-L. Sclater et O. Salvin, *Nom. Av. neotr.*, 1873, p. 125.
— H. Durnford, *Notes on the Birds of central Patagonia, Ibis*, 1878, p. 399.
— L. Taczanowski, *Ornith. du Pérou*, 1886, t. III, p. 390, n° 1252.
— Ph.-L. Sclater et W.-H. Hudson, *Argentine Ornith.*, 1889, t. II, p. 93, n° 315.

**Ardea plumbea** Merrem, *Ersch. Gruber's Encycl.*, 1820, t. V, p. 177.
— A. Reichenow, *Syst. üb. der Schreitvögel, Journ. f. Ornith.*, 1877, p. 264.

**Ardea magnari** Spix, *Av. Bras.*, 1825, t. II, p. 171 et pl. XC.

D'après M. Durnford, ce Héron, qui est commun au Brésil, au Chili et dans beaucoup d'autres contrées de l'Amérique du Sud, n'est pas rare non plus dans la Patagonie orientale, sur les bords de la Chuput, du Sengel et de ses affluents.

## 174 (60 *b*). Ardea egretta.

**Ardea egretta** Gmelin, *Syst. Nat.*, 1788, t. II, p. 629.
— J.-J. Audubon, *Ornith. biogr.*, 1838, t. IV, p. 600, et pl. CCCLXXXVI, et *B. Amer.*, 1843, p. 132, et pl. CCCLXX.

**Ardea egretta** Ph.-L. Sclater et O. Salvin, *Nom. Av. neotr.*, 1873, p. 125.
— H. Durnford, *Notes on the Birds of central Patagonia, Ibis*, 1878, p. 399.
— L. Taczanowski, *Ornith. du Pérou*, 1886, t. III, p. 391, n° 1253.
— Ph.-L. Sclater et W.-H. Hudson, *Argentine Ornith.*, 1889, t. II, p. 98, n° 316.

**Ardea galatea** Molina, *Stor. nat. Chil.*, éd. 1789, p. 323.

**Ardea leuca** Illiger, *Lichtenstein, Verzeichn. Dubl.*, 1823, n° 793.

**Ardea alba** var. **galatea** A. Reichenow, *Syst. üb. der Schreitvögel, Journ. f. Ornith.*, 1877, p. 272.

L'aire d'habitat de l'*Ardea egretta* est extrêmement vaste et comprend presque la totalité du continent américain. M. Durnford a vu sur le Sengel un individu de cette espèce et il a appris d'un colon de Chuput que des Aigrettes avaient niché aux environs.

## 175 (61 *a*). Ciconia maguari.

**Ardea maguari** Gmelin, *Syst. Nat.*, 1788, t. II, p. 623.

**Ciconia jabiru** Spix, *Av. Bras.*, 1825, t. II, p. 71 et pl. LXXXIX.

**Ciconia maguari** Burmeister, *La Plata Reise*, 1861, t. II, p. 509.
— Ph.-L. Sclater et O. Salvin, *Nom. Av. neotr.*, 1873, p. 126.
— H. Durnford, *Notes on the Birds of central Patagonia, Ibis*, 1878, p. 399.

**Ciconia dicrura** A. Reichenow, *Syst. üb. der Schreitvögel, Journ. f. Ornith.*, 1877, p. 168.

**Euxenura maguari** Baird, Brewer et Ridgway, *Water Birds N. Amer.*, t. I, p. 77.
— Ph.-L. Sclater et W.-H. Hudson, *Argentine Ornith.*, 1889, t. II, p. 106, n° 325.

La Cigogne maguari, qui habite diverses contrées de l'Amérique du Sud et qui niche dans les pampas de Buenos Ayres, s'avance parfois jusqu'en Patagonie. M. Durnford a vu, en effet, des individus de cette espèce, en octobre dans la vallée de Chuput, et en novembre à l'embouchure du Sengel.

### 176 (61 *b*). Platalea ajaja.

**Platalea ajaja** Linné, *Syst. Nat.*, éd. X, 1758, t. I, p. 140.
— Burmeister, *La Plata Reise*, 1861, t. II, p. 511.
— Ph.-L. Sclater, *Additions and corrections to the List of the Birds of the Falkland Islands, Proceed. zool. Soc. Lond.*, 1861, p. 46, n° 5.
— Ph.-L. Sclater et O. Salvin, *Nom. Av. neotr.*, 1873, p. 127.
— L. Taczanowski, *Ornith. du Pérou*, 1886, t. III, p. 412, n° 1269.

**Platalea rosea** et **P. coccinea** Brisson, *Ornith.*, 1760, t. V, p. 356 et 359, et pl. XXX.

**Platalea rosea** A. Reichenow, *Syst. üb. der Schreitvögel, Journ. f. Ornith.*, 1877, p. 157.

**Ajaja rosea** Baird, Brewer et Ridgway, *Water Birds N. Amer.*, t. I, p. 102.
— Ph.-L. Sclater et W.-H. Hudson, *Argentine Ornith.*, 1889, t. II, p. 114, n° 331.

La Spatule rose a été rencontrée depuis les États-Unis jusque dans le sud de la République Argentine. Elle est commune, paraît-il, dans les pampas, où elle niche probablement, et elle s'avance peut-être accidentellement jusqu'en Patagonie. Toutefois, elle n'a pas été rencontrée par M. Hudson sur les bords du Rio Negro et elle ne se trouve pas mentionnée dans les Catalogues de M. Durnford. En revanche, M. Sclater a signalé, il y a une trentaine d'années, la capture de deux individus de cette espèce dans l'archipel des Malouines; mais c'étaient évidemment des oiseaux égarés ou jetés par un coup de vent hors de leur route habituelle.

### 177 (62 *a*). Phœnicopterus ignipalliatus.

**Phœnicopterus chilensis** Molina, *Hist. nat. Chil.*, 1782, p. 214 (?).
— A. Reichenow, *Syst. üb. Schreitvögel, Journ. f. Ornith.*, 1877, p. 228.

**Phœnicopterus ignipalliatus** Geoffroy Saint-Hilaire et d'Orbigny, *Mag. de Zoologie*, 1832, *Aves*, pl. II.

**Phœnicopterus ignipalliatus** Burmeister, *La Plata Reise*, 1861, t. II, p. 512, et *Synopsis of the Lamellirostres of the Argentine Rep.*, *Proceed. zool. Soc. Lond.*, 1872, p. 364.

— Ph.-L. Sclater et O. Salvin, *On the Birds observed in the Straits of Magellan by Dr Cunningham*, *Ibis*, 1868, p. 189, n° 35, et *Nom. Av. neotr.*, 1873, p. 127.

— Ph.-L. Sclater *in* W.-H. Hudson, *On Patagonian Birds*, *Proceed. zool. Soc. Lond.*, 1872, p. 549.

— H. Durnford, *On some Birds observed in the Chuput Valley, Patagonia*, *Ibis*, 1877, p. 41, et *Notes on the Birds of central Patagonia*, *Ibis*, 1878, p. 400.

— L. Taczanowski, *Ornith. du Pérou*, 1886, t. III, p. 422, n° 1276.

— Ph.-L. Sclater et W.-H. Hudson, *Argentine Ornith.*, 1889, t. II, p. 117, n° 332.

Cette espèce, dont le Muséum d'Histoire naturelle possède le type, rapporté de la République Argentine par d'Orbigny, est très commune dans ce pays et se trouve aussi sur les côtes et sur les plateaux du Pérou et sur divers points du Chili et de la Patagonie. M. Durnford nous apprend que des Flammants à manteau de feu séjournent même pendant toute l'année dans le bassin de la Chuput, mais que ces oiseaux sont plus nombreux pendant l'hiver. Il en est de même, du reste, dans le bassin de Rio Negro. Comme le dit M. Hudson, cela provient sans doute de ce que les Flammants trouvent dans le voisinage de la mer une température plus douce et des conditions plus favorables que dans l'intérieur du pays, où la rigueur de l'hiver force beaucoup d'oiseaux d'eau à remonter vers le Nord. Quelques-uns de ces émigrants s'arrêtent près de l'embouchure des fleuves et grossissent le nombre des Palmipèdes qui se trouvaient déjà dans la localité.

## 178 (66 *a*). Sula fusca.

**Sula fusca** Brisson, *Ornith.*, 1760, t. VI, p. 499, et pl. XLIII, fig. 1.

**Pelecanus fiber** et **P. sula**, Linné, *Syst. Nat.*, 1766, t. I, p. 218.

**Fou, Petit Fou** et **Petit Fou brun** Buffon, *Hist. nat. des Oiseaux*, t. VIII, p. 368 et 374.

**Fou de Cayenne** et **Fou brun de Cayenne** Daubenton, *Pl. enl. de Buffon*, 1770, pl. CMLXXIII et CMLXXIV.

**Pelecanus sula, P. fiber** et **P. parvus** Gmelin, *Syst. Nat.*, 1788, t. I, p. 578 et 579.

**Pelecanus fiber** Garnot, *Ann. des Sc. nat.*, 1826, t. VII, p. 56.

**Sula fiber** Ph.-L. Sclater et O. Salvin, *Nom. Av. neotr.*, 1873, p. 124.

**Sula parva** Alph. Milne-Edwards, *Faune des régions australes*, Ch. VII, *Totipalmes*, § 2, p. 30.

Dans ses *Remarques sur la zoologie des îles Malouines*, Garnot a signalé la présence aux Malouines de trois espèces de Cormorans, savoir : 1° du *Pelecanus fiber* Gm., qui, dit-il, est entièrement brun, parfois un peu tacheté de blanc; 2° d'une autre espèce, d'un bleu ardoisé, avec la tête huppée, les yeux bleu verdâtre et la membrane de la mandibule inférieure marquée de points dorés; 3° du Cormoran oreillard (*Carbo leucotis* Cuv.). Il ajoute que le Cormoran nigaud (*Carbo graculus* Meyer), qui existe aussi aux Malouines, ne doit pas être considéré comme une variété du *Pelecanus fiber*, dont il diffère par sa taille beaucoup plus forte et par son plumage d'un noir foncé et lustré, à reflets bleus. Ce passage renferme tant d'erreurs qu'il est difficile d'en tirer quelques renseignements. Il est certain cependant que le *Carbo leucotis* cité par Garnot est, comme je l'ai dit plus haut, le *Phalacrocorax magellanicus* Gm., que la seconde espèce est le *Phalacrocorax carunculatus* Gm. On peut supposer également que le soi-disant *Carbo graculus* Meyer n'est autre chose que le *Phalacrocorax brasilianus* Gm., qui ressemble un peu au *Phalacrocorax cristatus* (ou *Carbo graculus* Mey.) et qui, visitant les côtes de la Patagonie, peut se trouver également dans les Malouines, au moins d'une façon accidentelle. Enfin, il est évident que la première espèce, le *Pelecanus fiber*, n'est pas un Cormoran, mais un Fou, probablement le *Sula fusca*, qui est, à un certain âge, d'un brun uniforme, à un autre âge tacheté de blanc et qui est, en effet, plus petit que le *Phalacrocorax brasilianus* et revêtu d'un plumage moins lustré.

La présence fortuite du Fou brun dans l'archipel des Malouines et sur les côtes de Patagonie n'aurait d'ailleurs rien qui pût nous surprendre, l'espèce ayant déjà été rencontrée sur les côtes du Brésil et sur celles du Chili.

Dans une série d'oiseaux donnés au Muséum, en 1879, par M. l'amiral Serres et par M. le Dr Savatier, et provenant pour la plupart du détroit de Magellan, se trouvait un Fou appartenant à une autre espèce (*Sula variegata* Trch. ou *dactylatra* Less.); mais cet oiseau avait peut-être été tué en mer, ou sur les côtes du Pérou, comme un autre individu de la même espèce rapporté également par la *Magicienne* et donné antérieurement au Muséum par M. l'amiral Serres.

Enfin, il existe encore dans la collection de spécimens en peau du Muséum un exemplaire de *Sula variegata* auquel M. Alphonse Milne-Edwards a fait allusion dans son Mémoire sur la faune des régions australes et qui a été envoyé au Muséum en 1834 par Alc. d'Orbigny. Cet exemplaire a été obtenu *peut-être* à Santa Cruz (Patagonie), comme un Cormoran qui le précède immédiatement sur le Catalogue sommaire de la collection de d'Orbigny que j'ai sous les yeux; mais peut-être aussi vient-il de Lima, comme d'autres oiseaux mentionnés dans la même liste. Je n'ai donc aucun document *positif* qui me permette d'inscrire le *Sula variegata* à la suite du *Sula fusca* parmi les oiseaux des côtes de la Patagonie.

### 179 (67 *a*). Diomedea fuliginosa.

**Sooty Albatross** Latham, *Gen. Syn.*, t. III, Part I, p. 309, n° 4.

**Diomedea fuliginosa** Gmelin, *Syst. Nat.*, 1788, t. I, p. 568.
— Alph. Milne Edwards, *Faune des régions australes*, Ch. III, p. 8 et carte.

**?Molly Mauk** J. Gould, *List of Birds from the Falkland Islands*, *Proceed. zool. Soc. Lond.*, 1859, p. 98.

**Diomedea** sp. Ph.-L. Sclater, *Cat. of the Birds of the Falkland Islands*. *Proceed. zool. Soc. Lond.*, 1860, p. 390, n° 50.

M. Gould attribue soit à cette espèce, soit au *Diomedea melanophrys* un œuf rapporté des Malouines, il y a une trentaine d'années, par le capitaine Abbott. Il est certain, en effet, que l'Albatros fuligineux fréquente les mers qui baignent les Malouines, puisque le Muséum d'Histoire naturelle possède un exemplaire de cette espèce pris entre les Malouines et le cap Horn. Son aire de dispersion, telle que M. Milne-Edwards l'a tracée dans sa *Faune des régions australes*, comprend, d'une part, toute la portion de l'océan Glacial antarctique, de l'océan Atlantique, de l'océan Indien et de l'océan Pacifique comprise entre le 60e et le 20e degré de latitude Sud; d'autre part, une zone de l'océan Pacifique comprise entre l'équateur et le 40e degré de latitude Nord. Il niche sur plusieurs points des régions ainsi délimitées, notamment à l'île Saint-Paul et à Kerguelen, et il ne serait pas étonnant qu'il eût aussi des stations dans les Malouines ou dans quelques ilôts voisins de la Terre de Feu.

### 180 (67 *b*). Diomedea melanophrys.

**Diomedea melanophrys** Temminck, *Pl. col.*, 1820, n° 456.

— J. Gould, *Birds of Austral.*, t. VII, pl. XLIII.

— Abbott, *On the Birds of the Falkland Islands, Ibis*, 1861, p. 165.

— Ph.-L. Sclater et O. Salvin, *Nom. Av. neotr.*, 1873, p. 148.

— R.-B. Sharpe, *Zool. coll. made during the Survey of H. M. S. « Alert »*, *Proceed. zool. Soc. Lond.*, 1881, p. 12.

— Alph. Milne-Edwards, *Faune des régions australes*, Ch. III, p. 8 et carte.

D'après M. Abbott, les Albatros de cette espèce sont très communs sur les côtes des îles Malouines et se reproduisent en si grand nombre sur quelques îlots dépendant de cet archipel que leurs œufs sont apportés en quantités considérables sur le marché de Stamley. Il résulte des renseignements recueillis par M. Milne-Edwards que le *Diomedea melanophrys* se reproduit également dans l'archipel fuégien, sur l'île Auckland, sur l'île du Prince-Édouard, et qu'il se montre dans toute la zone comprise entre le 30e et le 60e degré de latitude Sud.

### 181 (72 *a*). Thalassœca antarctica.

**Pétrel antarctique** ou **Damier brun** Buffon, *Hist. Nat. des Oiseaux*, t. IX, p. 311.

**Pétrel brun et blanc** Bougainville, *Voy. de la « Boudeuse »*, t. I, p. 42.

**Procellaria antarctica** Gmelin, *Syst. Nat.*, 1788, t. I, p. 565.
— Abbott, *Ibis*, 1861, p. 165.

**Thalassæca antarctica** Coues, *Proceed. Acad. nat. Sc. Philad.*, 1866, p. 31.
— O. Salvin, *Report on the coll. of Birds made during the voyage of H. M. S. « Challenger »*, n° XII, *Procellariidæ*, *Proceed. zool. Soc. Lond.*, 1878, p. 737, et *Voy. of the « Challenger »*, *Rep. on the Birds, Procellariidæ*, p. 142, n° 6.
— Alph. Milne Edwards, *Faune des régions australes*. Ch. V, p. 4 et carte.

M. Abbott nous apprend que le Pétrel antarctique niche sur les iles Malouines. Le 14 février 1874, l'expédition du *Challenger* a rencontré, à peu de distance de la banquise, au sud de Kerguelen (65°42' lat. Sud et 79°49' long. est Greenw.), un grand nombre d'oiseaux de cette espèce qui avait été observée antérieurement par Jacquinot sur les côtes de la Géorgie et des Shetland australes, par Cook et Forster et par Ross près de la banquise située au sud-est du cap de Bonne-Espérance, au delà du 66e degré de latitude; enfin, il est probable que la *Thalassæca antarctica* se montre aussi parfois sur les côtes de l'île Kerguelen; mais elle ne doit pas dépasser au Nord le 50e degré.

### 182 (72 *b*). Adamastor cinereus.

**Procellaria cinerea** Gmelin, *Syst. Nat.*, 1788, t. I, p. 566.

**Adamastor cinereus** Coues, *Proceed. Acad. nat. Sc. Philad.*, 1864, p. 19.
— O. Salvin, *Rep. on the collect. of Birds made during the voyage of H. M. S. « Challenger »*, n° XII, *Procellariidæ*, *Proceed. zool. Soc. Lond.*, 1878, p. 737, et *Voy. of the « Challenger »*, *Rep. on the Birds*, *Procellariidæ*, p. 143, n° 7.

Le Muséum d'Histoire naturelle de Paris possède deux exemplaires de cette espèce, obtenus, le premier par l'expédition de la *Vénus* dans les parages du cap Horn, le second par M. Lantz à l'île Saint Paul, en 1875. Deux autres spécimens, un mâle et une femelle, sont cités dans le Catalogue de Procellariens rapportés par l'expédition du *Challenger* et proviennent du sud du Pacifique.

### 183 (72 *c*). ÆSTRELATA LESSONI.

**Procellaria Lessoni** Garnot, *Ann. des Sc. nat.*, 1826, t. VII, p. 54, et pl. IV.
— J. Gould, *Birds of Austral.*, t. VII, pl. XLIX.

**Puffinus sericeus** Lesson, *Manuel d'Ornithologie*, 1829, t. II, p. 402.
— J.-J. von Tschudi, *Journ. f. Ornith.*, 1856, p. 181.

**Procellaria Lessonii** Lesson, *Traité d'Ornithologie*, 1831, p. 611.

?**Procellaria leucocephala** Lichtenstein, Forster, *Descr. Anim.*, 1844, p. 206, sp. 179.

**Æstrelata leucocephala** Ch.-L. Bonaparte, *Consp. Av.*, 1857, t. II, p. 189.

**Æstrelata Lessoni** Coues, *Proceed. Acad. nat. Sc. Philad.*, 1866, p. 142.
— Coues et Kidder, *Bull. U. St. nat. Mus.*, n° 2, p. 27.
— R.-B. Sharpe, *Zool. of Kerguelen, Birds*, p. 26.
— O. Salvin, *Rep. on the coll. of Birds made during the voyage of H. M. S. « Challenger »*, n° XII, *Procellariidæ*, *Proceed. zool. Soc. Lond.*, 1878, p. 737, et *Voy. of the « Challenger »*, *Rep. on the Birds Procellariidæ*, p. 144, n° 12.
— Alph. Milne Edwards, *Faune des régions australes*, ch. V, p. 13 et carte.

**Æstrelata** (?) **sericea** Oustalet *in* Salvin, *On the Birds of Mas-afuera. Ibis*, 1875, p. 373.

Le type du Pétrel de Lesson (*Procellaria* ou *Æstrelata Lessoni*) qui fait encore partie des collections du Muséum d'Histoire naturelle, a été rapporté par l'expédition de la *Coquille*. Il a été obtenu, d'après Garnot, dans le sud de l'océan Pacifique, par 52° latitude sud et 85° longitude ouest, c'est-à-dire un peu en dehors de la région que nous considérons; mais, d'après le même naturaliste, l'*Æstrelata Lessoni* se trouverait aussi dans les parages du cap Horn. Cette espèce a été retrouvée plus tard sur les côtes de Kerguelen d'où l'expédition du *Challenger* en a rapporté deux spécimens. Comme Ch.-L. Bonaparte l'a indiqué, elle est probablement identique au *Procellaria leucocephala* signalé par Gould sur les côtes de l'Australie et mentionné plus récemment par

Buller (*Birds New-Zealand*, p. 303) comme se trouvant aussi sur les côtes de la Nouvelle-Zélande.

Ainsi que M. O. Salvin a pu le constater dans les galeries du Muséum, le *Puffinus sericeus*, dont Lesson avait négligé d'indiquer la provenance, n'est autre chose que le *Procellaria Lessoni*, Garn.

### 184 (72 *d*). Pagodroma nivea.

**Pétrel blanc ou Pétrel de neige** Buffon, *Hist. nat. des Oiseaux*, t. IX, p. 314.

**Procellaria nivea** Coues, *Proceed. Acad. nat. Sc. Philad.*, 1866, p. 160.

— O. Salvin, *Report on the coll. of Birds made during the Survey of H. M. S. « Challenger »*, n° XII, *Procellariidæ*, *Proceed. zool. Soc. Lond.*, 1878, p. 737, et *Voy. of the « Challenger »*, *Rep. on the Birds, Procellariidæ*. p. 144, n° 10.

— Alph. Milne-Edwards, *Faune des régions australes*. Ch. V, p. 9 et carte.

D'après M. A. Milne-Edwards, les Pétrels blancs abondent dans le groupe d'iles situées au sud du cap Horn, notamment à la terre Louis-Philippe, dans le petit archipel des Sandwich australes et à la terre de Palmer. L'espèce a été rencontrée par l'expédition du *Challenger* à la même date et dans la même localité que le Pétrel antarctique, c'est-à-dire près de la banquise au sud de Kerguelen; elle niche à l'île Cockburn, à l'île Franklin, et elle est extrêmement commune dans les parages de la terre Victoria.

### 185 (75 *a*). Thalassidroma nereis.

**Thalassidroma nereis** Gould, *Proceed. zool. Soc. Lond.*, 1840, p. 178; *Birds of Austral.*, t. VII, pl. LXIV, et *List of Birds from the Falkland Islands. Proceed. zool. Soc. Lond.*, 1859, p. 98.

— Ph.-L. Sclater, *Cat. of the Birds of the Falkland Islands, Proceed. zool. Soc. Lond.*, 1860, p. 390, n° 48.

— Abbott, *Ibis*, 1861, p. 164.

— Alph. Milne-Edwards, *Faune des régions australes*, Ch. V, p. 20 et carte.

Cette espèce se montre aux îles Malouines et à Kerguelen, mais est beaucoup plus commune dans le détroit de Bass, dans les parages de la Nouvelle-Zélande, de l'île Norfolk, etc.

?186 (79 *a*). Larus cirrhocephalus.

**Larus cirrhocephalus** Vieillot, *Nouv. Dict. d'Hist. nat.*, 2e édit., 1818, t. XXI, p. 502, et *Gal. des Oiseaux*, 1834, t. II, p. 223, et pl. CCLXXXIX.
— Ph.-L. Sclater et O. Salvin, *Neotr. Laridæ, Proceed. zool. Soc Lond.*, 1871, p. 678, et *Nom. Av. neotr.*, 1873, p. 148.
— H. Durnford, *Ibis*, 1877, p. 201.
— H. Saunders, *On the Larinæ, Proceed. zool. Soc. Lond.*, 1878, p. 204, n° **42**.
— R.-B. Sharpe, *Zool. coll. made during the Survey of H. M. S. « Alert », Proceed. zool. Soc. Lond.*, 1881, p. 16, n° 75.
— L. Taczanowski, *Ornith. du Pérou*, 1886, t. III, p. 455, n° **1304**.
— Ph.-L. Sclater et W.-H. Hudson, *Argentine Ornith.*, 1889, t. II, p. 201, n° **418**.

**Larus maculipennis** Burmeister, *Syst. üb. Th. Brasil.*, 1856, t. III, p. 448, et *La Plata Reise*, 1861, t. II, p. 518 (*nec* Lichtenstein).

Cette Mouette a été signalée, d'une part, sur les côtes du Pérou et du Chili, de l'autre, sur celles du Brésil, de l'Uruguay et de la République Argentine et le long du Rio de la Plata et du Parana; mais, d'après M. Durnford, elle ne se rencontrerait pas au sud de Buenos Ayres. Cependant, je trouve dans les collections du Muséum, à côté de spécimens venant du Chili, du Brésil et du Paraguay, deux oiseaux de cette espèce dont l'un a été envoyé de Corrientes par d'Orbigny, en 1829, et l'autre de Patagonie par le même voyageur, en 1831. C'est sur la foi de cette indication que j'inscris ici le nom du *Larus cirrhocephalus* qui, dans tous les cas, ne doit pas s'avancer bien loin vers le Sud.

187 (79 *b*). Larus maculipennis.

**Larus maculipennis** Lichtenstein, *Verz. Doubl.*, 1823, p. 83.
— Ph.-L. Sclater et O. Salvin, *Nom. Av. neotr.*, 1873, p. 148.
— H. Durnford, *On some Birds observed in the Chuput Valley, Patagonia,*

**Larus maculipennis,** *Ibis,* 1877, p. 43 et 202, et *Notes on the Birds of central Patagonia, Ibis,* 1878, p. 405.
— H. Saunders, *On the Larinæ, Proceed. zool. Soc. Lond.,* 1878, p. 201, n° 40, et fig. 13.
— Ph.-L. Sclater et W.-H. Hudson, *Argentine Ornith.,* 1889, t. II, p. 198, n° 417.

**Xema cirrhocephalum** J. Gould, Darwin, *Voy. of the « Beagle », Zool.,* t. III, 1841, *Birds,* p. 142 (*part.*).

**Larus serranus** Burmeister, *La Plata Reise,* 1861, t. II, p. 519 (*nec* Tschudi),

**Larus cirrhocephalus** W.-H. Hudson, *Proceed. zool. Soc. Lond.,* 1870, p. 802, et 1871, p. 4 (*nec* Vieillot).

Cette espèce, souvent confondue avec la précédente, fréquente la côte orientale de l'Amérique du Sud, depuis le tropique du Capricorne jusqu'au 43e ou 44e degré de latitude Sud. Elle est très commune dans les pampas de la République Argentine, où elle est appelée *Gaviota* et où elle niche au mois d'octobre, et elle se reproduit également, d'après M. Durnford, sur les côtes de la Patagonie, à New Bay, localité située à une quarantaine de milles de Chuput. Il y a en ce point une grande *rookery* de Mouettes que M. Durnford a visitée et sur laquelle il a donné des détails fort intéressants, qui concordent avec les observations détaillées faites dans les pampas par M. Hudson.

## 188 (79 *c*). Larus Belcheri.

**Larus Belcheri** Vigors, *Zool. Journ.,* 1829, t. IV, p. 358, et *Zool. Beechey's Voy. « Blossom »,* p. 39.
— Ph.-L. Sclater et O. Salvin, *Neotr. Laridæ, Proceed. zool. Soc. Lond.,* 1871, p. 575, et *Nom. Av. neotr.,* 1873, p. 148.
— H. Saunders, *On the Larinæ, Proceed. zool. Soc. Lond.,* 1878, p. 182, n° 20.
— L. Taczanowski, *Ornith. du Pérou,* 1886, t. IV, p. 448, n° 1298.

**Larus fuliginosus** Cassin, *Un. St. expl. Exp. Orn.,* 1858, p. 378 (*nec* Gould).

**Larus Frobenii** Philippi et Landbeck, *Wiegm. Arch.,* 1861, p. 292.

**Larus Frobeni** Philippi et Landbeck, *Cat. Av. Chil., Ann. Un. Chil.*, t. XXXI, p. 288.

D'après M. H. Saunders, cette espèce se trouverait sur la côte occidentale de l'Amérique du Sud, depuis Callao jusqu'au détroit de Magellan et même jusqu'au cap Horn. Elle doit donc figurer dans mon Catalogue, quoique je n'aie eu sous les yeux aucun spécimen de *Larus Belcheri* provenant de la Patagonie. Tous ceux que le Muséum d'Histoire naturelle possède sont originaires du Pérou et ont été envoyés par d'Orbigny en 1834 ou rapportés par l'expédition de la *Bonite* en 1838.

### 189 (82 *a*). Cygnus coscoroba.

**Anas coscoroba** Molina, *Stor. Nat. Chil.*, p. 207.

— Gmelin, *Syst. Nat.*, 1788, t. I, p. 503.

— F. Eydoux et P. Gervais, *Ois. du voy. de la « Favorite », Mag. de Zool.*, 1836, p. 36, et *Voy. de la « Favorite »*, 1839, *Oiseaux*, p. 62.

**Cygnus coscoroba** G. Hartlaub, *Ind. d'Azara*, p. 27.

— G.-R. Gray et Mitchell, *Gen. of Birds*, 1846, pl. CLXVI.

— Gay, *Faun. Chil.*, 1848, p. 446.

— Ph.-L. Sclater, *Cat. of the Birds of the Falkland Islands, Proceed. zool. Soc. Lond.*, 1860, p. 388, n° 31.

— Burmeister, *La Plata Reise*, 1861, t. II, p. 512.

— Ph.-L. Sclater et O. Salvin, *Second List of Birds collected in the Straits of Magellan by Dr Cunningham, Ibis*, 1869, p. 284, n° 28; *Nom. Av. neotrop.*, 1873, p. 129, et *Neotrop. Anatidæ, Proceed. zool. Soc. Lond.*, 1876, p. 371.

— H. Durnford, *On some Birds observed in the Chuput Valley, Patagonia, Ibis*, 1877, p. 41, et *Notes on the Birds of central Patagonia, Ibis*, 1878, p. 400.

**Cygnus anatoides** King, *Proceed. zool. Soc. Lond.*, 1830-1831, p. 15.

**Gazo blanco** d'Azara, *Apunt.*, n° 436.

**Anser candidus** Vieillot, *Nouv. Dict. d'Hist. nat.*, 1816, t. XXIII, p. 331, et *Encycl. méth.*, 1823, p. 351.

**Coscoroba candida** Reichenbach, *Nat. Syst. d. Vögel*, p. X.

**Coscoroba candida** Ph.-L. Sclater et W.-H. Hudson, *Argentine Ornith.*, 1889, t. II, p. 126, n° 339.

Le Cygne coscoroba, qui paraît être rare au Chili et au Paraguay, se rencontre au contraire en troupes nombreuses, particulièrement en hiver, sur les lacs et les fleuves de la République Argentine et se montre aussi sur divers points de la côte orientale de la Patagonie, sur les bords du détroit de Magellan et jusque dans les Malouines orientales. Il niche même sur un point de cet archipel, à Mare Harbour, ainsi que le capitaine Abbott a pu s'en assurer. Des spécimens de *Cygnus coscoroba* ont été obtenus il y a déjà longtemps sur les bords du détroit de Magellan par les capitaines King et Pack et, le 23 décembre 1867, sur le Rio Gallegos par le Dr Cunningham, et en 1877 M. Durnford a observé des troupes nombreuses d'oiseaux de cette espèce dans la vallée de la Chuput.

### 190 (83 *a*). Bernicla (Chloephaga) dispar.

**Bernicla magellanica** Cassin, *Gilliss's Exped.*, 1856, t. II, p. 201, et pl. XXIV.
— Gay, *Faun. Chil.*, 1848, p. 443.
— Ph.-L. Sclater *in* Hudson, *On Patagonian Birds, Proceed. zool. Soc. Lond.*, 1872, p. 549.
— H. Durnford, *Notes on the Birds of central Patagonia, Ibis*, 1877, p. 400.

**Bernicla antarctica** Burmeister, *La Plata Reise*, 1861, t. II, p. 514.

**Bernicla dispar** Philippi et Landbeck, *Wiegm. Arch.*, 1863, p. 190, et *Cat. Av. chil.*, p. 40.

**Chloephaga dispar** Ph.-L. Sclater, *Proceed. zool. Soc. Lond.*, 1867, p. 330 et 334.

**Bernicla dispar** Ph.-L. Sclater et O. Salvin, *On the neotr. Anatidæ, Proceed. zool. Soc. Lond.*, 1876, p. 364.
— Ph.-L. Sclater et W.-H. Hudson, *Argentine Ornith.*, 1889, t. II, p. 133, n° 336.

Cette espèce ou cette race représente au Chili, dans la République Argentine et sur certains points de la Patagonie, la *Bernicla magellanica*.

dont elle ne diffère que par des particularités de très minime importance, ainsi que je l'ai dit plus haut, et avec laquelle elle se croise facilement. Peut-être même les deux formes se trouvent-elles concurremment dans le détroit de Magellan. MM. Sclater et Salvin citent en effet, d'après MM. Philippi et Landbeck, un spécimen de *Bernicla dispar* qui se trouve au Musée de Santiago et qui est indiqué comme originaire de cette localité. D'après M. Sclater, c'est à la *Bernicla dispar* que doivent aussi être attribuées les Bernaches observées pendant l'hiver, de mars à septembre, dans la vallée de la Chuput, et en toutes saisons sur le lac Colguape par M. H. Durnford, Bernaches que ce voyageur a désignées dans son Catalogue sous le nom de *Bernicla magellanica*.

### 191 (84 *a*). Bernicla (Chloephaga) rubidiceps.

**Bernicla inornata** Gray, *Zool. Voy. « Erebus » and « Terror »*, pl. XXIV.

**Chloephaga rubidiceps** Ph.-L. Sclater, *Cat. of the Birds of the Falkland Islands, Proceed. zool. Soc. Lond.*, 1860, p. 387, n° 28, et pl. CLXXIII, et 1861, p. 158.

— Abbott, *Ibis*, 1861, p. 158.

— R.-B. Sharpe, *App. Zool. Voy. « Erebus » and « Terror », Birds*, p. 37.

— Ph.-L. Sclater et O. Salvin, *Nom. Av. neotrop.*, 1873, p. 128.

**Bernicla rubidiceps** Ph.-L. Sclater et O. Salvin, *Neotr. Anatidæ, Proceed. zool. Soc. Lond.*, 1876, p. 367.

La *Bernicla rubidiceps*, qui, comme son nom l'indique, se distingue des autres espèces de Bernaches antarctiques par la coloration rousse de la tête dans les deux sexes, paraît être spéciale aux îles Malouines, où elle est connue des colons anglais sous le nom de *Brent Goose*. Cependant il y a dans les collections du Muséum un spécimen qui doit sans doute être attribué à cette espèce et qui a été envoyé en 1831 par d'Orbigny, avec des oiseaux de Patagonie.

### ? 192 (85 *a*). Bernicla (Chloephaga) inornata.

**Anser inornatus** King, *Proceed. zool. Soc. Lond.*, 1830-1831, p. 15.

**Bernicla inornata** Gay, *Faun. Chil.*, 1856, p. 444.

— G.-R. Gray et R.-B. Sharpe, *Zool. Voy.* « *Erebus* » *and* « *Terror* », *Birds*, pl. XXX.

**Chloephaga inornata** Ph.-L. Sclater et O. Salvin, *Nom. Av. neotrop.*, 1873, p. 128.

— R.-B. Sharpe, *App. Zool. Voy.* « *Erebus* » *and* « *Terror* », *Birds*, p. 37.

**Bernicla inornata** Ph.-L. Sclater et O. Salvin, *Neotr. Anatidæ*, *Proceed. zool. Soc. Lond.*, 1876, p. 367 (note).

Je ne connais pas cette espèce, qui n'est représentée, je crois, que par un seul spécimen, rapporté du détroit de Magellan par le capitaine King et conservé au Musée britannique, et je ne l'inscris ici qu'avec un point de doute, MM. Sclater et Salvin supposant que le spécimen en question pourrait bien n'être qu'un jeune de *Bernicla antarctica*.

### 193 (88 *a*). Querquedula brasiliensis.

**Anas brasiliensis** Brisson, *Ornith.*, 1760, t. IV, p. 360.

— Gmelin, *Syst. Nat.*, 1788, t. I, p. 517.

— Burmeister, *La Plata Reise*, 1861, t. II, p. 517.

**Ipicutiri** d'Azara, *Apunt.*, n° 437.

**Anas ipicutiri** Vieillot, *Nouv. Dict. d'Hist. nat.*, 1816, t. V, p. 120, et *Encycl. méthod.*, 1823, p. 354.

**Anas paturi** Spix, *Av. Bras.*, t. II, p. 85 et pl. CIX.

**Querquedula erythrorhyncha** (Spix) Eyton, *Mon. Anat.*, 1838, p. 127.

— J. Gould, Darwin, *Voy. of the* « *Beagle* », *Zool.*, t. III, 1841, *Birds*, p. 135.

**Querquedula ipicutiri** G. Hartlaub, *Ind. d'Azara*, 1847, p. 28.

— Gay, *Faun. Chil.*, p. 451.

**Querquedula ipicutiri** Philippi et Landbeck, *Cat. Av. Chil.*, p.42.

**Querquedula brasiliensis** Ph.-L. Sclater et O. Salvin, *Proceed. zool. Soc. Lond.*, 1869, p. 635; *Nom. Av. neotr.*, 1873, p. 390, et *On neotrop. Anatidæ. Proceed. zool. Soc. Lond.*, 1876, p. 390.

— Ph.-L. Sclater et W.-H. Hudson, *Argentine Ornith.*, 1889, t. II, p. 133, n° 349.

Ch. Darwin a tué au mois d'octobre, sur les bords du détroit de Magellan, quelques Sarcelles de cette espèce qui est répandue sur toute l'Amérique du Sud.

## 194 (88 *b*). Querquedula oxyptera.

**Anas oxyptera** Meyen, *Nov. Act.*, 1833, t. XVI, suppl., p. 121, et pl. XXVI.

**Querquedula oxyptera** Tschudi, *Faun. Per.*, p. 55 et 309.

— Ph.-L. Sclater et O. Salvin, *Nom. Av. neotr.*, 1873, p. 129, et *On neotr. Anatidæ, Proceed. zool. Soc. Lond.*, 1876, p. 385.

— R.-B. Sharpe, *Zool. coll. made during the Survey of H. M. S. « Alert »*, *Proceed. zool. Soc. Lond.*, 1881, p. 14, n° 55.

— L. Taczanowski, *Ornith. du Pérou*, 1886, t. III, p. 476, n° 1325.

L'expédition anglaise de l'*Alert* a rapporté de Patagonie deux individus de cette espèce qui, jusque-là, avait été considérée comme propre presque exclusivement au Pérou. L'un de ces oiseaux a été pris au mois de février 1880 à Port-Galant, localité située sur la côte méridionale de Patagonie, dans la partie occidentale du détroit de Magellan; l'autre a été tué à Cockle Cove (Magellan) en octobre 1879. Ce dernier, une femelle, avait le bec jaune avec l'arête supérieure noire, les yeux jaunes et les pattes grises, tandis que le premier avait les yeux d'un brun foncé, les pattes étant d'un gris clair et le bec jaune et noir comme chez l'autre individu.

## 195 (90 *a*). Dafila bahamensis.

**Hathera Duck (Anas bahamensis)** Catesby, *Carolina*, t. I, p. 93, et pl. XCIII.

**Anas bahamensis** Linné, *Syst. Nat.*, 1766, t. I, p. 199.

**Anas bahamensis** Burmeister, *La Plata Reise*, 1861, t. II, p. 515.

**Anas rubirostris** Vieillot, *Nouv. Dict. d'Hist. nat.*, 1816, t. V, p. 108, et *Encycl. méthod.*, 1823, p. 353.

**Anas urophasianus** Vigors, *Zool. Journ.*, 1829, t. IV, p. 357; *Zool.*, *Beechey's Voy.*, p. 31, et pl. XIV.

**Pœcilonetta bahamensis** Eyton, *Monogr. Anat.*, 1838, p. 116.
— J. Gould, Darwin, *Voy. of the « Beagle »*, *Zool.*, t. III, 1841, *Birds*, p. 135.
— Ph.-L. Sclater, *Cat. of the Birds of the Falkland Islands*, *Proceed. zool. Soc. Lond.*, 1860, p. 389, n° 34.
— Abbott, *Ibis*, 1861, p. 160.

**Dafila urophasianus** Eyton, *Monogr. Anatidæ*, 1838, p. 112, et pl. XX.
— J. Gould, Darwin, *Voy. of the « Beagle »*, *Zool.*, t. III, 1841, *Birds*, p. 135.

**Dafila bahamensis** G. Hartlaub, *Ind. d'Azara*, 1847, p. 27.
— Gay, *Faun. Chil.*, 1848, t. I, p. 448.
— Ph.-L. Sclater et O. Salvin, *Nom. Av. neotr.*, 1873, p. 130, et *Neotrop. Anatidæ*, *Proceed. zool. Soc. Lond.*, 1876, p. 393.
— Ph.-L. Sclater et W.-H. Hudson, *Argentine Ornith.*, 1889, t. II, p. 135, n° 351.

Le Canard de Bahama se rencontre dans toute l'Amérique du Sud et jusque dans les îles Malouines et Galapagos. On dit cependant qu'aux Malouines il est loin d'être commun et il en est de même sans doute en Patagonie, car l'espèce ne figure pas dans les Catalogues de M. Durnford. Déjà dans la République Argentine, d'après M. Hudson, il est beaucoup plus rare qu'au Brésil.

### 196 (91 *a*). Spatula platalea.

**Pato espatulato** d'Azara, *Apunt.*, n° 431.

**Anas platalea** Vieillot, *Nouv. Dict. d'Hist. nat.*, 1816, t. V, p. 157, et *Encycl. méthod.*, 1832, p. 357.
— Burmeister, *La Plata Reise*, 1861, t. II, p. 517.

**Rhynchaspis maculatus** Gould, *ms.*
— Jardine et Selby, *Illustr. Orn.*, pl. CXLVII.

**Rhynchaspis maculatus** Eyton, *Monogr. Anatidæ*, 1838, p. 134.
— Philippi et Landbeck, *Cat. Av. chil.*, p. 43.

**Spatula platalea** G. Hartlaub, *Ind. d'Azara*, p. 27.
— Ph.-L. Sclater et O. Salvin, *Nom. Av. neotr.*, 1873, p. 130, et *Neotrop. Anatidæ, Proceed. zool. Soc. Lond.*, 1876, p. 396.
— H. Durnford, *On some Birds observed in the Chuput Valley, Patagonia, Ibis*, 1877, p. 41, et *Notes on the Birds of central Patagonia, Ibis*, 1878, p. 401.
— Ph.-L. Sclater et W.-H. Hudson, *Argentine Ornith.*, 1889, t. II, p. 136, n° 353.

La *Spatula platalea* se trouve au Paraguay, au Chili, dans la République Argentine, en Patagonie et dans l'archipel des Malouines; mais le Muséum n'en possède aucun spécimen venant de ces deux dernières contrées, tandis qu'il a reçu des trois premières plusieurs exemplaires recueillis par Bonpland, par Gay et par Alcide d'Orbigny. Cependant, dans la Patagonie orientale, et notamment dans les vallées de la Chuput, du Sengel et du Sengelen, cette espèce de Souchet, d'après M. Durnford, est sédentaire et fort répandue.

### 197 (93 *a*). Erismatura ferruginea.

**Erismatura ferruginea** Eyton, *Monogr. Anatidæ*, 1838, p. 170.
— Gray et Mitchell, *Genera of Birds*, 1844, pl. CLXIX.
— Ph.-L. Sclater *in* Hudson, *On Patagonian Birds, Proceed. zool. Soc. Lond.*, 1872, p. 549.
— Ph.-L. Sclater et O. Salvin, *Nom. Av. neotr.*, 1873, p. 131, et *Neotr. Anatidæ, Proceed. zool. Soc. Lond.*, 1876, p. 404.
— H. Durnford, *On some Birds observed in the Chuput Valley, Patagonia. Ibis*, 1877, p. 42, et *Notes on the Birds of central Patagonia, Ibis*, 1878, p. 401.
— L. Taczanowski, *Ornith. du Pérou*, 1886, t. III, p. 484, n° 1331.
— Ph.-L. Sclater et W.-H. Hudson, *Argentine Ornith.*, 1889, t. II, p. 138.

Cette espèce, qui avait été observée précédemment dans le centre du Pérou, au Chili et dans la République Argentine, a été rencontrée, il y a une douzaine d'années, par M. H. Durnford dans les vallées du Sengel et du Sengelen (Patagonie orientale), où elle est, paraît-il, assez commune et sédentaire.

### 198 (96 *a*). Podiceps occipitalis.

**Podiceps occipitalis** Garnot, *Ann. des Sc. nat.*, 1826, t. VII, p. 50.
— H. Schlegel, *Mus. des Pays-Bas*, 1867, *Urinatores*, p. 41.

**Podiceps calipareus** et **P. chilensis** Lesson et Garnot, *Voy. de la « Coquille »*. *Zool., Oiseaux*, 1829, p. 601 et 727, et pl. XLV.
— J. Gould, *List of Birds from the Falkland Islands*, *Proceed. zool. Soc. Lond.*, 1859, p. 98.
— Ph.-L. Sclater, *Cat. of the Birds of the Falkland Islands*, *Proceed. zool. Soc. Lond.*, 1860, p. 389, n° 40.
— H. Durnford, *On some Birds observed in the Chuput Valley, Patagonia*. *Ibis*, 1877, p. 45, et *Notes on the Birds of central Patagonia*. *Ibis*. 1878, p. 405.

**Podiceps kalipareus** (Quoy et Gaimard) et **P. chilensis** (Garnot) J. Gould. Darwin, *Voy. of the « Beagle »*, *Zool.*, t. III, 1841, *Birds*, p. 136.

**Podiceps caliparius** Ph.-L. Sclater et O. Salvin, *Second List of Birds collected in the Straits of Magellan by D^r Cunningham*. *Ibis*. 1869, p. 284, n° 23.

**Podiceps caliparæus** Ph.-L. Sclater et O. Salvin, *Nom. Av. neotr.*, 1873, p. 150, et *Exotic Ornith.*, p. 190.
— L. Taczanowski, *Ornith. du Pérou*, 1886, t. III, p. 493, n° 1336.
— Ph.-L. Sclater et W.-H. Hudson, *Argentine Ornith.*, 1889, t. II, p. 204, n° 420.

Ch. Darwin a observé, au mois de septembre, à Bahia Blanca (République Argentine), de petites troupes de *Podiceps calliparcus* ou *occipitalis*, sur les petits canaux d'eau salée qui font communiquer de grands marais avec la mer, et il en a retrouvé quelques individus, au mois de mars, sur un petit lac d'eau douce des îles Malouines. Il dit aussi que le *Podiceps chiliensis*, qui, à mon avis, est identique au *Podiceps occipitalis* et dont il a obtenu des spécimens sur un lac voisin de Buenos Ayres, est extrêmement commun sur les canaux marins qui sillonnent la Terre de Feu, et que le capitaine King a rapporté plusieurs exemplaires de cette localité. Mais je crois que cette assertion n'est pas entièrement exacte et que l'espèce commune à la Terre de Feu est plutôt le *Podiceps Rollandi,* dont la Mission du cap Horn a obtenu plusieurs individus, comme je l'ai dit plus haut. En revanche, il est certain que le *Podiceps occipitalis* n'est pas très rare aux Malouines, où il se reproduit sans doute. Il a été rencontré dans cet archipel d'abord par Lesson et Garnot, puis par les naturalistes de l'expédition antarctique anglaise et par M. Pack. D'autre part, M. Durnford a vu, le 6 et le 11 novembre 1876, sur une grande lagune au nord de Chuput (Patagonie orientale), un couple de Grèbes de cette espèce qui, d'après lui, est sédentaire dans cette région. Ces oiseaux avaient, comme ceux dont parle Ch. Darwin, les yeux d'un rouge tenant le milieu entre le vermillon et l'écarlate, le bec couleur de corne brun foncé et les pattes d'un gris ardoise pâle.

D'après MM. Sclater et Hudson la limite septentrionale de l'aire d'habitat du *Podiceps occipitalis* se trouverait au niveau de Cordova, c'est-à-dire environ sous le 31ᵉ degré de latitude Sud; mais sur la côte occidentale il faut la faire remonter beaucoup plus haut, car le Muséum d'Histoire naturelle de Paris possède un spécimen qui a été attribué, avec raison je crois, à cette espèce, et qui a été envoyé en 1846 de Potosi (Bolivie) par M. de Castelnau, et M. Taczanowski cite plusieurs exemplaires recueillis au Pérou par M. de Tschudi, M. Whitely et M. Jelski.

### 199 (96 *b*). Podiceps dominicus.

**Podiceps dominicus** Latham, *Index Ornith.,* t. II, p. 785.

— Spix, *Av. Brasil.,* t. II, p. 78 et pl. CI.

— Burmeister, *La Plata Reise,* 1861, t. II, p. 521.

— H. Schlegel, *Mus. des Pays-Bas, Urinatores,* 1867, p. 47.

**Tachybaptes dominicus** Ch.-L. Bonaparte, *Compt. rend. Acad. Sc.,* 1856, p. 775.

— Ph.-L. Sclater et O. Salvin, *Nom. Av. neotr.,* 1873, p. 150.

**Tachybaptes dominicus** H. Durnford, *Notes on the Birds of central Patagonia, Ibis*, 1878, p. 405.

— L. Taczanowski, *Ornith. du Pérou*, 1886, t. III, p. 495, n° 1338.

— Ph.-L. Sclater et W.-H. Hudson, *Argentine Ornith.*, 1889, t. II, p. 205, n° 422.

Le Grèbe dominicain, qui s'avance vers le Nord jusqu'au Mexique, descend dans l'Amérique méridionale beaucoup plus loin qu'on ne le supposait naguère encore, puisqu'il se trouve dans la Patagonie orientale, où même, d'après M. Durnford, il réside pendant toute l'année, dans les vallées de la Chuput, du Sengel et du Sengelen.

### 200 (96 *c*). Aptenodytes longirostris.

Le **Manchot de la Nouvelle-Guinée** Sonnerat, *Voy. à la Nouvelle-Guinée*, p. 180, et pl. CXIII.

Le **Manchot des isles Malouines** Daubenton, *Pl. enl. de Buffon*, 1770, pl. CMLXXV.

**Aptenodyta longirostris** Scopoli, *Del. Faun. et Flor. Insub.*, t. II, p. 91, n° 69.

**Pinguinaria patachonica** Shaw, *Miller's Cimel. Phys.*, pl. XLV, et *Nat. Misc.*, t. XI, pl. CDIX.

**Aptenodytes Pennantii** G.-R. Gray, *Ann. nat. Hist.*, 1844, t. XIII, p. 315, et *Gen. of Birds*, 1846, t. III, p. 642.

— Ph.-L. Sclater, *Cat. of the Birds of the Falkland Islands, Proceed. zool. Soc. Lond.*, 1860, p. 390, n° 42, et *Add. and correct. to the List of the Birds of the Falkland Islands, Proceed. zool. Soc. Lond.*, 1861, p. 47.

**Aptenodytes Pennanti** J. Gould, *List of Birds from the Falkland Islands, Proceed. zool. Soc. Lond.*, 1859, p. 98.

— Ph.-L. Sclater et O. Salvin, *Second List of Birds collected in the Straits of Magellan by D^r Cunningham, Ibis*, 1869, p. 284, n° 32; *On the Nests and Eggs collected in the Straits of Magellan by D^r Cunningham, Ibis*, 1870, p. 503, n° 10; *Nom. Av. neotr.*, 1873, p. 151.

**Spheniscus Pennantii** H. Schlegel, *Mus. des Pays-Bas*, 1867, p. 3.

**Aptenodytes longirostris** Coues, *Proc. Acad. Philad.*, 1872, p. 193.

— R.-B. Sharpe, *Zool. of Kerguelen, Birds*, p. 52.

**Aptenodytes longirostris** Alph. Milne Edwards, *Faune des régions australes*, Ch. II, p. 40.

— Ph.-L. Sclater et O. Salvin, *Rep. on the coll. of Birds made during the voyage of H. M. S. « Challenger »*, *Impennes, Proceed. zool. Soc. Lond.*, 1878, p. 653, n° 1, et *Voy. of the « Challenger », Rep. on the Birds, Impennes*, p. 122, n° 1.

L'Apténodyte à long bec ou de Pennant a pour stations principales les Malouines, Kerguelen, l'île Crozet, l'île Campbell et l'île Stewart. Plusieurs spécimens provenant des deux premières localités ont été rapportés par l'expédition du *Challenger*. D'autres exemplaires avaient été obtenus précédemment par les capitaines Pack et Abbott dans l'archipel des Malouines, et c'est probablement de ces îles que proviennent deux spécimens de la collection du Muséum qui ont été acquis à des marchands naturalistes et qui portent la mention « *Patagonie* ». Outre ces deux oiseaux, le Musée de Paris possède encore deux autres Apténodytes de Pennant recueillis l'un aux îles Crozet, l'autre à l'île Campbell par M. le Dr Filhol.

### 201 (97 *a*). Eudyptes chrysolophus.

**Catarractes chrysolophus** Brandt, *Bull. Acad. Sc. Saint-Pétersbourg*, t. II, p. 314 (*nec* auct. recent.).

**Eudyptes diadematus** J. Gould, *Proceed. zool. Soc. Lond.*, 1860, p. 419.

— H. Schlegel, *Mus. des Pays-Bas*, 1867, *Urinatores*, p. 8.

— Coues, *Proceed. Acad. Philad.*, 1872, p. 206.

— Coues et Kidder, *Bull. Un. St. Nat. Mus.*, t. II, p. 47, et t. III, p. 20.

**Eudyptes chrysocome** Abbott, *Pinguins of the Falkland Islands, Ibis*, 1860, p. 337 (*nec* Forst.).

**Eudyptes chrysolophus** Ph.-L. Sclater, *Cat. of the Birds of the Falkland Islands, Proceed. zool. Soc. Lond.*, 1860, p. 390, n° 44, et *Add. and correct. to the List of the Birds of the Falkland Islands, Proceed. zool. Soc. Lond.*, 1861, p. 47.

— Abbott, *Ibis*, 1861, p. 47.

— R.-B. Sharpe, *Zool. of Kerguelen, Birds*, p. 57, et pl. VIII, fig. 2.

— Alph. Milne-Edwards, *Faune des régions australes*, Ch. II, p. 53 et carte.

**Eudyptes chrysolophus** Ph.-L. Sclater et O. Salvin, *Rep. on the coll. of Birds made during the voyage of H. M. S. « Challenger », Impennes, Proceed. zool. Soc. Lond.*, 1878, p. 654, n° 5, et *Voy. of the « Challenger », Rep. on the Birds, Impennes*, p. 127, n° 5, et pl. XXIX.

**Eudyptes diadematus** J. Gould, *Proceed. zool. Soc. Lond.*, 1860, p. 419.

Le Muséum d'Histoire naturelle de Paris possède deux spécimens de l'*Eudyptes chrysolophus*, espèce à laquelle j'ai déjà fait allusion et dont M. R.-B. Sharpe et M. Alph. Milne Edwards ont établi la synonymie, auparavant singulièrement confuse. L'un de ces spécimens représente la variété *albigularis* Alph. Milne-Edwards et vient de l'île Macquarie, tandis que l'autre, *Eudyptes chrysolophus* typique, est originaire des îles Malouines, où l'espèce a été observée il y a déjà une trentaine d'années par M. Abbott et antérieurement par M. Pack. L'*Eudyptes chrysolophus* se trouve également à l'île Kerguelen, mais il résulte des recherches de M. Alph. Milne-Edwards que l'aire de dispersion de ce Pingouin est beaucoup plus restreinte que celle de l'*Eudyptes chrysocomus*.

### 202 (97 *b*). Pygoscelis tæniata.

**Le Manchot papou** Sonnerat, *Voy. à la Nouvelle-Guinée*, p. 181, et pl. CXV.

**Aptenodytes papua** Forster, *Nov. Comm. Götting.*, t. III, p. 140, et pl. III.

— Gmelin, *Syst. Nat.*, 1788, t. I, p. 556.

— Vieillot, *Galerie des Oiseaux*, t. II, p. 246, et pl. CCXCIX (var.).

**Pygoscelis papua** Wagler, *Isis*, 1832, t. XI, p. 463.

— G.-R. Gray, *Voy. « Erebus » and « Terror », Zool., Birds*, pl. XXV.

— Ch.-L. Bonaparte, *Compt. rend. Acad. Sc.*, 1856, t. XLII, p. 775.

**Eudyptes papua** G.-R. Gray, *Gen. of Birds*, 1846, t. III, p. 641.

— J. Gould, *List of Birds from the Falkland Islands, Proceed. zool. Soc. Lond.*, 1859, p. 98.

— Abbott, *Ibis*, 1860, p. 336.

**Pygoscelis Wagleri** Ph.-L. Sclater, *Cat. of the Birds of the Falkland Islands, Proceed. zool. Soc. Lond.*, 1860, p. 390, n° 46, et *Add. and correct. to the List of the Birds of the Falkland Islands, Proceed. zool. Soc. Lond.*, 1861, p. 47.

**Aptenodytes tæniata** Peale, *Un. St. Expl. Exped.*, p. 264.

**Spheniscus papua** H. Schlegel, *Mus. des Pays-Bas*, 1867, *Urinatores*, p. 5.

**Pygoscelis tæniata** Coues, *Proceed. Acad. nat. Sc. Philadelph.*, 1872, p. 195.

— R.-B. Sharpe, *Voy. « Erebus » and « Terror »*, *Birds*, *App.*, p. 31.

— Coues et Kidder, *Bull. Un. St. Nat. Mus.*, t. II, p. 41, et t. III, p. 18.

— R.-B. Sharpe, *Zoology of Kerguelen*, *Birds*, p. 54.

**Pygosceles tæniatus** Ph.-L. Sclater et O. Salvin, *Nom. Av. neotrop.*, 1873, p. 151.

**Pygoscelis papua** Alph. Milne-Edwards, *Faune des régions australes*, Ch. II, p. 59.

Le *Pygoscelis papua*, dont le nom a dû être changé en *Pygoscelis tæniata*, l'espèce ne se trouvant pas en Papouasie, a été signalé sur divers points de la zone antarctique, notamment à l'île Stewart, à l'ile Macquarie, sur les îles Crozet, à Kerguelen où il niche, et dans l'archipel des Malouines où il se reproduit également. C'est le *Johnnie* des marins anglais.

### 203 (97 *c*). Pygoscelis antarctica.

**Aptenodytes antarcticus** Forster, *Comm. Goetting.*, 1780, t. III, p. 141, pl. IV, et *Descr. anim.*, p. 56.

**Pygoscelis antarctica** Ch.-L. Bonaparte, *Compt. rend. Acad. Sc.*, 1856, t. XLII, p. 775.

— Coues, *Proceed. Acad. Philad.*, 1872, p. 199.

— Alph. Milne-Edwards, *Faune des régions australes*, Ch. II, p. 59.

**Eudyptes antarcticus** G.-R. Gray, *Voy. « Erebus » and « Terror »*, *Zool.*, *Birds*, pl. XXVII.

— Ph.-L. Sclater, *Add. and. corr. to the List of the Birds of the Falkland Islands*, *Proceed. zool. Soc. Lond.*, 1861, p. 47.

**Spheniscus antarcticus** Schlegel, *Mus. des Pays-Bas*, 1867, *Urinatores*, p. 5.

Cette espèce se trouve, avec la précédente, aux îles Malouines et le Muséum d'Histoire naturelle de Paris en possède même un spécimen venant de cet archipel. On la rencontre aussi, d'après M. Milne-Edwards, dans les Orkneys australes, à la Nouvelle-Géorgie du Sud et même en pleine mer, dans le voisinage des glaces antarctiques.

### 204 (99 *a*). Rhea americana.

**Struthio rhea** Linné, *Syst. Nat.*, 1766, t. I, p. 266.

**Rhea americana** Latham, *Ind. Ornith.*, t. II, p. 665.

— J. Gould, Darwin, *Voy. of the « Beagle », Zool.*, t. III, 1841, *Birds*, p. 120.
— Burmeister, *La Plata Reise*, 1861, t. II, p. 500.
— Ph.-L. Sclater et O. Salvin, *Nom. Av. neotr.*, 1873, p. 154.
— Ph.-L. Sclater, *Trans. zool. Soc.*, t. IV, pl. LXVIII.
— Ph.-L. Sclater et W.-H. Hudson, *Argentine Ornith.*, 1889, t. II, p. 216, n° 433.

Le Muséum d'Histoire naturelle de Paris a reçu des spécimens de *Rhea americana* de toutes les régions où cette espèce a été rencontrée, à savoir du Brésil par A. Saint-Hilaire en 1822, de la République Argentine par d'Orbigny en 1829, et de la Patagonie par le même voyageur en 1831. Dans cette dernière contrée, l'espèce devient de plus en plus rare à mesure qu'on s'éloigne du Rio Negro et finit par être remplacée par la *Rhea Darwini*.

---

J'arrive donc à un total de 204 espèces pour les oiseaux qui ont été rapportés par la Mission du cap Horn ou qui ont été recueillis par d'autres expéditions dans la Patagonie proprement dite, au sud du Rio Negro, sur la Terre de Feu, la Terre des États, les îles avoisinantes, ou dans l'archipel des Malouines. Ce chiffre de 204 espèces ne représente pas, évidemment, la totalité des espèces qui vivent dans ces régions: il reste certainement à y découvrir sinon des formes nouvelles, au moins des formes qui n'y ont pas encore été signalées. Néanmoins nous pouvons essayer, d'après ces données, d'établir, à l'aide de Tableaux synoptiques, la distribution géographique des espèces énumérées ci-dessus et les relations de la faune de la Fuégie, de la Patagonie et des Malouines avec celle des autres contrées de l'Amérique ou de certaines terres australes.

| | FUÉGIE (Terre de Feu et Terre des États). | SHETLANDS australes, Orkneys, etc. | MALOUINES. | PATAGONIE (au sud du Rio Negro). | RÉPUBLIQUE ARGENTINE (au nord du Rio Negro). | CHILI. |
|---|---|---|---|---|---|---|
| 1. Conurus smaragdinus | + | | | + | | + |
| 2. » patagonus | | | | + | + | + |
| 3. Sarcorhamphus gryphus | ? | | | + | + | + |
| 4. Cathartes aura | + | | + | + | + | + |
| 5. Polyborus tharus | + | | | + | + | + |
| 6. Ibycter australis | + | | + | | | |
| 7. » albigularis | | | | + | | |
| 8. Milvago chimango | — | | | + | + | + |
| 9. Circus cinereus | | | + | + | + | + |
| 10. Accipiter chilensis | — | | | + | + | + |
| 11. Harpyhaliætus coronatus | | | | + | + | + |
| 12. Buteo poliosomus | + | | + | | | |
| 13. » erythronotus | | | | + | | |
| 14. » borealis | | | | ? | | |
| 15. » melanoleucus | | | | + | + | + |
| 16. Falco fusco-cærulescens | | | | + | + | + |
| 17. Tinnunculus sparverius var. cinnamominus | + | | | + | + | + |
| 18. Bubo magellanicus | — | | | + | | |
| 19. Syrnium rufipes | ? | | | + | | ? |
| 20. Otus brachyotus var. Cassini | + | | + | + | + | + |
| 21. Athene (Speotyto) cunicularia | + | | | + | + | + |
| 22. Glaucidium nanum | + | | | + | + | + |
| 23. Picus (Megapicus) magellanicus | + | | | + | | + |
| 24. Picus lignarius | | | | ? | | + |
| 25. Colaptes agricola | | | | ? | + | |
| 26. Ceryle torquata var. stellata | | | | + | + | + |
| 27. Stenopsis bifasciata | | | | + | + | + |
| 28. Eustephanus galeritus | | | | + | | + |
| 29. Hirundo (Tachycincta) Meyeni | + | | | + | | + |
| 30. » » leucorrhoa | | | | + | + | ? |
| 31. » (Progne) furcata | | | | + | + | ? |
| 32. » (Atticora) cyanoleuca | | | | + | + | + |
| 33. Agriornis striata | | | | + | + | |
| 34. » maritima | | | | + | + | + |

| BOLIVIE. | BRÉSIL. | PÉROU. | ÉQUATEUR. | COLOMBIE, Vénézuéla, Guyane. | AMÉRIQUE centrale. | AMÉRIQUE septentrionale. | NOUVELLE-ZÉLANDE, Auckland, Campbell. | CAP DE BONNE-ESPÉRANCE et terre au sud du Cap. | KERGUELEN, Crozet, etc. | EUROPE. |
|---|---|---|---|---|---|---|---|---|---|---|
| + | + | + | + | + | + | + | | | | |
| + | + | + | + | | | | | | | |
| + | + | + | + | + | | | | | | |
| + | + | + | | | | | | | | |
| ? | + | | | | | | | | | |
| | | | | | + | | | | | |
| + | + | + | + | + | | | | | | |
| + | + | + | + | + | + | | | | | |
| + | + | + | + | + | | | | | | |
| + | + | + | + | + | + | + | | | | |
| + | + | + | + | + | + | + | | | | |
| | ? | | | | | | | | | |
| + | | | | | | | | | | |
| | | + | | | | | | | | |
| + | | | | | | | | | | |
| ? | + | + | | | | | | | | |
| + | + | + | + | + | + | | | | | |
| + | | | | | | | | | | |

| | FUÉGIE (Terre de Feu et Terre des États). | SHETLANDS australes, Orkneys, etc. | MALOUINES. | PATAGONIE (au sud du Rio Negro). | RÉPUBLIQUE ARGENTINE (au nord du Rio Negro). | CHILI. |
|---|---|---|---|---|---|---|
| 35. Myiotheretes rufiventris.. .......... | | | | + | + | |
| 36. Tænioptera pyrope .................. | + | | | + | | |
| 37. » coronata ................ | | | | ? | + | |
| 38. » murina ................ | | | | + | + | |
| 39. » rubetra ................ | | | | + | + | |
| 40. Cnipolegus Hudsoni ................ | | | | + | + | |
| 41. Lichenops perspicillata ............... | | | | + | + | + |
| 42. Hapalocercus flaviventris ............. | | | | + | + | + |
| 43. Stigmatura flavocinerea ............. | | | | ? | + | |
| 44. Cyanotis Azaræ .................... | | | | + | + | + |
| 45. Muscisaxicola macloviana ............ | | | + | + | + | + |
| 46. » maculirostris .......... | | | | + | + | + |
| 47. » brunnea .............. | | | | + | | |
| 48. Centrites niger .................... | — | | | — | + | + |
| 49. Elainea albiceps .................... | + | | | + | + | + |
| 50. Serpophaga parvirostris ............. | ? | | | + | | + |
| 51. Anæretes parulus .................... | | | | + | + | + |
| 52. Geositta cunicularia ................. | | | | + | + | + |
| 53. Cinclodes nigrofumosus ............. | | | | + | + | + |
| 54. » fuscus .................... | + | | + | + | + | ? |
| 55. » antarcticus ............... | | | + | | | |
| 56. » patagonicus ............... | | | | + | | + |
| 57. Henicornis phœnicura ............... | | | | + | | + |
| 58. Upucerthia dumetoria ............... | | | | + | + | + |
| 59. Phlœocryptes melanops .............. | | | | + | + | + |
| 60. Synallaxis striaticeps ....... ....... | | | | ? | + | + |
| 61. » sordida ................ | | | | + | — | |
| 62. » modesta ................ | | | | ? | + | + |
| 63. » patagonica .......... ... | | | | + | + | |
| 64. » sulphurifera ............. | | | | ? | + | |
| 65. » anthoides ....... ....... | | | + | + | + | + |
| 66. » Hudsoni ................ | | | | + | + | |
| 67. Leptasthenura ægithaloides .......... | | | | + | + | + |

| BOLIVIE. | BRÉSIL. | PÉROU. | ÉQUATEUR. | COLOMBIE, Vénézuéla, Guyane. | AMÉRIQUE centrale. | AMÉRIQUE septentrionale. | NOUVELLE-ZÉLANDE. Auckland. Campbell. | CAP DE BONNE-ESPÉRANCE et terres au sud du Cap. | KERGUELEN, Crozet, etc. | EUROPE. |
|---|---|---|---|---|---|---|---|---|---|---|
| + | | | | | | | | | | |
| + | + | | | | | | | | | |
| ? | + | + | | | | | | | | |
| + | | + | | | | | | | | |
| + | ? | + | + | | | | | | | |
| ? | + | + | | | | | | | | |
| + | | | | | | | | | | |
| + | ? | + | + | | | | | | | |
| | | + | | | | | | | | |
| + | | | | | | | | | | |
| ? | ? | ? | + | | | | | | | |
| ? | ? | + | | | | | | | | |
| + | | | | | | | | | | |

| | FUÉGIE (Terre de Feu et Terre des États). | SHETLANDS australes, Orkneys, etc. | MALOUINES. | PATAGONIE (au sud du Rio Negro). | RÉPUBLIQUE ARGENTINE (au nord du Rio Negro). | CHILI. |
|---|---|---|---|---|---|---|
| 68. Homorus gutturalis................. | | | | + | + | |
| 69. Oxyurus spinicauda................. | + | | | + | | + |
| 70. Pyganichus albigularis.............. | + | | | + | | + |
| 71. Hylactes Tarnii...................... | | | | ? | | + |
| 72. Rhinocrypta lanceolata.............. | | | | + | + | |
| 73. Scytalopus magellanicus............. | + | | + | + | | + |
| 74. Cistothorus platensis................ | | | + | + | + | + |
| 75. Troglodytes hornensis............... | + | | | + | | |
| 76. Anthus correndera................... | + | + | + | + | + | + |
| 77. Anthus furcatus..................... | | | | + | + | |
| 78. Turdus magellanicus................. | + | | | + | | + |
| 79. » falklandicus...................... | | | + | | | |
| 80. Mimus patagonicus................... | | | | + | | |
| 81. » triurus............................ | | | | ? | + | |
| 82. Phytotoma rutila.................... | | | | + | + | |
| 83. Phrygilus Gayi...................... | + | | | + | | ? |
| 84. » caniceps.......................... | | | | + | + | |
| 85. » fruticeti.......................... | | | | + | + | + |
| 86. » carbonarius....................... | | | | ? | | |
| 87. » xanthogrammus.................... | + | | | + | | |
| 88. » melanoderus....................... | | | + | + | | |
| 89. Diuca grisea........................ | | | | + | | + |
| 90. » minor............................. | | | | + | | |
| 91. Zonotrichia canicapilla............. | + | | | + | | |
| 92. Sycalis Lebruni..................... | | | | + | | |
| 93. » Pelzelni........................... | | | | + | + | |
| 94. » arvensis.......................... | | | | + | + | + |
| 95. Chrysomitris barbata................ | + | | + | + | + | |
| 96. Curæus aterrimus.................... | + | | | + | | + |
| 97. Molothrus bonariensis............... | | | | + | + | |
| 98. Agelæus thilius..................... | | | | + | + | + |
| 99. Trupialis militaris.................. | | | + | + | + | + |
| 100. Columba maculosa.................. | | | | + | + | + |
| 101. Tinamotis Ingoufi.................. | | | | + | | |
| 102. Nothura Darwini.................... | | | | + | + | |
| 103. Calodromas elegans................ | | | | + | + | |

| BOLIVIE. | BRÉSIL. | PÉROU. | ÉQUATEUR. | COLOMBIE, Vénézuéla, Guyane. | AMÉRIQUE centrale. | AMÉRIQUE septentrionale. | NOUVELLE-ZÉLANDE, Auckland, Campbell. | CAP DE BONNE-ESPÉRANCE et terres au sud du Cap. | KERGUELEN, Crozet, etc. | EUROPE. |
|---|---|---|---|---|---|---|---|---|---|---|
| | | + | | | | | | | | |
| + | | | | | | | | | | |
| ? | + | | | | | | | | | |
| + | | + | | | | | | | | |
| + | | | | | | | | | | |
| | | + | | | | | | | | |
| + | | + | | | | | | | | |
| + | + | | | | | | | | | |
| + | + | + | | | | | | | | |
| + | | + | | | | | | | | |
| + | + | | | | | | | | | |
| | | + | | | | | | | | |
| | + | + | | | | | | | | |
| + | | | | | | | | | | |

| | FUÉGIE (Terre de Feu et Terre des États). | SHETLANDS australes, Orkneys, etc. | MALOUINES. | PATAGONIE (au sud du Rio Negro). | RÉPUBLIQUE ARGENTINE (au nord du Rio Negro). | CHILI. |
|---|---|---|---|---|---|---|
| 104. Attagis maluina | + | | + | ? | | |
| 105. Thinocorus rumicivorus | | | | + | + | + |
| 106. Chionis alba | + | | + | + | + | - |
| 107. Charadrius (Eudromias) modestus | + | | + | + | + | + |
| 108. Charadrius (Ægialitis) falklandicus | + | | + | + | + | + |
| 109. Oreophilus ruficollis | | | | + | + | + |
| 110. Charadrius sociabilis | | | | + | | |
| 111. Vanellus occidentalis | + | | + | + | | + |
| 112. Hoplopterus cayanus | | | + | | | + |
| 113. Hæmatopus ater | + | | + | + | | + |
| 114. » leucopus | + | | + | + | | + |
| 115. » palliatus | | | | + | + | |
| 116. Numenius borealis | | | + | + | + | + |
| 117. Limosa hudsonica | | | + | + | + | |
| 118. Gallinago Paraguaiæ | + | | + | + | + | + |
| 119. » Stricklandi | + | | | + | | + |
| 120. » nobilis | + | | | | | |
| 121. Rhynchæa semicollaris | | | | + | + | + |
| 122. Strepsilas virgatus | | | | + | | + |
| 123. Tringa fuscicollis | | | + | + | + | ? |
| 124. » maculata | | | | + | + | + |
| 125. Calidris arenaria | | | | + | + | ? |
| 126. Totanus melanoleucus | + | | | + | + | + |
| 127. » flavipes | | | | + | + | + |
| 128. Rallus rhytirhynchus | + | | | + | + | + |
| 129. » antarcticus | | | | + | + | + |
| 130. Fulica leucoptera | + | | | | + | |
| 131. » leucopyga | | | | + | + | + |
| 132. » armillata | | | | + | + | + |
| 133. Ardea cocoi | | | | + | | + |
| 134. » egretta | | | | + | | + |
| 135. Nycticorax obscurus | + | | + | + | | |
| 136. Ciconia maguari | | | | + | + | |
| 137. Platalea regia | | | + | | + | |
| 138. Theresticus caudatus | | | | + | + | + |
| 139. Phænicopterus ignipalliatus | | | | + | + | + |

| …Y. | BOLIVIE. | BRÉSIL. | PÉROU. | ÉQUATEUR. | COLOMBIE, Vénézuéla, Guyane. | AMÉRIQUE centrale. | AMÉRIQUE septentrionale. | NOUVELLE-ZÉLANDE, Auckland, Campbell. | CAP DE BONNE-ESPÉRANCE et terres au sud du Cap | KERGUELEN, Crozet, etc. | EUROPE. |
|---|---|---|---|---|---|---|---|---|---|---|---|
| | + | | + | | | | | | | | |
| | | | | | | | | | | ? | |
| | | | + | | | | | | | | |
| | | + | + | + | + | + | | | | | |
| | | | + | | | | | | | | |
| | | | | | | + | + | | | | |
| | | + | | | | | + | | | | |
| | | | | | + | | + | | | | |
| | + | | | | | | | | | | |
| | | | | + | + | | | | | | |
| | ? | + | + | | | | | | | | |
| | + | | | | | | + | + | | | |
| | ? | ? | + | ? | + | + | + | | | | + |
| | + | + | + | ? | + | + | + | | | | |
| | ? | + | + | ? | + | + | + | | + | | + |
| | | + | + | | | + | + | | | | |
| | | | + | | + | | + | | | | |
| | | | + | | | | | | | | |
| | + | | | | | | | | | | |
| | | + | | | | | | | | | |
| | | + | + | | | | + | | | | |
| | + | + | + | + | + | + | + | + | | | |
| | | | + | | | | | | | | |
| | | | | | | | + | | | | |
| | | + | + | | | | | | | | |
| | | | + | | | | | | | | |

| | FUÉGIE. (Terre de Feu et Terre des États). | SHETLANDS australes, Orkneys, etc. | MALOUINES. | PATAGONIE (au sud du Rio Negro). | RÉPUBLIQUE ARGENTINE (au nord du Rio Negro). | CHILI. |
|---|---|---|---|---|---|---|
| 140. Phalacrocorax brasilianus | | | | + | | |
| 141. » carunculatus | + | | + | + | | + |
| 142. » magellanicus | + | | + | + | | + |
| 143. » Gaimardi | | | | + | | + |
| 144. Sula fusca | | | + | ? | | + |
| 145. Diomedea exulans | + | ? | ? | + | | |
| 146. » fuliginosa | | ? | + | | | |
| 147. » melanophrys | | | + | | | |
| 148. Ossifraga gigantea | + | | + | + | | + |
| 149. Daption capensis | | + | | | + | + |
| 150. Procellaria (Majaqueus) æquinoctialis | + | | + | | | + |
| 151. Puffinus (Nectris) fuliginosus | + | | | | | + |
| 152. Thalassœca tenuirostris | + | | + | | | + |
| 153. » antarctica | | + | + | | | |
| 154. Adamastor cinereus | + | | | | | |
| 155. Æstrelata Lessoni | + | + | | | | |
| 156. Pagodroma nivea | + | + | ? | | | |
| 157. Prion desolatus | + | | | | | |
| 158. Oceanites oceanica | + | + | + | + | | + |
| 159. Thalassidroma nereis | | | + | | | |
| 160. Pelecanoides urinatrix | + | | + | + | | + |
| 160 *bis* (?). » Garnoti | ? | | + | + | | + |
| 161. Stercorarius antarcticus | | | + | | | |
| 162. » chilensis | | | | + | ? | + |
| 163. Larus dominicanus | + | + | + | + | | + |
| 164. » Scoresbii | | + | + | + | + | + |
| 165. » cirrhocephalus | | | | + | + | + |
| 166. » maculipennis | | | | + | + | |
| 167. » Belcheri | | | | + | | + |
| 168. » glaucodes | + | | + | + | | + |
| 169. Sterna hirundinacea | + | | + | + | + | + |
| 170. Cygnus nigricollis | + | | + | + | + | + |
| 171. » coscoroba | | | | + | + | + |
| 172. Bernicla (Chloephaga) magellanica | + | | + | + | ? | ? |
| 173. » » dispar | | | | + | + | + |
| 174. » » poliocephala | + | | + | + | + | + |
| 175. » » rubidiceps | | | + | ? | | |

| BOLIVIE. | BRÉSIL. | PÉROU. | ÉQUATEUR. | COLOMBIE, Vénézuéla, Guyane. | AMÉRIQUE centrale. | AMÉRIQUE septentrionale. | NOUVELLE-ZÉLANDE, Auckland, Campbell. | CAP DE BONNE-ESPÉRANCE et terres au sud du Cap. | KERGUELEN, Crozet, etc. | EUROPE. |
|---|---|---|---|---|---|---|---|---|---|---|
| | | ? | | | | | + | | | |
| | | + | | | | | | | | |
| | + | | | | | | | | | |
| | | | | | | + | + | + | + | |
| | | | | | | + | + | + | + | |
| | | | | | | | + | + | + | |
| | | | | | | | + | + | + | |
| + | + | + | | | | | + | + | + | |
| | | | | | | | | + | + | |
| | | | | | | | | | | |
| | | + | | | | + | + | + | + | |
| | | | | | | | | | + | |
| | | | | | | | | | | |
| | | | | | | | + | | + | |
| | | | | | | | | | + | |
| | | | | | | | ? | + | + | |
| | + | | | | | | + | + | + | + |
| | | | | | | | + | | + | |
| | | + | | | | | + | | + | |
| | | | | | | | ? | | + | |
| | | | | | | | + | + | + | |
| + | | + | | | | | | | | |
| | | | | | | | + | + | + | |
| | | | | | | | | | | |
| | + | + | | | | | | | | |
| | + | | | | | | | | | |
| | | + | | | | | | | | |
| | | | | | | | | | | |
| | + | | | | | | | | | |
| + | + | | | | | | | | | |

| | FUÉGIE (Terre de Feu et Terre des États) | SHETLANDS australes, Orkneys, etc. | MALOUINES. | PATAGONIE (au sud du Rio Negro). | RÉPUBLIQUE ARGENTINE (au nord du Rio Negro). | CHILI. |
|---|---|---|---|---|---|---|
| 176. Bernicla (Chloephaga) antarctica | + | | + | + | ? | |
| 177. » inornata | | | | + | | |
| 178. Anas cristata | + | | + | + | | + |
| 179. Querquedula cyanoptera | | | + | + | + | + |
| 180. » flavirostris | + | | + | + | + | + |
| 181. » brasiliensis | | | | + | + | + |
| 182. » oxyptera | | | | + | | |
| 183. » versicolor | | | + | + | + | + |
| 184. Dafila spinicauda | | | + | + | + | + |
| 185. » bahamensis | | | + | | + | + |
| 186. Marcca sibilatrix | | | + | + | + | + |
| 187. Spatula platalea | | | + | + | + | + |
| 188. Micropterus cinereus | + | | + | + | | |
| 189. » patachonicus | + | | + | + | | |
| 190. Erismatura ferruginea | | | | + | + | + |
| 191. Podiceps major | + | | | + | + | + |
| 192. » Rollandi | | | + | + | + | + |
| 193. » americanus | + | | ? | | | + |
| 194. » occipitalis | ? | | + | | + | |
| 195. » dominicus | | | | + | | |
| 196. Aptenodytes longirostris | | | + | | | |
| 197. Eudyptes chrysocomus | + | + | + | | | |
| 198. » chrysolophus | | | + | | | |
| 199. Pygoscelis tæniata | | | + | | | |
| 200. » antarctica | | + | + | | | |
| 201. Microdyptes serriesianus | + | | | + | | |
| 202. Spheniscus magellanicus | + | | + | + | | |
| 203. Rhea americana | | | | + | + | |
| 204. » Darwini | | | | + | | |
| Total | 76 | 12 | 74 | 177 | 116 | 124 |

| Y. | BOLIVIE. | BRÉSIL. | PÉROU. | ÉQUATEUR. | COLOMBIE, Vénézuéla, Guyane. | AMÉRIQUE centrale. | AMÉRIQUE septentrionale. | NOUVELLE-ZÉLANDE, Auckland, Campbell. | CAP DE BONNE-ESPÉRANCE et terres au sud du Cap | KERGUELEN, Crozet, etc. | EUROPE. |
|---|---|---|---|---|---|---|---|---|---|---|---|
| | + | | + | | | | | | | | |
| | + | | + | | + | + | + | | | | |
| | | | | | | | | | | | |
| | | + | | | | | | | | | |
| | | | + | | | | | | | | |
| | | + | | | | | | | | | |
| | | ? | + | | | | | | | | |
| | | + | | | + | | | | | | |
| | | | | | | | | | | | |
| | | | | | | | | | | | |
| | | | | | | | | | | | |
| | | | | | | | | | | | |
| | | | + | | | | | | | | |
| | | + | | | | | | | | | |
| | | | + | | | | | | | | |
| | + | | + | | | | | | | | |
| | + | | + | | | | | | | | |
| | | | | | + | + | + | | | | |
| | | | | | | | | + | | + | |
| | | | | | | | | | | | |
| | | | | | | | | + | | + | |
| | | | | | | | | + | | + | |
| | | | | | | | | | | | |
| | | | | | | | | | | | |
| | | | | | | | | | | | |
| | + | + | ? | | | | | | | | |
| | 54 | 50 | 61 | 18 | 19 | 15 | 18 | 19 | 12 | 21 | 3 |

Il résulte d'abord des Tableaux ci-dessus que, sur les 204 espèces décrites ou mentionnées dans mon travail, 116 (c'est-à-dire plus de la moitié) se retrouvent dans la République Argentine, au nord du Rio Negro; 124 (c'est-à-dire une proportion encore plus forte) au Chili; 57, 58 et 54 (c'est-à-dire plus du tiers) dans l'Uruguay, le Paraguay et la Bolivie; 50 (soit le quart) au Brésil; 61 au Pérou; 18, 19, 15 et 18 dans l'Équateur, la Colombie, le Vénézuéla, la Guyane, l'Amérique centrale et l'Amérique du Nord; 19 (c'est-à-dire à peu près le même chiffre) à l'île Campbell, à Auckland ou sur les côtes de la Nouvelle-Zélande; 21 à l'île Kerguelen ou aux îles Crozet, 12 seulement dans les parages du cap de Bonne-Espérance et 3 (c'est-à-dire un chiffre insignifiant) en Europe. Encore ces trois espèces *Tringa fuscicollis*, *Calidris arenaria* et *Oceanites oceanica* appartiennent-elles à la catégorie de ces Échassiers erratiques et de ces Oiseaux de mer que l'on peut s'attendre à rencontrer sur les points les plus éloignés du globe et dont la présence sur un point déterminé ne fournit aucun renseignement utile. En laissant de côté ces formes et d'autres espèces cosmopolites qui pourront être signalées quelque jour dans les mêmes parages, nous voyons que la faune ornithologique des régions que nous avons étudiées a reçu la plupart de ses éléments, soit de la République Argentine, soit du Chili; qu'elle offre déjà des affinités moins accusées avec la faune des autres contrées de l'Amérique du Sud et que ses points de contact avec la faune de l'Amérique du Nord ne sont pas plus nombreux qu'avec la faune des terres australes situées sous les mêmes parallèles, entre le 40$^{e}$ et le 60$^{e}$ degré de latitude sud. Il faut remarquer toutefois qu'entre les régions australes du Nouveau Monde et l'Amérique du Nord d'une part, Kerguelen, Crozet, Campbell, d'autre part, le *fonds commun* n'est pas constitué par les mêmes espèces. Il est formé dans le dernier cas principalement par des Palmipèdes marins, Albatros, Pétrels, Stercoraires, Manchots et par quelques Échassiers de rivage, tandis que dans le premier cas il se compose non seulement de Palmipèdes (*Querquedula cyanoptera*, *Podiceps dominicus*, *Diomedea exulans*, *Sula fusca*) et par des Échassiers (*Hæmatopus palliatus*, *Numenius borealis*, *Limosa hudsonica*, *Strepsilas virgatus*, *Tringa fuscicollis*, *T. maculata*, *Calidris arenaria*, *Totanus melanoleucus*, *T. flavipes*, etc.), mais encore par des oiseaux de proie (*Polyborus tharus*, *Otus brachyotus*, var. *Cassini*, *Athene cunicularia*) largement répandus à travers le continent américain.

Maintenant, si, au lieu de considérer *en bloc* la région constituée par l'extrémité méridionale de l'Amérique, la Terre de Feu, la Terre des États, les Malouines et les îles avoisinantes, nous examinons isolément les diverses parties de cet ensemble, nous obtenons encore quelques résultats intéressants. Nous voyons, par exemple, que sur les 204 espèces mentionnées 75 ou 76 appartiennent spécialement à la Fuégie (Terre de Feu, Terre des États, etc.), 73 ou 74, soit à peu près le même nombre, à l'archipel des Malouines, et 176 et 177, c'est-à-dire un nombre plus que double, à la Patagonie proprement dite.

D'autre part la Fuégie possède, en commun avec les Shetlands et les autres terres polaires, un seul oiseau terrestre, l'*Anthus correndera*, espèce d'ailleurs largement répandue dans l'Amérique du Nord, huit Albatros, Laridés et Puffins et deux Manchots, tandis qu'elle ne nourrit pas moins de 41 espèces appartenant pour la plupart, il est vrai, à la catégorie des Oiseaux de mer, qui se trouvent également aux îles Malouines. La proportion des espèces, communes à cet archipel et à la Fuégie, est donc de $\frac{1}{2}$ pour 100. Les affinités sont encore plus fortes entre la Fuégie et la Patagonie, 61 espèces sur les 76 que possède la Fuégie, c'est-à-dire plus de 70 pour 100, se rencontrant également de l'autre côté du détroit de Magellan, sur la portion méridionale de l'Amérique du Sud. Au contraire, il n'y a que 45 espèces sur 75, soit moins de 50 pour 100, qui se trouvent à la fois en Fuégie et au Chili. Ces différences s'expliquent facilement quand on tient compte de ce fait que la plupart des espèces communes soit au Chili et à la Fuégie, soit à la Patagonie et à la Fuégie, sont des espèces migratrices qui ne visitent la Terre de Feu que pendant les saisons correspondant à notre printemps et à notre été et qui durant l'hiver se retrouvent dans les contrées moins éloignées de l'équateur. Or il suffit de jeter un coup d'œil sur la carte pour voir que les migrations peuvent s'effectuer bien plus facilement de la Patagonie et de la République Argentine vers la Fuégie et les Malouines que du Chili et du Pérou vers ces mêmes contrées, car, sauf vers l'extrême pointe du continent américain, la chaîne des Andes oppose aux migrations de l'ouest à l'est, ou plutôt du nord-ouest au sud-est, une barrière presque infranchissable. Le courant migrateur doit, par suite, être plus abondant sur le versant oriental que sur le versant occidental de la Cordillère. A ce propos, je rappellerai que, pour certaines espèces, on me paraît avoir exagéré singulièrement l'étendue des déplacements annuels en faisant venir toutes les bandes d'émigrants de localités situées dans l'hémisphère boréal. Je crois avoir démontré, au contraire, dans le cours de ce Mémoire, que diverses espèces d'Échassiers ou de Passereaux comptent des représentants dans les deux hémisphères, qu'elles y forment, pour ainsi dire, deux grandes colonies dont les membres opèrent, à des époques correspondantes, des migrations en sens inverse, se rapprochant de l'équateur à l'approche de l'hiver et se retirant au contraire au printemps vers les pôles.

Il y a certainement plusieurs espèces qui peuvent être considérées comme caractérisant la faune des régions australes du nouveau monde : telles sont l'*Ibycter australis*, le *Buteo poliosomus*, le *Bubo magellanicus*, le *Picus* (*Megapicus*) *magellanicus*, le *Phrygilus xanthogrammus*, les *Micropterus cinereus* et *patachonicus*, l'*Aptenodytes longirostris*, les *Pygoscelis tæniata* et *antarctica*, le *Microdyptes serresianus*, etc., mais plusieurs de ces espèces appartiennent soit à des genres qui sont largement répandus et dont quelques-uns même (*Buteo, Bubo, Picus*) comptent des représentants nombreux dans la faune des régions boréales des deux mondes, soit à des groupes faisant partie du *fonds commun* des zones australes circumpolaires (*Aptenodytes, Pygoscelis*). Seuls peut-être les Canards à vapeur (*Micropterus*) constituent un type spécial aux pays du cap Horn et dont l'origine boréale serait difficile à démontrer. Il en résulte que la faune ornithologique de la Fuégie est essentiellement une *faune d'emprunt*, comme dit M. A. Milne-Edwards, c'est-à-dire une faune composée d'éléments empruntés à d'autres régions.

Enfin, si nous recherchons quels sont les éléments composants de la faune ornithologique que nous venons d'étudier, nous constatons qu'elle comprend 2 Perroquets, 15 Rapaces diurnes et 5 Rapaces nocturnes, 3 Pics, 1 Martin-Pêcheur, 1 Engoulevent, un Oiseau-Mouche, 72 Passereaux de diverses catégories, 1 Pigeon, 3 Tinamous, 36 Échassiers, 62 Palmipèdes et Struthioniens.

Les deux Perroquets appartiennent au genre *Conurus*, qui est de tous les groupes de Perroquets américains celui dont l'extension est la plus vaste, puisque son aire d'habitat envahit les deux hémisphères et embrasse plus de 90° de latitude. Ce groupe d'ailleurs, disons-le en passant, correspond exactement aux groupes des *Palæornis* et des *Platycercus* qui occupent aussi dans l'Asie méridionale, en Afrique et en Australie, des aires très vastes, situées en partie sous les mêmes latitudes que l'aire des *Conurus* et dont l'un (*Platycercus*) possède un représentant jusque dans l'île Stewart.

Les Rapaces diurnes se rapportent soit aux groupes des Buses, des Faucons et des Éperviers qui sont répandus dans les régions australes et boréales des deux mondes, soit à la famille des Sarcorhamphidés (Cathartes et Condors) qui joue en Amérique le rôle des Vautours de l'ancien monde et dont deux espèces descendent vers le cap Horn comme certains Gyps et certains Percnoptères s'avancent vers le cap Bonne-Espérance.

Les Rapaces nocturnes n'offrent rien de bien caractéristique : les genres dont ils font partie se rencontrent également en Asie et en Europe. Les Pics offrent des types plus franchement américains, mais le Martin-Pêcheur (*Ceryle torquata*, var. *stellata*) peut être regardé comme l'équivalent du *Ceryle maxima* du continent africain. L'absence totale de Cuculidés dans l'Amérique australe mérite d'être relevée, plusieurs membres de cette famille vivant au cap de Bonne-Espérance, en Australie et à la Nouvelle-Zélande.

Après avoir signalé l'intérêt qu'il y a à constater la présence, sous un climat relativement froid, de l'*Eustephanus galeritus* représentant en Patagonie la famille des Trochilidés, qui envoie du côté du nord une autre sentinelle avancée, le *Trochilus colubris*, je ferai remarquer que dans l'ordre des Passereaux la prépondérance appartient certainement, en Patagonie, en Fuégie et dans l'archipel des Malouines, à deux familles largement répandues dans l'Amérique du Sud, aux Dendrocolaptidés et aux Tyrannidés. Chacune de ces familles ne compte pas moins de 20 espèces dans les régions que nous considérons, ce qui correspond à près du tiers du chiffre total des Passereaux.

Ensuite viennent, sous le rapport de l'importance numérique, les

Fringillidés, avec 13 espèces dont 9 appartiennent à la tribu des Embériziens, les Turdidés, les Ictéridés et les Hirundinidés, chaque groupe avec 4 espèces, les Troglodytidés avec 3 espèces, les Anthidés et les Ptéroptochidés, chaque groupe avec 2 espèces, etc.

Parmi les Échassiers, les Pluviers, les Chevaliers et les Bécasseaux tiennent la première place, les Râles et les Poules d'eau se placent à leur suite, et les Hérons, les Ibis et les Cigognes ne jouent qu'un rôle modeste.

Dans l'ordre des Palmipèdes, le premier rang doit être attribué, sans conteste, aux Canards qui comptent 19 espèces sur 62, soit près du tiers, le second rang aux Pétrels, dont j'ai énuméré 13 espèces, le troisième aux Laridés (Goélands et Mouettes) avec 9 espèces, le quatrième aux Manchots, avec 7 espèces, et le cinquième aux Grèbes avec 5 espèces.

En Europe, région continentale qui occupe par rapport à l'équateur une situation correspondant à celle de la Patagonie, mais dont l'étendue est beaucoup plus considérable, le climat moins uniforme, le sol plus accidenté, la végétation plus variée, la faune ornithologique est naturellement plus riche et ne comprend pas moins de 540 espèces. Elle ne possède, chacun le sait, ni Oiseaux-Mouches, ni Struthioniens, ni Tinamous, mais comprend en revanche 18 Gallinacés. En outre, les proportions des autres ordres ne sont, en général, pas les mêmes en Europe que dans les régions que nous avons étudiées. Dans la faune ornithologique européenne on compte, en effet, environ 60 Rapaces, 230 Passereaux, 7 Pigeons, 97 Échassiers et 128 Palmipèdes. Par conséquent :

Les Rapaces représentent en Europe le $\frac{1}{9}$, dans l'Amérique australe le $\frac{1}{10}$ de la faune;

Les Passereaux représentent en Europe plus de $\frac{1}{2}$, dans l'Amérique australe moins du $\frac{1}{3}$ de la faune;

Les Pigeons représentent en Europe environ le $\frac{1}{80}$, dans l'Amérique australe environ le $\frac{1}{200}$ de la faune;

Les Échassiers représentent en Europe environ le $\frac{1}{6}$, dans l'Amérique australe environ le $\frac{1}{6}$ de la faune;

Les Palmipèdes représentent en Europe environ le $\frac{1}{4}$, dans l'Amérique australe plus du $\frac{1}{3}$ de la faune;

En d'autres termes, le rôle des Échassiers étant à peu près le même dans les deux faunes, celui des Pigeons est presque nul dans l'Amérique australe, celui des Rapaces un peu plus faible qu'en Europe, celui des Passereaux également moins important, tandis que celui des Palmipèdes devient au contraire très considérable.

Je ne m'étendrai pas davantage sur ce sujet, ce que je viens de dire suffisant pour indiquer les caractères généraux et les relations de la faune ornithologique de la Patagonie, de la Fuégie et des Malouines, et pour montrer que cette faune est beaucoup plus riche en espèces et plus variée qu'on ne le supposait. En terminant mon travail, je tiens à rendre encore hommage au zèle déployé par les naturalistes de la Mission du cap Horn, qui ont été, par le fait, mes collaborateurs. Les renseignements circonstanciés qu'ils ont inscrits sur les étiquettes des divers spécimens ou qu'ils ont consignés dans des notes qui m'ont été libéralement transmises ont, en effet, singulièrement facilité ma tâche. C'est ainsi qu'il m'a été possible de contrôler et de compléter des observations plus anciennes sur la durée du séjour, les dates des migrations et l'époque de la reproduction de différentes espèces, en un mot d'élucider quelques points encore obscurs de l'histoire des Oiseaux du cap Horn.

---

## EXPLICATION DES PLANCHES.

*Pl.* 1. *Tinamotis Ingoufi.*
*Pl.* 2. *Rallus rhytirhynchus.*
*Pl.* 3. *Larus Scoresbyi* (ou plutôt *Scoresbii*).
*Pl.* 4. *Micropterus cinereus.*
*Pl.* 5. *Micropterus patachonicus.*
*Pl.* 6. *Phalacrocorax carunculatus.*

Tinamotis Ingoufi.

3/4

Imp. Becquet fr. Paris

Rallus rhytirhynchus.

Imp. Becquet fr Paris.

Larus Scoresbyi.

*Imp. Becquet fr. Paris.*

Micropterus cinereus.

Imp. Becquet fr. Paris

Micropterus patachonicus.

Phalacrocorax carunculatus.

www.ingramcontent.com/pod-product-compliance
Lightning Source LLC
LaVergne TN
LVHW011943220826
846092LV00001B/72

* 9 7 8 2 3 2 9 3 7 8 9 9 2 *